라임맘의 실패 없는
아이주도 이유식 & 유아식

라임맘 옥한나 지음

중앙books

라임맘의 실패 없는 아이주도 이유식 & 유아식

PROLOGUE

"

'아이주도이유식에 대해 이해하기 쉽고 간단명료하게 설명해주고,
여러 궁금증들을 풀어줄 수 있는 백서와 같은 책이 있으면 좋겠다'

'내가 쌓아온 경험과 주변의 경험들을 엮어서 아이주도이유식을 좀 더
쉽게 도전할 수 있도록 도와주는 가이드북이 있으면 좋겠다'

'아이주도이유식부터 유아식까지, 아주 간단하고 쉽고 맛있는 레시피가
가득 담긴 레시피북이 있으면 좋겠다'

제가 처음 아이주도이유식을 시작할 때 가장 간절했던 이 세 가지 생각을 담아 이 책을 쓰게 되었습니다. 아이주도이유식을 시작하는 부모의 마음은 다 같을 거예요. 조금이라도 아이에게 긍정적인 영향을 줄 수 있다고 믿고 시작하는 거죠. 영유아기는 일생 동안 가장 빠른 속도로 성장과 발달이 이뤄지는 아주 중요한 시기예요. 어떤 아이는 신중하고 느리게, 어떤 아이는 대담하고 빠르게 저마다 자기만의 속도로 힘껏 자라나고 있어요. 아이주도이유식이 꼭 정답이라고는 할 수 없지만, 분명 많은 장점들이 있습니다. 이 장점들이 크고 작은 발달 과제 앞에서 끊임없이 도전하고 성장하고 있는 우리 아이를 응원하고 격려할 수 있을 거라 생각합니다.

저와 제 아이가 처음 이유식을 시작하던 날, 두근거리던 설렘이 아직도 생생합니다. 국내에 아이주도이유식에 대한 정보가 한정적이어서 한국 자료는 물론 외국 서적과 구글 검색, 유튜브, 해외 인스타그램을 참고하여 정말 열심히 공부를 했어요. 하지만 막상 직접 실행해본 적은 없었기 때문에 구체적으로 어떻게 해야 할지 막막했죠. '혹시 목에 걸려 큰일나지는 않을까' 하는 불안감은 있었지만, 라임이만큼 어린 친구들이 혼자서 신나게 삶은 브로콜리를 먹는 모습을 보며 확신이 생겼습니다. 다양한 이론서를 참고하고 전문 식단 운영을 해본 경험으로 스케줄표를 짜서 진행했어요. 라임이가 즐겁게 먹고, 어떤 때는 거부하며 집어 던지고, 신나게 촉감놀이하는 모습을 보며 이런 경험들을 나눠야겠다는 생각이 들었습니다. 인스타그램에 매일 아이의 밥상과 레시피를 올리다 보니 어느새

4년이 훌쩍 지나 많은 자료들이 쌓였고, 감사하게도 많은 사람들의 관심과 사랑을 받게 되었으며, 다양한 이들과 소통하면서 아이주도이유식의 경험들을 공유하게 되었습니다.

아이주도이유식을 넘어서 아이주도유아식까지, 아이가 주도해 스스로 먹는 아이주도식사에 관심을 갖는 부모들이 많아졌습니다. 인터넷에 관련 정보는 많지만 정확히 아이주도식사가 무엇인지, 왜 하는지, 어떻게 하면 되는지 짚어주는 정보처가 없어 아이주도식사를 어려워하는 부모들 또한 많습니다. 이 책이 조금이나마 아이주도식사에 관심 많은 부모들의 어려움을 덜어줄 수 있으면 좋겠습니다. 저를 포함한 부모들이 매일 하는 '오늘은 뭘 먹여야 할까?'의 고민도 조금이나마 해결해주고, 모든 아이들이 "정말 맛있어요, 더 주세요!"라고 외치며 즐겁게 식사하는 데 도움이 되었으면 합니다.

아이는 태어나는 순간부터 수많은 도전 과제를 만나며 성장할 거예요. 아이의 도전을 언제나 곁에서 관심 있게 바라보고 있고 사랑을 담아 응원하고 있다는 것을 알려주세요. 부모의 따뜻한 칭찬과 격려, 믿음은 실패해도 훌훌 털어내고 자신감을 가지고 다시 도전할 수 있는 힘이 되어줄 겁니다.

"네가 하고 싶은 것이 있으면 주저하지 말고 얼마든지 도전해도 괜찮아. 하다가 어려운 점이 있으면 혼자 힘들어 하지 말고 언제든 말하렴. 엄마, 아빠가 항상 네 편이 되어 도와주고 응원해줄게."

부모님이 지금도 저에게 늘 해주시는 말씀이에요. 건강하게 태어나기만을 바랐던 나의 소중한 아이, 그 첫 마음을 잊지 말고 아이와 내가 주체적으로 행복한 삶을 만들어 갈 수 있도록 아이의 삶과 여러분의 삶을 힘내 응원합니다.

옥한나(라임맘)

THANKS TO

나를 성장시켜주고 소중한 경험을 만들어주는 라임이와 늘 사랑으로 날 감동시키는 남편, 언제나 든든한 지원군이 되어주시는 시부모님, 그리고 항상 격려와 응원을 잊지 않는 영원한 내 편인 우리 부모님께 무한한 사랑과 감사를 전합니다.

CONTENTS

PART 1 아이주도이유식 & 유아식 이론편

PART 2 아이주도이유식 & 유아식 실전편

아이주도이유식 시작

아이주도이유식 즐기기

03 반찬 302

04 특식 448

05 국물 요리 500

06 간식 534

07 스무디 611

08 보양요리 614

아이주도이유식 & 유아식 이야기

PART 1

아이주도이유식 & 유아식 이론편

아이주도이유식이란 무엇인가

이유기는 아이가 세상에 나와 모유나 분유를 끊고 평생 살아가면서 먹어야 할 음식들과 친숙해지는 시기입니다. 이유식은 음식을 '잘' 먹기 위한 하나의 연습 과정입니다. 아이가 밥을 잘 먹는 것. 많은 부모들이 아이에게 바라는 이상적인 식사 모습일 거예요. 여기에서 '잘'이라는 의미는 '자리에 바르게 앉아서', '골고루', '맛있게', '스스로' 등 다양한 뜻을 내재하고 있습니다. 단순히 영양섭취만을 위한 것이라기보다는 다양한 음식을 경험하고 안전하게 먹기 위한, 일종의 씹기 연습에 가깝습니다. 태어나서 처음 접해보는 음식들과 친숙해지는 시기, 올바른 식습관과 가족의 식문화를 배우고 익히면서 '먹는 즐거움'에 대해 알아가는 과정이기도 합니다.

우리 아이가 태어나서 음식을 먹는 첫 순간을 대부분의 부모들은 설레는 마음으로 맞이합니다. 우리 아이가 이만큼 컸다는 것에 대해 뿌듯함을 느끼고, 과연 내가 만든 음식을 맛있게 먹어줄까 궁금해하며, 내가 해주는 음식이 곧 아이의 건강과 식습관에 지대한 영향을 미친다는 생각에 책임감과 부담감도 커집니다. 대부분 이유기의 아이를 키우는 부모들이 하는 가장 큰 고민이 '아이가 밥을 잘 먹는지 아닌지'일 정도로 그만큼 아이의 식사는 부모에게 큰 의미가 있죠.

보통 미음이나 죽을 숟가락으로 먹이는 스푼피딩(spoon feeding)이 보편적인 이유식 방법이지만, 요즘은 아이가 자신의 본능과 발달에 초점을 맞춰 스스로 고형식을 먹는 셀프

피딩(self feeding)에 더 주목을 하는 추세입니다. 아이주도이유식은 'Baby Led Weaning', 말 그대로 아이가 이유식을 먹는 것에 관해서 주도성을 가지고 하는 이유식 방법입니다. 자신의 속도에 맞추어서 스스로 무엇을 먹을지, 얼마나 먹을지, 어떻게 먹을지 결정하고 식사하는 것입니다. 부모는 아이가 안전하게 먹을 수 있도록, 즐겁게 먹을 수 있도록, 다양하게 먹을 수 있도록, 먹을 것이 부족하지 않도록 또 함께 식사하며 건강한 식습관을 보고 배울 수 있도록 하여 그 일련의 과정들을 응원하고 도와주는 역할을 하는 것이지요. 혼자 먹는 법을 터득하는 것은 아이이지만, 아이에게 먹일 건강하고 영양 풍부한 음식을 준비하고 식사 시간을 정하는 것은 부모입니다. 아이와 함께 식사하면서 아이를 관심 있게 지켜보면서 아이의 식사량을 파악하고, 아이가 선호하는 음식, 도전해 볼 만한 음식 등으로 음식을 조정해서 주는 것도 부모의 역할입니다. 그렇기에 아이주도이유식은 부모의 세심한 관심과 애정, 도움을 바탕으로 아이와 부모가 함께 하는 식사라고도 할 수 있습니다.

아이주도이유식이 등장하면서 최근의 우리나라 이유식 방식은 세 가지의 형태로 구분됩니다. 떠먹이는 죽 이유식, 아이주도이유식, 그리고 이 둘을 병행하는 이유식. 이제는 선택지가 많아졌습니다. 떠먹이는 죽 이유식과 아이주도이유식은 차이점이 있지만, 아이의 마음을 이해하고, 존중하고, 다양한 경험의 기회를 주는 이유식으로 진행된다면 이 둘의 맥락은 크게 다르지 않습니다. 아이주도이유식을 하더라고 죽이나 퓌레, 매시 형태의 음

식을 얼마든지 먹을 수 있고, 떠먹이는 죽 이유식을 하더라도 간식이나 식사 시간에 간단한 핑거푸드와 함께 할 수 있습니다. 정해놓은 틀과 기준보다는 내 아이가 원하는 방향으로 진행하는 것이 무엇보다 중요합니다.

육아와 이유식은 하나의 문화입니다. 나라마다 다르고 시대마다 변화된 모습을 보입니다. 가장 보편적인 죽 이유식 또한 역사가 그리 오래되지 않았다는 것을 보면 세월이 지남에 따라 이유식에 대한 지침도 앞으로 계속해서 조금씩 변할 것입니다. 영유아기 때의 경험은 아이의 평생을 좌우할 정도로 아주 중요한 만큼 부모가 관심을 가지고 공부해서 정확한 정보를 알고 일관적인 태도로 확신을 가지고 하는 것이 중요하다는 것을 잊지 마세요.

아이주도이유식을 망설이는 이유

· 아이가 덩어리 음식을 먹다가 목에 걸릴까 봐 걱정돼요.
· 아이가 혼자서 먹으면 먹는 양을 정확히 알 수가 없고, 영양을 충분히 섭취하지 못할까 봐 걱정돼요.
· 아직 이가 없는 아이인데 고형식을 먹을 수 있을까요?
· 손으로 먹으면 식사 시간을 놀이 시간으로만 알까 봐 걱정돼요.

아이주도이유식에 관하여 많은 분들과 만나고 소통을 하다 보니, 이러한 걱정 때문에 아이주도이유식의 시작을 주저하는 분들을 많이 보았습니다. 이 걱정들이 이 책을 통해서 대부분 해소가 되었으면 좋겠습니다. 앞으로 이어질 내용들을 차근차근 읽어주세요.

* 이 책은 이유식과 유아식을 함께 공유하는 책입니다. 그렇기 때문에 돌 이전의 아이라면 재료의 일부를 조정해서 만들어야 하는 레시피도 있습니다. 레시피를 보시기 전에 반드시 81p 레시피 가이드를 참고한 후 시작하시길 바랍니다.

아이주도이유식을 왜 하는가

아이주도이유식의 장점

아이주도이유식을 시작하게 된 계기는 실로 다양합니다. 아이주도이유식의 장점에 매력을 느껴 시작하는 경우도 있고, 주변에서 많이 하니까 '우리 아이도 해야 하지 않을까?' 하는 노파심에 시작하는 경우도 있습니다. 아이가 일반 죽 이유식을 거부하면서 '아이주도이유식처럼 혼자 스스로 먹게 되면 조금 더 먹지 않을까?' 하는 생각에서 죽 이유식의 대안이나 보충으로 시작하는 경우도 있고, 아주 간단해 보이는 아이주도이유식 초기 식단에 매력을 느껴 시작하는 경우도 있습니다. 어떤 이유에서든 아이가 스스로 즐겁게 먹는 모습을 기대하며 호기롭게 아이주도이유식을 시작하지만, 생각만큼 만족스럽게 진행되지 않을 수도 있습니다.

아이가 타고난 먹성이라 매 끼니 골고루 또 즐겁게 먹으면 좋겠지만, 현실은 그렇지 않은 경우가 더 많습니다. 이유식을 시작함과 동시에 조금이라도 더 먹여보겠다는 부모와 끝내 먹는 것을 거부하는 아이와 힘겨운 밥상 전쟁이 시작됩니다. 그런데도 부모들이 포기하지 않고 끊임없이 노력하는 이유는 아이의 건강과 올바른 성장을 바라는 간절한 마음 때문이겠죠.

이유식은 모유나 분유 외에 음식으로 영양을 섭취하는 단계에서 아이의 본능에 따라 '자연스럽고 즐겁게' 유아식으로 넘어가는 중요한 다리 역할이 되어야 합니다. 영양적인 면에만 비중을 둔다면 이유식을 하는 진정한 의미가 없습니다. 아이주도이유식을 하기로 마음을 먹었다면, 다음의 이유에 집중해보세요. 아이주도이유식이라는 긴 여정에 동력을 얻을 수 있을 거예요.

❶ 아이가 자신의 발달 속도에 맞춰 진행할 수 있다

아이의 발달 과정을 보면 아이주도이유식은 정말 자연스러운 방식입니다. 아이는 스스로 발달하고자 하는 욕구가 있습니다. 아이는 뒤집고, 앉고, 기고, 서고, 걷는 것을 누군가가 억지로 시키지 않아도 스스로 할 수 있습니다. 아이마다 발달 속도가 조금씩 차이가 있을 순 있지만 기회만 주어지면 아이는 끊임없이 노력과 시도를 하면서 너무 빠르지도 너무 늦지도 않은 시기에 필요한 발달을 반드시 해냅니다. 음식을 먹는 일도 예외는 아닙니다. 아이는 이미 이유식을 하기 전부터 스스로 먹을 준비를 합니다. 손과 발을 가지고 장난을 치고, 자신의 눈과 손, 입, 그리고 온몸을 이용해 물건을 잡고 관찰하며 탐험을 하면서 세계를 넓혀갑니다. 몸을 제어하는 방법, 적당한 거리감과 힘을 조절하는 방법도 스스로 터득해 갑니다. 생후 6개월 즈음 아이는 스스로 음식을 먹을 수 있습니다. 그리고 아이는 자극과 연습을 통해 본능적으로 먹는 기량을 발달시킬 수 있습니다. 먹는 기량이 발달됨에 따라 먹는 양 또한 늘어나며 수유를 언제까지 이어갈지 혹은 끝낼지 아이가 정하게 됩니다. 그러기 위해서는 아이가 스스로 해낼 수 있다고 믿고 기다려주며, 스스로 해볼 수 있는 기회를 충분히 주는 것이 중요합니다. 음식을 집어서 입에 넣고 입안에서 음식을 굴려가는 등 여러 시도 끝에 안전하게 먹는 방법을 스스로 터득할 수 있기 때문에 숟가락으로 떠먹이는 행위는 굳이 필요하지 않습니다.

❷ 자존감이 높아진다

자존감은 자신이 사랑받을 가치가 있는 소중한 존재라고 믿고, 스스로를 존중하고 사랑하는 마음입니다. 자신의 능력을 믿고 어떠한 일을 기꺼이 해낼 수 있다고 믿는 일종의 자기 신뢰, 자기 확신이기도 합니다. 타인의 시선으로 자신을 평가하기보다는 자신을 있는 그대로 받아들이고 사랑하며, 그런 자신을 믿고 인생을 주도적으로 이끌어 가는 아이는 행복할 수밖에 없습니다. 그렇기에 아이의 행복한 삶이 궁극적인 목적이라면, 부모는 아이의 자존감을 북돋워 주기 위해 최선을 다해야 합니다.

아이가 건강한 자존감을 갖기 위해서는 '스스로가 주체가 되어' 무언가를 해내는 기쁨이 반복되고, 그 과정 속에서 자연스럽게 자존감을 얻어야 합니다. '스스로가 주체가 되는 것', 그것이 자기주도입니다.
아이주도이유식은 아이가 주도가 되어 음식을 먹을지 말지에 대한 결정부터 음식을 먹는 방법, 음식을 대하는 태도, 음식을 먹는 속도, 음식을 먹는 양까지 아이에게 온전히 맡기고, 부모는 아이의 선택을 존중하고 믿고, 또 격려해주는 이유식 방식입니다. 아이에게 먹는 행위는 결코 쉬운 일이 아닙니다. 아이는 여러 형태와 식감, 질감을 가진 음식을 섭취하고 먹기 쉬운 방법을 터득하면서 성취감과 즐거움을 느낍니다. 이 자율성과 성취감은 자연스럽게 아이의 자존감을 높여줍니다.
아이가 스스로 할 수 있도록 돕는 것이 부모의 역할입니다. "내가 할 거야"라고 직접 말을 하지 못하는 아이도 행동을 통해 본인의 의지를 강하게 표현합니다. 스스로 해보고 싶다는 아이의 표현에 귀를 기울여주고, 스스로 해볼 수 있는 기회와 시간을 주세요. 그리고 아이의 선택과 결정을 존중해야 합니다. 이유식뿐 아니라 육아에 있어 가장 중요한 것은 아이를 대하는 부모의 마음과 태도입니다. 아이의 마음에 대한 이해, 공감, 존중, 격려가 반드시 바탕이 되어야 합니다.

❸ 먹는 일이 즐거워진다

프로이트의 발달 단계에 따르면 이유기의 아이들은 구강기에 해당합니다. 입과 입술, 혀, 잇몸 같은 구강 주위의 자극을 통해 쾌감을 느끼는 시기로 무엇이든 입에 넣어 물고 빨려고 하는 욕구가 강합니다. 이 욕구를 충족하기 가장 좋은 최고의 시간은 바로 식사 시간입니다. 내 앞에 주어진 음식을 눈으로 보고 손으로 만지며, 입에 넣어 맛과 질감을 느끼면서 오감으로 '먹는 즐거움'에 대해 알아갑니다.
영유아기는 자기가 하고 싶은 것, 좋아하는 것에 대한 주장이 강해지는 시기입니다. 아이에게 세상은 아주 재미있고 신기한 것들로 가득합니다. 아이는 조금만 걸을 수 있어도 엄마의 손을 뿌리치고 자신이 가고 싶은 방향으로 돌진합니다. 소소한 것도 궁금하고, 알고 싶으며, 호기심이 가득합니다. 아이가 할 수 있는 것들이 늘어나고, 보고 느낄 수 있는 것들이 많아질수록 호기심도 커집니다. 아이가 원하는 것을 마음껏 접하고, 경험하며, 탐험할 수 있는 시간은 즐거울 수밖에 없습니다. 식사 시간에 음식(새로운 것)을 마음껏 탐구하고 스스로 무언가를 해내는 즐거움은 물론, 가족과 함께 먹는 즐거움도 알게 됩니다. 가족이 함께 식탁에 둘러앉아 화기애애한 분위기에서 즐겁게 식사하는 상상을 해보세요.

❹ 가족과 식사 시간을 함께 한다

아이주도이유식을 하는 아이들은 가족과 같거나 비슷한 음식을 먹으며 교감하게 됩니다. 아이는 이 시간을 통해 함께 먹는 즐거움과 소속감, 안정감을 느낄 수 있습니다. 아이는 모방을 하면서 많은 것을 배웁니다. 가족과 함께 하는 식사는 다양한 음식을 먹는 법, 식기를 사용하는 방법, 다른 사람과 교감하며 먹는 법, 가족의 건강한 식습관과 예절, 문화를 터득할 수 있는 가장 좋은 자리이자 시간입니다.

❺ 새로운 음식에 대한 두려움이 적어진다

이유식을 먹는 시기는 아이의 미각 발달에 굉장히 중요한 시기입니다. 아이들은 성인에 비해 미각이 아주 예민합니다. 아이주도이유식을 하는 아이는 자연스럽게 다양한 음식의

형태, 맛, 냄새, 식감, 질감을 경험하게 되고, 가족과 함께 하는 밥상에서 다양한 음식과 먹는 모습을 보게 됩니다. 이는 아이의 미각을 풍부하게 발달시켜 다양한 맛에 대한 기호의 폭을 넓혀주고, 다양한 식감과 질감의 음식을 먹는 기술을 터득하게 합니다. 이러한 경험을 쌓은 아이는 새로운 음식에 도전하는 것을 주저하지 않을 가능성이 더 높습니다.

❻ 식욕 조절 능력을 배운다

포만감을 느끼게 해주는 호르몬인 렙틴은 음식물이 들어가고 20분이 지나야 분비됩니다. 아이주도이유식을 하는 아이들은 자신의 속도에 맞춰 음식을 먹기 때문에 포만감 신호에 더 예민하게 반응합니다. 자신의 식욕을 바탕으로 식사를 하는 것이기 때문에 적당히 먹는 법을 배웁니다. 그만 먹고 싶을 때는 먹는 것을 그만두거나 어떤 식으로든 반드시 표현을 합니다.

떠먹이는 죽 이유식은 음식의 농도가 묽기 때문에 아이가 직접 먹을 때보다 빠른 속도로 음식을 삼키게 되어 필요한 양보다 더 많이 먹을 가능성이 높습니다. 이유식 그릇 안에 또래 아이들이 먹어야 할 평균적인 양만큼의 이유식이 들어 있기 때문에, 그만큼은 먹어야 한다는 생각으로 그만 먹고 싶다는 아이에게 한 숟가락만 더 먹기를 강요하고 있을 가능성도 있습니다. 하지만 아이마다 발달 속도가 조금씩 다르듯, 먹는 양도 조금씩 다릅니다. 양이 적어 자주 먹는 아이라 하더라도, 자신의 발달 속도에 맞춰 차츰 그 양을 늘려 나가고 있는 겁니다.

이제는 그릇에 놓인 음식을 다 먹어야 한다고 말하는 시대는 지났습니다. 아이의 몸이 보내는 신호에 귀 기울이고 먹을 양을 스스로 결정할 수 있게 해야 합니다.

❼ 두뇌 발달에 도움이 된다

아이에게 '먹는다'는 것은 단순히 음식을 입에 넣고 삼키는 행위로 그치는 것이 아닙니다. 엄청난 고도의 기술이 필요하죠. 여러 번의 시도 끝에 아이들은 자신에게 맞는 '적당함'을 찾게 됩니다. 처음에는 음식을 손으로 집는 것도 쉽지 않고, 원하는 만큼 입에 넣는 일도 순탄치 않습니다. 어떤 음식부터 어떻게 집어야 하는지, 얼마만큼 어떻게 입에 넣어야 하는지, 혀는 어떻게 움직여야 하는지, 얼마만큼 씹고 어떻게 삼켜야 하는지 모두 아이가 결정하고 판단해야 합니다. 음식을 씹고 삼키는 동시에 숨도 쉬어야 하므로, 안전하면서도 되도록 먹기 쉬운 방법을 스스로 터득하게 됩니다. 이러한 연습 과정 속에서 아이는 손과 눈의 협응 능력, 소근육을 점차적으로 발달시키게 됩니다. 그리고 스스로 선택하는 능력(자율성)과 주도성을 기르게 됩니다. 이는 모두 두뇌 발달에 아주 많은 긍정적인 영향을 끼칩니다.

아이주도이유식의 단점

아이주도이유식이 결코 쉽거나 단순한 것이 아니라고 느낀다면 바로 이 한 가지 단점 때문일 것입니다.

주변이 지저분해진다

아이는 먹는 일이 능숙하지 않습니다. 먹고 일어난 자리가 지저분해지는 것은 지극히 당연한 일입니다. '지저분하다'에 대한 개념이 아직 잡히지 않은 아이는 주변이 얼마나 지저분해지는지 전혀 아랑곳하지 않고 자신의 앞에 있는 음식에 집중하며 열심히 탐구하고 먹을 것입니다. 아이가 스스로 먹는 법을 배울 땐 당연히 흘리면서 먹을 수밖에 없습니다. 아이주도이유식은 그 시기를 조금 일찍 겪는 것입니다. 아이의 먹는 기량이 점점 발달하면서 음식을 흘리고 묻히는 정도는 금방 좋아집니다.
아이주도이유식을 하는 아이들은 스스로 먹는 연습을 계속 해왔기 때문에 먹는 일에 금방 능숙해져 그 기간이 매우 짧다고는 하지만, 그래도 매번 아이가 식사 때 어질러 놓은 것을 치우는 일은 그리 쉬운 일이 아닙니다. 다행히도 요즘은 아이주도이유식을 위한 턱받이나 식탁 매트, 바닥에 까는 매트, 흡착식판 등 유용한 용품들이 많이 나와 있습니다. 그런 용품들을 적절히 사용하면 청소가 훨씬 수월해질 것입니다.

아이주도이유식의 장점

1. 아이는 자신의 발달 속도에 맞춰 성장할 수 있다.
2. 스스로 선택하고 판단해서 성취해가는 과정 속에서 아이의 자존감이 높아진다.
3. 새로운 것을 탐구하고 스스로 무언가를 해내는 일은 식사 시간을 즐겁게 해준다.
4. 가족과 식사 시간을 함께 공유하면서 먹는 즐거움, 소속감, 건강한 식습관, 식사 예절 등을 배울 수 있다.
5. 다양한 음식을 접한 경험은 새로운 음식에 대한 두려움을 줄여준다.
6. 자신만의 속도와 양에 맞춰 먹는 습관으로 자연스럽게 식욕 조절 능력을 배울 수 있다.
7. 음식을 스스로 먹는 과정 속에서 손과 눈의 협응 능력, 소근육을 발달시키고, 자율성과 주도성을 기르게 돼 두뇌 발달에 도움이 된다.

아이주도이유식은 어떻게 하는가

아이주도이유식을 성공적으로 이끄는 4가지 기본 원칙

아이주도이유식은 결코 단순하고 쉬운 방식이 아닙니다. 아이 스스로 먹도록 기회를 주는 것이라고만 단순하게 생각하고 시작한다면 금방 포기하게 될 것입니다. 밥을 먹는 것은 평생 해야 하는 일이기 때문에 처음부터 음식과 건강한 관계를 맺을 수 있게 해야 합니다. 그러기 위해서는 부모의 역할이 매우 중요합니다. 성공적인 아이주도이유식을 위한 몇 가지 원칙을 소개하겠습니다.

1 아이를 신뢰하고 존중한다.

"아이가 주도할 수 있도록 지켜봐주세요."

아이는 본능적으로 자신의 발달에 있어 필요한 영양을 조절해서 섭취할 수 있는 능력을 가지고 태어납니다. 무엇을 얼마나 먹어야 할지 본능적으로 알고 조절합니다. 급성장기 때에는 잘 먹다가도 성장 곡선이 완만해지는 시기에는 적게 먹기도 합니다. 어느 날은 잘 먹다가 또 어느 날은 안 먹기를 반복하는 것은 지극히 정상입니다. 하루 동안 먹는 양이 들쭉날쭉하더라도 일주일 또는 그 이상 기간의 영양섭취를 따져보면 결과적으로는 균형 있게 먹고 있음을 확인할 수 있습니다. 그렇기 때문에 아이가 편식을 하더라도 부모는 아이가 영양을 골고루 섭취할 수 있도록 균형 잡힌 식사를 제공하는 것이 중요합니다. 아이가 그 안에서 조절해서 먹을 수 있도록 믿고 맡겨야 합니다. 음식이 아이 앞에 놓여진 순간부터는 전적으로 아이에게 맡기세요. 자신의 방식이 신뢰를 받을수록 자신감이 생겨 더 빠르게 학습합니다. 도움이 필요하다면 아이는 부모에게 알릴 것입니다. 한 발자국 물러서서 필요한 만큼 도와주고, 개입은 최소한으로 하는 것이 좋습니다.

2 배움을 격려한다.

"탐구을 할 수 있는 안정적인 환경과 충분한 기회, 시간을 주세요."

아이가 호기심을 가지고 마음껏 주변 세상을 탐구하기 위해서는 안정적인 환경이 바탕이 되어야 합니다. 이 시기에는 규칙적인 시간에 사랑하는 가족들(또는 익숙한 사람)과 함께 자신의 자리에서 식사를 하는 분위기를 조성하는 것으로 충분합니다. 아이를 안전하게 받쳐주는 유아용 의자를 사용하면 좋습니다. 규칙적인 패턴은 아이에게 안정감을 주고, 아이가 편안한 마음으로 마음껏 음식을 탐구할 수 있게 합니다.

모르는 것에 대해 알아가고 배우기 위해서는 직접 느끼고 해보는 것만큼 정확한 것이 없습니다. 그렇기 때문에 다양한 맛을 발견하고 새로운 식감과 질감을 경험하는 것은 중요합니다. 아이가 음식에 대해 알아가고 스스로 먹는 법을 연습하는 기회를 많이 주면 줄수록 아이는 음식에 대해 더 빨리 배울 것입니다. 딱히 횟수를 제한하거나 정할 필요는 없습니다. 하루 중 가족의 식사 시간이나 간식 시간 중 기회가 될 때 기회를 주면 됩니다.

아이를 믿고 음식에 대해 탐구할 시간을 충분히 줘야 합니다. 음식을 만져보지 않을 수도 있고, 그저 만져보기만 하거나 바닥에 몽땅 떨어뜨릴 수도 있습니다. 한 가지 음식만 맛볼 수도 있습니다. 먹는 시간이 너무 오래 걸릴 수도 있습니다. 먹는 기술을 터득하고 발달하는 과정이 생각보다 더딜 수도 있습니다. '도대체 언제쯤 잘 먹게 되는 것이지?' 답답해하기보다는 아이가 음식과 친숙해지고, 식사 시간에 익숙해지며, 배워가는 시간이라 생각하고 격려해주세요.

3 가족이 함께 한다.

"가족간에 유대감을 느끼며 즐겁게 식사를 해요."

'아이는 부모의 거울이다', '아이는 부모의 그림자를 보고 자란다'라는 말이 있습니다. 스펀지같이 모든 것을 흡수하는 능력을 가진 아이들은 모방을 통해 많은 것은 배웁니다. 부모나 주변의 사람들의 아주 사소한 일상적인 행동들까지도 보고 따라 하며 언어 능력과 사회성 등을 습득합니다. 부모는 아이와 함께하는 시간이 가장 길기 때문에 아이에게 가장 큰 영향을 주는 사람일 수밖에 없습니다.

가족과 함께 하는 식사 시간은 끼니를 해결하는 것 이상의 의미를 지니고 있습니다. 다양한 음식을 맛있게 먹는 방법, 식기를 사용하는 방법, 식사 예절, 우리 가족만의 문화 등을 배울 수 있는 가장 좋은 기회이자 가족끼리 둘러 앉아 서로의 안부를 묻고 소통하며 유대관계를 높일 수 있는 시간입니다. 이 시간을 함께 공유하는 아이는 가족과 교감도 하고 소속감을 느끼며 즐겁고 평안한 마음으로 식사할 수 있습니다. 또한 아이가 건강한 식습관을 터득할 수 있는 가장 좋은 시간입니다. 부모가 자신의 식습관을 되돌아볼 수 있는 굉장히 좋은 기회이기도 합니다. 아이는 부모가 먹는 모습을 관찰하고 흉내 내는 것을 매우 좋아합니다. 가족 모두가 함께 하지는 못 하더라도 반드시 한 명이라도 함께 하는 것이 좋습

니다. 요새는 아이를 돌보는 형태가 워낙 다양해져서 가족이 아니더라도 아이를 돌보는 사람(어린이집 선생님, 육아 도우미, 조부모님 등)과 함께 먹을 수도 있습니다. 부모 중 한 명이 아이를 돌보는 상황이라면 점심시간이 아이와 함께 하기에 가장 좋은 시간입니다. 아침 식사는 다른 가족들이 출근하거나 등교하고 난 다음에 함께 먹을 수도 있고, 저녁 식사는 주로 함께 있는 사람과 먼저 식사를 하거나 아이의 식사 시간을 조금 늦춰 함께 먹는 방법도 있습니다. 가족의 편의성과 아이의 컨디션을 고려해 적절하게 조율하면 됩니다.

4 다름을 인정한다.

"아이를 있는 그대로 받아들이고, 자기만의 방식으로 발전할 수 있게 도와주세요."

사람마다 생김새가 모두 다르듯이 각자의 관심과 재능, 본성과 기질도 모두 다릅니다. 어른뿐만 아니라 아이도 마찬가지입니다. 아이들마다 첫 음식을 앞에 두고 다른 반응을 보입니다. 어떤 아이는 만져보지도 않고 끝나기도 하고, 어떤 아이는 만져보고 울기만 하다 끝나기도 하고, 어떤 아이는 손으로 열심히 뭉개기만 하다 끝나기도 하고, 어떤 아이는 음식을 씹고 뱉기를 반복하면서 먹기도 하고, 어떤 아이는 입속에 모든 음식을 넣고 어찌할지 몰라 하는 아이도 있습니다. 아이마다 다른 반응을 보이는 것은 음식이라는 낯설고 새로운 것과 친숙해지는 방법이 달라서입니다. 물론 방법뿐만 아니라 친숙해지는 시간도 아이마다 다릅니다. 어떤 아이는 노는 것보다 먹는 것을 좋아해 이유식·유아식 시기를 힘들지 않게 지나갑니다. 반면 어떤 아이는 먹는 일보다 노는 일을 좋아해 부모가 마음을 졸이면서 그 시기를 지나가는 경우도 있습니다.

이렇게 제각각 다른 아이들을 자기만의 방식으로 발전할 수 있도록 도와주기 위해서는 아이를 주관적인 시선으로 평가하는 것이 아니라 있는 그대로 받아들이고 인정해야 합니다. 아이에게 끊임없이 관심을 가지고 아이를 이해하며, 존중해야 합니다. 아이의 눈과 관점으로 세상을 바라보면 아이의 마음을 이해하고 공감하는 데 도움이 됩니다.

아이주도이유식 실천 전략

❶ 아이의 본능을 믿고 맡긴다.

❷ 편안한 환경 속에서 자주 연습할 수 있도록 충분한 기회와 시간을 준다.

❸ 가족의 식사에 함께 참여하면서 즐겁고 건강한 식습관을 배울 수 있도록 해준다.

❹ 다른 아이와 비교하지 않고, 있는 그대로의 내 아이를 이해하고 공감해준다.

CHECK POINT

나만의 식단, 나만의 레시피, 나만의 시간표 만들기

보통 일반 죽 이유식을 하면 이유식을 언제 먹여야 할지, 개월 수마다 무엇을 얼마만큼 먹여야 할지, 몇 번 먹여야 할지 가이드라인이 있습니다. 하지만 아이주도이유식은 아이의 성장 속도와 가족의 특성에 맞게 부모가 가이드라인을 잡아 진행하는 것이 좋습니다. 각 가정마다 냉장고 사정이 다르고, 식사하는 시간, 가족의 문화와 환경도 다릅니다. 남이 짜 주는 식단은 한계가 있습니다. 내 아이의 입맛에 맞지 않을 수도 있고, 가족의 스케줄과는 다를 수도 있습니다. 이 책에 있는 레시피는 구하기 쉬운 재료들로 만들어져 있지만, 얼마든지 집에 있는 재료로 변형해서 응용이 가능한 레시피입니다. 만드는 방법만 취해 나만의 레시피를 만들어도 좋습니다. 저는 저만의 규칙적인 식사 시간표를 만들어 아이주도이유식을 진행했습니다. 그 시간표를 시기별 아이주도이유식 포인트와 함께 31p에 소개했습니다. 참고해서 나만의 식단과 시간표를 만들어보세요.

아이주도이유식은 언제 시작하는 것이 좋을까?

만 6개월 정도 되면 모유나 분유만으로 아이에게 필요한 모든 영양을 공급하기가 어려워져 다양한 음식을 통해 부족한 영양을 보충해야 합니다. 분유수유를 하는 아이는 4개월부터 이유식을 하라는 지침도 있지만, 세계보건기구(WHO)는 모유수유, 분유수유 상관없이 만 6개월 이후가 이유식을 시작하기에 좋은 시점이라고 보고 있습니다. 아이가 6개월이 되면서 하루 아침에 영양이 부족해지는 것이 아닙니다. 아이가 추가적으로 섭취해야 하는 영양분의 필요량은 초기에는 아주 소량이었다가 점차적으로 늘어납니다. 그렇기 때문에 초기에 아이가 섭취하는 것이 적더라도 크게 걱정할 필요는 없습니다. 6개월부터 아이주도이유식으로 먹는 연습을 하루에 몇 번씩 꾸준히 한 아이는 영양분을 더 많이 필요로 하는 9개월 정도가 되면 이미 다양한 음식을 다루고 먹을 줄 알기 때문에 먹는 양이 상당히 늘어납니다. 그러면서 서서히 모유나 분유의 섭취량을 줄여 나갈 수 있게 되지요. 초기 몇 개월간은 음식을 오감으로 느끼고 맛보면서 더 많은 음식을 먹기 전에 몸이 자연스럽게 적응하는 기간이라 생각하면 됩니다. 그렇기 때문에 6개월부터 아이주도이유식을 시작하는 것이 좋고, 늦어도 7~8개월에는 시작하는 것이 좋습니다. 9개월 이후에 시작할 경우, 다른 방법으로 접근을 하는 것이 좋습니다(아이주도이유식 Q&A 69p 참고).

아이가 어느 정도 앉을 수 있게 되면 치발기나 장난감을 아이 앞에 두고 가족들의 식사시간에 참여를 시키는 것이 좋습니다. 음식을 같이 먹지는 않아도 아이는 가족들과 식사시간을 함께하는 것만으로도 호기심을 느끼고 가족들의 행동 하나하나를 관찰할 것입니다. 그리고 점점 이 시간에 익숙해질 거예요.

아이는 생후 6개월 정도가 되면 상체를 스스로 꼿꼿이 세워 앉을 수 있는데, 손을 뻗어 음식을 집고 입으로 가져갈 수 있으면 아이주도이유식을 시작할 준비를 마친 것입니다. 하이체어나 아기 의자에 앉혀서 먹으면 좋지만 부모의 무릎에 앉혀서 시작해도 괜찮습니다. 아기가 의자에 앉았을 때 안정되도록 쿠션을 받쳐주는 것도 좋습니다.

❶ 아이가 너무 배고프거나 졸리지 않을 때에 음식을 제공해주세요

초기 한두 달은 음식을 먹는다기보다 탐구하고 관찰한다는 개념이 강합니다. 배고픔보다는 호기심에 의한 행위이기에 아이가 실제 먹는 양은 굉장히 적을 수도 있습니다. 음식은 먹는 것이고, 음식을 먹으면 배고픔을 해소할 수 있다는 것을 아이가 인지하기까지는 제법 많은 시간이 필요합니다. 너무 배가 고플 때 아이주도이유식을 하면 스스로 음식을 탐구하거나 먹는 법을 익히기가 어렵습니다. 아이가 졸려 할 때 진행해도 짜증을 낼 수 있습니다. 너무 졸리거나 배고프지 않은 시간에 시도해보는 것이 좋습니다. 먹는 기량이 발달하고 먹는 양이 대폭 느는 8~9개월쯤부터는 아이가 배고플 때 식사하도록 해주세요.

❷ 정해진 시간에 식사할 수 있도록 해주세요

밥과 간식은 정해진 시간에 규칙적으로 먹게 해주세요. 먹는 시간이 일정해지면 몸의 리듬도 규칙적으로 변해 잠도 더 잘 자고 더 잘 놀 수 있습니다. 아이와 가족의 밥 먹는 시간이 일치하도록 서로 조금씩 조율하는 것이 좋습니다. 부모 역시 규칙적인 식사를 하도록 노력해야 합니다. 식사를 자주 거르거나 대강 때우는 모습은 아이 역시 식사를 그렇게 여겨도 된다고 생각할 수 있습니다.

❸ 아이가 밥을 먹기 전에 꼭 손을 깨끗이 씻겨주세요

아이는 처음 몇 개월 간은 손을 사용해서 밥을 먹을 것입니다. 숟가락으로 떠먹여주는 죽이유식을 하는 아이도 돌이 지나 스스로 먹는 연습을 시작하면 손과 도구를 함께 사용하면서 밥을 먹게 되니 손으로만 먹을까 봐 걱정하지 않아도 됩니다. 가족의 먹는 모습을 지켜보며 식사를 한 아이는 8~11개월쯤이면 식사 도구에 관심을 가지고 도구를 사용하는 흉내를 내기 시작합니다. 손으로 먹든 도구를 사용하든 밥 먹기 전에는 손을 꼭 깨끗이 씻는 습관을 갖도록 해주세요.

음식을 얼마나 제공해야 할까?

음식을 처음 접하는 아이는 음식을 먹기보다는 탐구하면서 가지고 놀 것입니다. 음식의 대부분을 던지거나 바닥에 떨어뜨린 뒤 남은 작은 조각들만 먹을 수도 있고, 식탁과 얼굴에 전부 뭉개 버린 다음 음식이 없다고 짜증을 낼 수도 있습니다. 어느 날은 신나게 가지고 놀고, 입에도 넣으면서 탐구할 수 있지만, 어느 날은 빠르게 지루해져 그만하고 싶어 할 수도 있습니다. 이는 모두 음식과 친해지고 배워가는 과정으로 정상적인 현상입니다. 하지만 이때는 모유나 분유로 대부분의 영양을 섭취하는 시기라 음식을 섭취하는 양이 적더라도 크게 걱정할 필요는 없습니다.

아이에게 제공하는 음식의 가짓수는 3~4가지 정도가 가장 적당합니다. 너무 다양한 음식을 주면 아이가 부담스러워 하거나 무엇을 먹을지 선택하는 데에 어려움을 느낄 수 있습니다. 아이에게 너무 많은 양을 주는 것도 아이의 집중을 흐트러뜨립니다. 처음에는 몇 조각만 준 다음 잘 먹으면 좀 더 제공해주는 식으로 진행하는 것이 좋습니다. 아이가 음식을 충분히 탐구한 뒤 더 먹고 싶어할 때 바로 제공해 줄 수 있도록 음식의 양을 넉넉히 만들어 놓으세요. 의자나 식탁, 주변 바닥에 비닐을 깔거나 깨끗하게 닦아 놓으면 떨어진 조각도 다시 줄 수 있으니 주변을 깨끗하게 준비해두는 것도 좋습니다. 이 기간은 그렇게 길지 않습니다. 연습을 꾸준히 한 아이는 금방 스스로 먹는 기량이 발달할 것입니다. 흘리는 양이 적어지고, 먹는 양이 많아지면 아이가 먹는 적당한 양을 부모가 가늠할 수 있습니다. 내 아이가 평균적으로 먹는 양을 가늠해 그에 맞게 음식을 제공하면 됩니다.

참고하세요

모유(분유)와 이유식, 섭취 비율은?

세계보건기구(WHO)의 가이드라인에 따르면, 선진국 모유수유아의 하루 평균 에너지 요구량은 6~8개월에는 약 615kcal, 9~11개월에는 약 686kcal, 12~23개월에는 약 894kcal이고, 이에 따른 이유식의 섭취 비율은 6~8개월에는 21.1%, 9~11개월에는 45.1%, 12~23개월에는 64.8% 정도입니다. 6~8개월의 아이는 하루에 2~3번, 9~24개월에는 하루에 3~4번 보충식(이유식+간식)을 먹어야 하고, 간식의 경우 하루에 1~2번, 영양이 풍부한 것으로 제공합니다.

모유와 분유에는 아이에게 꼭 필요한 지방이 많이 함유되어 있을 뿐만 아니라 필수적인 영양성분이 고루 들어 있어 너무 일찍 수유량을 줄이는 것은 권장하지 않습니다.

주의!

절대 아이가 먹고 싶어 하는 양보다 더 먹도록 강요하지 마세요. 밥 먹는 시간을 싫어하게 되거나 몸이 보내는 신호를 무시하는 습관을 만들어 훗날 좋지 않은 식습관으로 이어질 가능성이 많습니다.

그만 먹고 싶다는 아이의 신호

1. 울거나 안아 달라면서 의자에서 꺼내달라고 한다(초기의 경우 이렇게 표현하는 경우가 많다).
2. 음식을 입에 가져가지 않고 장난만 친다.
3. 음식을 바닥에 던지거나 식탁을 손으로 탁탁 친다.

어떤 음식을 제공해야 할까?

❶ 발달 과정에 따라 단계적으로 음식을 제공한다

생후 6개월부터 손에 쥐기 쉬운 고형식을 먹기 시작해 12개월부터는 가족과 동일한 형태의 음식으로 식사가 가능합니다. 10개월 이전에 덩어리가 있는 고형식을 시작하는 것이 나중에 능숙하게 섭취하는 데 도움이 됩니다. 아이는 숟가락, 포크, 젓가락 같은 도구를 완전하게 사용하기 전까지는 손을 많이 사용해서 밥을 먹을 것입니다. 아이의 발달 단계에 따라 손의 사용도 점점 정교해지기 때문에 아이가 손으로 쥐거나 잡기 쉽고 먹기 쉬운 음식을 단계적으로 줘야 합니다. 아이의 개월 수에 따른 발달 과정을 미리 알면 식사를 준비하는 데 있어 도움이 됩니다.

같은 재료를 활용한 개월별 식단의 변화

찐 브로콜리, 구운 쇠고기,
당근 케일 감자매시스틱

감자매시, 찐 당근과 완두콩,
쇠고기 브로콜리 밥전

브로콜리 들깨무침, 쇠고기양념구이,
감자 사과볶음, 백미밥

우리 아이는 할 수 있어요! 1단계 : 6개월

구강기라 모든 물건을 손으로 집어서 입으로 가져가 물고 빨면서 탐구합니다. 이 시기 아이에게 입이란, 눈이자 피부이자 오감을 느끼는 아주 중요한 부위예요. 이 시기의 아이는 조금만 지지해주면 혼자 꼿꼿이 앉을 수도 있습니다. 아이 주먹만 한 음식이나 긴 스틱 모양의 음식을 손바닥 전체를 이용해 집을 수 있어요.

"음식과 친해지는 시기"

아이는 엄마의 모유나 분유 외에 처음으로 음식을 접하게 됩니다. 이것이 먹을 수 있는 것이라고 아직 잘 인지하지 못하지만, 맛과 냄새가 있으며, 다양한 색과 질감을 가진 재미있는 것이라 여깁니다. 호기심을 가지고 자신만의 방식으로 탐구하게 될 거예요. 음식을 으깨고, 뭉개고, 먹고, 뱉고, 던지고, 오감으로 느끼면서 음식과 친해지는 시기랍니다. 입안에서 음식을 으깨고 삼키는 일이 익숙하지 않아 입 밖으로 그대로 나올 수도 있어요. 실제로 삼키는 양은 생각보다 많지 않습니다. 하지만 엄마, 아빠와 함께 이 재미있는 음식을 같은 식탁 위에서 탐구할 수 있다는 것은 아이에게 매우 즐거운 일이랍니다. 아이는 아직 주먹을 펴서 그 안의 음식을 먹기 어려워합니다. 따라서 손으로 음식을 잡았을 때 그 위쪽 부분을 먹는다고 생각하고, 6cm 정도 길이의 스틱 형태로 음식을 만들어주는 것이 좋아요. 아직은 힘 조절이 쉽지 않으므로 음식을 너무 익혀서 쉽게 으깨지거나, 덜 익혀서 먹기 힘들지 않도록 적절하게 익혀주는 것이 좋아요.

스케줄 예시 **라임이의 하루 일정표**(수유 4번, 낮잠 2번, 이유식 2번)

이유식은 가족이 식사할 때나 간식 먹을 때 함께하는 것이 좋아요. 저는 제가 아침 식사(수유 1 이후)나 점심 식사(수유 2 이후)를 할 때 라임이와 함께 이유식을 했어요. 수유 1, 2, 3 이후가 이유식을 하기에 좋은 타이밍이에요. 아이가 너무 배가 고프면 음식에 집중을 할 수가 없기 때문에 수유를 하고 1시간 정도 지나서 먹일 것을 권합니다.

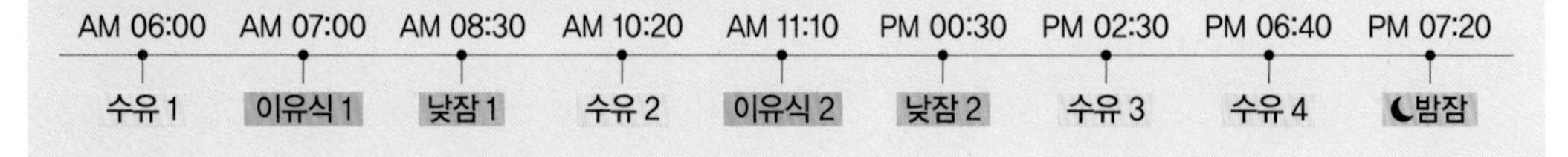

우리 아이는 할 수 있어요! **2단계 : 7~8개월**

이제는 어느 정도 힘을 조절할 수 있어 음식을 으깨지 않고 적당한 힘으로 집을 수 있어요. 손바닥을 펴서 손바닥 안에 있는 음식도 입에 넣을 수 있고요. 그래서 스틱 형태가 아닌, 좀 더 작은 크기의 음식들도 먹을 수 있답니다. 점점 음식을 입안에서 으깨고, 씹는 것에 익숙해졌을 거예요. 되직하고 부드러운 음식을 줘도 손으로 펴서 입으로 넣을 수 있어요.

"음식은 먹는 것이구나!"

아이는 먹는 것과 아닌 것을 슬슬 구분할 수 있어요. 음식이라는 것은 단순히 재미있는 놀잇감이 아닌 먹을 수 있는 것임을 인지하기 시작해요. 씹는 능력도 좋아져 삼킬 수 있는 양이 제법 많아집니다. 되직한 음식을 먹을 수 있는 능력을 갖췄으니 밥볼이나 파스타, 국수, 완자, 뇨키, 전, 포리지와 같은 다양한 크기의 음식을 제공해주면 먹는 연습을 하기에 좋아요. 간만 하지 않는다면 엄마, 아빠와 일부 메뉴를 공유할 수 있어요.

아이가 잘 으깨고 씹을 수 있는 음식이 아니더라도 다양한 크기와 질감을 가진 음식들을 아이에게 주어 새로운 음식에 자꾸 도전하고, 탐구할 수 있도록 기회를 주세요. 아직은 연습을 하는 단계이니 먹는 양이 많지 않더라도 꾸준히 씹고 삼키는 연습을 할 수 있게 해주는 것이 좋습니다.

스케줄 예시 라임이의 하루 일정표(수유 4번, 낮잠 2번, 이유식 2~3번)

수유 1, 낮잠 1, 낮잠 2 이후가 이유식을 하기에 좋은 타이밍이에요. 일정표는 아이의 수유와 낮잠 패턴에 따라 얼마든지 달라질 수 있습니다.

AM 06:00	AM 07:30	AM 10:00	AM 10:30	PM 01:00	PM 03:00	PM 03:30	PM 07:20	PM 08:00
수유 1	이유식 1	수유 2	낮잠 1	이유식 2	수유 3	낮잠 2	수유 4	밤잠

우리 아이는 할 수 있어요! 3단계 : 9~11개월

이제는 손 전체가 아니어도 엄지와 검지를 이용해서 음식을 집을 수 있고, 아주 작은 조각까지 집기도 해요. 음식을 집어서 다른 것에 찍어 먹을 수도 있고요. 숟가락, 포크에 관심이 생겨 음식 옆에 숟가락과 포크를 놓아주면 스스로 떠먹을 수도 있어요. 국물이 있는 음식도 간을 안 하고 주면 얼마든지 먹을 수 있답니다. 숟가락으로 국물까지 떠먹기는 힘들어도 건더기는 먹을 수 있고 그릇째 들고 스스로 국물을 마실 수도 있어요.

"세상엔 맛있는 음식이 정말 많아요"

이제 아이는 이것이 식사라는 것을 확실하게 인지합니다. 먹으면 배가 부르다는 것도요. 탐구와 장난이 줄고, 먹는 양이 대폭 늘어납니다. 먹는 양이 늘어남에 따라 수유량도 점점 줄어들지요. 이제는 엄마, 아빠와 비슷한 형태의 메뉴로 식단을 구성할 수 있어요. 다양한 크기와 질감의 것들을 잘 다룰 수 있어, 가족들의 식사에서 간을 하지 않으면 대체로 다 즐길 수 있는 거죠. 제법 유아식과 비슷한 형태의 식단이랍니다. 자아가 강해지기 시작하면서 먹고 싶은 것, 먹기 싫은 것이 분명해지고, 아예 식사를 거부할 수도 있습니다. 그래도 아직은 편식이 적고, 다양한 음식에 대한 호기심이 강하기 때문에 최대한 다양한 것들을 먹어볼 수 있게 해주세요. 더 작은 조각을 집는 연습도 시켜주세요. 아이가 숟가락, 포크에 관심을 가지기 시작하면 숟가락에 음식을 퍼주거나, 포크로 음식을 찍어서 놓아주고 스스로 집어서 먹을 수 있게 연습을 시켜주세요.

스케줄 예시 **라임이의 하루 일정표**(수유 3번, 낮잠 2번, 이유식 3번, 간식 1번)

이때부터 이유식을 먹는 양이 대폭 늘기 때문에 수유는 이유식을 먹고 1시간 30분 후 원하는 만큼만 먹도록 했어요. 그래서 총 수유량이 줄기 시작합니다. 이유식은 잠을 자고 일어나서 적당히 배가 고플 때 먹도록 해줬어요. 라임이는 잘 먹는 아이가 아니었기 때문에 기상 직후에는 수유보다 이유식을 먼저 했는데, 기상 직후 수유를 하고 1시간 정도 지나서 이유식 1을 하여도 괜찮습니다.

AM 07:00	AM 08:30	AM 10:30	PM 01:00	PM 02:30	PM 03:30	PM 06:00	PM 07:30	PM 08:00
이유식 1	수유 1	낮잠 1	이유식 2	수유 2 간식	낮잠 2	이유식 3	수유 3	밤잠

우리 아이는 할 수 있어요! 4단계 : 12~15개월

이제는 숟가락, 포크, 젓가락을 사용해서 밥을 먹고 싶을 거예요. 많은 연습이 필요하지만, 이전보다 훨씬 능숙하게 도구를 사용할 수 있어요. 벌써 스스로 잘 사용할 줄 아는 아이들도 있을 겁니다. 도구를 사용할 수 있지만 손으로 먹는 것이 편할 때는 여전히 손으로 먹어요. 다양한 음식을 먹을 수 있는 능력을 갖췄어요.

"엄마 배고파요. 밥 주세요!"

먹는 양이 많이 늘고 음식에 대한 호불호가 이전보다 강해지지만 도구를 사용하게 되면서 먹는 일에 흥미가 생기고 즐겁게 식사를 합니다. 아직 도구 사용이 익숙하지 않아 밥 먹는 시간이 평소보다 길어질 수도 있고요. 흘리고 묻히는 음식의 양도 굉장히 줄어듭니다. 스스로 먹는 일에는 이제 베테랑이기 때문에 다양한 형태나 질감의 음식을 얼마든지 먹을 수 있는 능력을 갖췄습니다.
라임이는 이때부터 간장이나 된장으로 조금씩 간을 해주기 시작하면서 더욱 다양한 음식들을 접하게 되었어요. 이전보다 엄마, 아빠와 함께 먹을 수 있는 음식들이 더욱 많아졌고요. 위기라면 이즈음 어금니가 나기 시작하면서 먹기가 힘든 시기가 있고, 감기에 걸려 몸이 아파 밥을 안 먹는 경우도 있습니다.

스케줄 예시 **라임이의 하루 일정표**(수유 1번, 낮잠 1번, 유아식 3번, 간식 2번)

라임이는 12개월부터 하루에 수유를 한 번밖에 안 했어요. 13개월부터는 저녁 식사 양도 충분해서 수유를 완전히 끊게 됐죠. 낮잠 횟수가 1번으로 줄어 낮잠 시간이 조금씩 늦어지게 되고 점심 식사 시간도 늦어졌는데, 저 또한 점심 식사를 조금 늦게 해서 라임이와 매끼 겸상을 했어요.

AM 07:30	AM 09:30	AM 11:30	PM 02:30	PM 04:00	PM 06:00	PM 07:00	PM 07:30
아침 식사	간식 1	낮잠	점심 식사	간식 2	저녁 식사	수유	밤잠

우리 아이는 할 수 있어요! 5단계 : 16~24개월

도구를 아주 능숙하게 사용하고 음식을 흘리는 양도 굉장히 적어져요. 빠른 아이들은 아이 전용 젓가락으로 식사를 할 수 있습니다. 약간의 매운 음식도 먹을 수 있는 시기예요. 말을 시작한 아이는 원하는 음식을 달라고 말로 직접 요구하기도 하고, 밥 먹기 싫다고 말하기도 해요. '맛있어요', '맛없어요', '더 주세요', '그만 먹을래요'와 같은 간단한 표현을 할 수 있어요.

"밥 먹는 것보다 노는 것이 더 좋아요"

간만 적게 하고 아주 맵지만 않으면 엄마, 아빠가 먹는 것 대부분을 함께 먹을 수 있어요. 이 시기의 아이들은 모방심리가 강하기 때문에 부모가 건강한 식습관의 모범이 되는 것이 중요합니다. 다양한 음식을 먹을 수 있는 능력은 갖췄지만, 의사표현이 명확해지고 호불호가 강해지면서 먹고 싶은 것만 먹을 수도 있습니다. 아무거나 다 잘 먹던 아이도 편식이 점점 심해지고 잘 먹던 채소도 안 먹을 수 있어요.

걷고 뛰고 말하고 할 수 있는 것들이 많아져서 먹는 것보다 노는 것이 더 즐거울 때예요. 이 때문에 식사에 대한 관심이 줄고, 놀고만 싶어 밥을 거부하는 일이 잦아집니다. 아이에게 먹는 것 또한 노는 것만큼 즐거운 일이라는 것을 알려주세요. 그리고 항상 일정한 시간에 자기 자리에 앉아서 먹을 수 있게 도와주세요. 자리에서 벗어나면 식사가 종료가 된다는 것을 알려주세요. 아이의 식사량도 중요하지만 너무 집착하지는 마세요. 밥을 잘 안 먹었다고 해서 간식을 많이 주지 말고, 밥 먹는 시간에는 어느 정도의 배고픔을 느낄 수 있게 해주세요.

스케줄 예시 라임이의 하루 일정표(낮잠 1번, 유아식 3번, 간식 2번)

라임이는 12개월 때부터 낮잠을 한 번밖에 안 잤지만, 이때도 낮잠을 두 번 자는 아이들이 있어요. 세 끼 식사가 일정한 시간에 이루어질 수 있게 해주고, 밥을 잘 안 먹더라도 간식을 주되 적게 주어야 합니다.

AM 07:30	AM 10:00	PM 12:00	PM 01:00	PM 03:30	PM 06:00	PM 08:00
아침 식사	간식 1	점심 식사	낮잠	간식 2	저녁 식사	밤잠

❷ 양보다 질, 영양소 공급에 신경 쓴다

적절한 양을 먹이는 것도 중요하지만 섭취하는 음식의 질, 영양소가 더 중요합니다. 아이주도이유식을 할 때 꼭 챙겨야 할 영양 성분과 이를 섭취하는 방법에 대해 알아보겠습니다.

- **철분**

철분은 헤모글로빈을 만드는 데 중요한 역할을 합니다. 헤모글로빈은 우리 몸의 세포에 산소를 전달하는 적혈구를 이루는 중요한 요소이지요.
아이에게 철분이 부족할 경우 쉽게 피곤해하고, 밥도 잘 먹지 않으며, 자주 보채게 됩니다. 그렇기 때문에 철분은 아이의 성장 발달에 있어 아주 중요한 영양소입니다. 아이가 생후 6개월 정도 되면 모체로부터 받은 철분의 양이 많이 소진되고 성장 속도가 빨라지기 때문에 수유만으로는 필요한 철분의 양을 충당하기 어려워집니다. 그렇기 때문에 이유식으로 철분을 보충해줘야 합니다. 철분이 많이 함유된 식품에는 아이에게 필요한 아연도 풍부한 경우가 많아 반드시 챙기는 것이 좋습니다. 철분이 풍부한 식품으로는 쇠고기(붉은색 육류), 닭고기, 달걀노른자, 생선, 갑각류, 조개류, 대두, 병아리콩, 두부, 오트밀, 밀가루, 구운 감자, 시금치(진한 녹색의 채소류), 브로콜리, 토마토, 체리, 무화과, 아보카도, 아스파라거스, 케일, 해조류, 참깨, 들깨, 표고버섯, 아몬드, 마카다미아, 캐슈넛, 건과일 등이 있습니다. 고기 같은 경우 다짐육을 사용해도 좋지만, 덩어리로 큼지막하게 썰어서 육즙이 날아가지 않도록 촉촉하게 굽거나 익혀주면 씹어서 삼키지 못하는 아이더라도 고깃덩이를 입에 넣고 그 즙을 빨아먹는 것만으로도 많은 영양분을 섭취할 수 있습니다. 이때 비타민 C가 풍부한 과일과 채소를 함께 먹이면 철분의 흡수율을 높일 수 있습니다. 미숙아, 저체중 출생아일 경우에는 태어났을 때 체내의 철분 저장량이 불충분할 수 있어 생후 6개월 이전이라도 추가적인 철분 보충에 대하여 담당의와 상의해야 합니다.

- **지방**

만 2세 미만의 아이에게 충분한 지방 섭취는 매우 중요합니다. 신진대사가 빠르고 활동량이 많은 어린 아이에게 지방은 효율적인 에너지원이 될 뿐만 아니라 두뇌 발달과 성장을 위해 필수적인 요소이기 때문입니다. 모유나 분유 속에는 지방이 아주 풍부하지만 9개월만 되어도 수유량이 줄기 때문에 식품으로 충분히 섭취할 수 있도록 해줘야 합니다. 영유아의 식단에서 전체 열량의 30~40%는 지방으로 섭취하는 것을 권장합니다. 저지방이 아닌 전지방으로 만들어진 요구르트, 치즈, 우유(열을 가하지 않은 생우유는 12개월 이후부터 섭취)를 먹는 것을 권하고 지방이 풍부한 생선이나 아보카도, 견과류 등 다양하게 식품을 통해 충분히 섭취할 수 있습니다. 특히 유제품은 아이에게 필요한 칼슘도 풍부하기 때문에 더욱 신경 써서 제공하는 것이 좋습니다.
하지만 지방이라고 다 같은 것은 아닙니다. 트랜스지방은 최대한 피하고, 알맞은 조리법을 통해 트랜스지방을 적게 섭취하도록 해야 합니다(아이주도이유식 주의사항 55p 참고). 조리하면서 소량으로 사용하는 식용유나 버터 등의 지방은 별 문제가 되지 않지만, 지방을 과하게 섭취하면 설사를 할 수 있으니 주의하고, 만 2세 이후 아이들은 저지방 제품을 섭취하게 해 총 지방의 양을 제한하는 것이 좋습니다.

- **비타민 D**

비타민 D는 칼슘의 흡수를 돕고, 뼈를 튼튼하게 하는 역할을 합니다. 비타민 D는 햇볕을 20~30분 정도 쬐는 것만으로도 체내에서 충분한 양을 생성할 수 있다고 알려져 있지만 최근에는 자외선 차단에 신경을 쓰는 경우가 많고, 외출 시간이 짧아져 부족해지기 쉽습니다.
모유수유아의 경우에는 모유 속 비타민 D 함량만으로는 충분하지 않기 때문에 비타민 D 섭취에 더욱 신경 써야 합니다. 분유에는 충분한 양의 비타민 D가 함유되어 있지만, 수유량이 감소하면 따로 보충해야 합니다. 비타민 D는 건표고버섯, 연어, 고등어, 참치, 아보카도, 달걀노른자, 우유,

치즈 등의 식품을 통해서 섭취할 수도 있지만, 충분하지 않을 수 있으니 보충제로 보완하는 것이 좋습니다. 다만 보충제를 섭취하기 전 담당의와 상의하여 적절한 양을 복용하도록 합니다.

❸ 아이는 물론 온 가족을 위한 건강한 식탁을 차리자

아이주도이유식은 가족이 먹는 건강한 음식을 아이와 함께 나눠 먹는 첫 번째 단계입니다. 가족이 건강한 식습관을 가지고 있다면, 아이 또한 모방을 통해 올바른 식습관을 학습하게 될 것입니다. 가족이 신선하고 건강한 식재료로 균형 잡힌 식사를 하고 있다면 아이의 음식을 준비하는 것은 더욱 수월합니다. 이 경우 아이가 먹지 말아야 할 몇 가지(아이주도이유식 주의사항 54p 참고)만 주의한다면 아이와 쉽게 식단을 공유할 수 있습니다.

아이에게 매일 균형 잡힌 식단을 제공하더라도 아이는 골고루 먹지 않을 때가 많을 겁니다. 며칠은 고기만 먹다가 며칠은 밥만 먹을 수도 있고, 먹는 양 또한 들쭉날쭉할 때가 많습니다. 하지만 일주일 이상 기간을 길게 잡고 보면 아이는 스스로 자신에게 필요한 영양을 고루 채우고 있기 때문에 아이에게 항상 균형 잡힌 식단을 제공하는 것이 중요합니다. 아이가 그 안에서 선택할 수 있어야 하니까요. 이유식에 다채로운 식재료를 활용하면 아이에게 다양한 맛과 질감을 알려줄 수 있고, 더 다양한 범위의 비타민과 무기질을 섭취할 수 있게 합니다. 가족의 식단이 매번 비슷하고 단조롭다면, 이참에 새로운 것에 도전해보세요.

가족의 건강하고 균형 잡힌 식단을 위해서는 6가지 식품군을 적절한 비율로 골고루 먹는 것이 중요합니다. 비슷한 영양소를 가진 식품끼리 묶은 것을 식품군이라 하는데, 총 6가지 식품군이 있습니다. 다음 표와 사진을 참고해 가족 모두를 위한 건강한 식탁을 차리는데 도움이 되면 좋겠습니다.

식품군	주요 함유 영양소 역할	식품의 종류	비고
곡류 및 전분류	탄수화물 뇌의 유일한 에너지 공급원이자 몸에서 가장 중요한 에너지를 공급한다.	쌀, 오트밀, 보리, 밀, 옥수수, 잡곡, 감자, 고구마, 단호박, 마 등	· 정제된 곡물보다는 통곡물을 선택한다. · 6개월부터 현미, 오트밀, 밀가루를 먹을 수 있다. · 9개월 이후부터는 대부분의 잡곡을 먹을 수 있다 (성장기 아이일 경우, 통곡물 및 잡곡 과량 섭취 주의).
채소류	비타민, 무기질, 식이섬유 몸의 면역력과 기능을 조절한다.	시금치, 파, 오이, 애호박, 가지, 양파, 마늘, 무, 당근 등	· 6개월부터 대부분의 채소를 먹을 수 있다. 신선하고 다양한 채소를 선택한다.
과일류	비타민, 무기질, 식이섬유 몸의 면역력과 기능을 조절한다.	사과, 배, 귤, 포도, 바나나, 수박 등	· 6개월부터 대부분의 과일을 먹을 수 있다 (복숭아나 딸기, 감귤류 등 알레르기가 있다면 제외). · 아이가 어리다면 당도가 낮은 과일을 선택한다.
어육류, 알류 및 콩류	단백질, 지방 근육과 혈액을 만든다.	쇠고기, 닭고기, 돼지고기, 양고기, 고등어, 삼치 대구, 갈치, 달걀, 메추리알, 콩, 팥, 완두콩, 두부 등	· 육류는 대부분 섭취할 수 있다. · 생선은 6개월부터 흰살 생선을 먹을 수 있고 한두 달 더 지나면 등푸른 생선도 먹을 수 있다. 대형 어류는 피하고 소형 어류를 선택한다. 이때 반드시 신선한 것으로 주도록 하고 일주일에 2~3회 정도로 섭취를 제한한다. · 6개월부터 달걀노른자를 먹을 수 있고, 한달 정도 급여했을 때 알레르기 증상을 보이지 않는다면 흰자를 먹이도록 한다(흰자 알레르기가 있다면 정도에 따라 돌이 지나도 흰자의 섭취를 제한해야 한다).
우유, 유제품 및 뼈째 먹는 생선	칼슘, 단백질, 지방 골격 형성을 돕는다.	우유, 치즈, 요구르트, 멸치, 뱅어포 등	· 돌 이전의 아이라면 생우유 대신 모유, 분유물, 두유, 라이스밀크(쌀유) 등으로 대체한다. · 유제품은 6개월부터 먹을 수 있는 제품들이 있다.
유지 및 당류	지방, 단순 당질 열량을 제공하고, 체온 유지를 돕는다.	버터, 포도씨유, 쌀유, 아보카도유, 참기름, 들기름, 견과류, 설탕, 꿀	· 몸에 좋은 불포화지방산을 많이 함유한 식품을 선택한다. · 포화지방이나 트랜스지방, 단순당은 제한적으로 섭취하는 것이 좋다.

* 알레르기에 관한 이야기는 57p에 더 자세히 기재되어 있습니다.
* 아이의 식단에서 피해야 할 음식에 관한 이야기는 54p에 더 자세히 기재되어 있습니다.

균형 있게 식단을 짜는 라임맘의 비법

영양소 섭취 권장 비율을 신경쓰면 식단을 균형 있게 구성할 수 있어요.

탄수화물 : 단백질 : 채소 : 과일 : 건강한 지방
= 3 3 4 2 1

물
(수시로)

적절한 운동
(최소 30분 이상)

3
탄수화물

3
단백질

1
건강한 지방

4
채소

2
과일

균형 있는 식단 짜기

성장기의 아이들은 충분한 양의 신체활동을 하고, 위 그림처럼 각 영양소를 균형 있게 충분히 섭취하는 것이 중요합니다. 한 끼에 3가지 식품군 이상, 하루에 4가지 식품군 이상 섭취할 수 있도록 식단을 짜주세요. 균형 있는 식단이라고 해서 꼭 가짓수가 많을 필요는 없습니다. 여러가지 재료가 들어가는 핑거푸드나 한 그릇 요리로도 필요한 영양분을 충분히 채울 수 있습니다. 냉장고 사정과 식구들의 입맛에 맞춰 미리 1~3일 정도 식단을 짜고, 같은 재료라도 다양한 조리법으로 활용한다면 재료의 낭비를 최소화하는데 도움이 됩니다. 아이용으로 재료를 따로 구비하지 않고, 온 가족 먹을 수 있는 식재료를 함께 공유하며, 대용량보다는 소량을 구입해 빠르게 소비한다면 신선한 재료로 다양하게 식단을 구성할 수 있습니다.

제가 식단을 짤 때 가장 먼저 고려하는 것은 '양질의 단백질'입니다. 단백질이 주재료로 들어가는 요리를 가장 먼저 정합니다. 매번 육류를 선택하는 것보다는 육류, 어류, 알류, 콩류가 고르게 들어가도록 구성하는 것이 좋습니다. 그 다음으로 정제하지 않은 (또는 적게 한) 좋은 탄수화물, 건강한 지방, 충분한 채소와 과일들을 먹을 수 있도록 고려하면서 식단을 구성합니다. 꼭 완전히 다 삼킬 수 있는 음식만 제공할 필요는 없습니다. 다양한 식감을 접하고, 탐구하면서 경험치를 쌓는 것도 아주 의미 있는 일이니까요.

각 재료들은 한가지 영양성분으로만 이루어져 있지 않습니다. 특별히 한 영양소가 많은 비율을 차지하는 재료들도 있지만, 대개는 아주 다양한 영양소를 지니고 있습니다. 이번 기회에 자주 사용하는 재료의 영양소 구성을 찾아보고 공부하면 아이와 가족, 나 자신을 위해 건강한 식단을 구성하는 데 많은 도움이 됩니다.

앞서 언급한 아이의 발달 단계(31p 참고)와 이 책의 레시피를 바탕으로 식단 예시를 몇 가지 들어보겠습니다. 돌 이전의 아이일 경우 일부 양념이나 재료를 대체해야 하는 레시피도 있으니 〈레시피 가이드 81p〉를 확인하고 가감해주세요. 편의를 위해 식품군을 번호로 표시하겠습니다.

❶ 곡류 및 전분류
❷ 채소류
❸ 과일류
❹ 어육류, 알류 및 콩류
❺ 우유, 유제품 및 뼈째 먹는 생선
❻ 유지 및 당류

1단계 | 6개월

아직 고기를 삼켜서 섭취하는 것이 어려운 시기이기 때문에 구운 고기를 잇몸으로 으깨고 육즙을 빨아먹는 것만으로도 좋은 영양 성분들을 섭취할 수 있습니다. 그냥 구운 스틱이나 찐 스틱이 아닌 채소가 함께 섞인 매시스틱이나 밥스틱 같은 것도 좋습니다. 유제품을 통한 칼슘이나 유지류(지방) 섭취는 아직 모유나 분유를 많이 먹고 있는 시기이기 때문에 수유로 충분히 섭취가 가능합니다.

예시 1	예시 2	예시 3
구운 쇠고기 114p ❹❻ 찐 감자스틱 109p ❶ 찐 브로콜리 110p ❷	구운 두부 114p ❹❻ 찐 단호박 109p ❶ 아보카도 112p ❸❻	구운 쇠고기 114p ❹❻ 감자 단호박매시스틱 117p ❶ 쪄서 구운 브로콜리 111p ❷❻
예시 4	**예시 5**	**예시 6**
노른자 브로콜리 밥스틱 122p ❶❷❹ 바나나 112p ❸	구운 닭고기 114p ❹❻ 삶은 파스타(푸실리 등 숏파스타) ❶ 찐 애호박 110p ❷	아보카도 쇠고기볼(스틱 형태로) 147p ❸❹❻ 고구마 단호박매시스틱 118p ❶ 찐 무 109p ❷

2단계 | 7~8개월

아이의 소근육 발달이나 혀의 움직임, 먹는 기량이 훨씬 발달이 되어 더욱 다양한 형태의 음식을 먹을 수 있습니다. 부드럽게 구운 닭다리도 도전해 볼 수 있고, 국수나 매시 같은 것도 제법 먹을 수 있습니다. 아직은 흘리는 양이 많으니, 양을 넉넉하게 준비하는 것도 팁입니다.

예시 1	예시 2	예시 3
고구마 닭고기 케일볼 134p ❶❷❹ 쪄서 구운 버섯 111p ❷❻ 메론 ❸	닭고기 들깨 밥볼 141p ❶❷❹❻ 아보카도 112p ❸❻	대구 애호박 밥스틱 131p ❶❷❹ 구운 토마토 114p ❷❻
예시 4	**예시 5**	**예시 6**
잔치국수 280p ❶❷❹ 찐 사과 ❸	감자 완두콩매시 166p ❶❹ 케일칩스 313p ❷❻ 바나나 112p ❸	요구르트범벅 537p ❸❺ 바나나 시금치머핀 552p ❶❷❸❺❻

3단계 | 9~11개월

6개월부터 꾸준히 아이주도이유식을 연습한 아이라면 9개월이면 먹는 양이 상당히 늘어날 시기입니다. 그에 따라 수유량은 점점 줄어듭니다. 가족과 겸상을 통해 도구를 사용하여 먹는 법을 계속 봐왔다면 이 시기의 아이는 도구 사용에 일찍이 관심을 가질 수도 있습니다. 먹는 기량이 아주 발달하여 이제는 간만 하지 않는다면 유아식과 거의 비슷하게 제공할 수 있습니다. 수유량이 줄어들기 때문에 단백질과 지방의 섭취가 충분히 이뤄질 수 있도록 더욱 신경 써야 합니다. 간식으로는 떡뻥, 과일, 치즈, 요구르트, 머핀, 찌거나 구운 채소 등 식사 때 부족했던 영양소나 간편하게 먹을 수 있는 것으로 소량만 제공하면 됩니다. * 8~9개월 이후 아이주도식사를 시작하는 아이일 경우, Q&A 69p를 확인해주세요.

예시 1	예시 2	예시 3
함박스테이크 430p ❹❷❺❻ 웨지감자 603p ❶❻ 찐 브로콜리 110p ❷	쇠고기 버섯 밥볼 143p ❶❷❹ 시금치 프리타타 450p ❷❹❻ 딸기 ❸	쇠고기 비트 토마토파스타 197p ❶❷❹❻
예시 4	**예시 5**	**예시 6**
토마토미트로프 460p ❷❹❻ 김밥말이 156p ❶ 쪄서 구운 애호박 111p ❷❻	쇠고기 시금치스크램블덮밥 259p ❶❷❹❻ 귤 ❸	동태살전 345p ❶❷❹❻ 밥(볼 형태로) ❶ 코티지치즈 323p ❺

4~5단계 : 12~24개월

우리가 알고 있는 유아식단처럼 밥상을 마음껏 차릴 수 있는 시기입니다. 여전히 간을 하지 않는 아이는 간을 빼고 조리를 하면 되고, 간을 추가하더라도 레시피보다 더 적게 넣고 만들 수 있습니다. 간을 시작했다면 매끼나 매일 식단에 추가하지 않고, 소량으로 필요할 때만 선택적으로 간을 추가하는 것도 방법입니다. 이전 단계들과 마찬가지로 단백질이 주재료가 되는 음식을 메인 요리로 잡고, 그 외에 밥, 국수, 빵, 떡, 감자, 고구마 등으로 주식을 정한 다음, 채소 반찬 한두 가지를 추가하는 것이 쉽게 식단을 구성하는 방법입니다. 한 그릇 요리와 반찬으로 식단을 구성할 경우, 메인 요리에 단백질이 부족하면, 단백질류의 반찬을 선택하고, 메인 요리에 단백질이 적당히 들어 있다면, 채소류나 과일류로 반찬 선택하는 것이 좋습니다. 조리시 식용유 사용을 아주 제한할 필요는 없지만, 과하게 사용하는 것은 좋지 않으니 식용유를 사용하는 조리법(볶음, 전, 튀김)과 사용하지 않은 조리법(찜, 무침, 구이–에어프라이어 또는 오븐으로 구운 것)을 적절하게 섞어서 식단을 구성하는 것이 좋습니다. 간식으로는 떡뻥, 과일, 치즈, 우유, 요구르트, 머핀, 쿠키, 찌거나 구운 채소, 삶은 달걀 등 식사 때 부족했던 영양소나 간편하게 먹을 수 있는 것으로 제공하면 됩니다.

예시 1	예시 2	예시 3
닭봉조림 418p ④ 현미 백미밥 ① 시금치나물무침 362p ②⑥ 당근볶음 392p ②⑥	쇠고기 토마토스튜 464p ①②④⑥ 식빵 584p ①⑥ 치즈 ⑤	매생이 굴국 521p ②④ 잡곡밥 ① 갈치구이(에어프라이어 조리) 409p ④⑥ 콩나물무침 366p ②⑥
예시 4	**예시 5**	**예시 6**
돈가스덮밥 264p ①②④⑥ 깍두기 332p ②	만능 쇠고기소보로 179p +토마토 간장비빔국수 287p ①②④⑥ 브로콜리 치즈전 342p ①②⑤⑥	스테이크 468p ④⑥ 단호박 당근매시 168p ①② 쪄서 구운 버섯 111p ②⑥

바쁜 부모를 위한 식단 짜기 팁

매일 매끼 새로운 것을 요리해주면 좋겠지만, 그렇지 못한 경우가 많습니다. 그렇다고 매끼 연속으로 같은 것만 주면, 아이도 지겨워서 잘 먹지 않습니다. 특히 맞벌이 가정일 경우, 아이의 요리를 매번 해주기가 더욱 어려운데, 도움이 될 만한 몇 가지 팁을 드립니다.

이 책의 레시피는 대부분 1~2회분, 2~3회분 정도의 양입니다. 아이가 많이 흘리기 때문에 어떤 아이는 한 번에 다 제공해야 하는 양일 수도 있고, 어떤 아이는 두세 번 더 제공할 수 있는 양일 수 있습니다. 흘리는 양까지 더해서 아이의 먹는 양을 어느 정도 파악하고 있는 것이 좋습니다. 일주일에 두세 번 정도 미리 5~8가지 음식을, 2~3회분 정도 더 먹일 수 있는 넉넉한 양으로 준비합니다. 복잡한 요리와 아주 간단한 요리를 적절히 섞어서 준비하면 조리시간을 줄일 수 있습니다. 보관할 때는 냉장고에서 계속 넣었다 뺐다 하는 것 보다는 작은 용기에 1회분씩 소분해서 보관하고, 먹을 때마다 하나씩 꺼내 먹는 것이 신선하게 오래 보관하는 팁입니다. 식단을 구성할 때 이전에 먹었던 요리와 새로 만든 요리가 적절하게 함께 제공될 수 있도록 주는데, 너무 연달아 주지 않고 한끼 또는 몇 끼니 건너 뛰고 그 다음에 주면 아이가 새로운 마음으로 다시 반겨 먹습니다. 즉석에서 새로 해주는 요리는 고기 구이, 생선 구이처럼 바로 해서 먹어야 맛있는 것이나 간단하고 빠르게 준비가 가능한 것으로 고르면 좋습니다. 즉석에서 해주는 요리라도 데워서 줄 수 있다면 2회분 정도 만들어 다음에 또 제공할 수 있습니다. 되도록 있는 재료를 다

양한 조리법을 활용한다면, 재료는 같지만 다른 요리를 만들 수 있어 재료의 낭비를 최소화하게 됩니다. 주말에 한 번, 주중에 한두 번 요리하는 날로 정해서 준비하면 됩니다.

● 예시 1

	월	화	수	목
이유식 1	닭고기 들깨 밥볼 141p 쪄서 구운 브로콜리 111p 찐 사과	쇠고기구이 낫토 달걀비빔밥 247p 애호박전 340p	돼지고기 사과 밥볼 144p 찐 애호박 110p	쇠고기구이 고구마 표고버섯밥 238p 구운 버섯 & 구운 토마토 114p
이유식 2	간단 비빔밥 249p 구운 토마토 114p 애호박전 340p	닭고기 들깨 밥볼 141p 토마토 달걀스크램블 306p 딸기	닭다리구이 416p 고구마 표고버섯밥 238p 찐 당근 109p	마파두부덮밥 252p 당근볶음 392p 찐 사과
이유식 3	쇠고기완자 150p 토마토 치즈파스타 194p 찐 당근 109p	쇠고기완자 150p 간단 비빔밥(달걀후라이 빼고) 249p 쪄서 구운 브로콜리 111p	마파두부 덮밥 252p 브로콜리 치즈전 342p 딸기	돼지고기 사과 밥볼 144p 쪄서 구운 애호박 111p 치즈

- **일요일 밤에 미리 만들어 놓을 수 있는 요리** : 닭고기 들깨 밥볼, 쪄서 구운 브로콜리, 찐 사과, 비빔밥 재료들, 애호박전, 쇠고기완자, 토마토소스(파스타용), 찐 당근
- **월요일, 화요일에 즉석에서 조리하는 요리(조리시간 15분 이하)**
  : 간단 비빔밥(달걀후라이와 밥), 토마토 치즈파스타, 쇠고기구이, 낫토 달걀비빔밥, 토마토 달걀스크램블
- **화요일 밤에 미리 만들어 놓을 수 있는 요리**
  : 돼지고기 사과 밥볼, 찐 애호박, 고구마 표고버섯밥, 찐 당근, 마파두부소스
- **수요일, 목요일에 즉석에서 조리하는 요리(조리시간 15분 이하)**
  : 닭다리구이, 브로콜리 치즈전, 쇠고기구이, 구운 버섯& 구운 토마토, 당근볶음, 찐 사과, 쪄서 구운 애호박
- 이런 식으로 일요일 밤, 화요일 밤, 목요일 밤에 미리 조리를 할 수 있습니다.
  아이가 점심 때 보육기관에서 밥을 먹는 경우에는 가짓수를 더 적게 준비하면 됩니다.

● **예시 2**

	월	화	수	목	금
유아식 1	쇠고기 들깨 미역국 519p 잡곡밥 채소 달걀말이 307p 시금치나물무침 362p	시금치크림소스 쇠고기파스타 (덮밥소스 응용) 258p 오이 토마토샐러드 318p	달걀 버터 치즈비빔밥 248p 시금치나물무침 362p 오이 토마토샐러드 318p	파인애플 새우볶음밥 279p 달걀후라이 찐 브로콜리 110p 깍두기 332p	필리치즈토스트 (쇠불고기 응용) 222p 방울토마토절임 328p 아보카도 112p 딸기
유아식 2	시금치 크림소스 쇠고기덮밥 258p 깍두기 332p 사과	새우 허니 버터구이 408p 채소 달걀말이 307p 잡곡밥 깍두기 332p	쇠고기 치즈김밥 232p 찐 양배추 110p 사과	쇠불고기 442p 두부 뭇국 507p 백미밥 감자 사과볶음 318p 딸기	닭봉조림 418p 콩나물국 501p 백미밥 쪄서 구운 애호박 111p 깍두기 332p
유아식 3	게살 된장국 518p 잡곡밥 돼지고기구이 오이 토마토샐러드 318p 찐 양배추 110p 콩나물무침 366p	갈치구이 409p 쇠고기 들깨 미역국 519p 잡곡밥 나물 치즈전 (시금치나물무침 응용) 356p	닭다리구이 416p 게살 된장국 518p 잡곡밥 콩나물무침 366p	조기구이 410p 콩나물국 501p 백미밥 찐 애호박 110p 방울토마토절임 328p	메추리알조림 395p 백미밥 두부 뭇국 507p 감자 사과볶음 318p 방울토마토절임 328p

- **일요일 밤에 미리 만들어 놓을 수 있는 요리** : 쇠고기 미역국, 게살 된장국, 채소 달걀말이, 시금치나물무침, 콩나물무침, 시금치크림소스, 오이 토마토샐러드, 찐 양배추
- 깍두기는 토요일이나 그 이전에 만들어 놓는다.
- **월요일, 화요일, 수요일에 즉석에서 조리하는 요리(조리시간 15분 이하)**
  : 돼지고기구이, 새우 허니 버터구이, 갈치구이, 나물 치즈전, 달걀 버터 치즈비빔밥, 쇠고기 치즈김밥, 닭다리구이
- **수요일 밤에 미리 만들어 놓을 수 있는 요리** : 파인애플 새우볶음밥 재료들(미리 다지기), 찐 브로콜리와 애호박, 쇠불고기, 두부 뭇국, 콩나물국, 감자 사과볶음, 방울토마토절임
- **목요일, 금요일에 즉석에서 조리하는 요리(조리시간 15분 이하)**
  : 파인애플 새우볶음밥, 달걀후라이, 조기구이, 필리치즈토스트, 닭봉조림, 쪄서 구운 애호박, 메추리알조림
- 이런 식으로 일요일 밤, 수요일 밤에 미리 조리를 할 수 있습니다.
  아이가 점심 때 기관에서 밥을 먹는 경우에는 가짓수를 더 적게 준비하면 됩니다.

상황에 따른 아이주도이유식

아이는 다양한 상황 속에서 식사를 하게 됩니다. 집이 아닌 곳에서 식사를 하게 될 수도 있고, 가족이 아닌 다른 사람과 식사를 해야 할 수도 있습니다. 하지만 어느 상황에서 누구와 함께 하든 다른 사람과의 식사는 많은 것을 보고 배우는 즐거움의 기회가 될 수 있습니다.

❶ 조부모님이나 육아 도우미에게 도움을 받는 경우

조부모님이나 육아 도우미의 도움을 받아 보육을 해야 하는 상황이지만 도와주시는 분들이 아이주도이유식에 대해 자세히 알지 못한다면, 이 방식에 대해 공감하지 못할 수도 있습니다. 이런 경우는 아이주도이유식에 대해서 충분히 설명하고 안전 수칙이나 주의사항에 대하여 공유하는 것이 중요합니다. 부모가 아닌 사람이 보육을 할 경우, 아이를 충분히 먹여야 한다는 의무감에 빠지기 쉽습니다. 따라서 보육에 도움을 받기 전, 아이가 그만 먹고 싶다고 표현했을 경우 그 의사를 존중해야 한다는 점을 명확하게 공유하도록 합니다. 아이가 적게 먹거나 많이 먹지 않아도 괜찮다고 이해시키는 과정이 반드시 필요합니다. 그리고 가능하다면 아이와 함께 밥을 먹거나 아이가 먹을 동안에는 꼭 옆에서 함께 있어줄 것을 부탁해야 합니다. 아이가 새로운 사람과 익숙해지는 데에도 시간이 필요합니다. 낯설고 새로운 상황에서는 잘 먹지 않을 수도 있습니다. 아이가 새로운 상황에 익숙해질 때까지 충분한 시간을 주고 기다려줘야 합니다. 아이를 돌봐주는 사람과 아이의 발달 단계에 따른 음식의 변화를 함께 고민하고 공유하면 아이를 돌봐주는 사람이 아이와의 식사를 준비하는 데 도움이 됩니다. 하지만 이것이 쉽지 않다면 아이의 음식을 부모가 미리 준비해두는 것도 방법입니다.
아이주도이유식은 익숙해지는 데 많은 시간과 인내심, 융통성이 필요한 방식입니다. 오랜 시간 직접 눈으로 보고 경험하지 못한 사람은 충분히 설명해도 아이주도이유식의 방식을 의심을 할 수 있습니다. 그럴 경우에는 타협점을 찾아야 합니다. 부모가 직접 아이를 돌보는 시간에만 아이주도이유식을 한다거나 간식 시간만이라도 스스로 먹을 수 있도록 간단한 핑거푸드를 주는 방법 등 아이를 돌봐주는 사람과 충분히 상의해 적합한 방법을 선택하는 것이 좋습니다.

❷ 어린이집에 가야 하는 경우
아이가 유아식을 하기 전 어린이집에 보낼 경우 어린이집 선생님의 의견을 여쭤보고 이유식을 어떻게 진행할지 방향을 잡는 것이 좋습니다. 또 어린이집 선생님의 교육 방식이나 어린이집에서의 규율은 어떠한지 미리 알아두면 도움이 많이 됩니다. 어린이집 선생님은 다른 아이들을 함께 보육해야 하기 때문에 아이를 1:1로 돌봐줄 수 없습니다. 아이주도이유식은 아이가 먹고 나면 주변이 지저분해지기 쉽고, 여러 아이들을 돌보는 상황 속에서 예기치 못한 상황이 있을 수도 있기 때문에 선생님의 의견을 따르는 것을 권합니다. 아이 스스로 먹는 이유식에는 분명 긍정적인 부분이 많지만, 떠먹여주는 죽 이유식을 한다고 더 안 좋은 것은 아닙니다. 두 가지 방식 모두 다 장단점이 있습니다. 아기가 그만 먹고 싶어 한다면 그만 먹게끔 아이의 식욕을 존중하는 것만으로도 충분합니다. 그 점을 선생님께 꼭 부탁 드리고, 아이주도이유식은 아이와 함께 할 수 있는 시간에 진행하세요.

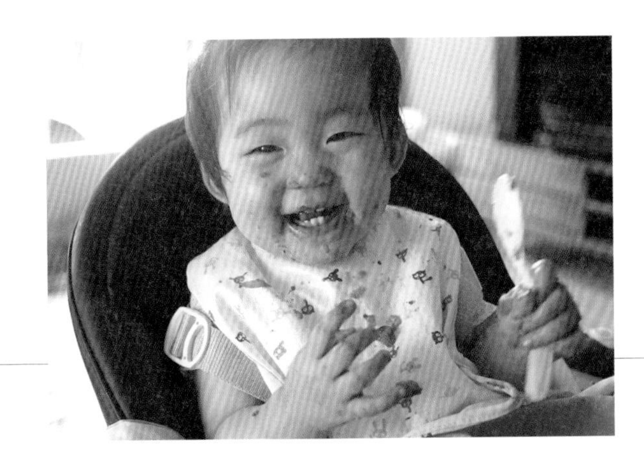

돌 이후에 어린이집을 보낼 경우, 유아식으로 식사하는 경우가 많습니다. 그럴 경우에는 선생님들이 대부분 아이들에게 수저를 사용해서 스스로 먹는 것을 지도합니다. 아이가 아직 도구 사용에 미숙하고 '아직도 많이 흘리는데 스스로 잘 먹을 수 있을까?' 걱정될 수도 있지만, 아이는 그 걱정이 무색하게 스스로 잘 먹습니다. 다른 아이들도 다 똑같습니다. 흘려가면서 손으로 먹고, 도구를 사용하는 것이 아직 미숙해도 열심히 먹습니다. 어려움이 있을 경우에는 선생님이 도와주실 것입니다. 어린이집에서는 다른 아이들과 함께 하는 단체 활동이 많기 때문에 아이들은 생각보다 빠르게 학습하고 익숙해집니다. 집에서 밥을 잘 안 먹고 돌아다니기만 하는 아이도 어린이집에서는 얌전히 앉아 스스로 잘 먹는 경우가 많습니다. 아이의 첫 사회생활인 어린이집은 타인과 함께 지내는 규율과 규칙을 배우는 공간입니다. 선생님들마다 보육 방식이 다르기도 하니, 입소 전에 여러 군데 잘 알아보고 비교하며 충분한 상담을 거친다면 잘 맞는 어린이집을 선택하는 데 도움이 될 것입니다.

❸ 외식을 하는 경우

외식을 하기 전에 체크해야 하는 사항들이 있습니다. 우선 아이가 함께 앉아서 밥을 먹기에 안전하고 편안한 환경인지 살펴봐야 합니다. 아기 의자는 있는지, 없다면 아이가 편하게 앉아서 먹을 수 있는 자리가 있는지, 아이가 먹을 만한 메뉴가 있는지, 좌식 테이블이나 룸이 있는지, 종업원들이 뜨거운 것을 계속 나르는 식당은 아닌지 등 꼼꼼히 따져보고 골라야 합니다.

아이주도이유식 초반에는 어른과 공유할 수 있는 메뉴가 적기 때문에 밖에서 먹을 수 있는 음식이 그리 많지 않습니다. 외국은 양념을 따로 하지 않고 식재료 그대로 조리하는 경우가 많지만 한국 음식에서는 그리 많지 않습니다. 아이주도이유식 초반에는 아이만을 위한 핑거푸드를 조금 챙겨 나가는 것이 좋습니다. 간단하게 먹을 수 있는 스무디나 밥전,

밥스틱, 밥볼, 완자, 머핀, 팬케이크, 쪄서 구운 채소 등을 상하지 않게 보냉가방에 넣어서 챙기면 됩니다. 외식할 때 함께 먹을 수 있는 메뉴가 있다면 싸온 메뉴와 함께 먹을 수 있도록 해주면 됩니다. 예를 들면 샤부샤부 속의 고기와 채소들, 삶은 파스타면이나 국수, 굽거나 찐 고기(스테이크, 수육, 오리고기, 닭백숙, 생선구이 등), 스테이크 옆에 나온 감자나 구운 채소, 샐러드 속에 있는 토마토, 아보카도, 고기, 삶은 달걀 또는 식전 빵이나 맨밥, 오이, 과일 등 메뉴를 시키기 전에 소금이나 간이 들어가는 양념을 따로 제공해 달라고 요청하면 함께 먹을 수 있는 메뉴들이 제법 있습니다.
아이의 음식에 간을 조금씩 시작했다면, 맵거나 짜지 않은 대부분의 음식을 함께 먹을 수 있습니다. 칼국수나 쌀국수, 파스타, 리소토, 맵지 않은 해물탕 속의 해물들, 돈가스, 우동, 함박스테이크, 한정식 등 아이들과 함께 먹을 수 있는 메뉴가 많습니다. 간이 셀까 봐 걱정이 된다면 주문할 때, 간을 하지 않거나 적게 해달라고 요청하세요. 국물이 있는 음식은 물을 섞어 싱겁게 해주고, 국수는 물에 씻어서 주고, 소스는 따로 달라고 하는 등 상황에 맞게 대처하면 됩니다. 아이가 먹을 수 없는 음식으로 외식을 한다면 아이의 도시락을 따로 챙기면 되지만 아이는 엄마, 아빠와 같은 것을 먹고 싶어서 싸온 도시락을 거부할 수도 있습니다. 때문에 되도록 함께 먹을 수 있는 메뉴로 외식을 하거나 도시락도 비슷한 종류의 음식으로 준비하면 좋습니다. 외식의 경우에도 밥을 먹기 전에 꼭 아이의 손을 깨끗이 씻

겨주고, 아이 전용 식탁 의자나 식탁이 깨끗하지 않을 수도 있으니 소독 가능한 티슈로 한 번 닦아주거나 식탁을 덮어주는 커버를 이용해서 밥을 먹이는 것을 권합니다. 휴대용 아기 의자나 부스터 가방을 구비해 놓으면 외식 장소를 고르는 데 있어 제약이 좀 줄어듭니다. 아이용 수저나 식판을 따로 준비해 가도 편리합니다. 아기가 먹고 난 자리는 지저분해질 가능성이 많습니다. 자리에서 일어나기 전 반드시 뒷정리를 깨끗하게 하세요.
아이는 앉아 있는 시간이 길어지면 지루해할 수도 있습니다. 음식을 주문하고 난 다음에는 아이를 밖으로 데려가 잠시 놀아주다 음식이 나오면 그때 함께 앉아 밥을 먹기 시작하면 좋습니다. 짧고 굵게 먹고 나오는 것이 좋지만, 아이가 밥을 다 먹었는데도 계속 앉아 있어야 하는 상황이라면 아이가 가지고 놀 수 있는 장난감이나 종이와 색연필 등 간단한 놀거리를 챙겨 가세요. 보채고 힘들어하면 일찍 자리에서 일어나세요. 유튜브 등의 미디어에는 최대한 늦게 노출하는 것이 좋습니다. 아이를 얌전히 앉아 있게 하기 위해 미디어를 접하기 시작하면, 아이는 다시 지루한 상황이 왔을 때 지루한 것을 참지 못하고 끊임없이 미디어를 찾을 것입니다. 심심하고 지루한 상황은 언제든 있습니다. 그러한 상황에서 아이가 스스로 놀잇감을 찾거나 창의적으로 생각할 수 있는 힘을 기르도록 도와줘야 합니다.

❹ 여행을 갈 경우

여행을 하면 만들어 먹기보다 사 먹는 경우가 많아 앞의 '외식을 하는 경우(50p)'를 참고하면 도움이 많이 됩니다. 만약 조리를 할 수 있는 곳에 머문다면, 간단하게 장을 보아 신선한 재료들로 만들어 먹일 수 있지만 그게 아니라면 장기간 보관이 가능하고 전자레인지에 데우거나 중탕을 해서 먹일 수 있는 이유식을 싸가는 것이 좋습니다. 상황이 된다면 작은 버너나 조리기구를 챙겨 가는 것도 방법입니다. 호텔 조식 뷔페를 먹는다면 과일이나 밥, 빵, 채소, 고기 등 아이가 먹을 수 있는 것들을 골라서 주세요. 대부분 여행은 쉬러 가는 것이기 때문에 장기간으로 가는 것이 아니라면 이유식을 꼬박꼬박 먹여야 한다는 스트레스에서 벗어나 상황에 맞춰 아이가 먹을 수 있는 것이 있다면 함께 먹고, 그게 아니라면 수유량을 늘리거나 다른 간식으로 대체해도 괜찮습니다.

❺ 아이가 아픈 경우

아이가 아픈 것도 걱정이 되는데, 아파서 밥을 잘 먹지 않는 경우 부모는 애가 탑니다. 아이가 감기에 걸렸거나 설사를 할 경우 또는 잇몸병에 걸렸을 경우 등 아이가 아픈 상황에서도 이유식을 중단하지 않고 계속해야 합니다.

아이가 감기에 걸렸을 때에는 특별히 제한해야 하는 음식은 없습니다. 아이가 열이 나고 몸이 지쳐 있을 수도 있으니 충분한 휴식을 취할 수 있도록 하고, 소화가 잘 되는 음식으로 준비해주면 좋습니다. 아이가 아픈 동안에는 수분 섭취가 더 필요하기 때문에 모유나 분유를 더 먹으려 할 수 있습니다. 아플 때는 입맛이 없어 적게 먹다가 회복하면서 아플 때 못 먹은 것까지 더 많이 먹는 경향이 있으니, 아플 때에 적게 먹더라도 크게 걱정하지 않아도 됩니다.

아이가 설사를 할 경우에는 수분 섭취에 신경 써야 합니다. 필요한 경우 전해질음료(631p 참고)를 만들어 먹이는 것이 좋습니다. 기름지거나 찬 음식, 당도가 높은 과일만 주의하세요. 죽을 만들어 먹이면 속도 편하고 수분이 많아 탈수를 예방하는 데 도움이 됩니다. 죽은 오랫동안 먹일 필요는 없으며 증상이 심한 경우는 잠시 이유식을 중단해도 좋습니다.

아이가 수족구나 구내염 같은 잇몸병에 걸렸을 경우에는 입속 염증 때문에 아파서 먹지 못하는 경우가 많습니다. 수분 섭취를 충분히 할 수 있도록 하고 자극적이지 않고 쉽게 삼킬 수 있는 부드러운 음식을 주는 것이 좋습니다. 신 과일의 경우 비타민 C가 풍부하기는 하나 산도가 높아 구내염을 자극해 통증이 심해질 수 있으니 피하는 것이 좋습니다. 아이가 배가 아프거나 설사를 하지 않는 경우라면 찬 음식이 통증을 가라앉히는 데 도움이 되기도 합니다.

안전한 이유식을 위한 주의사항

❶ 피해야 할 음식

아이주도이유식을 할 때는 아이에게 다양한 식재료를 경험하게 하되, 몸에 해로운 것들은 주지 않아야 합니다. 재료 선택에 도움이 될 만한 유용한 정보들을 소개합니다.

- **소금**

  적정량의 소금(나트륨) 섭취는 체액의 수분이나 전해질의 균형을 맞춰주고 우리 몸의 항상성을 유지시켜줍니다. 하지만 아이들은 아직 신장 기능이 미숙하기 때문에 소금(나트륨)을 과다 섭취하지 않는 것이 좋습니다. 짜게 먹는 식습관은 아이의 신장에 무리를 주고, 장에서 아연이 흡수되는 것을 방해합니다. 또한 성인이 되어서도 짜게 먹는 식습관을 가지게 합니다. 유아식으로 넘어가기 전까지는 최대한 간을 하지 않는 것이 좋고, 요리할 때 소금 대신 레몬, 허브, 향신료로 다채로운 맛을 내주세요. 간을 꼭 해야 할 경우 소금보다는 된장이나 간장을 조금씩 추가하고, 멸치 다시마 육수, 다시마육수를 이용해 맛을 내면 좋습니다. 천일염, 암염, 자염은 일반 소금에 비해 나트륨 함량이 낮아 소금 대신 쓰기에 좋습니다. 간을 시작했다고 모든 음식에 간을 할 필요는 없습니다. 필요한 음식에만 간을 추가하는 식으로 선택적으로 소량만 사용하는 것을 권합니다. 가공식품 중에 나트륨 함량이 높은 것이 많으니, 구입할 때 성분표를 꼭 확인하세요. 음식을 짜게 먹였다면 물을 많이 마시게 하거나 칼륨이 풍부한 아보카도, 감자, 바나나, 토마토, 해조류와 같은 음식들을 먹이면 나트륨을 체외로 배출하는 데 도움이 됩니다.

  6~12개월 아이 소금의 하루 제한량은 1g, 12~24개월 아이 소금의 하루 제한량은 2g입니다. 소금 1g에는 나트륨 400mg이 들어 있다는 것을 기억하세요.

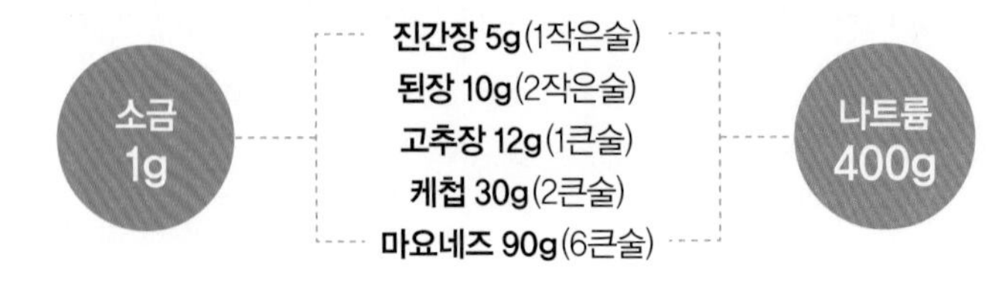

- **설탕**

설탕(백설탕)은 수차례 정제 과정을 거치면서 영양분 없이 열량만 높은 식재료입니다. 설탕은 요리에 맛을 더해주지만 충치의 위험을 증가시키고, 비만의 원인이 되기 때문에 적게 먹이는 것이 좋습니다. 설탕은 아이들을 위한 음료, 과자 등 가공식품에도 많이 들어 있습니다. 무설탕이라고 해도 설탕 대신 더 안 좋은 액상과당이 들어 있는 경우가 많으니 성분표를 꼭 확인하고 구입할 것을 권합니다. 단맛을 내고 싶다면 설탕보다 열량이 낮고, 영양분은 더 들어 있는 것들로 대체하는 것이 좋습니다. 대체 식품으로는 사탕수수 원당이나 비정제 설탕, 조청, 꿀, 코코넛슈거, 아가베시럽, 메이플시럽, 올리고당, 과일즙 등이 있습니다. 이 책의 레시피는 구하기 쉬운 설탕(비정제 설탕 사용)이나 올리고당을 사용했으나 얼마든지 다른 것으로 대체할 수 있습니다.

- **트랜스지방**

지방은 우리 몸에 꼭 필요한 영양소지만 건강에 다 좋은 것은 아닙니다. 특히 몸에 나쁜 콜레스테롤을 높이고 좋은 콜레스테롤을 낮추는 트랜스지방은 혈액 순환을 방해해 각종 심뇌혈관 질환의 원인이 됩니다. 인스턴트식품, 패스트푸드, 튀김류, 도넛, 케이크, 피자, 과자, 빵, 각종 가공식품 등 아주 많은 식품에 트랜스지방이 함유돼 있습니다.

트랜스지방이라 하면 가장 먼저 떠오르는 것이 마가린과 쇼트닝입니다. 마가린과 쇼트닝은 경화유로, 액체 상태의 불포화지방을 수소와 함께 가열하여 고형으로 만든 인공 지방입니다. 가공하는 과정에서 트랜스지방이 많이 생기지요. 맛이 좋고 가격이 싸기 때문에 대부분의 가공식품에 많이 들어 있는데, 성분표를 꼼꼼하게 확인하여 되도록이면 피하도록 하세요.

식물성지방의 경우 불포화지방산이 풍부하고 트랜스지방이 없어 건강에 좋을 것 같지만 용도에 맞게 사용하지 않으면 트랜스지방이 많이 생성됩니다. 또한 식물성지방은 공기 중의 산소와 접촉해 산화되면서 트랜스지방으로 변하기도 합니다. 또한 열을 가하면 트랜스지방이 더욱 많이 생겨 오랫동안 높은 온도에서 조리를 하거나 재사용하는 것에 주의해야 합니다. 용도에 따라 기름의 발연점(기름을 가열했을 때 기름에서 연기가 나기 시작하는 온도)을 잘 따져서 조리를 하는 것이 중요합니다. 흔히 쓰는 압착유인 참기름(160℃), 들기름(170℃), 엑스트라버진 올리브유(175℃)는 발연점이 낮습니다. 향미가 풍부하므로 무침이나 샐러드에 사용하는 것이 좋고, 볶을 때 활용하려면 낮은 온도에서 빠르게 볶는 것이 좋습니다. 화학적 추출로 만든 아보카도오일(271°C), 카놀라유(250°C), 현미유(250°C), 포도씨유(224°C), 콩기름(210°C)은 발연점이 높아 볶음이나 전, 튀김에 사용하기 적합합니다. 발연점이 높다고 해도 발연점 이상까지 오랫동안 기름을 가열하면 트랜스지방이 많이 생성되니 주의해야 합니다. 기름도 유통기한이 있습니다. 오래되면 발연점이 낮아지고 산화될 가능성이 많기 때문에 유통기한을 꼭 확인하고 열과 빛, 공기를 차단해 보관해야 합니다.

- **꿀**

일부 꿀에 들어 있는 보툴리눔 세균은 어린이와 성인 몸에 흡수되면 대부분 소화액으로 인해 소멸되지만, 돌 이전의 아이들은 아직 장이 미숙하여 세균을 죽이지 못하고 보툴리눔 독소에 중독되어 사망에 이를 수도 있기 때문에 절대 먹이지 말아야 합니다.

- **질식 위험이 있는 식재료**

일부 식재료들은 모양 때문에 아이들에게 위험할 수도 있습니다. 견과류는 단단하고 동그란 것이 많아 조심해야 할 대표적인 식재료입니다. 잘게 잘라주거나 가루로 만들어 먹이고, 통견과류는 최소 만 2세까지는 주지 않는 것이 좋습니다. 포도, 체리, 방울토마토, 블루베리도 미끌거리고 모양이 동그랗기 때문에 위험합니다. 어린 아이의 기도를 막기 쉬운 둥근 음식은 웬만하면 반으로 자르거나 4등분을 해주는 것이 좋습니다. 생선뼈는 질식의 위험은 작지만 목에 걸리는 경우가 많고, 빼기 힘들기 때문에 생선을 줄 때는 반드시 가시를 제거해야 합니다. 닭다리에 붙어 있는 얇은 뼈도 가시처럼 가늘고 뾰족하기 때문에 주의하세요.

❷ 식품 알레르기

식품 알레르기는 특정 식품을 섭취하였을 때 과도한 면역반응을 일으키는 증상을 말합니다. 유전적 요인과 환경적 요인이 복합적으로 작용해 발생하는데, 가벼운 증상부터 심한 증상까지 다양하게 나타날 수 있습니다. 대표적으로는 두드러기, 가려움, 구토, 설사, 복통, 혈관부종, 아나필락시스, 소양성 피부염, 비염, 천식, 아토피 피부염 등의 증상이 있습니다. 아주 적은 양을 먹었더라도 알레르기 증상이 심할 경우 생명에 위협이 될 수 있기 때문에 주의를 기울여야 합니다.

식품 알레르기는 알레르기의 유병률이나 민감도가 나라와 지역에 따라 조금씩 다릅니다. 식품의약품안전처는 [식품 등의 표시기준]을 통해 한국인에게 알레르기를 유발할 수 있는 식품 21가지를 지정해서 관리하고 있으니 아래의 표를 참고하세요.

• 쇠고기	• 메밀	• 조개류(굴, 전복, 홍합 포함)
• 돼지고기	• 밀	• 복숭아
• 닭고기	• 고등어	• 토마토
• 난류(가금류에 한함)	• 오징어	• 땅콩(견과류 주의)
• 우유(유제품 포함)	• 게	• 호두
• 대두(두부 포함)	• 새우	• 아황산류

출처 : 식품의약품안전처

아이들에게 많이 나타나는 알레르기 식품

연령별로 식품 알레르기를 유발하는 식품들이 조금씩 다릅니다. 식품 알레르기는 면역체계가 충분히 성숙되어 있지 않은 영유아 시기에 더 많이 나타나고 가족력이 있거나, 아토피 피부염, 천식 등 다른 알레르기 질환이 있는 경우 위험성이 커지기 때문에 더욱 주의

해야 합니다. 영유아, 소아기에는 주로 우유, 달걀, 콩, 밀에서 가장 많은 알레르기 반응이 나타나고, 면역체계가 좋아지면서 증상이 사라지는 경우가 많습니다. 견과류, 땅콩, 생선, 조개, 갑각류, 복숭아 등의 식품들은 청소년이나 성인에게도 흔하게 알레르기를 유발하는 식품인데, 한번 생기면 쉽게 없어지지 않고 오래 지속되는 편입니다. 육류 알레르기는 모든 연령에서 아주 드물게 나타납니다.

우유

우유 알레르기는 영유아에서 가장 흔한 알레르기입니다. 우유는 아이들이 흔하게 접할 수 있는 식품이고, 아이의 성장과 발달에 중요한 식품이기 때문에 제대로 알고 대처하는 것이 좋습니다. 우유 속에는 여러 종류의 단백질이 들어 있는데, 한 가지의 단백질에라도 알레르기 반응을 보일 경우 알레르기 증상이 나타날 수 있습니다. 우유 알레르기가 있는 경우, 알레르기 반응이 나타나는 단백질의 종류에 따라 먹는 식품의 범위가 달라집니다. 생우유에는 알레르기 반응이 나타나지만, 우유를 가열해 만드는 요리, 빵, 과자 같은 것들이나 우유를 살균·가공 처리한 유제품(치즈, 요구르트, 생크림, 버터 등)은 먹어도 문제가 없는 경우가 있습니다. 이는 우유를 완전히 가열하거나 조리하면 알레르기를 유발하는 그 단백질의 구조가 변성이 되어 괜찮은 경우입니다. 물론 우유와 관련된 어떠한 식품도 먹을 수 없는 경우도 있습니다. 이런 경우에는 분유에도 알레르기 반응을 보일 수 있어 우유를 완전 가수분해한 특수 분유를 먹어야 할 수도 있습니다. 모유수유를 하는 경우에는 엄마가 우유나 유제품을 많이 먹으면 아이에게 알레르기 반응이 나타날 수도 있습니다. 우유 알레르기가 있는 경우 콩에도 알레르기가 있을 수도 있습니다. 이 경우에는 우유를 두유로 대체하는 것 또한 조심해야 합니다. 우유 알레르기는 아이가 자라나면서 저절로 사라지는 경우가 많지만, 요즘은 극복되는 시기가 더 지연되고 있다는 연구들이 있습니다. 우유 알레르기나 유당 불내증이 없는 경우라면, 12개월 이전이라도 요리에 사용한 가열한 우유나 우유를 가공한 유제품을 적정량 섭취할 수 있습니다. 생우유는 소화가 어렵고 장출혈을 일으킬 수 있기 때문에 12개월 이후에 섭취하는 것을 권하고 그 이전에는 생우유를 모유나 분유의 대체재로 섭취하는 것은 권장하지 않습니다.

궁금해요

유당 불내증

복부팽만, 가스 또는 설사의 증상이 있어 알레르기와 혼동이 되지만, 유당 불내증은 우유 단백질에 의한 면역체계의 반응이 아닌 유당(lactose)을 소화시키는 데 필요한 효소(락타아제 lactase)가 부족해서 생기는 증상입니다. 서양인보다는 동양인에게, 유아들보다는 성인에게 더 많이 나타나며, 배속을 불편하게 만들지만 위험하지는 않습니다. 유당이 든 식품을 제한하거나 유당이 적게 들어 있거나 들어 있지 않은 제품(락토오스프리, 락토프리)을 선택하여 증상을 완화할 수 있습니다.

달걀

아이들이 자주 먹는 식품인 달걀은 우유 다음으로 영유아에게 알레르기를 일으키는 가장 흔한 식품입니다. 달걀 속 단백질 성분이 알레르기를 유발하는데, 달걀노른자에 반응하는 경우도 있지만 주로 달걀흰자에 의해 알레르기 반응이 일어납니다. 우유와 마찬가지로 아이가 자라면서 알레르기가 저절로 사라지는 경우가 많지만, 요즘은 극복하는 시기가 더 지연되고 있다는 연구들이 있습니다. 달걀 알레르기는 알레르기의 정도에 따라 완전히 익힌 삶은 달걀이나 구운 달걀, 높은 온도에서 가열한 머핀, 쿠키, 빵, 케이크와 같은 음식은 섭취할 수 있는 경우가 있고, 달걀이 들어간 모든 음식을 못 먹는 경우도 있습니다. 알레르기 반응이 없는 경우라면, 달걀흰자도 12개월 이전에 섭취하는 것이 알레르기를 예방하는 데 도움이 됩니다.

콩

단백질 함량이 높은 콩도 영유아에게 알레르기를 유발하는 흔한 식품 중 하나입니다. 영유아뿐만 아니라 소아에게서도 알레르기가 나타나기도 하는데, 이 경우에도 아이가 자라나면서 저절로 사라지는 경우가 많습니다. 콩 또한 알레르기 정도에 따라 먹을 수 있는 식품도 있고, 없는 식품도 있습니다. 콩 단백질이 들어간 음식인 두부나 두유, 일부 분유, 된장 등을 조심해야 하고, 교차접촉*으로 전혀 다른 음식까지 알레르기 반응이 나타날 수 있기 때문에 그것 또한 조심해야 합니다.

***교차접촉**이란 알레르기가 없는 음식이 조리되거나 가공되는 동안 알레르기 식품과 접촉이 되는 경우입니다. 예를 들어 갑각류를 손질했던 도마에 다른 음식을 손질하거나 치즈를 썰었던 기계에 햄을 썰 경우, 땅콩 소스가 묻은 집게로 다른 음식을 집는다든가 하는 경우 알레르기 반응이 나타날 수 있습니다. 알레르기 유발 식품과 같은 제조 공장에서 가공되는 식품도 조심해야 합니다. 그렇게 때문에 조리 과정에서 굉장히 주의를 기울여야 하고 가공식품을 먹을 경우 식품 라벨을 통해서 제조 공장이나, 내용을 꼼꼼하게 확인해 알레르기와 관련은 없는지 살펴봐야 합니다.

밀

밀가루는 7개월 이전에 섭취하게 하는 것이 알레르기를 예방하는 데 도움이 됩니다. 밀가루를 아이의 이유식에 조금씩 첨가하거나 파스타, 국수, 전, 팬케이크, 빵 등으로 노출시켜주면 됩니다. 밀 알레르기의 경우에도 대부분 아이가 자라나면서 자연스럽게 사라집니다.

알레르기 대처 방법

영유아의 5~10% 정도가 식품 알레르기가 있습니다. 내 아이가 알레르기가 있을 수도 있고, 없을 수도 있는데 '알레르기를 일으키는 음식 언제부터 먹여도 괜찮을까?'라는 궁금증이 생길 것입니다. 이전에는 알레르기를 일으키는 식품들을 아이에게 늦게 먹이는 것이 알레르기를 예방하는 데 도움이 된다 알려져 있었습니다. 하지만 이 연구 결과가 근거가 부족하다는 것이 밝혀지면서 최근에는 생후 6개월 정도부터 일찍 알레르기 관련 음식들을 섭취하게 하는 것이 오히려 나중에 알레르기 발생할 확률을 낮춰준다는 여러 연구 결과들이 많이 나오고 있습니다. 새로운 가이드라인이 생긴 것입니다. 가족 중에 식품 알레르기 내력이 있거나, 가족이나 아이가 현재 알레르기 증상(아토피 피부염, 천식, 알레르기성 비염 등)이 있는 경우 아이가 식품 알레르기가 있을 확률이 높아지기는 하지만, 없을 수도 있습니다. 이 경우 전문의의 진료를 받으면서 조심스럽게 섭취해야 합니다. 가족력이 없고, 아이도 아무런 알레르기가 없을 경우 아주 소량부터 노출한 다음 별다른 증상이 없다면 점차적으로 양을 늘려가는 것이 좋습니다.

만약 아이에게 알레르기 증상이 있다면 다른 식품에도 알레르기 반응을 보일 수 있으니, 대표 알레르기 식품을 섭취할 때 주의를 기울여야 합니다. 식품 알레르기는 아이가 자라면서 자연스럽게 좋아지기도 하고, 평생 섭취를 주의해야 할 수도 있습니다. 다만 알레르기 유발 가능 식품이라고 해서 전문의의 정확한 진단 없이 임의로 식품을 제한하면 영양 불균형을 초래할 수도 있기 때문에 음식을 함부로 제한하는 것은 옳지 않습니다.

알레르기 반응이 있을 경우

알레르기는 영유아 때 발병하는 경우도 있고, 소아나 청소년기 때 발병하거나 성인이 되어서 발병하는 경우도 있습니다. 특정 음식을 먹고 피부의 발진이나 두드러기, 구토, 설사, 기침, 재채기, 쌕쌕거리는 호흡, 복통 등의 반응이 나타난다면 알레르기를 의심할 수 있습니다. 온몸에 두드러기가 나거나 눈, 입술 등 얼굴이 붓는 경우에는 쇼크로 이어질 수 있고, 얼굴뿐만 아니라 기도까지 붓게 되면 숨쉬기 힘들어 기침을 하거나 쌕쌕거리며 호흡을 하기도 하는데 이런 경우에는 빠르게 병원에 가거나 119에 연락을 해야 합니다. 아이가 알레르기 반응을 보일 경우, 반드시 전문의에게 진찰받고 앞으로의 음식 섭취에 대하여 지속적으로 상의해야 합니다. 특정 식품의 섭취를 제한해야 할 경우, 그 식품이 들어있는 음식뿐만 아니라 교차 반응을 일으킬 수 있는 식품 또한 조심해야 하며, 전혀 관련 없는 음식이라도 제조 과정에서의 교차접촉이 있을 수 있으니 조심해야 합니다. 가공식품을 구입할 경우 알레르기 유발 식품 표시사항과 제조시설을 꼭 확인하고 구입하는 것이 좋습니다. 또한 아이가 영양소를 골고루 섭취할 수 있도록 부모가 대체 식품에 대해 공부하고 알아두는 것을 권합니다. 마지막으로 아이가 자라면서 자연스럽게 좋아지는 경우가 많으니 전문의와 상의하면서 지속해서 경과를 지켜보아야 합니다.

그 외의 알아두면 유익한 알레르기 정보들

- 과일, 채소 등을 먹고 음식과 접촉이 된 입 주위가 약간 빨갛게 변했다가 금방 가라앉는 경우 알레르기가 아닌 경우가 대부분입니다.
- 예방의 목적으로 임신 기간이나 모유수유의 기간에 알레르기 유발 음식을 함부로 제한하면 안 됩니다.
- 알레르기는 아니지만 조미료, 색소, 보존제 등의 식품첨가물에 의한 과민 반응, 신선하지 않은 생선이나 해산물, 초콜릿 등도 가려움이나 피부 발진과 같이 알레르기와 비슷한 증상을 보이기도 합니다.

* 이 책은 이유식과 유아식의 레시피를 함께 공유하는 책으로, 알레르기가 있는 아이일 경우 일부 재료들을 다른 것으로 대체해야 할 수도 있습니다. 레시피에 써져 있는 개월 수는 재료별 기준이 아닌 소근육 발달별로 나눈 것이니, 요리를 시작하기 전에 레시피 가이드 81p를 반드시 확인하고 시작하세요.

❸ 구역질과 질식

아이주도이유식을 시작하기 전에 가장 우려하는 것이 바로 질식이 아닐까 싶습니다. 이도 없는 6개월 아기가 과연 덩어리 음식을 씹어서 삼킬 수 있을까, 목에 걸리진 않을까 하는 걱정에 선뜻 시작하기 어려울 수도 있습니다. 일반 죽 이유식이나 아이주도이유식 모두 질식의 위험은 있습니다. 따라서 아이가 이유식을 하고 있다면 구역질과 질식의 차이, 또 질식했을 때의 응급처치 정도는 알아두는 것이 좋습니다.

구역질과 질식 둘 다 위험하게 들릴지 모르지만 아이의 구역질 반사는 질식을 방지하기 위한 건강한 반응입니다. 아이들의 구역질 반사가 일어나는 지점은 성인보다 훨씬 입 앞쪽에 위치하고 있습니다. 음식이나 물건, 아이의 손 등이 목구멍까지 깊이 들어가서 구역질 반사를 일으키는 것이 아니고 그 지점이 생각보다 앞쪽에 있기 때문에 입에 무언가를 조금만 넣어도 쉽게 구역질 반사가 일어날 수 있습니다. 구역질 반응은 무언가가 목구멍 깊숙이 더 들어가기 전에 구역질을 통하여 앞으로 밀어내서 위험한 상황에 처하지 않게끔 해주는 보호 반응이라 볼 수 있습니다. 아이가 자라면서 구역질 반사가 일어나는 지점이 점점 뒤로 가고 무뎌집니다. 특히 유동식만 먹다가 고형식을 처음 접하는 6~7개월 때는 구역질 반사가 가장 예민하게 이루어지는 때입니다. 아이주도이유식을 시작하고 짧으면 3일 길게는 한 달 정도 구역질을 할 수 있습니다. 고형식을 처음 시작하는 아이가 구역질을 하다가 토를 하는 경우는 흔합니다. 그리고 대부분의 아이들이 아무렇지 않게 다시 식사를 이어 나갑니다. 아이 스스로 구역질이 나지 않고 안전하게 먹는 방법을 터득하고, 구역질 반사 지점이 점점 무뎌지면서 구역질을 하는 횟수도 점차 줄어듭니다. 초기에 죽 이유식으로 떠먹이는 이유식을 한 아이의 경우 구역질 반사 지점을 지나 음식을 바로 삼켜 먹는 경우가 있습니다. 이후에 고형식을 처음 접하는 경우 바로 삼켜 먹는 습관 때문에 구역질 반사에 더 오래 어려움을 겪기도 합니다.

그렇다면 질식은 무엇일까요? 질식은 기도가 막혀 숨을 쉴 수가 없는 상태를 말합니다.

구역질의 경우 소리도 내고, 울 수도 있고, 구토도 하지만, 질식은 숨을 쉴 수가 없기 때문에 소리를 내지 못하며 울지도 못하고 얼굴이 파랗게 질려 의식 저하가 일어납니다. 부분적으로 기도가 막혔더라도 아이는 쉰 소리를 내며, 숨쉬기를 힘들어하고 기침을 할 수 있습니다. 아이가 기침을 해도 해결이 되지 않은 경우 응급처치를 통해 음식물이 밖으로 튀어나오도록 도와줘야 합니다. 3세 미만 구강기의 아이들은 뭐든지 입으로 가져가 물고 빨면서 탐구하기 때문에 질식 위험성이 높은 음식이나 물건은 특히 주의해야 합니다.

❋ 아이가 갑자기 구역질을 한다면?

아이가 구역질을 하거나, 구역질을 하다 토하거나 했을 때 부모가 너무 놀라면 아이는 부모의 놀란 표정에 놀라거나 무서워서 울 수도 있습니다. 아이가 구역질을 하더라도 침착하게 옆에서 지켜본다면 아이는 대부분 스스로 해결을 하고, 아무렇지도 않게 다시 식사를 이어 갑니다. 하지만 만약의 상황을 위해 아이가 식사하는 동안 절대 자리를 비워서는 안 됩니다.

❹ 안전을 위한 기본 원칙

아이주도이유식을 하는 아이뿐만 아니라 숟가락으로 떠먹이는 이유식을 하는 아이에게도 모두 중요한 안전 수칙입니다.

- **아이가 상체를 꼿꼿하게 세워 앉아 먹도록 한다.**

  상체가 기울거나 뒤로 젖혀질 경우 음식물이 목구멍 뒤로 넘어가 질식의 위험이 높아집니다. 아이용 의자가 조금 클 경우 작은 쿠션이나 수건을 돌돌 말아 아이 등이나 옆구리, 엉덩이 밑에 대주고 아이가 편하게 먹을 수 있도록 식탁과 높이를 맞춰 상체가 바로 서 있도록 해줘야 합니다.

CHECK POINT

기도가 막혔을 때 응급처치 방법

12개월 미만의 아이일 경우

하임리히법(복부 밀어내기)은 간에 손상을 줄 수 있습니다. 이물질이 나올 때까지 등 두드리기 5회와 가슴 압박 5회를 무한 반복합니다.

❶ 119에 즉시 신고한다

❷ 등 두드리기 5회

왼손으로는 아이의 턱을, 오른손으로는 아이의 뒤통수를 감싸면서 천천히 안아 올린다. 어른의 왼쪽 허벅지 위에 머리가 아래를 향하도록 엎드려 놓는다. 손바닥 밑 부분으로 등 중앙부를 세게 5회 두드린다.

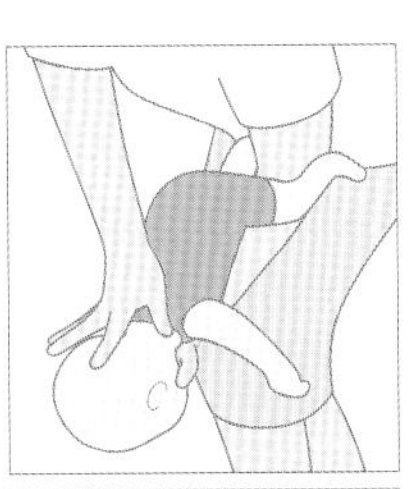

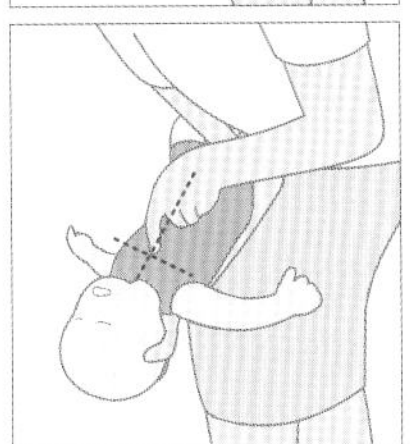

❸ 가슴 압박 5회

양쪽 젖꼭지를 잇는 선의 중앙 부위 바로 아래 부위에 두 개의 손가락을 위치시킨다. 심폐소생술에서 시행하는 가슴 압박과 비슷하게 강하고 날카롭게 5회 눌러준다.

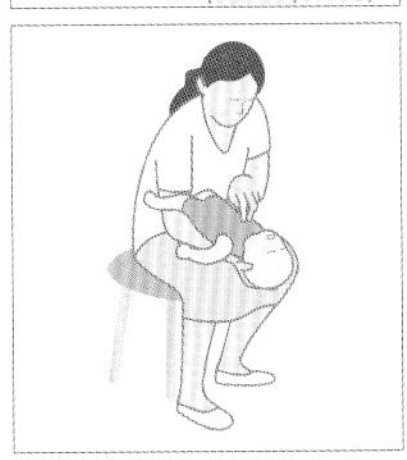

tip 의자에 앉아서 하는 것이 올바른 자세예요. 아이의 등·가슴을 보다 쉽고 정확하게 압박할 수 있거든요.

12개월 이상의 아이일 경우

하임리히법(복부 밀어내기)을 이물질이 나올 때까지 시행합니다.

❶ 119에 즉시 신고한다.

❷ 환자의 등 뒤에서 주먹 쥔 손을 배꼽과 명치 중간 정도에 위치시킨다.

❸ 배꼽과 명치 중간 위치에 주먹 쥔 손의 엄지손가락이 배에 닿도록 놓는다.

❹ 다른 한 손으로 주먹을 감싸고, 팔에 강하게 힘을 주면서 배를 안쪽으로 누르면서 상측 방향으로 5회 당겨준다.

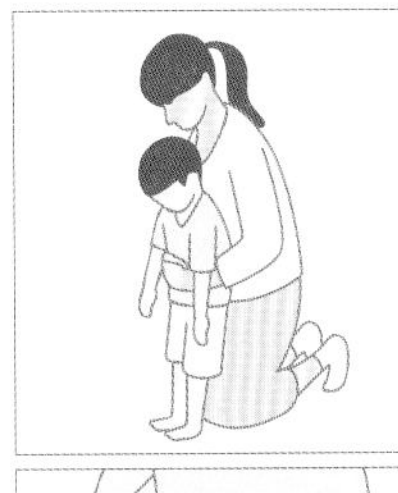

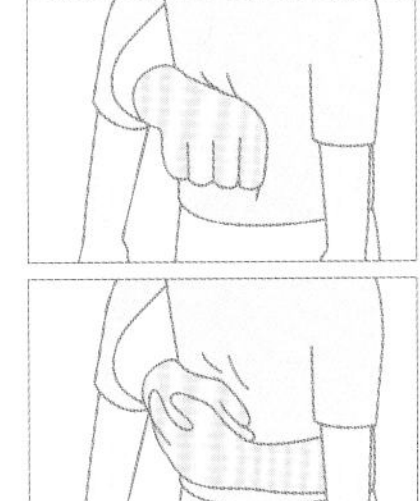

출처 : 서울대학병원 응급처치가이드

부분 기도폐쇄일 경우 하임리히법을 실시하면 의도치 않게 기도를 더 막을 수 있기 때문에 아이가 기침을 하고 있다면, 기침을 통해 이물질을 제거할 수 있게 해줘야 합니다.

당황한 보호자가 아이의 입에 손가락을 넣고 이물질을 빼내려 하면 더욱 깊숙이 이물질을 밀어 넣을 수도 있기 때문에 절대로 해서는 안 되는 행동입니다. 어설프게 약한 힘으로 압박을 가해서도 안 되고, 정확하고 강한 압박을 줘 빠르게 응급처치를 해야 합니다.

• **피해야 할 음식에 대해 미리 알아 둔다.**

피해야 할 음식(54p)을 참고하면 자세히 알 수 있습니다. 이 책의 레시피는 이유식과 유아식을 함께 공유하는 책으로 돌 이전의 아이일 경우 간이 들어가는 식품(소금, 간장 등)이나 설탕 등을 다른 것으로 대체하거나 빼고 만들어야 하는 레시피들도 있습니다. 레시피 가이드(81p)를 반드시 읽어 보고 시작하세요. 이제는 알레르기 유발 식품이라 하더라도 먹어서 이상이 없는 경우 아이의 음식을 특별히 제한하지 않습니다. 가족력이 있거나 알레르기가 있는 아이일 경우 더 조심하되 무조건적으로 섭취를 제한할 것이 아니라 소량 섭취하게 한 뒤 이상반응이 생기면 전문의와 상의한 후 제한합니다. 식품 알레르기에 관한 내용은 57p를 참고해주세요.

• **손을 깨끗이 씻고, 위생적인 도구를 사용한다.**

밥을 먹기 전에 아이의 손을 반드시 씻기고, 요리를 하는 사람 또한 요리하거나 음식을 제공하기 전에는 손을 반드시 씻어야 합니다. 식기나 조리도구를 정기적으로 소독해 위생적으로 관리합니다. 익히지 않은 생선과 고기용 도마를 별도로 두고 사용합니다. 익히지 않은 생선과 고기를 만지고 난 다음에는 손을 씻고 다른 재료들을 만지도록 하고, 칼이나 가위를 썼을 경우에는 세정제로 깨끗이 씻거나 다른 칼, 가위로 조리를 이어가야 합니다.

• **아이의 입에 음식을 넣어주지 않는다.**

아이는 스스로 음식을 입에 넣어서 다루는 법을 익혀야 안전하게 먹을 수 있습니다. 누군가가 입으로 넣어줄 경우 음식을 어떤 방법으로 입에 넣을지, 어떤 식으로 입안에서 혀를 움직여 음식을 다룰지 짐작하기가 어렵기 때문에 더욱 위험할 수 있습니다.

• **아이의 음식이 너무 뜨겁지 않은지 미리 확인한다.**

아이의 음식이 충분히 식었는지 확인하고 제공해야 합니다. 뜨거운 상태로 주었다가는 손이나 입안이 화상을 입을 위험이 있습니다.

- **아이가 식사를 하는 동안에는 부모가 자리를 떠나서는 안 된다.**

  아이는 아직 음식을 먹는 것에 미숙하기 때문에 언제든지 돌발상황이 생길 수 있습니다. 아이가 밥을 먹는 동안에는 반드시 옆에 함께 있어주세요.

- **아이가 남긴 음식은 저장했다가 다시 주지 않는다.**

  아이에게 주었던 음식이 남았을 경우 과감하게 버려야 합니다. 버리기 아까우면 부모가 먹는 편이 낫습니다. 남은 음식을 아이가 손을 대지 않았더라도 상온에 상당한 시간 노출이 되었을 것이고, 아이나 부모가 식사를 하는 동안 침이 튀겼을 가능성도 있습니다. 세균 번식의 위험이 있으니 절대로 아이에게 다시 먹여서는 안 됩니다.

- **한 번 해동한 음식은 빨리 사용하고 다시 냉동하지 않는다.**

  해동한 음식이나 재료는 세균이 더 빠르게 번식하기 때문에 최대한 빠른 시간 내에, 적어도 당일 내로 사용해야 합니다. 남았다고 해서 다시 냉동시키면 안 됩니다. 냉동보관을 한다고 해서 음식이 상하지 않는 것은 아닙니다. 냉장이나 상온의 상태일 때보다는 상대적으로 아주 느리게 진행되기는 하지만 세균 번식이 일어날 수 있습니다. 냉동의 상태로 너무 오래 보관될 경우 식품이 건조되고, 식감이나 맛도 변할 수 있습니다. 최대한 급속으로, 공기와 접촉이 없도록 밀폐포장해서 냉동을 시키는 것이 좋고, 냉동하고 나서는 1~2주일 내에 해동해서 먹는 것을 권합니다.

- **음식을 보관할 때는 뚜껑을 덮어 냉장보관한다.**

  음식을 조리하고 바로 먹는 것이 아니라면 상온에 오래 두지 말고 용기에 담아 뚜껑을 덮어 냉장보관해야 합니다. 한 번 만든 음식을 여러 번 나눠 먹는다면 1회분씩 소분해서 보관하고, 하나씩 꺼내서 먹는 것이 좋습니다. 3일 이내로 먹지 못하는 것이면 냉동보관을 하는 것이 좋습니다.

아이주도이유식 Q&A Top 10

앞의 이론을 충분히 읽어보았다면, 그동안 아이주도이유식에 관한 궁금증이나 의구심은 대부분 해결됐을 것입니다. 그래도 직접 해보다 보면 당연히 여러 궁금증들이 더 생길 수 있습니다. 제가 수년간 아이주도식사에 관하여 여러 사람들과 소통하면서 받은 질문들을 모아 Q&A를 작성하였습니다. 아이와 함께 하는 식사 시간이 즐겁고 행복해지고 아이주도식사가 성공하는 데 많은 도움이 되길 바랍니다.

Q1

죽 이유식이 소화·흡수가 더 잘 되지 않나요? 아이주도이유식을 하면 장기에 부담이 가고 영양을 다 흡수하지 못할까 봐 걱정됩니다.

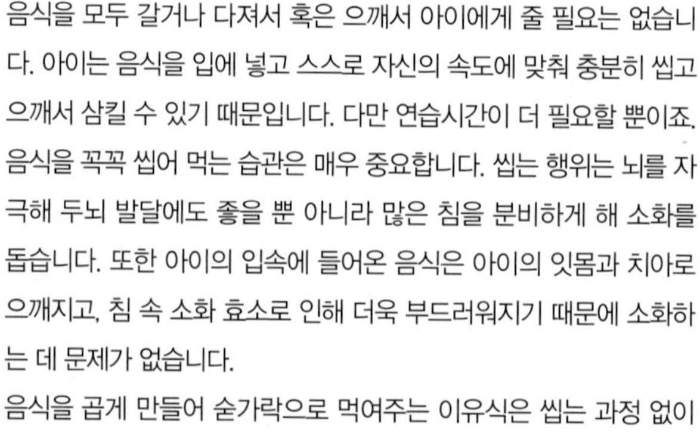

음식을 모두 갈거나 다져서 혹은 으깨서 아이에게 줄 필요는 없습니다. 아이는 음식을 입에 넣고 스스로 자신의 속도에 맞춰 충분히 씹고 으깨서 삼킬 수 있기 때문입니다. 다만 연습시간이 더 필요할 뿐이죠. 음식을 꼭꼭 씹어 먹는 습관은 매우 중요합니다. 씹는 행위는 뇌를 자극해 두뇌 발달에도 좋을 뿐 아니라 많은 침을 분비하게 해 소화를 돕습니다. 또한 아이의 입속에 들어온 음식은 아이의 잇몸과 치아로 으깨지고, 침 속 소화 효소로 인해 더욱 부드러워지기 때문에 소화하는 데 문제가 없습니다.

음식을 곱게 만들어 숟가락으로 먹여주는 이유식은 씹는 과정 없이 목구멍으로 바로 삼키듯이 넘어갈 확률이 높습니다. 입자가 커도 많이 씹지 않고 삼켜 먹는 경우도 있습니다. 물론 아이주도이유식을 해도 잘 씹지 않고 삼키는 아이들이 있습니다. 이러한 아이는 식감에 예민해 씹기 어려운 음식들은 꺼리고 국에 만 밥과 같이 호로록 먹을 수 있는 것만 선호할 수도 있습니다. 씹는 횟수가 적어 밥 먹는 시간이 채 10분이 되지 않는 아이들도 많이 봤습니다. 아이가 이유식 기간 동안 충분히 오랫동안 씹는 연습을 할 수 있도록 도와주는 것이 소화·흡수를 좋게 하는 데에 도움이 됩니다.

아이주도이유식 초반에는 아이 대변에 먹은 음식들 일부가 함께 나옵니다. 이걸 보고 죽 이유식보다 소화·흡수가 덜 된다고 생각할 수도 있지만 죽 이유식은 형체가 대변에 섞여서 잘 보이지 않을 뿐 소화·흡수의 정도는 비슷합니다. 그러다 아이가 7~8개월만 되어도 음식을 으깨고 씹는 능력이 매우 좋아지고 소화기관도 더욱 성숙해져서 점점 대변에서 음식 조각이 보이지 않을 겁니다. 또 덩어리 음식은 칼이나 블렌더로 곱게 간 음식보다 영양소 파괴가 훨씬 적습니다. 특히 채소나 과일은 퓌레와 같이 곱게 간 것으로 먹는 것보다 덩어리로 씹어 먹는 것이 비타민의 흡수를 높일 수 있습니다. 철분 흡수를 도와주는 비타민 C의 경우에는 식품을 통해서만 흡수를 할 수 있기 때문에 영양소 파괴를 최소화하는 것이 영양 흡수 면에서 중요합니다.

Q2
아이주도이유식과 떠먹여주는 이유식을 병행해도 괜찮을까요?

대부분의 아이들은 누가 먹여주는 것보다 스스로 먹는 것을 더 즐거워합니다. 먹는 것뿐 아니라 다른 많은 일도 스스로 하는 것을 좋아하고, 스스로 하면서 많은 것을 느끼고 배우고 성장하게 됩니다. 어떤 아이들은 일찍부터 먹여주는 것을 거부해 그 대안으로 아이주도이유식을 선택하는 경우도 있고, 아이주도이유식의 장점과 떠먹여주는 이유식의 장점을 함께 취하기 위해서 병행을 하는 경우도 있습니다. 아이주도이유식의 장점을 생각해서 아이주도이유식을 병행하기로 했다면, 떠먹여주는 이유식을 할 때도 아이가 헷갈리지 않도록 먹고 싶은 양보다 더 많이 먹게끔 강요하지 말고, 이유식을 만져보고 싶어 한다면 허락해주고 죽이나 요구르트, 수프와 같이 흐르는 음식을 잘 먹을 수 있게끔 도와주는 역할을 한다는 정도로만 생각하고 진행하기를 권합니다. 떠먹여주는 이유식을 하더라도 적어도 8개월부터는 간식으로라도 핑거푸드를 통해 스스로 먹는 연습을 하는 것이 좋습니다.

Q3
9개월 아이인데, 지금까지 죽 이유식을 해왔습니다. 아이주도이유식으로 바꾸기에 너무 늦지 않을까요?

아이주도이유식을 시작하기에 늦은 시기란 없습니다. 먹여주는 것에 익숙해진 아이더라도 음식을 탐구하고, 스스로 먹게끔 기회를 준다면 얼마든지 아이주도이유식의 장점을 받아들일 수 있습니다. 10개월 정도가 되면 이유식의 거부가 조금씩 시작됩니다. 떠먹여주는 죽 이유식을 하는 경우 9개월쯤부터 그러는 경우가 많아 이 시기에 부모들이 아이주도이유식을 시작해야 하는 건가 하고 고민하기 시작합니다. 하지만 이는 떠먹여주는 죽 이유식뿐만 아니라 아이주도이유식도 마찬가지입니다. 늦게 시작하는 아이일 경우, 6개월부터 처음 아이주도이유식을 한 아이와는 반응이 다를 수 있어 접근법을 다르게 해야 합니다. 9개월이면 먹는 양이 제법 늘게 되는 시기로 처음 핑거푸드를 주면 아이는 당황할 수도 있습니다. 6개월부터 시작한 아이들은 이미 씹는 연습, 먹는 연습을 많이 해서 9개월쯤 되면 자신의 속도에 맞춰 원하는 만큼 대부분의 음식을 먹을 수 있는 시기입니다. 같은 형태의 죽 이유식만 먹다가 갑자기 고형식의 이유식을 스스로 먹으라고 주면 아이는 앞에 있는 음식이 먹는 것인지, 어떻게 먹는지 모를 수 있고, 입에 넣더라도 얼마만큼 입에 넣어서 얼마만큼 씹어서 넘겨야 하는지 모를 수도 있습니다. 그래서 먹는 양이 굉장히 적을 수 있습니다. 배는 고픈데 원하는 만큼 먹을 수 없으니 아이는 화가 나거나 짜증이 날 수도 있습니다. 아이가 오감으로 충분히 음식과 친해지게 되고, 먹고 씹는 능력이 좋아질 때까지 너무 배고프지 않을 때 간식으로 아이주도이유식을 시도해보는 것도 방법입니다. 또한, 당분간 떠먹여주는 죽 이유식을 하면서 동시에 아이주도이유식(고형식)을 해 너무 배가 고프지 않으면서 음식을 충분히 탐구하고 경험하며, 또 아이가 충분히 혼자서 먹는 연습을 할 수 있게끔 시간을 주고 기다려주는 방법도 좋습니다. 아이가 스스로 먹는 기량이 더 발달하고 익숙해지면 떠먹여주는 이유식의 비중을 줄여 나가면 됩니다. 물론 아이가 처음부터 당황하지 않고 잘 먹는다면 이런 과정들은 필요가 없습니다. 아이주도이유식의 단계별 포인트(31p)를 참고해 아이의 소근육 발달 정도에 따라 먹기 쉬운 형태의 음식부터 제공하면 됩니다. 6개월에 시작한 아이보다는 본인의 적당한 속도와 방법을 찾는 데 더 오랜 시간이 필요할 수 있습니다. 아이가 그 적당함을 찾을 때까지 차분하게 기다려주고, 아이가 가족의 식사 시간에 함께하며 어른들이 먹는 모습을 따라 할 수 있게 해준다면 혼자서도 금방 잘할 수 있을 겁니다.

Q4

아이주도이유식을 시작했는데, 아이가 음식을 가지고 놀기만 하고 입에 넣지는 않습니다. 어떻게 해야 하죠?

이런 경우는 흔합니다. 아이가 음식이라는 것에 친숙해지는 과정이라고 생각하시면 됩니다. 아이는 사실 앞에 있는 것이 먹는 것인지 잘 모를 수 있습니다. 부모가 무언가를 내 앞에 차려줬는데, 냄새도 나고, 각각 촉감도 다르고, 색깔도 다르고, 모양도 다르고, 제법 '재미있는 것이구나' 하고 알아가고 있는 것입니다. 아예 만지지 않는 아이도 있습니다. 낯선 것에 대한 반응은 아이마다 다릅니다. 아이의 성격이 어떻든 새로운 것에 익숙해지는 일에 시간이 충분히 필요하다는 것은 공통된 사항입니다. 아이주도이유식은 아이가 스스로 준비되었을 때 자신의 속도에 맞춰 진행돼야 하는 이유식이라는 것을 명심해야 합니다. 아이를 믿고 조금만 기다려주면 아이는 음식에 관심을 가지고, 입에 넣어도 보고 그러다 보면 삼키는 양도 점점 많아집니다. 아이를 가족들의 식사 시간에 함께 참여시키는 것만으로도 많은 도움이 됩니다. 아니면 같은 음식을 두고 먹는 모습을 보여주는 식으로 흥미를 유발할 수 있습니다.

Q5

아이주도이유식을 하면 매끼 치우는 것이 어려울 것 같아요. 깨끗이 먹이고 간편하게 치우는 노하우가 있을까요?

아이주도이유식 하는 것을 주춤하게 만드는 이유 중 하나가 먹을 때 지저분해지고 치우기가 어렵기 때문입니다. 아이가 흘리지 않고, 묻히지 않고 먹으려면 적어도 24개월은 되어야 합니다. 아이가 자유롭게 음식을 탐구할 수 있게 해주면서 엄마의 치우는 수고를 조금 덜어줄 노하우가 있습니다. 아이가 음식을 먹을 때 턱받이를 하더라도 많은 양의 음식들이 식탁과 아이의 몸통 사이, 아이의 옆구리로 떨어지게 됩니다. 바닥에도 많이 떨어집니다. 그리고 아이의 팔, 목, 귀, 얼굴, 머리가 음식 범벅이 될 수도 있습니다. 아이의 옷이 지저분해지지 않으면서 매번 목욕을 시키지 않아도 되는 저만의 노하우가 있어요. 아이의 얼굴과 팔만 밖으로 내어 놓고, 몸통과 식탁 사이에 옆구리까지 덮어주는 큰 주머니 같은 음식받이용 덮개를 만들어주는 것입니다. 그러면 이유식이 끝난 후 음식들이 떨어진 덮개를 고이 접어 제거하고, 아이의 손과 얼굴, 머리만 닦아주면 됩니다. 아이의 손과 얼굴, 머리를 씻기러 화장실로 갈 때, 아이가 만져서 옷에 음식이 묻을 수 있으니 아이를 식탁에서 꺼낼 때 팔과 손을 간단하게 물티슈나 헝겊으로 먼저 닦아주세요. 바닥을 닦는 것이 어려우면 바닥에도 비닐 등을 깔고 이유식을 진행하면 됩니다.

"저 같은 경우에는 라임이가 아이주도이유식을 했을 때, 아이주도이유식이 많이 알려져 있지 않은 상황이었기 때문에 아이주도이유식을 위한 제품들이 많이 없었습니다. 샤워커튼 같은 두꺼운 비닐과 일반 짧은 턱받이를 이용해 아이주도이유식을 진행했어요. 비닐을 큰 턱받이처럼 접어서 무릎 위로 떨어진 음식 조각이 바닥으로 굴러 떨어지지 않게 했습니다. 비닐을 식탁 의자에 고정을 시킬 수 있으면 옆의 공간에 끼워 넣어 주머니 모양을 만들어주고, 비닐을 고정할 만한 곳이 없으면 집게를 이용해서 주머니 모양으로 만들어 고정하면 됩니다. 저는 이유식이 끝나고 설거지를 할 때 비닐과 턱받이를 같이 빨아서 여러 번 사용했습니다. 횟집 비닐처럼 너무 얇고 가벼우면 아이가 찢어버리거나 빼버릴 수가 있기 때문에 샤워커튼처럼 두껍고 힘이 있는 비닐을 이용하는 것이 좋아요. 요새는 아이 몸통, 식탁까지 덮을 수 있는 커다란 다회용 커버나 아이주도이유식용 턱받이 제품들이 시중에 많이 판매되고 있습니다. 이런 제품을 준비해 아이주도이유식을 진행해도 좋습니다."

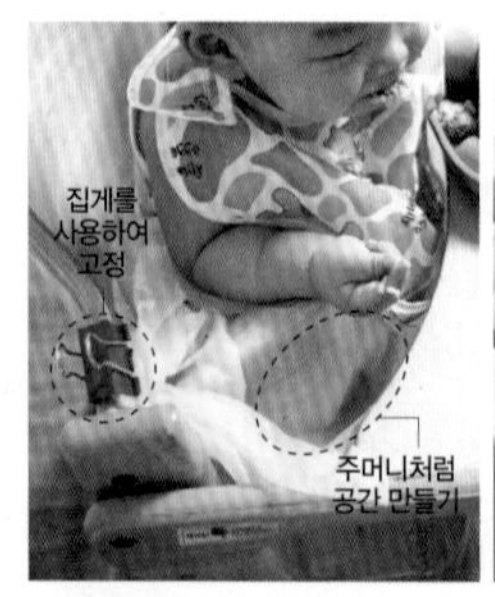

Q6

숟가락, 포크, 젓가락은 언제부터 사용하나요? 처음 사용할 때 어떻게 연습해야 할까요?

아이마다 식사 도구에 관심을 갖는 시기는 천차만별이지만 아이가 가족의 식사 시간을 함께 하면서 도구를 쓰는 모습을 자주 보았을 경우에는 조금 일찍 관심을 보입니다. 9~11개월 때쯤이면 숟가락, 젓가락, 포크와 같은 도구에 관심을 보이기 시작합니다. 처음에는 입에도 넣어보고 신기해하다가 이내 재미가 없어져 던져버리고 관심을 주지 않을 수도 있습니다. 그래도 계속 식사 시간에 밥과 함께 놓아주세요. 시간이 지나면 엄마처럼 숟가락을 쓰기 위한 모방을 시도합니다. 아직은 스스로 음식을 뜨는 것이 힘들 수 있으니 숟가락으로 음식을 떠서 아이 앞에 놓거나 포크로 음식을 찍어서 놓아주면 스스로 떠 먹는 것으로 연습을 할 수 있습니다. 연습하는 시기에는 숟가락에서 잘 떨어지지 않고 붙어 있을 수 있는 음식으로 제공해주면 좋습니다. 수프를 더욱 되직하게 만들거나 덮밥, 죽, 포리지, 리소토, 매시 같은 것들이 좋습니다. 몇 번 연습하다 보면 아이는 스스로 음식을 뜰 수도 있게 되고, 서툴러도 혼자서 숟가락과 포크로 먹을 수 있게 됩니다. 젓가락은 손가락에 끼워서 쓰는 아이 전용 젓가락을 주면 아이 스스로 연습하기가 훨씬 수월합니다. 손에 끼워보고 싶어 하면 방법을 알려줘 스스로 끼워서 사용하게끔 해주세요. 아이가 도구로 음식을 먹기 시작하면 성취감을 느낄 수 있도록 많이 칭찬해주세요.

"라임이는 라임이에게 주어진 아이용 숟가락과 포크보다는 어른 숟가락과 젓가락, 음식을 할 때 쓰는 계량스푼, 요리 집게 이런 것에 관심이 더 많았어요. 꼭 아이용 숟가락과 포크, 젓가락으로만 사용해서 먹을 필요는 없어요. 아이에게는 부모가 쓰는 수저나, 다른 모양의 도구를 이용해서 밥을 먹는 것이 더 흥미로울 수 있어요. 아이가 호기심을 보인다면 다른 도구도 한번 제공해보세요. 어설프지만 그것으로 음식을 입에 넣으려 노력하는 모습이 꽤나 귀여워요."

Q7

11개월 아이가 밥을 던져요. 어떻게 훈육해야 할까요?

던지는 것을 좋아하는 시기가 있습니다. 아이마다 다르겠지만 대부분 한 번씩은 겪고 지나가는 것 같습니다. 아이에게 음식은 던지지 않는 것이라고 얘기도 해보고, 음식이나 바닥에 감정을 이입해서 "이렇게 던지면 시금치가 아파한대", "네가 안 먹고 던져서 토마토가 슬프대"라고도 해보고, "엄마가 열심히 만든 음식을 ○○가 던져서 엄마 마음이 아파" 하면서 우는 표정도 지어보고, 하지 말라고 단호하게 말해보기도 해봤지만 크게 소용이 없었습니다. 아이가 커서 말도 하고 훈육이 가능할 때면 "음식을 던지는 것은 나쁜 행동이야" 하면서 그 이유를 설명할 수 있지만 아직 어려서 훈육이 어렵다면 아예 못 본 척 반응을 해주지 않는 것이 가장 효과적인 것 같습니다. 아이는 부모의 반응이 재미있어서 던지는 경우가 많기 때문에 못 본 척하면 재미가 없어서 던지는 행동을 멈출 수 있습니다.

Q8

아이가 평균보다 작은 편이에요. 아이주도이유식을 해 아이가 먹고 싶은 만큼만 먹게 하면, 양이 부족하지 않을까 걱정이 됩니다. 그래서 자꾸 아이 식사량에 집착하게 돼요. 어떻게 하는 것이 좋을까요?

성장 곡선은 아이마다 다릅니다. 어떤 아이는 크고, 어떤 아이는 작은 것이 당연합니다. 아이가 평균보다 작아도 정상 범위 내에만 있다면 건강상 아무런 문제가 없습니다. 유독 아이의 영유아 검진표나 몸무게를 예민하게 받아들이는 부모들이 있는데, 그것은 부모의 성적표가 아닙니다. 많이 먹어도 좀 체구가 작은 아이가 있고, 적게 먹는 편인데도 몸집이 큰 아이도 있습니다. 아이가 지금 또래 애들보다 작기 때문에 '나중에도 작지 않을까' 하는 걱정은 접어두세요. 나중에 성인이 되면 누가 더 크고, 작을지 아무도 모릅니다. 저는 영유아 시절부터 쭉 큰 아이에 속했고 잘 먹는 아이였지만, 지금은 키가 작은 편(155cm)이고, 저희 남편은 고등학교 1학년 때까지 쭉 키가 작은 아이에 속해 있었지만(그 당시 160cm) 지금은 꽤 큰 편(187cm)입니다. 유전적인 영향, 성장호르몬과 성호르몬의 영향, 아이의 수면습관, 생활습관, 주변 환경 등에 따라 아이 키는 달라지기 때문에 지금 식사량에 크게 연연하지 않아도 됩니다. 골고루 먹고, 많이 움직이고, 잘 자면 키 성장에 많은 도움이 됩니다. 환경호르몬은 성호르몬을 자극해 성조숙증을 유발하고 키 성장을 방해하는 요인이 됩니다. 환경호르몬에 노출이 되지 않도록 아이의 주변 환경이나 먹거리에 주의를 기울여야 합니다. 비만도 아이의 호르몬에 영향을 끼치기 때문에 너무 살이 찌지 않도록 식단이나 활동량에 신경을 써야 합니다. 건강한 음식을 골고루 먹는 식습관을 갖추기 위해서는 부모가 모범이 되어 자연스럽게 건강한 식단에 노출되는 것만큼 효과적인 것이 없습니다. 일찍 자고 일찍 일어나는 규칙적인 습관은 깊은 잠을 자는 데 도움이 되어 키 성장에 도움이 되는데 이 또한 부모가 모범을 보이는 것이 좋습니다.

요즘은 아이들에게 '음식을 남기지 않는 것'보다 '적당히 먹는 법'을 가르쳐야 합니다. 물론 음식을 남기는 것은 좋지 않지만, 아이가 조금 더 크면 처음부터 먹을 만큼만 덜어서 먹는 습관을 기르게 해야 합니다. 아이가 어리다면 엄마가 적당히 담아주고, 달라고 하면 더 주는 식으로 식사가 이뤄지면 좋습니다. 그만 먹고 싶은데, 배가 엄청 부를 때까지 음식을 먹게 하는 것은 좋지 않습니다. 적당히 배가 찰 때까지만 먹는 습관이 오히려 장기적으로 건강에 좋습니다. 걱정은 조금 내려 놓고 아이가 자신의 배고픔과 포만감 신호에 맞춰 먹고 싶은 만큼만 먹을 수 있도록 해주세요.

Q9

16개월 아이인데, 편식이 아주 심해요. 어떻게 해야 하죠?

"채소는 절대로 안 먹어요. 몰래 섞어주어도 귀신같이 골라내죠." "고기를 싫어해요." "쌀밥은 안 먹고 반찬만 먹어요." 특정 식품군을 먹지 않는다면 모두 편식입니다. 아이가 편식을 시작하고 식사를 거부하면 식사 때마다 전쟁 아닌 전쟁이 시작되기도 합니다. 아이를 생각해서 골고루 맛있게 밥상을 차렸는데, 건드리지도 않고 장난만 치거나, 원하는 것만 쏙 빼먹고 도망가기 일쑤라면 정말 화가 나겠죠!

아이주도이유식을 한다고 아이가 다 잘 먹고 편식을 안 하는 것은 아닙니다. 어렸을 때부터 다양한 맛, 질감, 형태, 색, 냄새의 음식들을 접하기 때문에 새로운 음식에 대한 거부감이 적을 수 있지만 대부분의 아이들은 조금씩 편식을 합니다. 15개월쯤부터 자아가 더 단단해지면서 아이의 자기주장이 굉장히 강해집니다. 할 수 있는 것이 많아지고, 자기표현도 더 명확해지면서 밥을 잘 먹던 아이도 안 먹겠다며 도망다닐 수 있습니다. 누구에게나 기호가 있기 때문에 편식을 하는 것은 어찌 보면 당연한 일입니다. 좋은지 싫은지 자신의 감정을 표현하는 것은 자연스럽고 건강한 신호입니다. 하지만 지나친 편식은 영양 불균형을 유발해 발육에 안 좋은 영향을 미칠 수도 있기 때문에 편식하지 않도록 부모가 도와줘야 합니다. 편식을 바로잡기 위해서는 안 먹는 음식을 먹게 하는 것이 아니라 '새로운 음식에 대한 거부감을 없애는 것'에 중점을 두어야 해요.

먼저 아이가 싫어하는 식품군이 있다면 친숙해질 수 있도록 단계적으로 접근해야 합니다. 아이와 채소를 직접 기르거나 아이와 함께 장을 보며 재료를 만져보고 고르는 방법부터 재료를 가지고 놀이를 하는 방법, 엄마와 함께 요리를 해보는 방법 등으로 거부하는 식품군과 친해지는 것이 중요합니다. 아이가 특정 맛이나 질감, 냄새, 모양 등 다양한 이유로 거부하는 것일 수도 있습니다. 그렇다면 좋아하는 재료와 섞어서 눈에 띄지 않게 조리를 하거나 아이가 좋아할 만한 예쁜 모양으로 만들어주는 방법 등 다양한 시도를 해야 합니다. 예를 들어 라임이는 나물을 안 먹는데, 나물을 다져서 치즈와 다른 채소들과 함께 섞어 전을 만들어주면 아주 맛있게 먹습니다. 또 애호박을 나박썰기해서 볶아주면 잘 먹지 않지만 큼직하게 스틱 모양으로 썬 후 쪄서 구워주면 잘 먹습니다. 아이가 무엇을 좋아하는지 알아내는 것이 어려운 숙제이지만 여러 번 시도하다 보면 아이의 입맛을 파악하게 되어 어떻게 해주면 잘 먹는지 알 수 있습니다.

무엇보다 부모가 모범이 되어야 합니다. 부모도 편식을 하지 않고 건강한 음식을 골고루 맛있게 먹는 모습을 보이도록 노력해야 합니다. 아이가 아직 말을 못한다 해도 부모가 하는 말을 다 알아들을 수 있습니다. '○○가 좋아하는', '○○이 싫어하는 혹은 안 좋아하는' 등과 같은 표현은 음식에 대한 편견이 생겨 편식을 부추길 수도 있으니 삼가세요.

아이의 편식은 일정하지 않고 매번 변합니다. 쌀밥을 한동안 안 먹다가 쌀밥만 먹을 수도 있고, 고기를 안 먹는 아이였는데 어느 순간부터 고기만 고집할 수도 있습니다. 그럴 때는 너무 쌀밥만 주지 말고 고구마, 감자, 단호박, 파스타, 빵, 떡 등과 같은 동일한 식품군으로 대체해 다양한 식품을 섭취하게 해주는 것도 방법입니다.

"저희 엄마(라임이 외할머니)는 아이의 편식을 어떻게 고쳤냐는 한 인터뷰 질문에서 이렇게 대답하셨다고 해요. "우리 아이가 잘 먹는 것, 좋아하는 것을 해주기도 바빠 편식을 생각할 틈이 없었어요" 라고요. 그러고 보니 엄마는 제가 먹기 싫어하는 것을 억지로 먹게끔 강요하신 적이 한 번도 없었어요. 어쩌면 저희 엄마처럼 아이가 싫어하는 맛보단 좋아하는 맛에 더욱 집중을 하여 그 안에서 다양한 재료를 골고루 먹을 수 있게끔 유도하는 것이 더 효율적일 것 같습니다. 건강한 식습관은 부모가 평소 모범이 되어주면서 기다려주면 자기도 모르게 아이의 몸에 배는 것이라 생각해요. 제가 그랬던 것처럼요!"

Q10

19개월 아이가 밥을 너무 안 먹어요. 굶겨도 소용이 없어요. 쫓아다니면서 먹여야 할까요?

라임이는 16개월부터 안 먹는 시기가 굉장히 자주 왔습니다. 좋아하는 것만 해줘도 거부하는 경우가 많았습니다. 간식도 안 주고, 굶겨도 보고, 여러 방법을 써봤지만 소용이 없었습니다. 하지만 라임이는 며칠, 길게는 몇 주 동안 최소한의 영양분만 섭취하고도 어디서 저렇게 힘이 나서 쉬지도 않고 신나게 뛰어놀 수 있는지 의문이 갈 정도로 아무렇지도 않게 생활했습니다. 심지어 배가 고파서 새벽에 깨는 경우도 없었습니다.

아이의 입맛은 갈대와 같습니다. 밥을 잘 먹을 때도 있지만, 몸이 아파서 혹은 이유 없이 밥을 안 먹을 수도 있습니다. 특히 18~36개월 시기에는 밥을 안 먹고 노는 것에만 집중하는 아이들이 많습니다. 아마 아이들 입장에서는 "엄마, 지금 먹는 것이 중요한 것이 아니에요. 앉아서 가만히 밥만 먹기에는 재미있는 것들이 너무 많단 말이에요" 라고 말하고 싶은지도 모릅니다.

일단 아이에게 밥을 꼭 먹이겠단 마음을 내려놓으세요. 아이가 좋아할 만한 것으로 골고루 차리되 평소보다 적은 양을 주고, 간혹 많이 먹게 되면 폭풍 칭찬도 해줘 아이의 식사 시간이 즐거울 수 있도록 도와주세요. 물론 그렇게 해도 안 먹을 수 있습니다. 그래도 괜찮아요. 어차피 배고프면 조금이라도 먹게 되고, 시간이 지나면서 언제 그랬

냐는 듯이 다시 잘 먹는 시기가 옵니다. 이 시기의 아이들이 밥을 잘 먹었다가 안 먹었다가 하는 것은 지극히 자연스러운 일입니다. 아이가 밥을 잘 안 먹는다고 혼내거나 억지로 먹이면 안 됩니다. 전혀 효과도 없을뿐더러 장기적으로 봤을 때도 좋지 않습니다. 어른도 그렇듯이 아이도 입맛이 없을 때가 있습니다. 노는 것이 훨씬 즐거워 밥을 먹는 일이 뒷전인 아이에게 먹기 싫은 것을 억지로 꾸역꾸역 먹게 하는 것은 아이에게도, 부모에게도 굉장히 괴로운 일입니다. 식사 시간에 경험한 안 좋은 기억들이 오히려 밥을 더 거부하게 만들 수 있습니다. 노는 것만큼 먹는 것 또한 즐거울 수 있다는 것을 알려주기 위해 끊임없이 노력하고 기다려줘야 합니다. 안 먹겠다고 했다가 나중에 먹는다고 하는 경우도 있으니 20~30분 정도 기다린 후 과감하게 치우세요. 아이가 밥을 거의 안 먹었다고 해서 간식으로 배를 채워주면 안 됩니다. 간식은 원래 평소에 먹던 대로 적당히 먹도록 하고 어느 정도의 배고픔이 있는 상태에서 식사를 할 수 있게 해야 합니다.

"라임이는 20~22개월, 이 세 달간 정말 지독하게 안 먹었어요. 그동안 안 먹는 시기가 많았지만, 이렇게 오랫동안 밥을 거부한 적은 없었습니다. 밥은 물론이고 빵, 우유도 안 먹고, 오로지 먹겠다고 하는 것은 과일뿐이었어요. 너무 걱정이 돼 의사선생님께 물었는데, '과일이라도 먹으니 다행이네요'라고 대답하시더라고요. 이 시기 아이들이 밥을 안 먹는 건 매우 흔한 일이고, 아예 안 먹는 아이, 우유만 먹는 아이, 과자만 먹는 아이도 있으니 과일을 먹는 라임이는 그나마 다행이라는 것입니다. 시간이 지나면 좋아지니 억지로 먹이지 말라며, 다만 철분이나 아연이 부족하면 식욕이 떨어질 수 있으니, 고기 섭취에 신경을 쓰라고 했어요. 신기하게도 라임이는 두 돌 때부터 차츰 식욕을 다시 되찾더니 30개월부터는 식사 시간에 노래까지 흥얼거리면서 아주 잘 먹는 아이가 되었답니다."

참고 문헌

Gill Rapley, Tracey Murkett, Baby-Led Weaning : The Essential Guide to Introducing Solid Foods-and Helping Your Baby to Grow Up a Happy and Confident Eater , Experimenthing Corp, 2013

Gill Rapley, Tracey Murkett, The Baby-Led Weaning Cookbook : 130 Recipes That Will Help Your Baby Learn to Eat Solid Foods and That the Whole Family Will Enjoy , Experimenthing Corp, 2014

PART 2

아이주도이유식 & 유아식 실전편

성공적인 아이주도이유식을 위한 비결

아이주도이유식을 시작하려는 혹은 하고 있는 부모들과 함께 나누고 싶은 이야기가 있습니다. 우리 아이들은 결국 스스로 먹는 성인으로 잘 성장할 거예요. 하지만 행복하고 건강한 삶을 위해 스스로 먹거리를 신중하게 선택하고, 음식을 즐길 줄 아는 성인으로 성장하기란 쉽지 않습니다.

행복한 삶을 위해 꼭 필요한 것이 건강한 식습관인데요. 내 입맛과 몸에 친숙한 음식들을 만들어가는 영유아기가 식습관을 잡는 중요한 시기입니다. 그래서 아이주도이유식은 '스스로 먹는 아이를 위한 여정'이 아닌 '건강한 성인으로 성장해 나가는 여정'의 첫걸음이라고 생각해요.

그 첫걸음을 함께 하는 부모님들께서는 이해와 공감, 존중과 격려가 바탕이 돼서 편안한 마음으로 아이만의 속도를 존중해주세요. 우리 아이들에게는 충분한 시간이 필요합니다. 아이들은 부모의 모든 것을 빠르게 흡수하고, 부모의 모습을 보며 자라고 있다는 사실도 기억해주세요. 우리집 식탁에 건강함이 깃들어 있다면 아이주도이유식&유아식의 과정이 훨씬 더 즐거워질 거라 확신합니다.

웃음이 함께하는 식사에는 그 어떤 영양소도 대체할 수 없는 사랑이 있다는 것도 되새기면서 아이주도이유식&유아식을 하는 걸음 걸음을 응원하겠습니다.

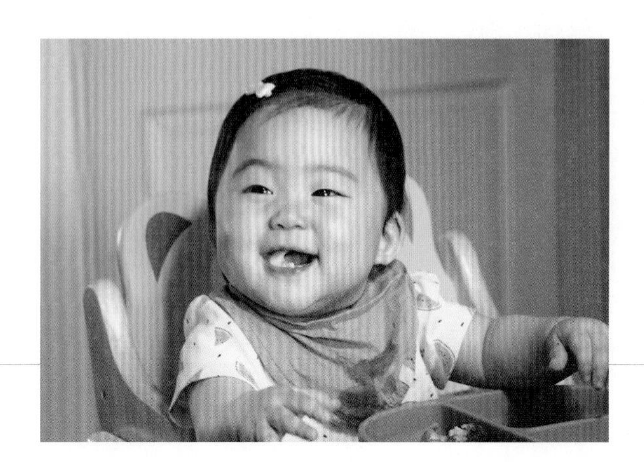

반드시 읽고 시작하세요! 레시피 가이드& 응용법

레시피 가이드

아이주도이유식은 '이 음식은 이유식', '이 음식은 유아식' 이렇게 정확하게 구분하지 않습니다. 어른 음식에서 간을 적게 하고 자극적이지 않게 담백하게 만든 것이 유아식, 유아식에서 간을 하지 않은 것이 이유식이라고 생각하면 편합니다. 아이가 손으로 쉽게 쥘 수 있거나 도구로 먹을 수 있는 음식이라면 얼마든지 도전해 볼 수 있습니다. 그래서 레시피를 개월별, 연령별로 나누지 않고 요리별로 나누었습니다. 이 책에는 각 레시피에 개월 수가 표기되어 있는데, 이것은 재료를 기준으로 나눈 것이 아니고 소근육 발달 정도를 기준으로 나눈 것입니다. 아이주도이유식 단계별 포인트 31p를 먼저 읽어보면 아이의 단계별 소근육 발달 정도를 알 수 있습니다. 아이마다 발달 속도가 다르니 부모의 판단에 따라 얼마든지 먹는 시기를 조정할 수 있습니다.

재료 예시

아이 1번 먹는 양
8개월부터
□ 닭다리 2개
□ 녹인 버터 · 다진 마늘 1작은술씩
□ 소금 · 후춧가루 약간씩

8개월부터라고 표기되어 있는데, 소금이 재료에 적혀 있습니다. 이는 "8개월의 아이부터는 이 음식을 도전할 수 있는 능력이 됩니다" 정도로 이해하면 됩니다. 아이가 이 음식을 능숙하게 삼켜 먹진 못하더라도 8개월 정도의 아이라면 얼마든지 도전해 볼 만한 음식이라는 것입니다. 아이가 간을 하기 이전의 개월 수라면 소금을 빼서 조리하시면 됩니다.

레시피별 개월 수 표기 기준

· 12개월 미만은 간을 전혀 하지 않는 것이 기준입니다. 6~11개월이라고 표기되어 있지만 재료에 간을 하는 양념이 있다면 양념을 빼고 조리하세요.

· 12개월 이상부터는 간을 조금씩 하는 것이 기준입니다. 12개월이라고 표기되어 있는 레시피는 간이 되어 있지 않거나 약하게 되어 있습니다. 필요에 따라 가감해주세요. 12개월이 지나도 음식에 간을 하지 않는 아이라면, 간이 되는 양념을 빼고 조리하세요.

· 10개월부터는 숟가락을 쓸 수 있다는 전제로 표기했습니다.

주의 알레르기 유발 가능 식품이 포함되어 있는 레시피가 있습니다. 알레르기 관련 내용 57p를 반드시 확인해 주세요.

레시피 응용법

- 레시피의 식재료의 종류, 음식의 크기나 모양은 내 아이에 맞게 얼마든지 변형이 가능합니다.
- 간을 하지 않는 아이라면 소금, 된장, 간장, 굴소스, 조림간장, 새우젓, 치킨스톡, 파르메산 치즈가루를 넣지 않고 만들 수 있습니다. 튀김가루, 부침가루는 밀가루나 쌀가루, 오트밀가루로 대체 가능합니다.
- 구하기 쉬운 설탕, 올리고당으로 레시피를 만들었습니다(99p 참고). 이 책에는 비정제 설탕을 사용했지만, 아가베시럽, 메이플시럽, 조청, 과일즙 등으로 얼마든지 대체 가능합니다.
- 우유 대신 모유나 분유물, 두유, 라이스밀크(쌀유), 아몬드유, 오트밀유 등으로 대체 가능합니다.
- 에어프라이어는 작은 오븐이라 생각하시면 됩니다. 에어프라이어나 오븐을 사용하는 레시피에서 둘 중에 하나를 택해 같은 온도와 시간으로 조리하면 됩니다. 간혹 어떤 에어프라이어는 열선이 너무 가깝거나 온도가 너무 높은 경우가 있는데, 그런 경우에는 온도를 10~20℃ 정도 낮추고 시간을 조금 늘려서 구워주면 됩니다.
- 베이킹의 경우 베이킹 가이드 535p를 참고하세요.
- 요리별로 더 구체적인 응용 팁은 각 섹션의 첫 페이지를 확인해주세요.

계량하기

레시피의 맛을 똑같이 내기 위해서는 정확한 계량이 필수입니다.

계량스푼 1큰술 = 15ml = 어른 밥숟가락 1 $\frac{1}{3}$큰술
계량스푼 1작은술 = 5ml = 어른 밥숟가락 $\frac{2}{5}$큰술
계량컵 1컵 = 200ml = 종이컵 1컵

불 조절

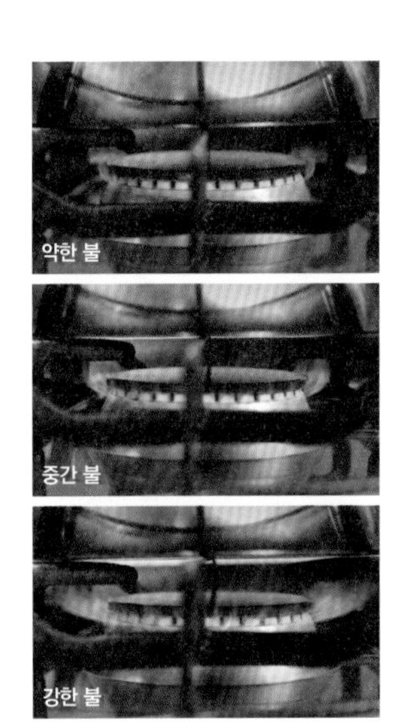

약한 불

약한 불은 가스레인지 레버를 꺼지지 않을 정도로 조금만 돌린 상태입니다. 불꽃이 작아 냄비의 바닥에 닿지 않습니다.

중간 불

중간 불은 가스레인지의 레버를 중간 정도 돌린 상태입니다. 불꽃이 냄비 바닥에 살짝 닿습니다.

강한 불

강한 불은 가스레인지의 레버를 거의 풀로 돌린 상태입니다. 불이 강해 불꽃이 냄비 바닥에 완전히 닿지만 냄비 바닥을 넘지는 않는 정도입니다.

식재료별 보관법& 음식 보관 팁

식재료별 보관법

신선한 식재료를 구입해도 보관을 잘못하면 금방 상하기 일쑤입니다. 적당한 온도와 적합한 환경을 알면 오랫동안 신선하게 보관할 수 있을 뿐 아니라 식중독도 예방하고 음식물 쓰레기도 줄일 수 있습니다. 알아두면 유용한 식재료별 보관법을 소개합니다.

* 냉장·냉동고 내부 온도를 높은 곳에서 낮은 곳 순으로 나열하면 냉장고 문쪽 〉 냉장고 채소칸 〉 냉장고 가운데칸 〉 냉장고 위칸 안쪽 〉 냉동고 문쪽 〉 냉동고 안쪽 순입니다.

❶ 곡류

벌레가 잘 생기고, 습기를 잘 빨아들이기 때문에 밀폐가 확실하게 되는 용기에 소포장으로 나눠 상온보관하는 것이 좋습니다.

❷ 채소·과일류

채소와 과일은 빨리 상하는 것이 많고, 시간이 지날수록 비타민 등 영양소의 파괴가 진행되니 소량으로 자주 구입하는 것이 좋습니다. 채소나 과일이 자란 환경과 비슷한 환경에서 보관하면 신선하게 보관할 수 있습니다.

상온보관

- **채소** : 흙이 묻은 뿌리채소(감자, 고구마, 당근, 생강, 마늘, 양파, 우엉, 연근 등), 흙이 묻은 대파, 단호박 등
- **과일** : 귤, 레몬, 오렌지, 배, 사과, 숙성이 덜 된 후숙과일(멜론, 바나나, 수박, 아보카도, 토마토, 파인애플, 망고 등)

상온보관이 가능한 채소·과일은 서늘하고(1~15℃) 습하지 않으며 통풍이 잘 되는 그늘진 곳에 보관하는 것이 좋습니다. 마늘이나 양파는 망에 넣고 바람이 잘 통하는 곳에 보관하고, 나머지 채

소는 마르지 않게 키친타월에 싸서 소쿠리나 종이박스에 보관합니다.

과일은 자르지 않고 통으로 보관합니다. 자르고 난 다음에는, 자른 단면이 공기와 접촉이 되지 않도록 랩으로 감싸거나, 키친타월로 감싼 다음 가볍게 밀봉해서 냉장보관합니다. 귤, 레몬, 오렌지와 같은 시트러스 종류의 과일은 베이킹소다와 식초를 탄 물에 씻은 다음 물기를 완벽하게 제거해 보관하면 더 오랫동안 보관할 수 있습니다. 토마토는 꼭지부터 상하는 경우가 많아 꼭지를 제거하고 보관합니다. 아보카도, 멜론, 파인애플, 망고 등은 상온에서 어느 정도 숙성을 시킨 후 냉장보관을 하면 더 오랫동안 보관이 가능합니다. 날이 더워지기 시작하는 늦봄, 여름, 초가을까지는 실내 온도가 제법 높기 때문에 상온보다는 냉장고 채소칸에 보관하는 것을 권합니다.

냉장보관

- **채소** : 햇양파, 푸른 잎 채소, 콩나물, 숙주, 브로콜리, 애호박, 양배추, 아스파라거스, 가지, 무, 버섯, 부추 등
- **과일** : 딸기, 무화과, 포도 등 무르기 쉬운 과일

무르기 쉬운 채소나 과일은 냉장고 채소칸에 보관하는 것이 좋습니다. 너무 차가운 곳에 두면 냉해를 입을 수 있습니다. 대부분의 냉장보관 채소들은 키친타월로 감싸 가볍게 밀봉해 보관합니다. 양배추나 양상추같이 심이 있는 채소들은 가운데 심을 도려내고 그 부분에 젖은 키친타월을 끼운 다음 전체적으로 키친타월로 감싸 밀봉해 보관하면 더욱 오랫동안 보관이 가능합니다. 콩나물과 숙주는 살살 씻어서 물에 담가두면 오래 보관할 수 있습니다. 과일은 씻지 않고 물기 없이 키친타월로 주변을 가볍게 감싸 보관하면 좋습니다.

냉동보관

- **채소** : 다진 마늘, 통마늘, 대파, 무, 배추, 버섯류, 부추, 브로콜리, 생강, 양파, 연근, 우엉, 청경채, 시금치, 얼갈이, 호박, 파프리카 등
- **과일** : 딸기, 망고, 바나나, 아보카도, 파인애플 등

냉동보관을 할 경우에는 신선한 상태에서 공기와 접촉이 없도록 완전하게 밀봉한 다음에 급속냉동을 하는 것이 좋습니다. 살짝 데치거나 찌거나 볶은 다음에 물기를 제거하고 소분·밀봉해서 냉

동합니다. 마늘, 대파, 파프리카, 고추의 경우 가볍게 손질해 그대로 냉동보관할 수 있고 양파, 마늘, 무, 생강의 경우 갈아서 보관하기도 합니다. 과일의 경우 껍질을 제거하고 손질해서 소분한 다음 냉동보관합니다.

❸ 달걀 · 유제품류 · 두부

달걀은 냉장고에서 가장 차가운 곳인 위칸 안쪽에 보관하는 것이 좋습니다. 껍질에 살모넬라균이 묻어 있을 수 있는데 씻으면 균의 침투가 쉬워지기 때문에 씻지 않고, 뚜껑이 있는 보관함에 뾰족한 부분이 밑으로 가도록 보관합니다.

치즈 · 버터류는 공기와 최대한 접촉이 없도록 랩으로 감싸 밀봉해서 냉장보관합니다. 냉동보관을 할 경우 1회분씩 소분을 해서 냉동하는 것이 좋습니다. 치즈의 경우 냉동보관하면 식감이 약간 변할 수 있지만, 아주 큰 차이는 없습니다. 요구르트, 생크림, 우유 등은 확실하게 밀폐해서 냉장보관합니다. 생크림의 경우, 얼음틀이나 이유식 큐브틀에 넣어 냉동보관했다가 필요할 때마다 꺼내 쓰면 유용합니다.

남은 두부의 경우 팩 속의 물은 따라내고 깨끗한 물을 매일 갈아주면서 냉장보관을 하거나 물을 담은 채로 냉동보관할 수 있습니다. 냉동보관한 경우 사용하기 전 해동한 뒤 물기를 꼭 짜서 쓰면 됩니다. 얼린 두부의 경우 식감이 달라지지만 무게당 영양분이 많아지고, 조리를 할 경우 엉성해진 두부의 조직 사이로 양념이나 국물이 들어가서 생두부와는 다른 매력을 느낄 수 있습니다.

④ 육류 · 어패류

육류는 신선한 것을 손질해서 키친타월로 수분을 꼼꼼하게 제거한 다음 공기와 접촉이 되지 않도록 밀봉해서 지퍼팩에 넣어 가장 차가운 곳인 냉장고 위칸 안쪽이나 김치냉장고에 보관하는 것이 좋습니다. 냉동보관을 할 경우에는 신선한 상태 그대로 한 번 먹을 만큼 소분해서 급속냉동을 하거나, 양념 · 밑간을 한 다음에 소분해서 냉동하기도 합니다.
어류, 오징어, 새우 등은 신선할 때 바로 손질해서 물기를 꼼꼼하게 제거한 뒤 공기와 접촉하지 않도록 밀봉해서 냉장 혹은 냉동보관합니다. 조개류의 경우 소금물에 담가 냉장보관하거나 해감을 한 뒤 얼음물에 차게 두었다가 건지고, 지퍼백에 넣어 냉동보관합니다.

음식 보관 팁

음식을 먹을 만큼만 만들어서 바로 먹으면 좋지만, 실제로는 그러지 못하는 경우가 많습니다. 한 번 먹는 양보다 1~2회 정도 더 먹을 수 있는 양을 만들었다면 현명하게 보관해서 안전하게 먹을 수 있어야 합니다. 한꺼번에 그보다 더 많은 양을 만들어서 냉장고나 냉동고에 너무 오랫동안 보관하는 것은 권하지 않습니다. 금방 먹을 수 있는 만큼만 만들고, 소분해서 냉장 · 냉동보관하는 것이 안전합니다.

냉장보관

음식을 냉장보관한다면 만든 다음에 한 김 식힌 후 냉장고의 가장 차가운 곳에 두고 2~3일 내로 먹는 것이 좋습니다. 만약 2~3일 내로 못 먹을 것 같으면 만든 뒤 바로 냉동보관하고, 1~2주 내로 먹는 것이 좋습니다.
1회분 정도 남았다면 냉장보관을 하고 먹을 때 한 번 데워 제공하면 됩니다. 2회분 이상 보관을 할 거라면 1회분씩 소분해 필요할 때마다 하나씩만 꺼내 쓰면 더 오랫동안 신선하게 보관할 수 있습니다. 닭봉조림, 발사믹 폭립처럼 국물이 없도록 양념에 졸인 육고기의 경우 데울 때 작은 냄비에 넣고 생수를 2~3스푼 정도 넣어 뚜껑을 닫고 다시 졸이듯이 한 번 열을 고루 가해주면 촉촉하게 먹을 수 있습니다. 쇠고기양념구이, 돼지목살양념구이처럼 양념에 재웠다가 굽는 요리일 경우 양념된 생고기의 상태로 보관하고 빠르게 소비하는 것이 좋습니다. 생고기의 경우 냉장고보다 차가운 김치냉장고에 보관하는 편이 더 좋습니다.

냉동보관

만든 음식을 냉동보관하면, 아주 오랫동안 보관이 가능할 것 같지만, 실상은 그렇지 않습니다. 가정집 냉동고에서 냉동보관하고 있더라도 세균 번식이 멈춰 있는 것이 아니고 아주 천천히 일어나고 있기 때문에 오래 보관할 경우, 맛과 신선도가 떨어질 수 있습니다. 다만 처음부터 업체에서 급속냉동·진공포장을 해서 파는 제품들은 가정집 냉동고처럼 천천히 냉동이 되는 것이 아니라 아주 낮은 온도에서 급속냉동을 하기 때문에 세균 번식에 있어 좀 더 안전합니다. 냉동보관을 할 경우 1회 먹을 양만큼씩 소분해서 공기와 최대한 접촉이 되지 않게 밀봉해야 합니다. 진공포장을 할 수 있다면 더욱 좋습니다. 해동을 할 경우에는 미리 냉장실에 옮겨 해동하거나 밀봉이 잘 된 상태에서 흐르는 미지근한 물 아래에 두면 빠르게 해동이 됩니다. 한 번 해동한 것은 그날 바로 소진해야 하고, 절대 다시 냉동하지 말아야 합니다. 냉동실에 들어가면 식재료를 구분하기가 어려울 수 있으니 되도록이면 재료가 잘 보이도록 투명한 지퍼백이나 밀폐용기를 이용해 밀봉하고 식재료 이름, 유통 기한, 포장 날짜를 라벨링해서 써 놓으면 편리합니다.

밥의 경우 밥을 지은 직후 소분해서 얼리는 것이 좋습니다. 볼, 스틱같이 으깨거나 다진 것을 뭉쳐서 만든 음식은 공기의 접촉도 많고 손도 많이 갔기 때문에 냉동을 하지 않는 것이 좋지만, 냉동을 할 경우 공기의 접촉이 없도록 랩으로 밀봉을 해서 냉동을 합니다. 1~2주 이내로 빠르게 먹는 것이 좋습니다. 고기완자나, 고기스틱, 동그랑땡, 떡갈비 같은 다짐육은 익히지 않고 밀봉해서 냉동합니다. 모양을 작게 빚을 경우 해동한 뒤 작게 빚어서 조리하면 됩니다. 쇠고기양념구이나 돼지목살양념구이도 생고기를 양념한 상태로 소분해서 얼리면 됩니다. 머핀이나 케이크 등 베이킹의 경우 랩으로 잘 감싸서 밀봉한 다음 냉동보관할 수 있습니다. 이것 또한 1~2주 이내로 빠르게 먹는 것이 좋습니다.

국을 냉동할 경우 이유식 보관팩, 육수 보관팩에 소분해서 얼리고, 먹을 때에는 해동한 뒤 한소끔 더 끓여서 제공하면 됩니다. 감자는 얼렸다 해동하면 식감이 이상해지니 냉동보관을 할 국에는 감자를 넣지 않는 것이 좋고, 두부의 경우에도 식감이 약간 달라지지만 얼려 먹는 두부도 있으니 넣어도 괜찮습니다. 아이에게 줄 음식이라면 냉동보관을 하더라도 최대한 빠르게 소진하고 한 달 이내로 먹는 것이 가장 좋습니다.
대체적으로 해산물이 육고기보다 보관 기간이 짧고, 다지거나 조리를 할 경우 보관 기간이 더 짧아진다고 보면 됩니다. 냉동보관할 거라면 음식이 신선할 때 바로 냉동하는 것을 권합니다. 냉동고의 문쪽에는 문을 여닫으며 온도 변화가 자주 일어나니, 자주 꺼내 먹는 것이 아니라면 냉동고 깊숙이 넣어 보관하면 좀 더 안전합니다.

식품별 냉동보관 권장기간

식품의 종류	냉동보관 권장기간
생선(익힌 것)	1개월
베이컨, 소시지, 햄, 핫도그	1~2개월
해산물	2~3개월
생선(익히지 않은 것)	2~3개월
쇠고기(익힌 것)	2~3개월
쇠고기(빵가루 첨가, 익히지 않은 것)	3~4개월
옥수수	8개월
당근	8개월
건조 완두콩	8개월
부위별 절단 닭(익히지 않은 것)	9개월
닭(익히지 않은 것)	12개월
간 쇠고기(익히지 않은 것)	4~12개월
쇠고기(익히지 않은 것)	6~12개월

* 출처 : 식품의약품안전처, 식품안전나라, 식품안전지식

아이주도이유식 준비물

아이주도이유식을 조금 더 편리하게 해주는 몇 가지 준비물을 저의 경험담을 담아 소개하겠습니다. 최근에는 아이주도이유식이 많이 알려지면서 아이주도이유식과 관련된 제품들도 아주 다양하게 나와 있습니다. 아이와 엄마의 취향에 맞게 편리한 것으로 골라서 사용하세요. 여기에 소개된 것들이 모두 필요한 것은 아닙니다. 아이가 안전하게 앉을 수 있는 유아용 의자와 턱받이 정도만 준비해서 시작해도 좋습니다.

유아용 의자

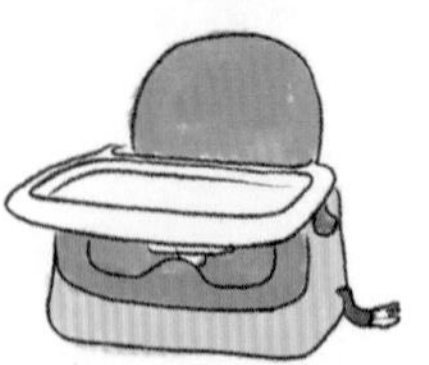

유아용 의자는 아이가 식사를 할 때 가족들이 함께 먹는 식탁과 높이를 비슷하게 맞추어서 먹을 수 있고, 아이의 몸을 안전하게 지지해 주는 역할을 하기 때문에 하나 정도 구비해 두는 것을 권합니다. 유아용 의자를 사용하면 정해진 자리에 앉아서 먹는 습관을 기르기에도 좋습니다. 하이체어, 부스터 모두 괜찮습니다. 하이체어를 쓸 경우 하이체어의 식탁을 어른 식탁에 가까이 두고 높이를 비슷하게 맞추어 사용하면 됩니다. 아이가 어리다면 하이체어가 커서 하이체어의 식탁과 앉은 높이가 안 맞는 경우가 있는데, 아이 엉덩이 밑과 등에 납작한 쿠션이나 수건을 말아서 높이를 맞춰주면 도움이 됩니다. 부스터는 휴대성이 좋아 외식할 때 가지고 나가기가 용이합니다. 부스터 의자에 연결된 식탁은 작은 편이라, 나중에는 식판을 제거하고 어른 식탁에 의자를 붙여서 사용하면 됩니다. 안전을 위해서 의자 벨트는 처음부터 채우는 습관을 들이는 것이 좋습니다.

라임맘's Pick • 라임이의 경우 하이체어를 5개월 때부터 사용하다가 20개월쯤부터는 부스터를 사용했어요. 사용한 의자의 브랜드는 빼그빼레고 시에스타와 피셔프라이스 부스터입니다. 휴대용 부스터로는 아프라모 멀티 부스터가방을 자주 사용했어요. 수납력이 좋고 가방의 프레임이 단단해서 어른 의자에 고정하거나 바닥에 두어 아이가 편안한 높이로 밥을 먹을 수 있어요.

턱받이

아이는 많이 흘리면서 먹기 때문에 24개월 이후까지도 턱받이가 필요합니다. 실리콘 턱받이의 경우 조금 무겁지만, 깊이가 깊고 어깨 받치는 부분이 넓어서 음식을 먹다 흘려도 옷에 묻지 않고 깔끔하게 식사를 할 수 있다는 장점이 있습니다. 방수천 턱받이는 실리콘 턱받이보다 얇고 가벼워서 건조가 잘 되고, 집에서 뿐만 아니라 외출할 때도 자주 사용하기에 좋습니다. 길이가 짧은 턱받이, 무릎까지 덮어지는 긴 턱받이, 민소매 턱받이, 긴팔 턱받이 등 다양한 모양의 턱받이가 있습니다.
턱받이를 하더라도 아이의 옆구리나 무릎 위에 음식이 많이 떨어지는데, 그것을 보완할 수 있는 식탁 일체형 턱받이도 있습니다. 아이의 턱 밑으로는 음식물이 떨어질 일이 없어 청소하기가 아주 수월해집니다.

라임맘's Pick → 라임이가 사용한 턱받이의 브랜드는 원마이스터, 에이플럼, 베일리(일회용)예요. 라임이가 이유식 할 때는 식탁 일체형 턱받이가 없어서 샤워커튼을 잘라 거대한 턱받이를 만들어 사용했었어요(아이주도이유식 Q&A 71p 참고).

그릇

초기에 핑거푸드를 먹을 때는 그릇이나 식판 없이 매트를 깔거나 식탁을 깨끗이 닦아 식탁에 바로 음식을 놓아주면 됩니다. 매시, 덮밥 등 그릇이 필요한 음식을 먹기 시작할 때부터 그릇을 사용하면 됩니다. 실리콘, 스테인리스, 도자기, 유기, 나무, 옥수수 등 뜨거운 음식을 담아도 환경호르몬이 나오지 않는 안전한 소재의 그릇을 사용하는 것이 좋습니다. 어린 아이일 경우 흡착이 되지 않는 그릇이라면 아이가 그릇째 들고 엎어버리는 일이 있을 수 있기 때문에, 깨지지 않는 재질의 그릇이나 흡착이 되는 식판, 볼을 많이 사용합니다. 흡착이 되는 그릇은 나무 식탁이나 고르지 못한 표면의 식탁에는 잘 붙지 않고 떨어지니, 흡착이 되는 그릇을 쓸 예정이라면 그에 맞는 아이용 의자를 고르는 것도 팁입니다. 아이가 조금 더 커서 식판을 엎지 않으면 무게감과 적당하게 깊이감이 있는 도자기 식판을 추천합니다. 도자기 식판은 묵직해서 안정적으로 식탁에 놓고 먹을 수 있고, 세척도 아주 용이할 뿐만 아니라 디자인이 질리지 않고 어떤 음식을 담아도 정갈해 보입니다.

라임맘's Pick → 라임이가 사용하는 도자기 식판은 핸드메이드 제품으로 클레이샤인의 라온 식판입니다. 라임이의 경우 식판을 엎은 적이 없어 돌이 지나고 일찍부터 흡착이 되지 않은 도자기 그릇을 자주 사용했습니다.

컵

이유식을 시작하게 되면 컵 사용하는 연습을 함께 시작하는 것이 좋습니다. 컵을 사용하면 입술을 다물고 음식을 삼키는 훈련을 할 수 있습니다. 스파우트컵, 빨대컵, 손잡이가 하나인 컵, 손잡이가 없는 컵 등 다양한 컵이 있습니다. 처음 빨대컵을 접한 아이는 빨대를 빨아야 물이 나온다는 것을 알지 못합니다. 라임이가 아주 초기에 사용한 릿첼컵 뚜껑에는 푸시(push) 부분이 있는데, 이것을 누르면 빨대로 물이 조금씩 올라옵니다. 몇 번 눌러 도와주면 물이 나온다는 것을 인지하게 돼 아이는 혼자서도 곧잘 빨대로 물을 마실 수 있습니다. 이후에는 아래가 묵직하고 잘 쓰러지지 않는 컵이나 안의 내용물이 밖으로 흐르지 않는 컵, 물이 천천히 흘러나오도록 설계된 컵 등을 사용하는 것이 좋습니다.

라임맘's Pick → 라임이가 일반 컵 외에 사용한 컵은 릿첼 AQ첫걸음, 와우컵, 이케아 스파우트컵, 릿첼 AQ드링킹머그컵, 푸고 씨피컵&빨대컵이 있습니다.

스푼, 포크, 젓가락

처음 숟가락과 포크를 사용할 때는 꼭 아이용 숟가락, 포크로 나온 제품이 아니더라도 집에 있는 티스푼, 티포크 등을 사용해도 좋습니다. 아이가 어른 숟가락에 관심이 많으면 어른 숟가락을 줘도 괜찮습니다. 아이용 포크는 사이사이에 갈퀴처럼 되어 있는 것이 음식을 찍었을 때 음식이 다시 빠져나오지 않아서 편합니다. 무엇보다 국수를 먹을 때 좋습니다.

라임맘's Pick 라임이가 초기에 라임이용으로 사용한 스푼&포크의 브랜드는 릿첼, 에디슨, 이케아입니다. 15~16개월쯤부터는 교정용 젓가락을 사용했습니다.

스무디 파우치

씻어서 다시 쓸 수 있는 다회용 이유식 파우치입니다. 저는 여기에 라임이 스무디를 담아서 자주 사용하였습니다. BPA, PVC, Phthalate Free라 안심이 되는 제품입니다.

라임맘's Pick 제가 사용한 브랜드는 세이지스푼풀 이유식 파우치입니다.

손소독제

외출 시에 항상 들고 다니는 손소독 티슈입니다. 에탄올이 들어 있기 때문에 외식할 때 밥 먹기 전에 아이의 손이나 식탁, 의자를 닦을 때 주로 사용합니다. 마트에서 쇼핑 카트를 닦거나 놀이터에서 놀다가 간식을 먹기 전에 손을 닦을 때에도 자주 사용합니다. 다만 아이의 피부는 건조하고 연약하니 손소독제 사용후 보습제를 반드시 발라주는 것이 좋습니다.

라임맘's Pick 제가 쓰는 소독 티슈의 브랜드는 닥터아토입니다. 소독력이 좋아 휴대폰을 소독하거나 집 안 곳곳을 소독할 때도 자주 쓰입니다. 에탄올 향이 강한 편이라 물건이나 손을 닦을 때만 사용해야 합니다.

있으면 편리한 조리도구

알맞은 조리도구를 적재적소에 사용하면 요리가 한결 수월해집니다. 이 책의 레시피를 만들 때 사용한 도구들 몇 가지를 소개합니다. 간혹 이유식을 시작하면서 아이용으로 조리도구들을 새로 사는 분들이 있는데, 위생적으로 도구를 관리한다면 아이용, 어른용으로 도구를 구분해서 사용할 필요는 없습니다.

도마

도마는 칼집이 나지 않는 도마나, 향균 작용이 있는 나무도마를 사용하는 것이 좋습니다. 교차 오염을 막기 위해서 채소·과일, 육류·생선용으로 구분해서 쓰는 것이 좋습니다. 끓는 물을 부어 자주 소독해주고, 일주일에 한 번 정도는 햇볕을 쐬어 살균 소독해주는 것이 좋습니다.

칼과 주방가위

칼은 그립감이 좋고 무게감이 있는 것이 좋습니다. 손을 다치지 않고 재료를 잘 썰기 위해서는 날을 항상 날카롭게 갈아둬야 합니다. 주방가위는 칼로 자르기 어려운 부분을 손질하거나 아이의 음식을 먹기 좋은 크기로 자르는 데 자주 쓰입니다.

계량컵과 계량스푼

정확한 계량을 위해서 꼭 필요한 도구입니다. 1컵이 200ml/cc인 컵을 사용하세요. 계량스푼은 대형마트에서도 쉽게 구할 수 있으니 하나쯤 구비하기를 권합니다.

주방저울

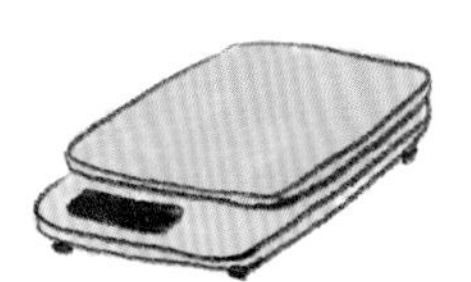

정확한 계량을 위해서 꼭 필요한 도구입니다. 정밀한 측정을 위해서 1g 단위까지 측정이 가능한 것을 사용하면 좋습니다.

믹싱볼과 채반

재료를 씻거나 물기를 뺄 때 주로 사용하는 도구입니다. 믹싱볼의 경우 큰 것과 작은 것, 여러 사이즈의 볼을 가지고 있으면 유용합니다. 채반의 경우 망이 촘촘한 정도가 제품마다 다른데, 성긴 것보다 촘촘한 것을 고르는 것이 좋습니다.

거품기

베이킹할 때나 달걀을 풀 때 많이 사용합니다. 세척이 용이하고 간편합니다.

주걱과 스페튤라

아이들 음식은 양이 적기 때문에 큰 주걱보다는 작은 사이즈의 주걱을 많이 씁니다. 스페튤라도 미니 사이즈가 있으면 주걱처럼 사용하거나 작은 볼에 있는 양념을 섞거나 말끔하게 긁어낼 수 있어 편리합니다.

채칼 세트

가는 채, 중간 채, 슬라이서, 강판 4가지 기능이 있어서 칼질이 서툴다면 아주 요긴하게 사용할 수 있습니다. 채소를 다지는 것이 어렵다면, 채칼로 얇게 채 썬 다음 칼로 다지면 작은 크기로 쉽게 다질 수 있습니다.

절구

음식을 으깨거나 깨를 갈 때 쓰입니다. 삶은 감자나 고구마를 으깨어 매시를 만들 때도 사용하고 통깨를 직접 절구에 갈아 깨소금을 만들면 그 향긋함이 시판 깨소금과는 확연히 다릅니다.

머핀틀

실리콘 머핀틀은 반죽이 달라붙지 않아, 세척해서 여러 번 사용이 가능합니다. 금속으로 된 틀을 사용해도 좋습니다. 머핀틀 위에 유산지컵을 깔아 사용하면 음식이 직접 손에 닿지 않아 위생적이고 편리합니다.

나무밀대

얇은 쿠키나 국수처럼 반죽을 얇게 밀 때 꼭 필요한 도구입니다.

스크래퍼

빵이나 쿠키 반죽을 모으거나 나눌 때 유용하게 쓰입니다. PP재질의 스크래퍼는 유연하게 휘어 진 빵 반죽을 옮기거나 작업할 때 편리합니다.

종이포일/테프론시트

에어프라이어나 오븐을 사용할 때 에어프라이어 바스켓이나 오븐 팬 위에 깔면 기름 사용을 줄일 수 있고, 세척이 용이합니다. 테프론시트는 종이포일의 대체품으로 사용 후 세척하면 여러 번 사용이 가능합니다.

에어프라이어/오븐

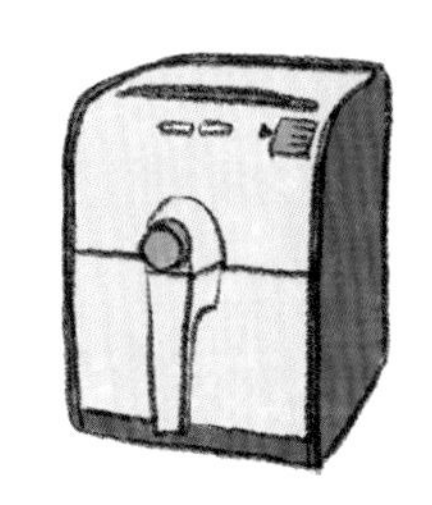

에어프라이어나 오븐은 아주 유용하게 쓰입니다. 핑거푸드가 손에 묻지 않도록 한 번 굽거나 고기나 생선을 구울 때, 기름 없이 튀김을 하거나 베이킹을 할 때도 자주 쓰입니다. 에어프라이어는 미니 오븐이라 생각하면 됩니다. 대신 에어프라이어는 열선이 오븐보다는 가까이에 있으니 재료가 타지 않나 지켜봐야 하고, 온도가 높은 에어프라이어일 경우 제시된 온도보다 20℃ 정도 낮추고 조리시간을 5~10분 정도 늘려 조리하면 됩니다.

핸드블렌더/블렌더/믹서

재료를 곱게 갈거나 다지는 용도의 도구입니다. 핸드블렌더의 경우 막대 모양의 믹서를 손으로 잡고 사용하는 것이기에 냄비 안에서 수프를 바로 갈거나 재료를 원하는 만큼 살짝 다질 때도 유용하게 쓰입니다. 제품에 따라 거품기를 연결해 사용할 수 있는 것들이 있기 때문에, 손 거품기를 사용하기 번거롭다면 핸드블렌더의 거품기를 끼워 사용하면 편리합니다. 큰 블렌더의 경우 재료를 아주 곱게 갈 수 있기 때문에 스무디를 만들 때 유용합니다. 미니 믹서는 적은 재료를 넣고 갈거나 다지기에 용이합니다.

냄비

냄비는 두툼하고 무게감이 있는 냄비가 좋습니다. 무쇠 냄비도 좋지만, 스테인리스 스틸 재질의 3중, 5중 냄비 정도면 됩니다. 열전도율, 열효율, 열보존성이 높고 내구성이 매우 뛰어납니다.

프라이팬

스테인리스 스틸 재질의 프라이팬이 내구성이 좋고 안전합니다. 예열만 충분히 하면 사용하기가 그리 까다롭지 않습니다. 코팅 팬을 사용할 경우 코팅이 벗겨질 우려가 있으므로 새것으로 자주 교체해주는 것이 좋습니다. 코팅이 잘 된 팬의 경우, 식용유를 아주 소량만 사용해도 음식이 들러붙지 않는 장점이 있습니다.

찜솥/찜망/전자레인지용 찜기

찜을 할 때 쓰이는 여러 가지 도구입니다. 찜솥과 찜망의 경우 냄비에 물을 끓여서 그 증기로 재료를 찌는 데 사용됩니다. 시간은 조금 오래 걸리지만 내용물이 고르고 부드럽게 익습니다. 전자레인지용 찜기의 경우 내열유리로 되어 있는 본체에 스팀홀이 있는 실리콘 재질의 뚜껑으로 만들어져 안전하고 간편하게 사용이 가능합니다. 전자레인지용 찜기로 하는 찜은 용기에 물과 재료를 넣고 전자레인지에 돌려 용기 안에 수증기가 발생하면 그 수증기로 재료를 찌는 방식입니다. 이 용기는 적은 양의 재료를 찌거나 달걀찜 등을 만들 때 매우 유용합니다. 전자레인지용 찜기가 없을 경우, 전자레인지에서 사용할 수 있는 그릇에 랩을 씌우고 구멍을 뚫어 동일한 방법으로 돌리면 재료를 간편하게 찔 수 있습니다. 밀폐가 되는 실리콘 용기로 전자레인지 찜을 할 경우 뚜껑을 살짝 열어 사용하면 됩니다.

레시피에 사용한 기본 양념

제가 레시피를 개발하면서 실제로 사용한 양념들입니다. 물론 평소에도 사용하는 것으로, 저의 경우 아이용, 어른용을 따로 구분하지 않고 양을 조절하여 함께 사용합니다. 꼭 이 브랜드, 이 제품을 사용하라는 의미는 아닙니다. 그저 참고하시어 선택에 도움이 되면 좋겠습니다.

간장 / 몽고진간장 양조 100% 프리미엄

양조간장을 구입할 때는 성분표를 잘 확인하여 산분해 간장이 아닌 100% 자연숙성 간장을 골라야 합니다. 제가 쓰는 간장은 12개월 장기 저온 숙성법으로 발효시켜 진한 맛과 향, 깊은 감칠맛이 나는 고순도 양조간장으로 색이 진한 편입니다.

설탕 / 썬앤지 **메이플시럽** / 스톤월키친 **올리고당 · 아가베시럽 · 조청 · 꿀** / 초록마을

설탕은 정제된 백색 설탕이 아닌 천연 무기질 등의 영양분이 더 많이 함유되어 있는 비정제 설탕을 선택하는 것이 좋습니다. 올리고당은 설탕보다 칼로리가 낮으며 식이섬유가 들어 있고, 장내 유익한 세균의 번식을 도와주기 때문에 설탕 대신에 많이 쓰입니다. 메이플시럽(사탕단풍나무에서 추출), 아가베시럽(선인장에서 추출), 조청(쌀과 같은 곡물로 만듦), 꿀은 설탕과 올리고당을 대체할 수 있는 천연 감미료입니다.

맛술 / 미림, 백설 맛술 **청주** / 청하

요리에 들어가는 술은 조리 중에 알코올이 날아가며 잡내를 잡고 재료 고유의 맛은 살리는 역할을 합니다. 맛술이 청주보다 단맛이 더 도는 것이 특징입니다. 맛술은 멥쌀에 누룩을 넣어 발효시킨 당분과 알코올로 만든 조미술입니다. 미림은 레스토랑, 호텔, 유명 요리 선생님들이 많이 쓰는 제품입니다. 백설 맛술(생강, 로즈메리)은 맛술에 생강 혹은 로즈메리 향을 더해 고기나 생선의 잡내를 제거할 때 효과적입니다. 달콤새콤한 맛이 특징입니다.

청주도 찐 멥쌀에 누룩과 물을 더해 숙성 과정을 거쳐 맑게 걸러낸 발효주입니다. 보통 청하, 차례주, 백화수복을 많이 씁니다.

국간장 / 한국맥꾸룸 맥국간장

국간장은 국의 간을 맞추기 위해 많이 사용하는 간장입니다. 나물을 무칠 때도 많이 사용합니다. 한국맥꾸룸 국간장은 묵은 장독에서 오랜 기간 숙성해 맛이 깊고 염분이 낮은 편이며 감칠맛이 뛰어납니다. 국간장:참치액:멸치액젓을 2:1:1 비율로 섞어서 혼합장을 만들어 국간장 대신에 쓰기도 합니다. 이렇게 국간장을 만들어 쓰면 맛의 풍미가 훨씬 깊습니다.

포도씨유 / 올리타리아 **카놀라유** / 백설

올리브유 / 코스타도로(엑스트라버진, 퓨어) **버터** / 이즈니 무염

기름마다 발연점이 다르기 때문에 조리법에 따라 적절한 식용유를 골라 쓰는 것이 중요합니다(55p 참고). 향이 거의 없는 포도씨유나 카놀라유는 발연점이 매우 높아 다양한 요리에 활용하기에 좋습니다. 엑스트라버진 올리브유는 발연점이 낮기 때문에 고온에 오래 조리하는 것은 좋지 않습니다. 반면에 퓨어 올리브유는 발연점이 높아 볶음요리나 구이요리에 쓰기 알맞습니다. 버터는 성분표를 잘 확인하여 우유(99% 이상)와 배양균으로만 만들어진 제품을 고르는 것이 좋습니다. 이즈니는 목초를 먹고 자란 소의 원유로 만든 버터입니다.

굴소스 / 초록마을

제가 쓰는 굴소스는 우리밀 진간장에 국내산 굴로 만든 제품입니다. 재료가 모두 국내산이고 화학 첨가물이 들어 있지 않은, 굴향이 진한 굴소스입니다.

된장 / 한국맥꾸룸 맥된장 **미소된장** / 토모에 무텐카

제가 쓰는 시판 된장은 국산콩, 소금, 물 단 세 가지 재료로 만들어 묵은 장독이 빚어내는 깊은 맛이 느껴지는 된장입니다. 화학 첨가물과 인공 조미료가 전혀 들어 있지 않고 자연 숙성하여 진한 풍미와 구수한 맛이 납니다. 미소된장은 콩, 쌀, 소금에 곰팡이균을 넣어 짧은 시간 발효시킨 일본 된장입니다. 한국 된장보다 단맛이 돌면서 담백하고 짠기가 적은 것이 특징입니다.

치킨스톡 / 옥소 치킨브로스 스톡

닭고기 육수는 음식에 깊은 맛을 더해주는 역할을 하는데, 직접 만들어서 요리하기엔 번거롭기 때문에 간편하게 대체할 수 있는 것이 치킨스톡입니다. 제가 쓰는 스톡은 MSG, 보존료, 색소가 들어 있지 않고 짜지 않은 순한 맛입니다.

토마토 페이스트 / 무띠

토마토 페이스트는 한 번 요리할 때 다량을 쓰지 않기 때문에 튜브형으로 구매하면 사용하기에 매우 용이합니다.

스트링치즈 · 슈레드 콜비잭치즈 · 슬라이스치즈 / 상하치즈
피자치즈 / 소와 나무 **파르메산치즈** / 보니

스트링치즈와 피자치즈는 모차렐라치즈입니다. 콜비잭치즈는 모차렐라 · 고다 · 체다치즈를 혼합한 치즈입니다. 조금씩 다르지만 비슷한 것들이기에 요리를 할 때 편한 것으로 골라 쓰면 됩니다. 슬라이스치즈는 염분이 매우 적은 아이용 치즈를 사용했습니다. 단계별로 염분의 정도가 달라 아이의 개월에 맞춰 구매하면 됩니다.
파르메산치즈는 이탈리아의 대표적인 하드치즈로 감칠맛이 일품인 치즈입니다. 숙성의 기간에 따라 맛이 조금 달라지며 이미 갈아져 있는 파우더형 제품보다는 덩어리 치즈를 직접 갈아서 쓰는 것이 풍미가 훨씬 좋습니다.

스위트콘 / 바이오노바

화학 첨가물 없이 non-gmo 옥수수와 유기농 레몬주스, 약간의 소금으로 만든 스위트콘입니다. 캔이 아닌 병에 담겨 있어 환경호르몬에도 안심입니다. 이미 개봉한 스위트콘은 냉장고에서 금방 상하기 때문에 빠르게 소진하거나 소분해 얼리는 것이 좋습니다.

발사믹 글레이즈 & 발사믹 식초 / 일 티넬로 델 발사미코

발사믹 식초는 숙성 단계에 따라 그 맛의 차이가 조금씩 있습니다. 발사믹 글레이즈는 발사믹 식초를 농축하여 만든 것입니다. 착색료나 증점제를 사용하지 않았으며, 포도 머스트와 발사믹 식초가 졸여지면서 신맛이 줄고, 포도의 새콤달콤한 맛이 더해진 것이 이 브랜드의 특징입니다.

오트밀 / 플라하반 포리지오트

오트밀은 고소한 맛과 부드러운 식감, 풍부한 영양분을 지닌 곡물입니다. 가공 방법에 따라 부드러운 정도가 다른데, 퀵오트, 포리지오트, 점보오트, 오트브란, 스틸컷 순으로 부드럽습니다. 아이에게 포리지를 만들어 줄 때는 가장 부드러운 퀵오트나 포리지오트를 사용하는 것이 좋습니다.

팬케이크 믹스 / 키알라

유기농 원재료를 이용하여 별다른 첨가물 없이 기본에 충실하고 깔끔한 맛의 팬케이크 믹스입니다. 단맛이 적어 다양하게 응용해서 쓰기 좋은 믹스입니다. 믹스에 우유만 넣어서 반죽을 만들면 간편하게 팬케이크를 만들 수 있습니다.

라임맘의 주요 식재료 구입처

❶ 대형마트

집 앞에 대형마트가 위치하고 있어서 신선한 고기나 해산물을 살 때 자주 이용합니다. 물건이 매우 다양하고 직접 눈으로 보고 고를 수 있으며, 매주 진행하는 할인 상품들을 체크해 뒀다가 장을 보면 저렴하게 물건을 구입할 수 있어요.

❷ 초록마을

친환경 유기농 식품을 전문적으로 파는 매장입니다. 오프라인과 온라인에서 장을 볼 수 있습니다. 저는 집 앞에 위치하고 있어서 자주 이용했어요.

❸ 마켓컬리

다양한 식재료와 제품들이 있고, 친환경과 유기농 제품들도 많으며, 소량으로도 재료를 살 수 있어서 좋습니다. 서울·경기·인천 지역은 샛별배송을 운영하여 밤에 주문을 해도 산지에서 바로 배송해 다음 날 새벽, 냉장 차량으로 집 앞까지 신선하게 배달해주기 때문에 바쁠 때 매우 편리합니다.

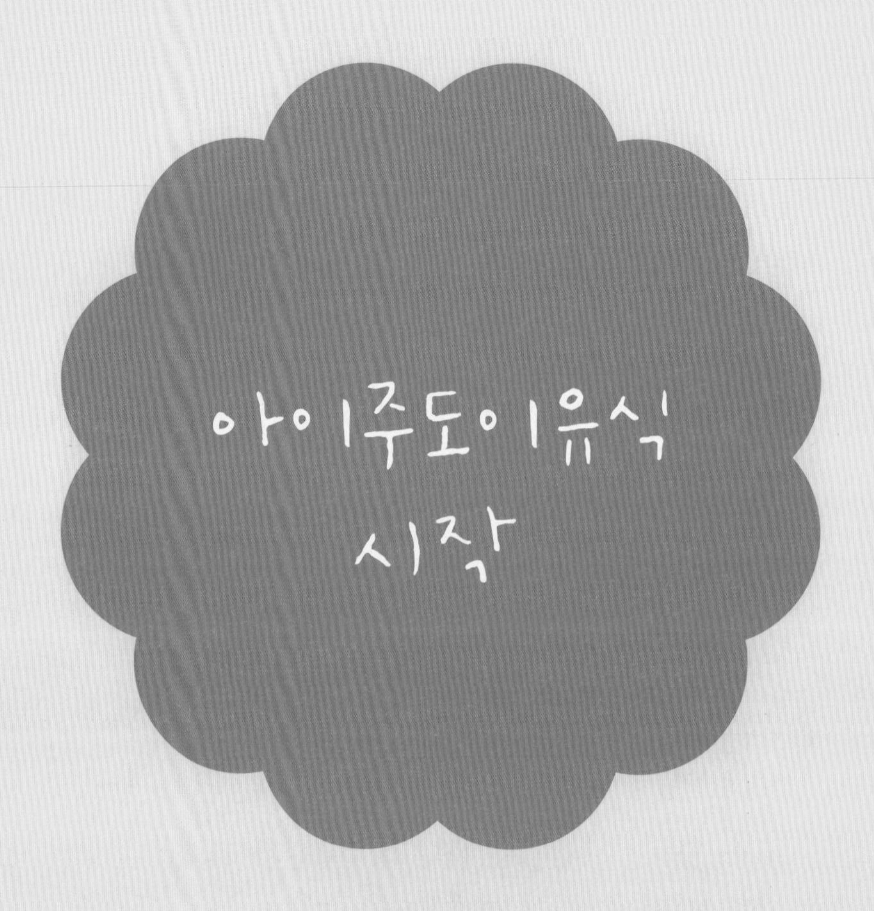
아이주도이유식
시작

아이주도이유식 시작하는 단계

처음으로 이유식을 시작하는 6개월 아이부터 9개월 정도의 아이에게 적합한 단계예요. 아이가 모유나 분유 외에 처음 먹는 음식으로, 엄마와 아이 모두 설렘 반 걱정 반으로 시작할 거예요. 아이가 아직 음식이라는 것을 인지하기 전, 음식을 충분히 탐구하고 씹는 연습을 하는 시간입니다. 핑거푸드는 아이가 음식을 잡기 쉽게, 손에 잡히는 작은 크기로 만든 음식이에요. 아기 라임이가 잘 먹었던, 또 맛있는 조합으로 레시피를 만들었는데, 얼마든지 다른 재료로 응용이 가능한 레시피입니다. 음식을 손으로 잡아서 입에 넣고, 씹어서 삼키는 과정은 아이에게 굉장히 복잡하고 쉽지 않은 과정이에요. 잘할 수 있다는 의지를 가지고 기다려주세요. 조리법을 통해 다양한 질감과 모양의 음식으로 아이가 최대한 자주 연습을 할 수 있도록 기회를 주세요.

아이주도이유식을 진행하게 되면, 아이가 도구를 사용하기 전까지는 주로 손으로 음식을 먹게 됩니다. 손에 잡히는 작은 크기의 핑거푸드(finger food)는 아이가 스스로 먹으면서 소근육을 발달시키기에 좋아요. 아이의 소근육이 발달하면서, 더 다양한 크기와 형태의 음식을 시도해 볼 수 있습니다. 라임이는 아이주도이유식을 처음 시작했던 6개월부터 55개월인 지금까지도 쪄서 구운 채소들을 아주 잘 먹는답니다.

응용 팁

아이의 성향과 발달 정도, 집의 냉장고 사정에 맞추어 다양하게 응용해보세요!

- 레시피에 들어가는 재료들은 냉장고 사정에 따라 마음껏 응용이 가능합니다.
- 레시피 하나로 스틱, 볼, 두꺼운 전의 모양으로 다양하게 변형이 가능해요. 아이가 쥐기 쉬운 모양이면 다 괜찮습니다.
- 에어프라이어와 오븐은 동일한 조건으로 사용 가능합니다. 굽지 않는 레시피의 경우 에어프라이어나 오븐에 한 번 구워내면 손에 묻지 않아 쥐기가 편합니다.
- 찜을 해서 익히는 속 재료들은 삶아서 익혀도 좋습니다.
- 오트밀가루는 오트밀을 커터에 갈아 가루를 내어 만들 수 있어요.
- 가루류는 쌀가루, 밀가루, 전분가루, 오트밀가루 등으로 대체 가능합니다.

찐 스틱

라임이가 처음으로 접한 음식은 삶은 브로콜리예요! 브로콜리는 손잡이가 있고,
꽃 부분이 부드러우며, 찌거나 삶으면 더 부드러워지기 때문에 아이주도이유식 초기에 연습하기 딱 좋아요.
찌거나 삶은 재료를 식용유를 살짝 두른 팬에 구워 보세요. 안은 촉촉하고 부드러우면서
겉은 맛이 응축돼 또 다른 맛과 질감을 경험할 수 있어요.

스틱 2~3개 기준 6개월부터

감자 40g
껍질을 벗기고 준비한다. 6cm 정도 길이, 쥐기 쉬운 두께의 스틱 형태로 잘라 찜기의 물이 끓으면 6분 정도 찐다.

고구마 40g
껍질을 벗기고 준비한다. 6cm 정도 길이, 쥐기 쉬운 두께의 스틱 형태로 잘라 찜기의 물이 끓으면 6분 정도 찐다.

단호박 50g
껍질을 벗기고 씨를 제거하고 준비한다. 6cm 정도 길이, 쥐기 쉬운 두께의 스틱 형태로 잘라 찜기의 물이 끓으면 5분 정도 찐다.

무 40g
껍질을 벗기고 준비한다. 6cm 정도 길이, 쥐기 쉬운 두께의 스틱 형태로 잘라 찜기의 물이 끓으면 6분 정도 찐다.

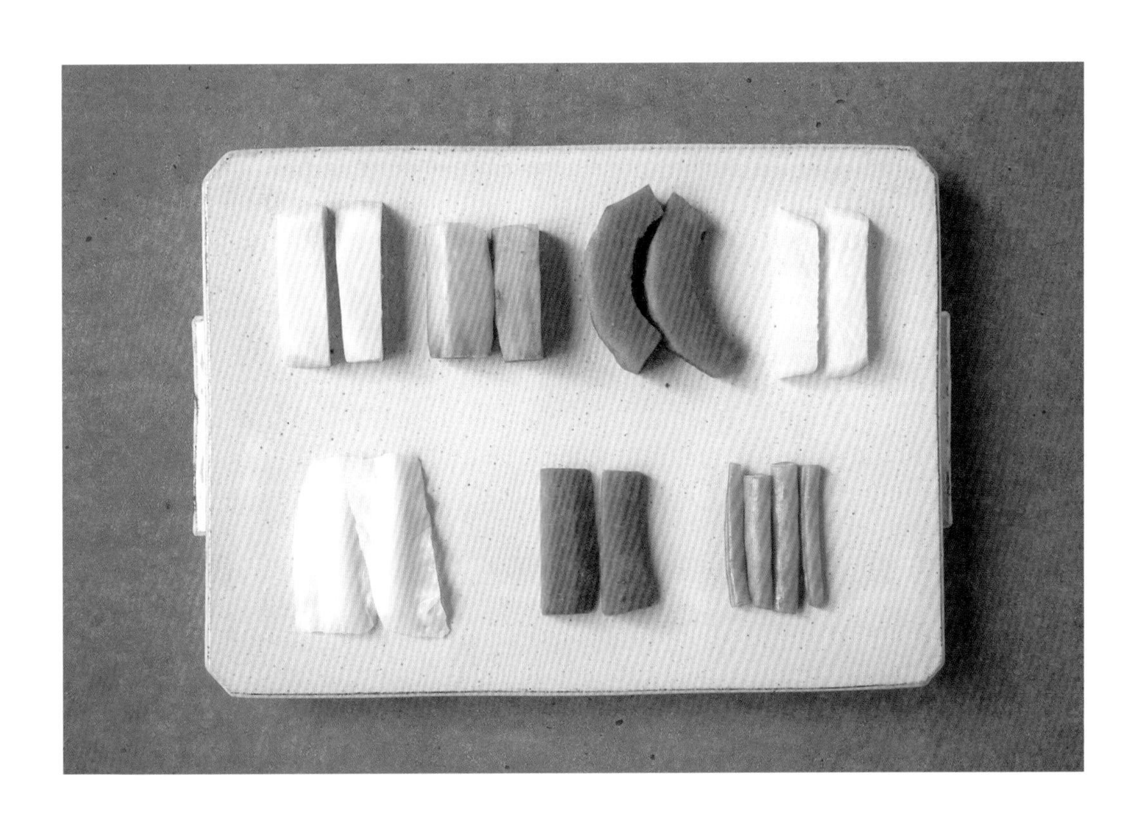

양배추 25g

굵은 줄기 부분을 중심으로 6cm 정도 길이의 스틱 형태로 잘라 찜기의 물이 끓으면 5분 정도 찐다.

당근 30g

겉을 얇게 벗기고 준비한다. 6cm 정도 길이, 쥐기 쉬운 두께의 스틱 형태로 잘라 찜기의 물이 끓으면 6분 정도 찐다.

줄기콩 15g

6cm의 길이로 잘라 찜기의 물이 끓으면 5분 정도 찐다.

브로콜리 40g

기둥을 손잡이로 쓸 수 있게 기둥과 꽃을 스틱 형태로 잘라 찜기의 물이 끓으면 3분 정도 찐다.

새송이버섯 30g

6cm의 길이로 잘라 찜기의 물이 끓으면 3분 정도 찐다. 필요하다면 잘게 칼집을 내어주는 것도 좋다.

파프리카 20g

껍질을 얇게 벗겨내고 6cm의 길이로 잘라 찜기의 물이 끓으면 3분 정도 찐다. 즙이 많은 채소라 생으로 제공해도 좋다.

애호박 40g

6cm 정도 길이, 쥐기 쉬운 두께의 스틱 형태로 잘라 찜기의 물이 끓으면 3분 정도 찐다.

tip 아이가 어릴수록 손의 힘을 조절하는 것이 어려워요. 너무 무르게 쪄주면 집으면서 으깨져서 먹기가 힘들고, 너무 단단하면 입안에서 으깨기가 힘들기 때문에 너무 무르지도 단단하지도 않을 정도로 익히는 것이 중요해요.

tip 찌는 것 대신 삶는 방법도 좋습니다.

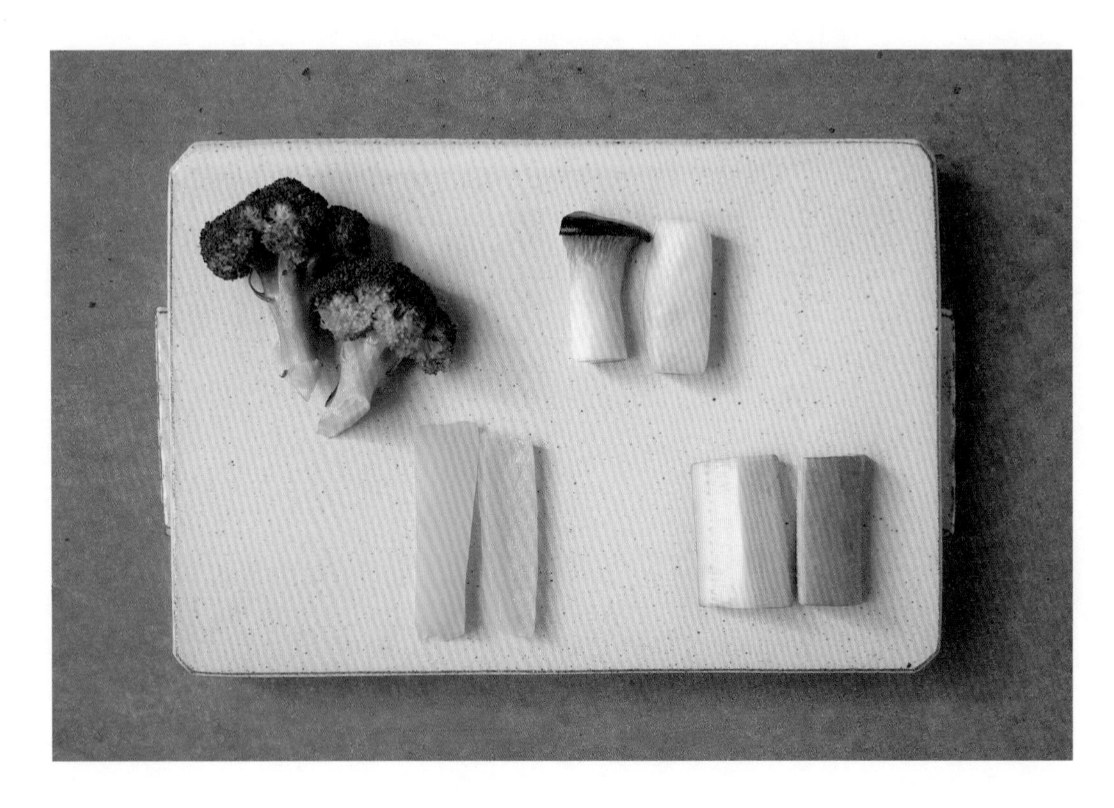

+응용편

전자레인지로 찌기

스팀홀이 있는 내열용기(98p 참고)에 물 2~3스푼과 함께 재료를 넣어서 뚜껑을 닫고 스팀홀을 열어준 뒤 전자레인지에 돌려서 간편하게 찔 수 있어요. 애호박과 브로콜리처럼 빨리 익는 것은 1분 30초~2분, 감자나 무처럼 많이 익혀야 하는 것은 3~4분 정도 돌리면 됩니다. 전자레인지마다 사양이 달라 몇 번 시도한 후 자신의 전자레인지에 맞춰 조리시간을 조절하세요. 전자레인지 찜은 간편하지만, 찜솥으로 찌는 것이 열이 더 고루 전달돼 조금 더 부드러워요.

쪄서 구운 채소스틱

제가 가장 많이 사용하는 방법이에요. 채소들은 찌는 것보다는 노릇하게 굽는 것이 훨씬 맛있는데, 그냥 굽기만 하면 안은 좀 단단할 수 있어서 한 번 쪄서 부드럽게 만든 다음에 식용유를 살짝 두른 달군 팬에 겉만 노릇하게 구우면 안은 부드럽고 겉은 채소 본연의 맛있는 감칠맛이 응축돼 더욱 맛있어요!

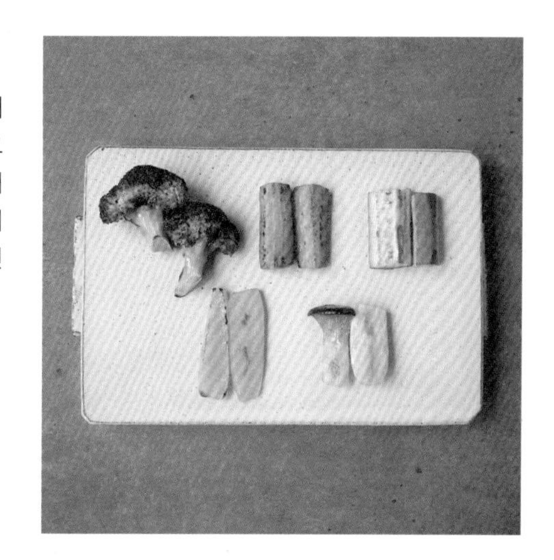

작은 크기로 잘라 주기

아이가 8~9개월 즈음 작은 모양으로 잘라 전자레인지로 쪄서 제공해보세요. 집게처럼 엄지와 검지를 이용해서 작은 조각의 음식을 집을 수 있어 소근육 발달에 좋아요.

생스틱

조리하지 않고 그대로 손으로 쥐기 좋게 잘라 주는 핑거푸드입니다.
오이나 셀러리 같은 것은 좀 단단한 편이지만, 냉장고에서 차갑게 두었다가 꺼내서 주면
이앓이를 완화시켜주는 데 도움이 된답니다. 꼭 삼키지 않아도 좋아요.
다양한 것을 경험하고 탐구하고 맛을 보면서 아이는 또 한번 성장합니다.

스틱 2~3개 기준 6개월부터

오이 40g
껍질을 벗긴 후 6~7cm 길이의 스틱 형태로 자른다. 세로로 반을 잘라 제공한다.

셀러리 40g
셀러리 끝부분에 칼을 대고 옅은 녹색의 섬유질을 잡아 쭉 아래로 당겨서 제거한다. 6~7cm 길이의 스틱 형태로 자른다.

파프리카 60g
껍질을 얇게 제거하고 6~7cm 길이의 스틱 형태로 자른다.

아보카도 60g
잘 숙성된 아보카도의 껍질을 깨끗이 씻어서 웨지 형태로 자른다. 미끄러워 잡기 어려울 수 있으니 쥐기 쉽게 껍질을 절반 정도 붙여서 제공한다.

바나나 1개
반으로 잘라 껍질을 벗긴 후 스틱 형태로 자른다. 미끄러워 잡기 어려울 수 있으니 껍질을 깨끗이 씻어서 쥐기 쉽도록 아래쪽 일부분은 껍질이 있는 채로 제공한다.

◆ 잘 익은 아보카도 고르는 방법과 손질법

아보카도는 검은 초록빛을 띠고, 손가락으로 꾹 눌렀을 때 손가락 자국이 살짝 남는 정도면 알맞게 익은 거예요. 초록빛의 아보카도는 숙성이 덜 된 것으로, 3~4일 정도 실온에 두면 알맞게 후숙될 거예요. 아보카도는 길게 반으로 자르면 한쪽에는 씨가 있고, 다른 한쪽에는 씨가 없는데, 씨가 있는 부분은 칼로 씨를 톡 쳐서 칼을 박은 다음 살짝 비틀면 씨를 깔끔하게 뺄 수 있어요. 알맞게 익은 아보카도는 쉽게 손으로 껍질을 벗겨 과육과 분리할 수 있습니다. 갈변이 잘 되므로 자른 면에 레몬즙을 살짝 발라 랩으로 싸서 밀봉해 보관하는 것이 좋아요. 과육은 으깨거나 크게 잘라 냉동보관해도 돼요.

◆ 과일 안전하게 주는 방법

사과나 배같이 아삭아삭한 과일은 아이가 어리다면 먹기가 힘들어요. 찜기에 쪄서 부드럽게 만든 다음에 주면 좋아요. 블루베리, 포도, 체리같이 둥근 과일은 질식의 위험이 있으니 반드시 반으로 잘라 주세요.

구운 스틱

고기류나 생선류는 찜기에 찌거나 오븐에 구우면 육즙이 날아가서 뻑뻑해질 수 있으니,
달군 팬에 육즙이 살아 있도록 적당하게 굽는 것이 좋아요. 아이가 아직 고기를 잘 삼키지는 못해도
씹고 물고 빨면서 먹는 육즙만으로도 좋은 영양 성분들을 많이 섭취할 수 있습니다.

스틱 2~3개 기준 6개월부터

쇠고기 60g
쇠고기를 7cm 정도의 스틱 형태로 잘라 달군 팬에 식용유를 살짝 두르고 노릇하게 굽는다. 중간 불보다 강한 불로 겉은 먼저 노릇하게 익히고 약한 불로 줄여서 속까지 천천히 익힌다. 너무 바짝 익히면 육즙이 날아가니 주의할 것.

닭고기 60g
닭가슴살이나 안심살을 7cm 정도의 스틱 형태로 잘라 달군 팬에 식용유를 살짝 두르고 노릇하게 굽는다. 중간 불보다 강한 불로 겉은 먼저 노릇하게 익히고 약한 불로 줄여서 속까지 천천히 익힌다. 너무 바짝 익히면 육즙이 날아가니 주의하자.

두부 60g
키친타월로 물기를 제거한 후 6cm 정도의 스틱 형태로 잘라 달군 팬에 식용유를 살짝 두르고 노릇하게 굽는다. 으깨지기 쉬운 재료이므로 구워야 손으로 잡기가 편하다.

토마토 50g
토마토는 4등분으로 길게 잘라 씨 부분을 발라내고 달군 팬에 식용유를 살짝 두르고 노릇하게 굽는다.

tip 식용유를 적게 쓰고 싶다면, 식용유를 두른 뒤 키친타월로 살짝 닦아내세요.

당근 케일 감자 매시스틱

부드럽게 으깬 감자에
다진 채소를 넣었어요.
한 번 구워서 손에 묻지 않고,
질감이 부드러워 아이가
집고 먹기 편해요.
감자매시 안에 다져 넣는
채소는 집에 있는 것들로
마음껏 응용하세요!

아이 1~2번 먹는 양
6개월부터

- □ 당근 · 케일 5g씩
- □ 감자 80g

1. 감자는 껍질을 벗겨 준비한다.
2. 찜기에 감자와 당근, 케일을 넣고 푹 찐다. 케일은 살짝 숨이 죽을 정도로만 찌거나 끓는 물에 살짝 데쳐낸다.
3. 감자는 포크로 곱게 으깨고, 당근과 케일은 잘게 다진다.
4. 볼에 감자매시, 당근, 케일을 넣고 고루 섞는다.
5. 스틱이나 완자 모양으로 빚는다.
6. 에어프라이어 용기 안에 종이포일을 깔고, 그 위에 스틱을 겹치지 않게 놓는다.
7. 에어프라이어 170℃에서 20분간 굽거나 식용유를 살짝 두른 팬에 약한 불에서 굴려가며 굽는다.

tip 감자에 수분이 너무 없으면 모유나 분유물을 조금 넣어주고, 수분이 너무 많으면 쌀가루 또는 오트밀가루를 넣어 농도를 맞추세요.

비트 고구마 매시스틱

달달한 고구마와 비트의 만남! 비트는 철분과 비타민이 다량 함유되어 있어 고기를 잘 먹지 못하는 라임이가 아이주도이유식 초기 때 많이 먹었던 재료예요. 항산화 작용이 뛰어난 베타민이라는 색소를 가지고 있어서 다른 재료들과 함께 조리하면 예쁜 분홍색이 돼요.

아이 1~2번 먹는 양
6개월부터

- □ 비트 15g
- □ 고구마 80g

1. 고구마와 비트는 껍질을 벗겨 준비한다.
2. 찜기에 고구마와 비트를 넣고 푹 찐다.
3. 고구마는 포크로 곱게 으깨고, 비트는 강판에 갈거나 아주 잘게 다진다.
4. 볼에 고구마매시, 비트를 넣고 고루 섞는다.
5. 스틱이나 완자 모양으로 빚는다.
6. 에어프라이어 용기 안에 종이포일을 깔고, 그 위에 스틱을 겹치지 않게 놓는다.
7. 에어프라이어 170℃에서 20분간 굽거나 식용유를 살짝 두른 팬에 약한 불에서 굴려가며 굽는다.

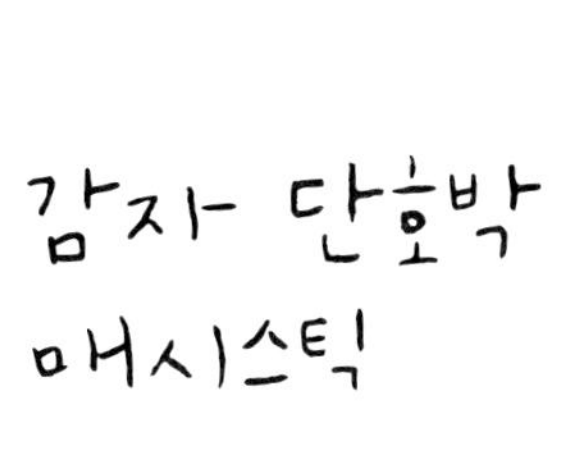

포슬포슬한 감자와 달달한 단호박이 만났어요. 쌀가루를 넣지 않고 그냥 매시로도 먹을 수 있지만, 쌀가루를 넣어 쥐기 쉽도록 만들었어요. 부드러운 식감 덕에 아기가 잘 먹어요.

아이 1~2번 먹는 양
6개월부터

- □ 감자 60g
- □ 단호박 50g
- □ 쌀가루 또는 오트밀가루 1/2~1큰술

1 감자는 껍질을 벗기고, 단호박은 껍질과 씨를 제거하고 준비한다.

2 찜기에 감자와 단호박을 넣고 푹 찐 다음 포크로 곱게 으깬다.

3 볼에 감자매시, 단호박매시, 쌀가루를 넣고 고루 섞는다.
재료의 수분이 많으면 쌀가루를 추가해 농도를 조절한다.

4 스틱이나 완자 모양으로 빚는다.

5 에어프라이어 용기 안에 종이포일을 깔고, 그 위에 스틱을 겹치지 않게 놓는다.

6 170℃ 에어프라이어에 20분간 굽거나 식용유를 살짝 두른 팬에 약한 불에서 굴려가며 굽는다.

고구마 단호박 매시스틱

고구마와 단호박으로 만드는 달달한 매시스틱입니다. 여기에 슬라이스치즈를 녹여 넣어도 맛있어요. 아이들에게 인기 만점 스틱메뉴가 될 거예요.

아이 1~2번 먹는 양
6개월부터

- □ 고구마 70g
- □ 단호박 40g
- □ 쌀가루 또는 오트밀가루 1/2~1큰술

1 고구마는 껍질을 벗기고, 단호박은 껍질과 씨를 제거하고 준비한다.

2 찜기에 고구마와 단호박을 넣고 푹 찐 다음 포크로 곱게 으깬다.

3 볼에 고구마매시, 단호박매시, 쌀가루를 넣고 고루 섞는다. 재료의 수분이 많으면 쌀가루를 추가해 농도를 조절한다.

4 스틱이나 완자 모양으로 빚는다.

5 에어프라이어 용기 안에 종이포일을 깔고, 그 위에 스틱을 겹치지 않게 놓는다.

6 170℃ 에어프라이어에 20분간 굽거나 식용유를 살짝 두른 팬에 약한 불에서 굴려가며 굽는다.

브로콜리 사과 고구마매시스틱

고구마는 사과와 궁합이 참 좋아요.
비타민도 많고 칼륨도 풍부해서
찰떡 궁합을 자랑하죠! 건강한
단맛이 나는 매시스틱이에요.
단백질을 넣지 않은 스틱인데,
다진 고기를 넣어 응용해도 좋아요.

아이 1~2번 먹는 양
6개월부터

□ 브로콜리 15g
□ 사과 30g
□ 고구마 85g
□ 쌀가루 또는 오트밀가루 1큰술

1 고구마는 껍질을 벗기고, 사과는 잘게 다져 준비한다.
2 찜기에 고구마와 브로콜리를 넣고 찐다.
3 브로콜리가 부드럽게 익으면 칼로 잘게 다지고, 고구마도 포크로 곱게 으깬다.
4 볼에 고구마매시, 사과, 브로콜리, 쌀가루를 넣고 고루 섞는다.
5 스틱이나 완자 모양으로 빚는다.
6 에어프라이어 용기 안에 종이포일을 깔고, 그 위에 스틱을 겹치지 않게 놓는다.
7 170℃ 에어프라이어에 20분간 굽거나 식용유를 살짝 두른 팬에 약한 불에서 굴려가며 굽는다.

비트 병아리콩스틱

병아리콩은 땅에서 나는
쇠고기라 불릴 정도로
콩 중에서도 단백질 함량이
으뜸인 재료예요.
부드럽게 갈아서 스틱으로
만들면 아이들도 콩에 잘
적응할 수 있어요.

아이 1~2번 먹는 양
6개월부터

- □ 비트 50g
- □ 병아리콩 40g
- □ 단호박 60g
- □ 물 1큰술
- □ 슬라이스치즈 1장
- □ 쌀가루 또는 오트밀가루 1/2큰술

1. 단호박은 껍질과 씨를 제거하고, 비트는 껍질을 제거하고 준비한다.
2. 병아리콩은 잠길 정도의 물에 8시간 이상 불려서 끓는 물에 30분간 삶는다.
3. 찜기에 단호박과 비트를 넣고 푹 찐다. 단호박은 포크로 곱게 으깬다.
4. 믹서에 비트와 병아리콩, 물 1큰술을 넣고 곱게 간다.
5. 볼에 으깬 단호박과 ④를 넣고 섞는다.
6. ⑤에 치즈를 얹어 전자레인지에 30초간 돌려 치즈를 부드럽게 만든 후 쌀가루를 넣고 함께 섞어 반죽을 만든다. 단호박이 질어서 반죽이 너무 질다면 오트밀가루를 조금 넣는다.
7. 에어프라이어 용기 안에 종이포일을 깔고, 그 위에 스틱을 겹치지 않게 놓는다.
8. 에어프라이어 180℃에서 20분간 굽거나 식용유를 살짝 두른 팬에 약한 불에서 전을 부치듯이 굽는다.

tip 오트밀가루는 오트밀을 믹서에 곱게 갈아 만들 수 있어요.

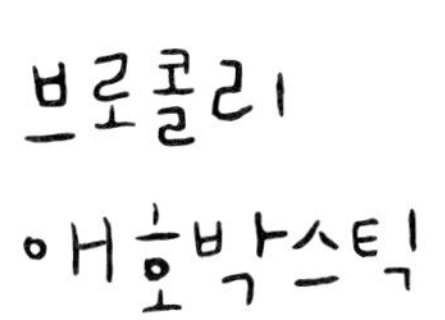

녹색 채소를 양껏 먹을 수 있는
간단한 스틱이에요.
치즈와 빵가루가 들어 있어서
아주 고소하고 맛있어요.
들어가는 재료는 다른 채소로도
얼마든지 응용할 수 있어요.

아이 1~2번 먹는 양
6개월부터

- □ 브로콜리 45g
- □ 애호박 35g
- □ 양파 25g
- □ 슬라이스치즈 1장
- □ 빵가루 40g
- □ 달걀 1개

1. 브로콜리, 애호박, 양파, 치즈는 잘게 다진다.
2. 볼에 모든 재료를 넣고 고루 섞는다.
3. 스틱이나 완자 모양으로 빚는다.
4. 에어프라이어 용기 안에 종이포일을 깔고, 그 위에 스틱을 겹치지 않게 놓는다.
5. 에어프라이어 170℃에서 20분간 굽거나 식용유를 살짝 두른 팬에 약한 불에서 굴려가며 굽는다.

tip 브로콜리 대신 콜리플라워를 넣어도 좋아요.

tip 난백 알러지가 있다면 달걀 1개 대신에 노른자 2개를 넣어 만드세요.

tip 빵가루 대신 오트밀을 간 것으로 대체해도 됩니다.

노른자 브로콜리 밥스틱

대표적인 항암식품인 브로콜리는 식이섬유, 철분, 칼륨, 비타민 등이 풍부한 채소예요. 열에 강하기 때문에 익혀 먹어도 영양소가 쉽게 파괴되지 않는 답니다. 달걀이 부족한 단백질을 채워줘 완벽한 궁합을 자랑해요.

아이 1~2번 먹는 양
6개월부터

- □ 삶은 달걀(노른자만 사용) 1개
- □ 브로콜리 15g
- □ 밥 80g

1. 찜기에 브로콜리를 넣고 찐 다음 칼로 잘게 다진다.
2. 볼에 밥, 브로콜리, 달걀노른자를 넣고 고루 섞는다.
3. 스틱이나 완자 모양으로 빚는다.
4. 에어프라이어 용기 안에 종이포일을 깔고, 그 위에 스틱을 겹치지 않게 놓는다.
5. 170℃ 에어프라이어에 15분간 굽거나 식용유를 살짝 두른 팬에 약한 불에서 굴려가며 굽는다.

노른자 김 케일 밥스틱

달걀과 밥, 김의 조화는 맛이 없을 수가 없죠. 우리 몸 속 콜레스테롤을 높인다고 알려진 달걀노른자는 사실은 풍부한 레시틴을 함유하고 있어 오히려 혈중 콜레스테롤이 높아지는 것을 막아줘요. 아이에게 안심하고 제공하세요.

아이 1~2번 먹는 양
6개월부터

- □ 삶은 달걀(노른자만 사용) 1개
- □ 케일 10g
- □ 구운 김 5cm×10cm 2장
- □ 밥 80g

1. 찜기에 케일을 넣고 살짝 찌거나 끓는 물에 살짝 데친 다음 물기를 꼭 짜서 칼로 잘게 다진다. 김은 가위로 잘게 자른다.
2. 볼에 밥, 케일, 김, 달걀노른자를 넣고 고루 섞는다.
3. 스틱이나 완자 모양으로 빚는다.
4. 에어프라이어 용기 안에 종이포일을 깔고, 그 위에 스틱을 겹치지 않게 놓는다.
5. 에어프라이어 170℃에서 15분간 굽거나 식용유를 살짝 두른 팬에 약한 불에서 굴려가며 굽는다.

닭고기 시금치 밥스틱

시금치에는 비타민은 물론
칼슘, 철분, 엽산 등
영양소가 아주 풍부해요.
닭고기와 궁합이 잘 맞고,
맛도 잘 어울린답니다.

아이 1~2번 먹는 양
6개월부터

- □ 다진 닭고기 25g
- □ 시금치 · 양파 10g씩
- □ 밥 70g
- □ 물 1큰술

1 찜기에 시금치를 넣고 살짝 찌거나 끓는 물에 살짝 데친 다음에 물기를 꼭 짜서 칼로 잘게 다진다. 양파도 잘게 다진다.

2 달군 냄비에 물 1큰술, 다진 닭고기, 양파를 넣고 물이 졸아들고 재료들이 다 익을 때까지 중간 불에서 볶는다. 닭고기를 더 작게 자르고 싶으면 볶고 난 후 칼로 한 번 더 잘게 다진다.

3 볼에 밥, 닭고기, 시금치, 양파를 넣고 고루 섞는다.

4 스틱이나 완자 모양으로 빚는다.

5 에어프라이어 용기 안에 종이포일을 깔고, 그 위에 스틱을 겹치지 않게 놓는다.

6 에어프라이어 170℃에서 15분간 굽거나 식용유를 살짝 두른 팬에 약한 불에서 굴려가며 굽는다.

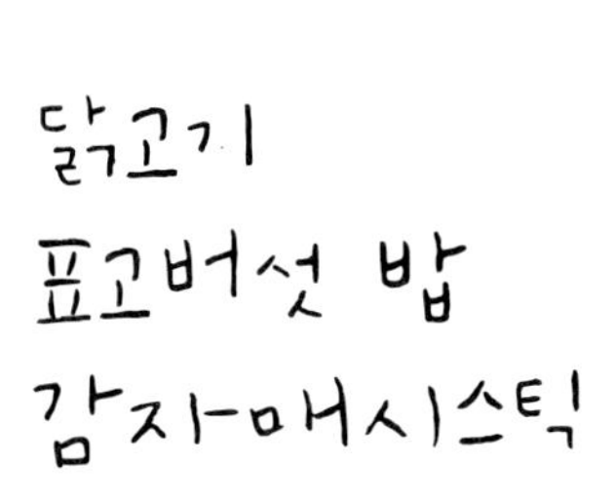

닭고기 표고버섯 밥 감자매시스틱

감자매시와 진밥이 만나
더욱 부드러운 밥스틱이에요.
닭고기와 버섯은 서로
궁합이 잘 맞아 영양적으로도
좋답니다.

아이 1~2번 먹는 양
6개월부터

- □ 다진 닭고기 20g
- □ 표고버섯 10g
- □ 밥 50g
- □ 감자 40g
- □ 물 1큰술

1 감자는 껍질을 벗기고, 표고버섯은 잘게 다진다.

2 찜기에 감자를 넣고 푹 찐 다음 포크로 곱게 으깬다.

3 달군 냄비에 물 1큰술, 다진 닭고기, 표고버섯을 넣고 물이 졸아들고 재료들이 다 익을 때까지 중간 불에서 볶는다. 닭고기를 더 작게 자르고 싶으면 볶고 난 후 칼로 한 번 더 잘게 다진다.

4 볼에 밥, 감자매시, 닭고기, 표고버섯을 넣고 고루 섞는다.

5 스틱이나 완자 모양으로 빚는다.

6 에어프라이어 용기 안에 종이포일을 깔고, 그 위에 스틱을 겹치지 않게 놓는다.

7 170℃ 에어프라이어에 15분간 굽거나 식용유를 살짝 두른 팬에 약한 불에서 굴려가며 굽는다.

돼지고기 청경채 밥스틱

청경채는 칼륨과 칼슘이 많고 무기질과 비타민이 풍부해 이유식 재료로 아주 흔하게 쓰여요. 돼지고기와 찰떡 궁합이고, 돼지고기는 사과하고 잘 어울리죠. 은은하게 달달한 맛으로 아이가 잘 먹는 스틱이에요.

아이 1~2번 먹는 양
6개월부터

- □ 다진 돼지고기 20g
- □ 청경채 · 사과 10g씩
- □ 밥 70g
- □ 물 1큰술

1. 찜기에 청경채를 넣고 살짝 찌거나 끓는 물에 살짝 데친 다음에 물기를 꼭 짜서 칼로 잘게 다진다. 사과도 칼로 잘게 다진다.
2. 달군 냄비에 물 1큰술, 다진 돼지고기, 사과를 넣고 물이 졸아들고 재료들이 다 익을 때까지 중간 불에서 볶는다. 돼지고기를 더 작게 자르고 싶으면 볶고 난 후 칼로 한 번 더 잘게 다진다.
3. 볼에 밥, 돼지고기, 청경채, 사과를 넣고 고루 섞는다.
4. 스틱이나 완자 모양으로 빚는다.
5. 에어프라이어 용기 안에 종이포일을 깔고, 그 위에 스틱을 겹치지 않게 놓는다.
6. 에어프라이어 170℃에서 15분간 굽거나 식용유를 살짝 두른 팬에 약한 불에서 굴려가며 굽는다.

쇠고기 당근 밥 고구마매시스틱

고구마매시에 밥, 쇠고기까지 들어가 이 메뉴 하나만으로도 든든한 매시스틱입니다. 들어가는 채소는 다양하게 응용할 수 있어요.

아이 1~2번 먹는 양
6개월부터

- □ 다진 쇠고기 20g
- □ 당근 10g
- □ 밥 50g
- □ 고구마 40g
- □ 물 1큰술

1. 고구마는 껍질을 벗기고, 당근은 잘게 다진다.
2. 찜기에 고구마를 넣고 푹 찐 다음 포크로 곱게 으깬다.
3. 달군 냄비에 물 1큰술, 다진 쇠고기, 당근을 넣고 물이 졸아들고 재료들이 다 익을 때까지 중간 불에서 볶는다. 쇠고기를 더 작게 자르고 싶으면 볶고 난 후 칼로 한 번 더 잘게 다진다.
4. 볼에 밥, 고구마매시, 쇠고기, 당근을 넣고 고루 섞는다.
5. 스틱이나 완자 모양으로 빚는다.
6. 에어프라이어 용기 안에 종이포일을 깔고, 그 위에 스틱을 겹치지 않게 놓는다.
7. 170℃ 에어프라이어에 15분간 굽거나 식용유를 살짝 두른 팬에 약한 불에서 굴려가며 굽는다.

쇠고기 케일 밥 단호박매시스틱

단호박은 다양한 메뉴에 활용되는 식재료라 상시 구비해두면 좋아요. 비타민이 풍부하고 식이섬유가 많아 소화를 돕기도 합니다. 쇠고기가 들어가 든든한 한 끼로도 손색이 없어요.

아이 1~2번 먹는 양
6개월부터

- □ 다진 쇠고기 20g
- □ 케일 10g
- □ 밥 50g
- □ 단호박 30g
- □ 물 1큰술

1. 단호박은 껍질과 씨를 제거하고 준비한다.
2. 찜기에 단호박과 케일을 넣고 푹 찐다. 단호박은 포크로 곱게 으깨고 케일은 숨이 죽을 정도로만 살짝 찐 다음 물기를 꼭 짜서 칼로 잘게 다진다.
3. 달군 냄비에 물 1큰술, 다진 쇠고기를 넣고 물이 졸아들고 재료들이 다 익을 때까지 중간 불에서 볶는다. 쇠고기를 더 잘게 자르고 싶으면 볶고 난 후 칼로 한 번 더 잘게 다진다.
4. 볼에 밥, 단호박매시, 쇠고기, 케일을 넣고 고루 섞는다.
5. 스틱이나 완자 모양으로 빚는다.
6. 에어프라이어 용기 안에 종이포일을 깔고, 그 위에 스틱을 겹치지 않게 놓는다.
7. 170℃ 에어프라이어에 15분간 굽거나 식용유를 살짝 두른 팬에 약한 불에서 굴려가며 굽는다.

쇠고기 브로콜리 밥스틱

쇠고기는 단백질과 필수아미노산이 풍부해요. 브로콜리의 비타민 C는 쇠고기의 철분 흡수를 돕고 맛의 풍미를 살린답니다.

아이 1~2번 먹는 양
6개월부터

- □ 다진 쇠고기 25g
- □ 브로콜리 10g
- □ 무 15g
- □ 밥 70g
- □ 물 1큰술

1 브로콜리와 무는 칼로 잘게 다진다.

2 달군 냄비에 물 1큰술, 다진 쇠고기, 브로콜리, 무를 넣고 물이 졸아들고 재료들이 다 익을 때까지 중간 불에서 볶는다. 쇠고기를 더 작게 자르고 싶으면 볶고 난 후 칼로 한 번 더 잘게 다진다.

3 볼에 밥, 쇠고기, 브로콜리, 무를 넣고 고루 섞는다.

4 스틱이나 완자 모양으로 빚는다.

5 에어프라이어 용기 안에 종이포일을 깔고, 그 위에 스틱을 겹치지 않게 놓는다.

6 에어프라이어 170℃에서 15분간 굽거나 식용유를 살짝 두른 팬에 약한 불에서 굴려가며 굽는다.

쇠고기 애호박 밥스틱

애호박은 비타민 A와 비타민 C가 풍부해 소화가 잘되고 철분 흡수를 도와줘요. 양배추는 식이섬유가 많아 장운동에 좋습니다. 달달한 채소의 맛이 어우러져 아이들이 잘 먹는 밥스틱이에요.

아이 1~2번 먹는 양
6개월부터

- □ 다진 쇠고기 25g
- □ 애호박 · 양배추 15g씩
- □ 밥 70g
- □ 물 1큰술

1. 양배추와 애호박은 칼로 잘게 다진다.
2. 달군 냄비에 물 1큰술, 다진 쇠고기, 양배추, 애호박을 넣고 물이 졸아들고 재료들이 다 익을 때까지 중간 불에서 볶는다. 쇠고기를 더 작게 자르고 싶으면 볶고 난 후 칼로 한 번 더 잘게 다진다.
3. 볼에 밥, 쇠고기, 양배추, 애호박을 넣고 고루 섞는다.
4. 스틱이나 완자 모양으로 빚는다.
5. 에어프라이어 용기 안에 종이포일을 깔고, 그 위에 스틱을 겹치지 않게 놓는다.
6. 에어프라이어 170℃에서 15분간 굽거나 식용유를 살짝 두른 팬에 약한 불에서 굴려가며 굽는다.

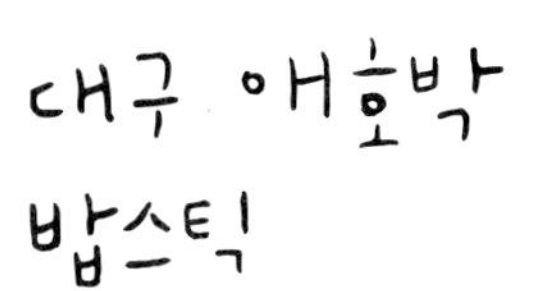

대구살은 생선살 중에 지방도 적고 부드러워 이유식 만들 때 가장 자주 사용하는 흰살 생선입니다. 달달한 애호박과 함께 밥스틱으로 만들면 처음 소개하는 생선 요리로 좋아요.

아이 1~2번 먹는 양
6개월부터

- □ 다진 대구살 22g
- □ 애호박 20g
- □ 밥 80g
- □ 물 1큰술

1. 애호박은 칼로 잘게 다진다.
2. 달군 냄비에 물 1큰술, 다진 대구살, 애호박을 넣고 물이 졸아들고 재료들이 다 익을 때까지 중간 불에서 볶는다. 대구살을 더 작게 자르고 싶으면 볶고 난 후 칼로 한 번 더 잘게 다진다.
3. 볼에 밥, 대구살, 애호박을 넣고 고루 섞는다.
4. 스틱이나 완자 모양으로 빚는다.
5. 에어프라이어 용기 안에 종이포일을 깔고, 그 위에 스틱을 겹치지 않게 놓는다.
6. 에어프라이어 170℃에서 15분간 굽거나 식용유를 살짝 두른 팬에 약한 불에서 굴려가며 굽는다.

감자 당근 대구볼

대구는 단백질과 칼슘,
비타민이 풍부하고, 생선 중에서
비린내가 적게 나는 편이라
어린 아이들도 거부감 없이
먹을 수 있어요. 궁합이 잘 맞는
감자와 섞어서 볼을 만들면
식감이 부드러워 잘 먹는답니다.

아이 1~2번 먹는 양
7개월부터

- □ 감자 1개
- □ 당근 10g
- □ 대구살 15g
- □ 물 1큰술

1. 감자는 껍질을 벗기고 준비한다. 당근과 대구살은 잘게 다진다.
2. 찜기에 감자를 푹 찐 다음 포크로 곱게 으깬다.
3. 달군 냄비에 물 1큰술, 당근, 대구살을 넣고 물이 졸아들고 재료들이 다 익을 때까지 중간 불에서 볶는다. 대구살을 더 작게 자르고 싶으면 볶고 난 후 칼로 한 번 더 잘게 다진다.
4. 볼에 모든 재료를 넣고 고루 섞는다.
5. 스틱이나 완자 모양으로 빚는다.
6. 손에 묻지 않게 만들고 싶으면 한 번 더 굽는다. 에어프라이어 용기 안에 종이포일을 깔고, 그 위에 볼을 겹치지 않게 놓는다.
7. 에어프라이어 180℃에서 10분간 굽거나 식용유를 살짝 두른 팬에 약한 불에서 굴려가며 굽는다.

tip 감자에 수분이 너무 없으면 모유나 분유물을 조금 넣어주고, 너무 수분이 많으면 쌀가루나 오트밀가루를 넣어 농도를 맞추어 10분 더 구워주세요.

tip 생선은 쌀뜨물에 20분 정도 담가 두면 비린내를 줄일 수 있어요.

단호박 비트 케일볼

비트는 베타인 성분이 많아
염증을 완화하고, 세포 손상을
억제하는 기능이 있어요.
또 철분과 비타민을 많이
함유하고 있어 이앓이 하는
아이나, 성장통이 있는
아이에게 좋은 식재료예요!

아이 1~2번 먹는 양
7개월부터

□ 비트 20g
□ 단호박 70g
□ 케일 10g

1 단호박은 껍질과 씨를 제거하고, 비트는 껍질을 벗겨서 준비한다.
2 찜기에 단호박과 비트, 케일을 넣고 푹 찐다. 케일은 숨이 죽을 정도로만 살짝 찐 다음 물기를 짠다.
3 단호박은 포크로 곱게 으깨고, 비트와 케일은 칼로 잘게 다진다.
4 볼에 단호박매시, 비트, 케일을 넣고 고루 섞는다.
5 스틱이나 완자 모양으로 빚는다.
6 손에 묻지 않게 만들고 싶으면 한 번 더 굽는다. 에어프라이어 용기 안에 종이포일을 깔고, 그 위에 볼을 겹치지 않게 놓는다.
7 에어프라이어 180℃에서 10분간 굽거나 식용유를 살짝 두른 팬에 약한 불에서 굴려가며 굽는다.

고구마 닭고기 케일볼

케일은 엽산과 철분을 많이 함유하고 있어서 빈혈 예방에 효과적인 채소예요. 녹황색 채소 중에서 면역력을 증진시켜주는 베타카로틴을 가장 많이 함유하는 식재료이지요. 달달한 고구마매시와 닭고기를 함께 섞어서 볼을 만들면 이것 하나만으로도 영양소가 완전한 식사가 될 거예요!

아이 1~2번 먹는 양
7개월부터

- □ 고구마 70g
- □ 다진 닭고기 15g
- □ 케일 10g
- □ 물 1큰술

1. 고구마는 껍질을 벗기고 찜기에 푹 찐 다음 포크로 곱게 으깬다.
2. 케일은 잘게 다진다.
3. 달군 냄비에 물 1큰술, 케일, 다진 닭고기를 넣고 물이 졸아들고 재료들이 다 익을 때까지 중간 불에서 볶는다. 닭고기를 더 작게 자르고 싶으면 볶고 난 후 칼로 한 번 더 잘게 다진다.
4. 볼에 모든 재료를 넣고 고루 섞는다.
5. 스틱이나 완자 모양으로 빚는다.
6. 손에 묻지 않게 만들고 싶으면 한 번 더 굽는다. 에어프라이어 용기 안에 종이포일을 깔고, 그 위에 볼을 겹치지 않게 놓는다.
7. 에어프라이어 180℃에서 10분간 굽거나 식용유를 살짝 두른 팬에 약한 불에서 굴려가며 굽는다.

비트 감자 치즈볼

감자와 치즈는 찰떡궁합이에요. 감자의 담백한 맛과 치즈의 고소한 맛이 잘 어우러질 뿐만 아니라 감자에 없는 지방과 단백질을 치즈가 보충해주거든요. 여기에 비트를 약간 섞으면 예쁜 분홍색의 볼을 만들 수 있어요

아이 1~2번 먹는 양
7개월부터

- □ 비트 15g
- □ 감자 1개
- □ 슬라이스치즈 1장

1. 감자와 비트는 껍질을 벗기고 찜기에 푹 찐 다음 포크로 곱게 으깬다. 비트는 강판에 갈거나 칼로 잘게 다진다.
2. 볼에 감자매시와 비트, 치즈를 담고 전자레인지에 30초간 돌려서 치즈를 녹인다.
3. 스틱이나 완자 모양으로 빚는다.
4. 손에 묻지 않게 만들고 싶으면 한 번 더 굽는다. 에어프라이어 용기 안에 종이포일을 깔고, 그 위에 볼을 겹치지 않게 놓는다.
5. 에어프라이어 180℃에서 10분간 굽거나 식용유를 살짝 두른 팬에 약한 불에서 굴려가며 굽는다.

tip 감자에 수분이 너무 없으면 모유나 분유물을 조금 넣어주고, 수분이 너무 많으면 쌀가루나 오트밀가루를 넣고 농도를 맞춰 10분 더 구워주세요.

단호박 쇠고기 치즈볼

비타민이 가득한 단호박과 철분·단백질이 풍부한 쇠고기의 만남! 볼에 치즈를 넣어서 빚으면 반죽이 한결 단단해져 아이가 손으로 집기 편해요.

아이 1~2번 먹는 양
7개월부터

- □ 단호박 80g
- □ 다진 쇠고기 20g
- □ 슬라이스치즈 1장
- □ 물 1큰술

1. 단호박은 껍질과 씨를 제거하고 찜기에 단호박을 푹 찐 다음 포크로 곱게 으깬다.
2. 달군 냄비에 물 1큰술, 다진 쇠고기를 넣고 물이 졸아들고 재료들이 다 익을 때까지 중간 불에서 볶는다. 쇠고기를 더 작게 자르고 싶으면 볶고 난 후 칼로 한 번 더 잘게 다진다.
3. 볼에 단호박매시와 쇠고기, 치즈를 담고 전자레인지에 30초간 돌려서 치즈를 녹인다.
4. 스틱이나 완자 모양으로 빚는다.
5. 손에 묻지 않게 만들고 싶으면 한 번 더 굽는다. 에어프라이어 용기 안에 종이포일을 깔고, 그 위에 볼을 겹치지 않게 놓는다.
6. 에어프라이어 180℃에서 10분간 굽거나 식용유를 살짝 두른 팬에 약한 불에서 굴려가며 굽는다.

tip 이 레시피는 수분이 적은 밤 단호박을 사용했어요. 일반 단호박을 사용할 경우, 단호박에 수분이 많을 수 있으니 반죽이 질면 쌀가루나 오트밀가루를 넣고 농도를 맞추어 10분 더 구워주세요.

고구마 당근 치즈볼

고구마와 당근은 항암 작용이 아주 뛰어난 뿌리채소예요. 몸에 좋은 베타카로틴은 당근의 껍질에 더 많이 내재되어 있어 껍질을 벗겨내지 않고 조리하는 것이 더 좋아요. 또 지용성 비타민 A가 많아 기름에 조리해서 섭취하면 흡수율을 더 높일 수 있습니다.

아이 1~2번 먹는 양
7개월부터

- □ 고구마 70g
- □ 당근 30g
- □ 슬라이스치즈 1장

1. 고구마는 껍질을 벗겨서 준비한다.
2. 찜기에 고구마와 당근을 넣고 푹 찐 다음 포크로 곱게 으깬다.
3. 볼에 고구마매시, 당근매시, 슬라이스치즈를 넣고 전자레인지에 40초간 돌려 치즈를 녹인다.
4. 스틱이나 완자 모양으로 빚는다.
5. 손에 묻지 않게 만들고 싶으면 한 번 더 굽는다. 에어프라이어 용기 안에 종이포일을 깔고, 그 위에 볼을 겹치지 않게 놓는다.
6. 에어프라이어 180℃에서 10분간 굽거나 식용유를 살짝 두른 팬에 약한 불에서 굴려가며 굽는다.

브로콜리 노른자 감자볼

포슬포슬한 감자를 으깨서 고소한 노른자와 함께 빚은 볼이에요. 감자는 감자마다 수분 함량이 다른데, 감자에 수분이 적다면 모유나 분유물을 조금 섞어서 반죽하세요.

아이 1~2번 먹는 양
7개월부터

- □ 브로콜리 15g
- □ 삶은 달걀(노른자만 사용) 1개
- □ 감자 70g

1 감자는 껍질을 벗기고 준비한다.

2 찜기에 감자와 브로콜리를 넣고 푹 찐 다음 포크로 곱게 으깬다. 브로콜리는 칼로 잘게 다진다.

3 볼에 감자매시, 브로콜리, 달걀노른자를 넣고 고루 섞는다.

4 스틱이나 완자 모양으로 빚는다.

5 손에 묻지 않게 만들고 싶으면 한 번 더 굽는다. 에어프라이어 용기 안에 종이포일을 깔고, 그 위에 볼을 겹치지 않게 놓는다.

6 에어프라이어 180℃에서 10분간 굽거나 식용유를 살짝 두른 팬에 약한 불에서 굴려가며 굽는다.

콩가루 밥볼

밥볼은 아이주도이유식을 할 때 엄마들이 가장 많이 만드는 메뉴예요. 이 메뉴는 밥볼로 만드는 인절미랍니다. 찹쌀밥으로 만들면 인절미처럼 쫀득한 밥볼을 즐길 수 있어요.

아이 1~2번 먹는 양
7개월부터

- □ 볶은 콩가루 1큰술
- □ 브로콜리 20g
- □ 밥 70g

1 브로콜리는 찜기에 부드럽게 쪄서 곱게 다진다.

2 밥에 브로콜리를 넣고 잘 섞는다.

3 동그랗게 완자 모양으로 잘 빚은 다음 콩가루를 밥볼에 고루 묻힌다.

달걀노른자 밥볼

달걀노른자에는 철분과 칼슘, 지방, 비타민이 아주 풍부해요.
뇌 발달에 도움이 되는 '콜린과 DHA'도 많이 함유하고 있어 성장기 아이들에게 훌륭한 식재료랍니다.
예쁜 노란색의 밥볼로 아이의 식욕을 자극해주세요.

아이 1~2번 먹는 양
7개월부터

- □ 삶은 달걀(노른자만) 1개
- □ 애호박 20g
- □ 밥 70g
- □ 물 1/2큰술

1 달걀노른자는 체에 한 번 곱게 내린다. 애호박은 잘게 다진다.

2 달군 냄비에 물 1/2큰술, 애호박을 넣고 물이 졸아들고 애호박이 다 익을 때까지 중간 불에서 볶는다.

3 볼에 밥과 애호박을 넣고 고루 섞는다.

4 스틱이나 완자 모양으로 빚은 다음, 달걀노른자를 밥볼에 고루 묻힌다.

닭고기 들깨 밥볼

들깨는 불포화지방산이 풍부하고, DHA 성분이 많이 함유돼 있어
성장기 어린이의 뇌 발달에 도움이 되는 재료예요.

아이 1~2번 먹는 양
7개월부터

- □ 다진 닭고기 30g
- □ 당근 20g
- □ 들깻가루 1큰술
- □ 밥 70g
- □ 물 1큰술

1 당근은 잘게 다진다.

2 달군 냄비에 물 1큰술, 다진 닭고기, 당근을 넣고 물이 졸아들고 재료들이 다 익을 때까지 중간 불에서 볶는다. 닭고기를 더 작게 자르고 싶으면 볶고 난 후 칼로 한 번 더 잘게 다진다.

3 볼에 모든 재료를 넣고 고루 섞은 다음 스틱이나 완자 모양으로 빚는다.

4 들깻가루를 밥볼에 고루 묻힌다.

tip 들깻가루는 껍질 제거 후 가루로 만든 거피 들깻가루를 사용하세요. 남은 들깻가루는 냉동실에 보관하세요.

닭고기 애호박 밥볼

닭고기와 애호박은
첫 이유식부터 유아식까지
활용도가 매우 높은
식재료입니다. 가장 무난한
밥볼을 만들 때도 제격이죠.

아이 1~2번 먹는 양
7개월부터

- □ 다진 닭고기 15g
- □ 애호박 10g
- □ 밥 70g
- □ 물 1큰술

1 애호박은 잘게 다진다.

2 달군 냄비에 물 1큰술, 닭고기, 애호박을 넣고 물이 졸아들고 재료들이 다 익을 때까지 중간 불에서 볶는다. 닭고기를 더 작게 자르고 싶으면 볶고 난 후 칼로 한 번 더 잘게 다진다.

3 볼에 모든 재료를 넣고 고루 섞은 다음 스틱이나 완자 모양으로 빚는다.

4 손에 묻지 않게 만들고 싶으면 한 번 더 굽는다. 에어프라이어 용기 안에 종이포일을 깔고, 그 위에 볼을 겹치지 않게 놓는다.

5 에어프라이어 180℃에서 10분간 굽거나 식용유를 살짝 두른 팬에 약한 불에서 굴려가며 굽는다.

쇠고기 버섯 밥볼

이맘때 아이들은 고소한 맛을 특히 좋아해요. 쇠고기, 표고버섯과 들기름의 고소한 맛이 아주 잘 어우러져요. 들깻가루를 섞으면 더욱 고소한 밥볼을 만들 수 있어요.

아이 1~2번 먹는 양
7개월부터

- □ 다진 쇠고기 20g
- □ 표고버섯 10g
- □ 밥 70g
- □ 물 1큰술
- □ 들기름 1/3작은술

1. 표고버섯은 잘게 다진다.
2. 달군 냄비에 물 1큰술, 다진 쇠고기, 표고버섯, 들기름을 넣고 물이 졸아들고 재료들이 다 익을 때까지 중간 불에서 볶는다. 쇠고기를 더 작게 자르고 싶으면 볶고 난 후 칼로 한 번 더 잘게 다진다.
3. 볼에 모든 재료를 담고 고루 섞는다.
4. 스틱이나 완자 모양으로 빚는다.
5. 손에 묻지 않게 만들고 싶으면 한 번 더 굽는다. 에어프라이어 용기 안에 종이포일을 깔고, 그 위에 볼을 겹치지 않게 놓는다.
6. 에어프라이어 180℃에서 10분간 굽거나 식용유를 살짝 두른 팬에 약한 불에서 굴려가며 굽는다.

tip 들기름을 아주 살짝 넣어 고소하고 향긋한 향을 더했어요. 들기름은 산패가 잘 되기 때문에 꼭 냉장보관하세요.

돼지고기 사과 밥볼

돼지고기와 사과는 궁합이 잘 맞아요. 사과를 넣어 달달한 맛이 나 아이들이 좋아하고 밥볼이라 포만감도 있어 한 끼 식사로 손색이 없어요.

아이 1~2번 먹는 양
7개월부터

- □ 다진 돼지고기 20g
- □ 사과 30g
- □ 밥 70g
- □ 물 1큰술

1. 사과는 칼로 잘게 다진다.
2. 달군 냄비에 물 1큰술, 다진 돼지고기, 다진 사과를 넣고 물이 졸아들고 재료들이 다 익을 때까지 중간 불에서 볶는다. 돼지고기를 더 작게 자르고 싶으면 볶고 난 후 칼로 한 번 더 잘게 다진다.
3. 볼에 밥, 돼지고기, 사과를 넣고 고루 섞는다.
4. 스틱이나 완자 모양으로 빚는다.
5. 손에 묻지 않게 만들고 싶으면 한 번 더 굽는다. 에어프라이어 용기 안에 종이포일을 깔고, 그 위에 볼을 겹치지 않게 놓는다.
6. 에어프라이어 180℃에서 10분간 굽거나 식용유를 살짝 두른 팬에 약한 불에서 굴려가며 굽는다.

매생이 새우 밥볼

바다향 가득하고 고소해서 라임이가 특히 좋아하는 메뉴에요. 물이나 달걀, 부침가루를 추가해서 밥전으로 만들어도 아주 맛있어요!

아이 1~2번 먹는 양
7개월부터

- □ 매생이 15g
- □ 새우 2마리(15g)
- □ 밥 70g
- □ 물 1큰술
- □ 참기름 1/3작은술

1. 새우는 껍질을 벗기고 등과 배쪽을 칼로 살짝 잘라 내장을 제거한 후 잘게 다진다.
2. 매생이는 잘 씻어서 칼로 잘게 다진다.
3. 달군 냄비에 물 1큰술, 다진 새우, 매생이, 참기름 약간을 넣고 물이 졸아들고 재료들이 다 익을 때까지 중간 불에서 볶는다. 새우를 더 잘게 자르고 싶으면 볶고 난 후 칼로 한 번 더 잘게 다진다.
4. 볼에 모든 재료를 섞은 다음 스틱이나 완자 모양으로 빚는다.
5. 손에 묻지 않게 만들고 싶으면 한 번 더 굽는다. 에어프라이어 용기 안에 종이포일을 깔고, 그 위에 볼을 겹치지 않게 놓는다.
6. 에어프라이어 180℃에서 10분간 굽거나 식용유를 살짝 두른 팬에 약한 불에서 굴려가며 굽는다.

tip 참기름은 생략 가능해요.

단호박 쇠고기볼

쇠고기완자는 잘못 조리하면 퍽퍽할 때가 있어요. 단호박을 으깨서 다진 쇠고기에 넣고 완자를 빚으면 실패 확률이 없습니다. 촉촉함은 물론 단호박의 달달함까지 있어 고기 먹기가 어려운 아이도 부드럽게 먹을 수 있어요.

아이 1~2번 먹는 양
7개월부터

- □ 단호박 50g
- □ 다진 쇠고기 80g
- □ 전분가루 또는 오트밀가루 1작은술

1. 단호박은 껍질과 씨를 제거하고 준비한다.
2. 찜기에 단호박을 넣고 푹 찐 다음 포크로 곱게 으깬다.
3. 볼에 단호박매시, 다진 쇠고기, 전분가루를 넣고 고루 섞는다.
4. 스틱이나 완자 모양으로 빚는다.
5. 달군 팬에 식용유를 약간 두르고 중간 불에서 타지 않게 굴려가며 굽는다.

아보카도 쇠고기볼

아보카도는 몸에 좋은 불포화지방과 비타민이 풍부한 과일입니다. 잘 익은 아보카도를 넣으면 부드럽고 촉촉한 쇠고기볼을 만들 수 있어요.

아이 1~2번 먹는 양
7개월부터

- □ 아보카도 30g
- □ 다진 쇠고기 80g
- □ 전분가루 또는 오트밀가루 1작은술

1 아보카도는 껍질과 씨를 제거하고 과육은 포크로 곱게 으깬다.

2 볼에 아보카도매시, 다진 쇠고기, 전분가루를 넣고 고루 섞는다.

3 스틱이나 완자 모양으로 빚는다.

4 달군 팬에 식용유를 약간 두르고 중간 불에서 타지 않게 굴려가며 굽는다.

닭고기완자

아이가 부드럽게 잘 먹을 수 있는 것을 자주 만들다 보니 다양한 완자류를 만들어 주곤 했어요.
덩어리 고기와 마찬가지로 완자도 너무 바짝 익히면 육즙이 사라져서 퍽퍽해질 수 있으니
고기가 익을 정도로만 적당히 구워 촉촉하게 해주는 것이 요령이에요!

아이 1~2번 먹는 양
7개월부터

- □ 다진 닭고기 80g
- □ 브로콜리 · 양파 · 당근 10g씩
- □ 전분가루 또는 오트밀가루 1작은술
- □ 물 1큰술
- □ 식용유 적당량

1 브로콜리, 양파, 당근은 잘게 다진다.

2 달군 냄비에 물 1큰술, 브로콜리, 양파, 당근을 넣고 물이 졸아들고 재료들이 다 익을 때까지 중간 불에서 볶는다.

3 볼에 식용유를 제외한 모든 남은 재료를 넣고 치대면서 섞은 후 스틱이나 완자 모양으로 빚는다.

4 달군 팬에 식용유를 약간 두르고 중간 불에서 타지 않게 굴려가며 굽는다.

돼지고기완자

돼지고기와 쇠고기를 합쳐서 완자를 만들었어요. 돼지고기와 궁합이 잘 맞는 사과까지 더했답니다.
쇠고기 없이 돼지고기만으로도 만들어도 좋아요.

아이 1~2번 먹는 양
7개월부터

- □ 다진 돼지고기 · 다진 쇠고기 50g씩
- □ 양배추 · 사과 20g씩
- □ 당근 10g
- □ 물 1큰술
- □ 전분가루 또는 오트밀가루 1작은술
- □ 식용유 적당량

1 양배추, 당근, 사과는 칼로 잘게 다진다.

2 달군 냄비에 물 1큰술, 양배추, 당근, 사과를 넣고 물이 졸아들고 재료들이 다 익을 때까지 중간 불에서 볶는다.

3 볼에 식용유를 제외한 남은 재료를 모두 넣고 치대면서 섞은 후 스틱이나 완자 모양으로 빚는다.

4 달군 팬에 식용유를 약간 두르고 중간 불에서 타지 않게 굴려가며 굽는다.

쇠고기완자

완자류는 만들어서 다양한 요리에 쓸 수 있어요. 국, 덮밥, 국수 요리에도 넣기도 하고, 으깨서 주먹밥을 만들어도 좋아요. 두부가 들어가서 훨씬 촉촉한 완자입니다.

아이 1~2번 먹는 양
7개월부터

- □ 다진 쇠고기 100g
- □ 두부 30g
- □ 애호박 20g
- □ 표고버섯 10g
- □ 전분가루 또는 오트밀가루 1작은술
- □ 식용유 적당량

1 표고버섯, 애호박은 칼로 잘게 다진다. 두부는 칼등으로 곱게 으깬 다음 면포나 키친타월로 물기를 제거하고 준비한다.

2 볼에 식용유를 제외한 모든 남은 재료를 넣고 치대면서 섞은 후 스틱이나 완자 모양으로 빚는다.

3 달군 팬에 식용유를 약간 두르고 중간 불에서 타지 않게 굴려가며 굽는다.

쇠고기스틱

아이주도이유식 초기에는 아이가 고기를 씹고 삼키기 어렵기 때문에 다진 고기로 스틱을 만들면 좋아요. 양파나 두부와 같이 촉촉한 재료를 고기 안에 넣어서 빚으면 부드럽고 촉촉해서 씹기 힘든 아이들도 잘 먹어요.

아이 1~2번 먹는 양
6개월부터

- □ 다진 쇠고기 100g
- □ 두부 40g
- □ 양파 10g
- □ 브로콜리 5g
- □ 전분가루 또는 오트밀가루 2작은술
- □ 식용유 약간

1 양파는 잘게 다지고, 브로콜리는 찜기에 살짝 쪄서 잘게 다진다.

2 두부는 칼등으로 눌러 곱게 으깬 후 면포나 키친타월로 물기를 제거한다.

3 볼에 모든 재료를 넣고 치대듯이 고루 섞는다.

4 스틱이나 완자 모양으로 빚는다.

5 달군 팬에 식용유를 약간 두르고 중간 불에서 타지 않게 굴려가며 굽는다.

tip 쇠고기스틱 같은 완자류도 너무 바짝 구우면 촉촉한 육즙이 날아가기 때문에 고기가 적당히 익을 정도로만 굽는 것을 권해요.

생선완자

보통 완자를 만들 때는 모양을 내기 위해 전분가루를 넣지만 대신 고구마를 넣었어요.
수제 어묵같이 쫄깃하고 고구마의 단맛이 돌아 라임이가 좋아하는 메뉴예요.

아이 1~2번 먹는 양
7개월부터

- □ 다진 대구살 100g
- □ 양파 · 당근 15g씩
- □ 고구마 30g
- □ 물 1큰술
- □ 식용유 적당량

1 고구마는 껍질을 벗기고 준비한다. 양파와 당근은 잘게 다진다.

2 고구마는 찜기에 푹 찌거나 끓는 물에 부드럽게 삶아서 포크로 곱게 으깬다.

3 달군 냄비에 물 1큰술, 양파, 당근을 넣고 물이 졸아들고 재료들이 다 익을 때까지 중간 불에서 볶는다.

4 볼에 모든 재료를 넣고 치대듯이 고루 섞는다.

5 스틱이나 완자 모양으로 빚는다.

6 달군 팬에 식용유를 약간 두르고 중간 불에서 타지 않게 굴려가며 굽는다.

tip 대구살은 다른 다진 생선살로 대체 가능해요. 생선의 물기를 키친타월로 충분히 제거한 후 사용하세요.

새우완자

새우완자는 만들어 놓으면 유용하게 쓸 수 있는 요리예요.
아이주도이유식 초기에 핑거푸드로 먹을 수도 있고, 국물 요리에 넣어서 새우완자탕(511p 참고)을 만들어 먹을 수도 있어요. 덮밥에 넣을 수도 있고, 그냥 반찬으로 먹어도 아주 좋아요.

아이 1~2번 먹는 양
7개월부터

- □ 새우 100g
- □ 양파 · 당근 · 애호박 7g씩
- □ 달걀노른자 1개
- □ 전분가루 1/2큰술

1. 새우는 껍질을 벗기고 등과 배쪽을 칼로 살짝 잘라 내장을 제거한 후 잘게 다진다.
2. 양파와 당근, 애호박은 잘게 다진다.
3. 볼에 모든 재료를 넣고 치대듯이 고루 섞는다.
4. 완자 모양으로 빚는다.
5. 찜기에 물이 끓으면 완자를 넣고 15분간 찐다.

tip 새우완자를 찜기에 찌지 않고 식용유를 약간 두른 달군 팬에 굴려가며 구워도 좋아요. 튀김유에 튀겨내도 맛있답니다.

tip 새우와 채소의 물기를 키친타월로 충분히 제거한 후 다져주세요.

tip 반죽이 너무 질 경우 쌀가루나 오트밀가루를 더 추가하세요.

양고기완자

양고기는 특유의 향이 있지만
저랑 라임아빠가 워낙 좋아해서
자주 해먹어요. 아이주도이유식
초기에 우리끼리만 양고기를 먹는
것이 마음에 걸려 라임이에게
양고기완자를 해줬는데 아주
잘 먹었어요. 라임이는 어렸을
적부터 향신료가 들어간
요리를 자주 해줬더니, 지금도
외국 향신료가 들어간 음식을
거리낌없이 잘 먹더라고요.

아이 1~2번 먹는 양
7개월부터

- □ 다진 양고기 100g
- □ 양파 10g
- □ 표고버섯 7g
- □ 대파 5g
- □ 전분가루 또는 오트밀가루 1작은술
- □ 커민가루 한꼬집
- □ 식용유 적당량

1. 양파와 대파, 표고버섯은 잘게 다진다.
2. 볼에 식용유를 제외한 모든 재료들을 넣고 치대듯이 섞는다.
3. 스틱이나 완자 모양으로 빚는다.
4. 달군 팬에 식용유를 약간 두르고 중간 불에서 타지 않게 굴려가며 굽는다.

tip 커민가루는 생략 가능해요.

고구마 치즈말이

달콤한 고구마를 으깨서
고소한 슬라이스치즈를 말아
만든 간단한 핑거스틱입니다.
아이들이 아주 좋아하는
맛이기도 하고 모양도 귀여워요.
치즈는 아이 개월수에 맞는
저염 슬라이스치즈를 사용하면
됩니다.

아이 1~2번 먹는 양
7개월부터

□ 고구마 60g
□ 슬라이스치즈 2장

1 고구마는 껍질을 벗기고 준비한다.
2 찜기에 고구마를 넣고 푹 찐 다음 포크로 곱게 으깬다.
3 슬라이스치즈 위에 으깬 고구마를 얇게 펴 바르고 치즈를 돌돌 만다.
4 먹기 좋게 한 입 크기, 1cm 두께로 썬다.

tip 고구마 대신 단호박이나 감자를 사용해도 좋아요.

김밥말이

끈적끈적한 밥의 촉감을 안 좋아하는 아이들도 있어요.
그렇다면 조미되지 않은 김에 밥을 넣고 돌돌 말아 먹기 좋게 잘라주면 아주 잘 먹는답니다.
김에 철분도 많이 함유되어 있으니 부족한 영양분을 보충해주기에도 좋아요.

아이 1~2번 먹는 양
7개월부터

- □ 김밥김 1/2장
- □ 밥 70g

1. 김밥김은 4등분으로 잘라 준비한다.
2. 밥을 얇게 펴 바르고 돌돌 말아 준다.
3. 먹기 좋게 한 입 크기, 1cm 두께로 썬다.

+응용편

진밥 만들기

아이가 어리다면 약간 진밥으로 핑거푸드를 만들면 일반 쌀밥보다 먹기가 쉬워요. 하지만 질기 때문에 쥐기가 힘들 수 있으니 에어프라이어나 오븐, 프라이팬을 이용하여 한 번 구워서 겉을 살짝 단단하게 해주세요. 너무 질면 오히려 아이가 먹기 힘들기 때문에 적당한 농도로 조절하는 것이 좋습니다.

아이 1~2번 먹는 양 6개월부터

일반 어른 쌀밥으로 쉽게 진밥 만들기

□ 쌀밥 60g
□ 끓는 물 3~4큰술

1 내열 용기에 따뜻한 밥 60g을 담는다.
2 끓는 물 3~4큰술을 넣고 고루 섞은 다음에 뚜껑을 닫아 1시간 동안 불린다.
3 밥이 물을 다 흡수했으면 숟가락으로 잘 젓는다.

tip 진밥이 70g 정도 나와요.
tip 밥이 조금 더 질었으면 한다면 끓는 물을 조금 더 넣고 뚜껑을 살짝 닫아 다시 불려주세요.
tip 밥을 으깨고 싶으면 숟가락으로 눌러서 대강 으깨면 돼요.
tip 스틱이나 밥볼을 만들 경우, 180℃ 에어프라이어나 오븐에 10분간 굽거나 식용유를 살짝 두른 팬에 약한 불에서 굴려가며 구워주세요.

진밥 쌀밥 짓기

□ 불리기 전의 쌀 1컵
□ 물 2컵

1 쌀을 30분 이상 불렸다가 채반에 밭쳐 물기를 뺀다.
2 냄비에 불린 쌀과 물 2컵을 넣고 강한 불에서 끓인다.
3 물이 끓어오르기 시작하면 뚜껑을 열고 바닥까지 고루 한 번 저어주고 중간 불로 줄인다.
4 물이 쌀의 높이만큼 졸아들면 한 번 더 저어 준 후 아주 약한 불로 줄이고 뚜껑을 덮는다. 이렇게 해야 밑에 눌어붙지 않는다.
5 뚜껑을 덮은 채로 15분 정도 끓이고, 불을 끄고 5분 정도 뜸을 들인다.
6 주걱으로 크게 뒤섞어 준다.

tip 진밥이 아닌 일반 쌀밥을 지을 경우 불리지 않은 쌀과 물의 비율을 1 : 1.3~1.5 정도로 잡으면 돼요.
tip 묵은 쌀이나 햅쌀같이 밥의 상태에 따라 물 양이 달라지는데, 불린 쌀을 기준으로 물의 높이가 쌀의 높이보다 1cm 정도로 올라오게 해서 지으면 진밥이 되고, 불린 쌀의 높이와 물의 높이를 비슷하게 해서 지으면 일반 쌀밥이 돼요.
tip 압력솥으로 밥을 할 경우, 강한 불에 올려서 압력솥 추가 올라오면 중간 불로 2분간 더 끓였다가 불을 끄고 추가 내려가고 압력이 없어질 때까지 두세요. 전기 압력솥일 경우, 백미코스로 밥을 지어 주세요.

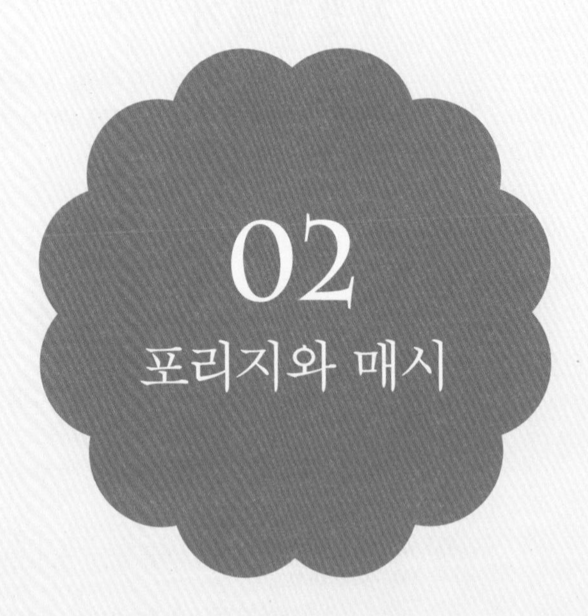

아이가 7개월이 넘어가면 손바닥 안에 든 음식도 잘 먹을 수 있어요. 이때 포리지나 매시같이 되직하고 부드러운 질감의 음식은 손으로 얼마든지 펴서 먹을 수 있답니다. 포리지와 매시는 숟가락으로 떴을 때 숟가락에 잘 붙어 있어 숟가락질을 연습하기에 아주 적합한 음식이에요. 포리지는 외국에서 이유식이나 아침식사로 간편하게 먹는 음식인데, 영양도 듬뿍 들어 있고 고소한 맛이 좋아 아직까지도 라임이의 아침 식사 단골 메뉴랍니다.

응용 팁

포리지

- 레시피에 들어가는 재료들은 냉장고 사정에 따라 마음껏 응용이 가능합니다.
- 우유 또는 생수로 조리를 주로 하는데, 돌 이전의 아이일 경우 우유 대신에 분유물, 모유, 두유, 오트밀유, 쌀유, 아몬드유 등 대체유로 조리하세요. 시간이 지나면 오트밀이 수분을 흡수해 되직해지니 나중에 먹일 거라면 우유(외 대체유)를 적절히 첨가해주세요.
- 오트밀은 퀵 오트밀이나 포리지 오트밀을 사용하면 식감이 더 부드럽고, 쉽고 빠르게 조리할 수 있어요.
- 취향에 따라 시럽을 추가해도 좋습니다.

매시

- 매시 레시피에 들어가는 재료들은 집에 있는 것으로 다양하게 응용이 가능합니다.
- 우유(외 대체유)를 더 넣고 걸죽하게 만들면 수프처럼 먹을 수 있어요.

우유포리지

포리지는 곡물, 오트밀을 물이나 우유에 넣고 만든 죽이에요. 우리나라에서는 이유식으로 흔히 죽을 먹이지만, 서양에서는 포리지를 많이 먹여요. 취향에 따라 변형도 가능하고, 만들기도 간단해서 자주 해먹는 요리입니다.

아이 1~2번 먹는 양
7개월부터

- □ 오트밀 40g
- □ 우유 또는 물 200ml

1. 냄비에 우유를 붓고 약한 불에서 데운다.
2. ①에 오트밀을 넣고 되직해질 때까지 저어가며 끓인다.
3. 오트밀이 부드럽게 퍼지면 불을 끈다.

바나나 베리포리지

라임이가 가장 좋아했던 포리지예요. 하루 전날 만들어 놓으면 다음 날 부드럽게 먹을 수 있어요. 숟가락으로 뜨면 잘 붙어 있어 첫 숟가락질을 연습할 때 많이 해줬던 메뉴예요.

아이 1~2번 먹는 양
7개월부터

- □ 바나나 · 딸기 50g씩
- □ 오트밀 · 블루베리 30g씩
- □ 우유 또는 물 200ml

1. 잘 익은 바나나와 딸기는 포크로 대강 으깬다.
2. 블루베리는 포크나 칼등으로 눌러 대강 으깬다.
3. 냄비에 우유를 붓고 약한 불에서 데운다.
4. 오트밀, 바나나와 블루베리, 딸기를 넣고 되직해질 때까지 저어가며 끓인다.
5. 오트밀이 부드럽게 퍼지면 불을 끈다.

고구마 사과 당근포리지

고구마 사과 당근포리지는 섬유질이 풍부해 변비가 있는 아이에게 좋아요.
달달하고 고소해서 아이들이 거부감 없이 잘 먹어요.

아이 1~2번 먹는 양
7개월부터

- □ 고구마 · 오트밀 30g씩
- □ 사과 50g
- □ 당근 20g
- □ 우유 또는 물 240ml

1. 찜기에 고구마를 넣고 푹 찐 다음 껍질을 벗겨 포크로 곱게 으깬다.
2. 사과와 당근은 껍질을 벗겨 강판에 간다.
3. 냄비에 우유를 붓고 약한 불에서 데운다.
4. 오트밀, 고구마, 사과와 당근을 넣고 되직해질 때까지 저어가며 끓인다.
5. 오트밀이 부드럽게 퍼지면 불을 끈다.

바나나 사과포리지

오트밀은 체중 감량에 좋은 식재료로, 다이어트를 하는 엄마라면 포리지를 만들어 아이와 함께 나눠 먹어보세요. 하루 전날 만들어 다음 날 아침에 먹으면 훨씬 부드러운 식감을 즐길 수 있어요.

아이 1~2번 먹는 양
7개월부터

- □ 바나나 · 사과 1/2개씩
- □ 오트밀 30g
- □ 우유 또는 물 220ml

1. 바나나는 포크로 곱게 으깬다.
2. 사과는 껍질을 벗겨 강판에 간다.
3. 냄비에 우유를 붓고 약한 불에서 데운다.
4. 오트밀, 사과, 바나나를 넣고 되직해질 때까지 저어가며 끓인다.
5. 오트밀이 부드럽게 퍼지면 불을 끈다.

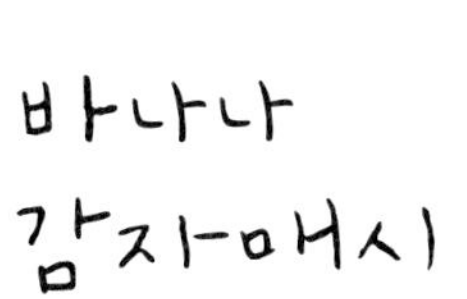

매시도 아이주도이유식
초기에 먹기 좋은 메뉴예요.
너무 묽지 않고 되직한
질감이라 아이가 손으로 퍼서
먹을 수 있고, 숟가락질을
연습하기에도 안성맞춤이랍니다.

아이 1~2번 먹는 양
7개월부터

- □ 바나나 1/2개
- □ 감자 1개

1 찜기에 감자를 넣고 푹 찐다.

2 감자의 껍질을 벗겨 포크로 곱게 으깬다.

3 바나나도 포크로 곱게 으깨서 감자와 고루 섞는다.

tip 바나나가 들어가서 시간이 지나면 갈변이 될 수 있어요.

아보카도 바나나매시

아보카도는 세계에서 가장 영양가 높은 과일 중 하나로, 각종 비타민, 미네랄, 필수지방산이 아주 풍부해 '숲속의 버터'라고 불리죠. 달달한 바나나와 으깨서 주면 아이들도 아주 잘 먹어요.

아이 1~2번 먹는 양
7개월부터

□ 아보카도 · 바나나 1/2개씩

1 잘 익은 아보카도는 반으로 갈라 껍질과 씨를 제거하고, 과육을 포크로 곱게 으깬다.

2 바나나는 포크로 곱게 으깨고, 아보카도와 고루 섞는다.

tip 아보카도와 바나나가 둘다 갈변이 되는 과일이에요. 시간이 지나면 갈변이 되니 바로 다 먹는 것이 좋아요.

고구마 강낭콩매시

강낭콩은 단백질이 풍부하고, 비타민 C, 비타민 B군, 각종 미네랄이 많은 식재료예요. 피를 맑게 해주고 해독 작용이 뛰어납니다. 고소한 강낭콩을 으깨 먹어도 맛있지만, 달달한 고구마, 당근과 함께 으깨주면 더 잘 먹어요.

아이 1~2번 먹는 양
7개월부터

- □ 고구마 100g
- □ 흰 강낭콩 40g
- □ 당근 30g

1 흰 강낭콩은 볼에 담아 잠길 정도의 물에 6시간 이상 불린다.

2 고구마와 당근은 껍질을 벗긴다.

3 냄비에 고구마, 흰 강낭콩, 당근을 푹 잠길 정도의 물에 중간 불에서 20분 끓인다.

4 흰 강낭콩이 부드럽게 으깨질 정도로 익었으면 불을 끄고, 체에 밭쳐 물기를 제거한다.

5 흰 강낭콩은 껍질을 제거한다.

6 볼에 모두 담고, 포크로 곱게 으깨어 섞는다.

tip 흰 강낭콩은 다른 종류의 콩으로 대체할 수 있어요. 익으면 곱게 으깨지는 콩이면 모두 대체 가능해요.

tip 더운 여름철에는 냉장실에서 콩을 불려야 콩이 상하지 않아요.

감자 완두콩매시

부드러운 감자와 영양 가득한 완두콩이 만나 조화를 이루는 레시피예요. 6개월부터 스스로 먹는 연습을 한 아이라면 8개월이면 매시를 제법 능숙하게 먹을 수 있답니다.

아이 1~2번 먹는 양
7개월부터

- □ 감자 100g
- □ 완두콩 50g
- □ 우유 1큰술

1. 감자는 껍질을 벗겨 준비한다.
2. 찜기에 감자와 완두콩을 푹 익힌 다음, 껍질을 벗긴다.
3. 볼에 감자와 완두콩, 우유를 넣고 포크로 곱게 으깬다.

tip 완두콩 대신에 데쳐서 다진 시금치나 케일 등을 넣고 응용해도 좋아요.

고구마 사과매시

궁합이 잘 맞는 재료인 고구마와 사과로 만든 매시입니다.
달달하고 상큼한 맛에 아이들이 정말 잘 먹어요.

아이 1~2번 먹는 양
7개월부터

- □ 고구마 100g
- □ 사과 50g

1 고구마와 사과는 껍질을 벗겨 준비한다.

2 찜기에 고구마를 넣고 푹 익힌다. 사과는 강판에 갈아 준비한다.

3 볼에 고구마와 간 사과를 넣고 포크로 곱게 으깨며 고루 섞는다.

단호박 당근매시

단호박에 당근을 더해 맛과 영양은 물론 진한 색감까지 입힌 먹음직스러운 매시예요. 단호박 껍질까지 사용하면 더 많은 영양분을 섭취할 수 있으니 참고하세요!

아이 1~2번 먹는 양
7개월부터

- □ 단호박 120g
- □ 당근 50g

1 단호박과 당근을 깨끗이 씻어 찜기에 넣고 푹 익힌다.

2 단호박의 씨와 껍질을 제거한다.

3 볼에 단호박과 당근을 넣고 매셔나 포크로 곱게 으깬다.

tip 매시 안에 건포도 같은 것을 다져 넣으면 씹는 맛도 있고, 더욱 맛있어요.

+ 응용편

고기토핑

매시나 포리지, 죽 같은 요리에 고기의 영양이 아쉬울 때 넣는 토핑입니다. 한 번 익힌 다음에 칼을 날카롭게 간 다음 아주 잘게 다지거나 커터에 곱게 갈면 고기의 식감을 안 좋아하는 아이들도 쉽게 먹을 수 있습니다.

아이 2~3번 먹는 양 7개월부터

- □ 다진 쇠고기 50g
- □ 물 1큰술

1 쇠고기는 키친타월로 감싸 지긋이 눌러 핏물을 제거한다.
2 팬에 쇠고기와 물 1큰술을 넣고 중간 불에서 볶는다.
3 물기 없이 포슬포슬하게 되도록 볶는다.
4 칼로 아주 곱게 한 번 더 다진다.

tip 고기를 덩어리째 찌거나 한 번 삶아 익힌 다음 잘게 썰어서 만들 수도 있어요. 쇠고기 외에 돼지고기, 닭고기 등 다양하게 응용이 가능해요.

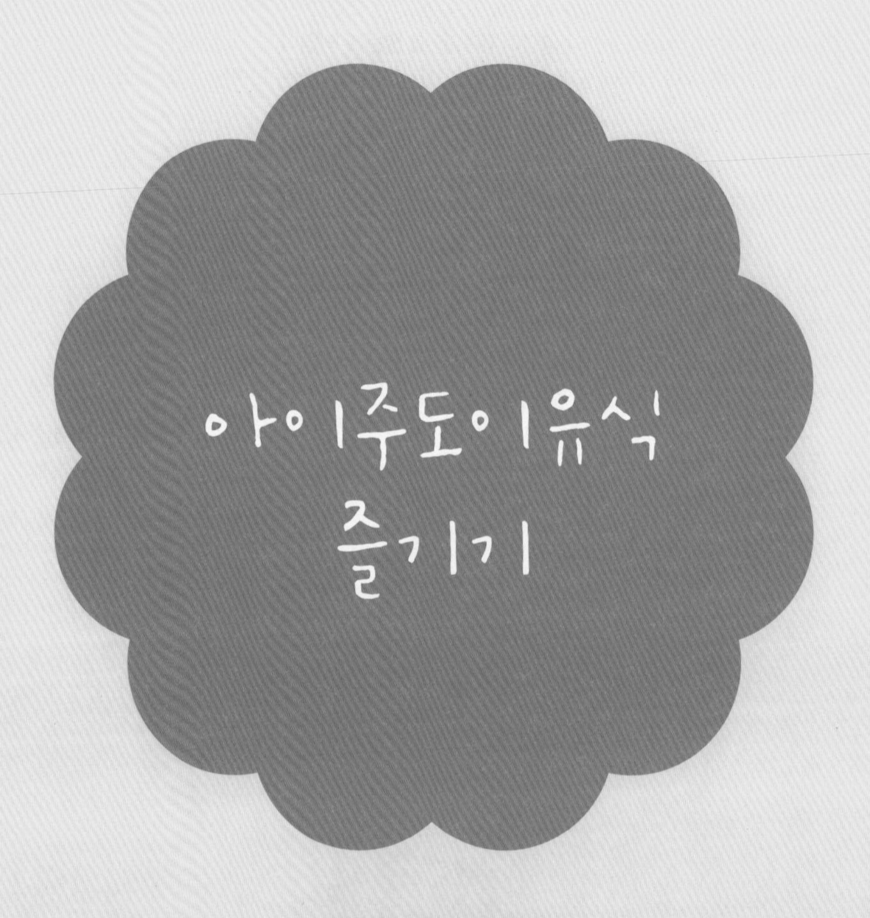

01 홈메이드 레시피

02 한 그릇 요리

03 반찬

04 특식

05 국물 요리

06 간식

07 스무디

08 보양 요리

아이주도이유식 즐기는 단계

아이가 2~3개월 정도 씹는 연습을 하고 나면, 이제 손으로 음식을 집어서 입에 넣고 잘 으깨어 삼키는 일은 그리 어렵지 않게 해낼 수 있어요. 소근육도 점차 발달하고, 음식을 입안에서 잘게 으깨는 능력도 좋아져 다양한 질감과 모양의 음식을 먹을 수 있답니다. 또 먹는 양도 늘어나고, 가짓수도 늘어나는 단계입니다. 아이주도이유식을 6개월부터 시작했다면, 아이가 10개월만 되어도 간을 하지 않은 유아식 형태의 대다수 음식을 스스로 잘 먹을 수 있어요. 아이의 자아가 생기고 단단해지면서 음식의 호불호도 생기고, 밥을 잘 먹을 때도 있지만 거부할 때도 있고, 밥을 장난감 삼아 먹지 않고 놀 수 있어요. 아이가 밥을 먹으면서 생기는 울고 웃는 일화들이 많이 생기는 시기입니다. 밥을 먹는 일이 전쟁이 아닌, 즐거운 일이 될 수 있도록 엄마와 아이가 함께 노력해야 하는 시기예요. "엄마, 맛있어요! 또 주세요~"라고 하는 그날까지, 응원합니다.

01 홈메이드 레시피

한 번 만들어 두면 유용하게 쓰이는 알짜 메뉴들로 구성했습니다. 파스타나 리소토 만들 때 다른 음식에 쉽게 곁들여 먹을 수 있는 토마토소스와 라구소스 외에도 여러 버전의 소스들, 베이킹할 때 달걀이나 버터 대신 사용할 수 있는 애플소스, 요리에 풍부한 맛을 더해주는 멸치 다시마육수와 다시마육수, 요리의 풍미를 더해주는 만능 조림간장, 한 번 만들어 놓으면 다양하게 응용이 가능한 든든한 만능 쇠고기소보로, 즉석에서 만들어 먹는 딸기잼, 샐러드나 샌드위치 등에 다양하게 쓰이는 두부마요네즈 등의 레시피를 만날 수 있어요.

응용 팁

- 모두 어른들이 함께 먹어도 맛있는 레시피입니다. 아이 것을 덜어 놓은 다음에 소금, 설탕 등으로 간을 더 해서 함께 즐기세요.

토마토소스

토마토는 라이코펜, 베타카로틴 등 항산화 물질과 지용성 비타민이 풍부한 식품이에요. 열을 가해 기름과 함께 조리하는 것이 좋습니다. 토마토소스로 만들면 생토마토를 먹는 것보다 라이코펜 흡수율이 5배 정도 높아져요. 토마토소스는 한 번 만들어 소분해서 얼리면 다양한 요리에 활용할 수 있어요.

아이 4~5번 먹는 양
6개월부터

- □ 토마토 큰 것 6개
- □ 양파 100g
- □ 사과 60g
- □ 다진 마늘 · 올리브오일 1큰씩
- □ 오레가노가루 1/2작은술

1 토마토는 꼭지 쪽에 십자 칼집을 내어 끓는 물에 2~3분간 굴려 껍질을 벗긴다. 씨 부분은 제거하고, 과육은 잘게 다진다.

2 양파는 잘게 다진다.

3 사과는 강판에 곱게 간다.

4 달군 팬에 올리브오일을 두르고 중간 불에서 양파와 마늘을 넣어 볶는다.

5 ④에 토마토와 사과, 오레가노를 넣고 한 방향으로 저어가면서 약한 불에서 걸쭉하게 될 때까지 졸인다.

tip 좀 더 부드러운 질감을 원한다면 핸드블렌더로 곱게 갈아주세요.

tip 오레가노 대신 바질을 사용해도 좋아요.

tip 설탕과 소금을 넣으면 더욱 맛있어요. 소금으로 간을 맞춘 다음에 설탕으로 신맛을 눌러주면 부드러운 맛의 토마토소스가 됩니다.

비트 토마토소스

이유식 초기에 철분을 보충해주고자 비트가 들어간 음식을 자주 만들었어요.
비트는 토마토보다 항산화 물질이 8배가량 많고 비타민과 미네랄도 아주 풍부해요.

아이 2~3번 먹는 양
6개월부터

- □ 비트 50g
- □ 토마토 큰 것 3개
- □ 양파 1/4개
- □ 다진 마늘 2작은술
- □ 파슬리가루 · 바질가루 1/3작은술씩
- □ 토마토 페이스트 · 올리브오일 1큰술씩

1. 토마토는 꼭지 쪽에 십자 칼집을 내어 끓는 물에 2~3분간 굴려 껍질을 벗긴다. 씨 부분은 제거하고, 과육은 잘게 다진다.
2. 양파와 비트는 잘게 다진다.
3. 달군 팬에 올리브오일을 두르고 중간 불에서 양파와 마늘, 비트를 넣고 볶는다.
4. 비트가 부드러워졌으면, 토마토 다진 것과 토마토 페이스트를 넣고 중간 불에서 3분간 볶는다.
5. ④에 파슬리, 바질을 넣고 핸드블렌더로 곱게 간다.
6. 한 방향으로 저어가면서 약한 불에서 걸쭉하게 될 때까지 졸인다.

tip 토마토 페이스트가 맛을 더 진하게 해주는데, 없으면 생략해도 돼요.

tip 소스를 만들 때는 색이 전체적으로 진한 빨간색을 띠고, 물렁물렁하게 잘 익은 토마토로 조리하는 것이 좋아요. 간편하게 홀토마토 1캔(400g)을 사용할 수 있어요.

tip 설탕과 소금을 넣으면 더욱 맛있어요. 소금으로 간을 맞춘 다음에 설탕으로 신맛을 눌러주면 부드러운 맛의 소스가 돼요.

라구소스

라구소스는 많은 양을 약한 불에서 오래도록 끓여야 깊은 맛이 나요.
소분해서 얼려 두면 다양한 요리에 요긴하게 쓸 수 있는 소스예요. 파스타, 리소토로 만들 수 있고,
다른 요리 위에 곁들여 내는 소스로도 활용할 수 있어요.

아이 2~3번 먹는 양
9개월부터

- □ 다진 쇠고기 100g
- □ 다진 돼지고기 80g
- □ 양파 · 당근 20g씩
- □ 셀러리 15g
- □ 양송이버섯 10g
- □ 토마토 큰 것 2개
- □ 다진 마늘 2작은술
- □ 버터 · 토마토 페이스트 1큰술씩
- □ 레드 와인 70ml
- □ 닭육수(물 1컵 + 치킨스톡 큐브 1개)
- □ 월계수 잎 1장
- □ 파르메산치즈가루 2큰술

1 양파와 당근, 양송이버섯, 셀러리는 잘게 다진다.

2 토마토는 꼭지 쪽에 십자 칼집을 내어 끓는 물에 2~3분간 굴려 껍질을 벗긴다. 씨 부분은 제거하고, 과육만 잘게 다진다.

3 달군 팬에 버터를 녹이고 중간 불에서 양파와 마늘을 볶는다.

4 양파가 투명해지면, 당근, 셀러리, 양송이버섯을 넣어 함께 볶는다.

5 쇠고기와 돼지고기, 토마토 페이스트를 넣고 강한 불에서 고기가 육즙이 없어지고 노릇해질 때까지 볶는다.

6 레드 와인을 넣고 와인의 알코올이 완전히 날아갈 때까지 중간 불에서 2분간 끓인다.

7 다진 토마토, 월계수 잎, 닭육수를 넣고 뚜껑을 덮어 약한 불에서 30분간 졸인다.

8 파르메산치즈가루를 넣어 섞는다.

tip 일회분씩 소분해서 냉동하면 2개월 정도, 냉장은 일주일 정도 보관 가능해요.

tip 라구소스는 많은 양을 한꺼번에 만들면 맛이 더 좋아요. 돼지고기를 넣지 않고 쇠고기로만 만들어도 좋아요.

tip 토마토는 홀토마토 1캔(400g)으로 대체 가능해요. 토마토 페이스트와 레드 와인, 치킨스톡은 생략 가능합니다.

tip 간을 하는 아이라면, 소금으로 간을 해주세요.

쇠고기 토마토소스

라구소스의 간단 버전이에요.
들어가는 재료들이 많아
라구소스를 만들기 부담스럽다면
이 레시피를 추천합니다.

아이 2~3번 먹는 양
9개월부터

- □ 다진 쇠고기 100g
- □ 토마토소스(173p 참고) 1/2컵
- □ 양파 40g
- □ 양송이버섯 20g
- □ 다진 마늘 · 올리브오일 1작은술씩
- □ 파르메산치즈가루 2작은술

1. 양파와 양송이버섯은 잘게 다진다.
2. 달군 팬에 올리브오일을 두르고 중간 불에서 양파와 마늘을 볶는다.
3. 양파가 투명해지면 양송이버섯을 넣어 볶는다.
4. 양송이버섯의 숨이 죽으면 다진 쇠고기를 넣고 볶는다.
5. 쇠고기가 노릇하게 익으면 토마토소스를 넣고 약한 불에서 2~3분 정도 졸인다.
6. 파르메산치즈가루를 넣어 섞는다.

tip 간을 하는 아이라면, 소금으로 간을 합니다.

tip 파스타소스 이외에도 리소토나 덮밥 등으로 다양하게 응용이 가능해요.

만능 쇠고기소보로

반찬으로도 먹고 볶음밥에도,
김밥에도, 주먹밥에도 넣고…
활용도가 아주 좋은 메뉴예요.
이거 하나면 아이 밥 걱정 끝!
쇠고기 대신 돼지고기로
만들어도 맛있어요.

아이 3~4번 먹는 양
9개월부터

- □ 쇠고기 200g
- □ 간장 · 맛술 1큰술
- □ 배즙 · 양파즙 1/2큰술씩
- □ 다진 마늘 2작은술
- □ 참기름 1작은술

1 볼에 모든 재료를 넣고 골고루 버무린다.

2 달군 팬에 버무린 고기를 넣고 중간 불에서 타지 않게 저어가면서 볶는다.

3 수분이 없을 때까지 볶는다.

tip 간장, 맛술, 배즙, 양파즙 대신에 조림간장(182p 참고) 1 1/2큰술로 대체할 수 있어요. 배즙이 없다면 올리고당이나 시럽류로 단맛을 약간 추가해주세요.

tip 취향대로 다진 채소를 더 넣고 만들어도 좋아요.

tip 완성한 다음에 칼로 한 번 더 아주 곱게 다지면 고기를 씹기 힘들어 하는 아이도 편하게 먹을 수 있어요.

tip 간을 안 하는 아이라면 간장을 빼고 조리하세요.

다시마육수

다시마육수는 덮밥이나 쇠고기
뭇국, 미역국, 떡국 등을 요리할
때 좋아요. 한 번 만들어
소분해서 얼려두면 요긴하게
쓸 수 있어요.

아이 3~4번 먹는 양
7개월부터

- □ 다시마 20cm×20cm 1장
- □ 물 1L

1. 냄비에 마른 다시마를 넣고 물 1L에 1시간 정도 불린 뒤 중간 불에서 끓인다.
2. 끓어오르기 시작하면 1분 더 끓인 후 다시마를 건진다.

tip 다시마육수는 오래 끓이면 국물이 탁하고 끈끈해지기 때문에 빨리 건져내고 마무리하는 것이 좋아요.

tip 국물 낼 때는 얇은 것보다 도톰한 다시마를 추천합니다.

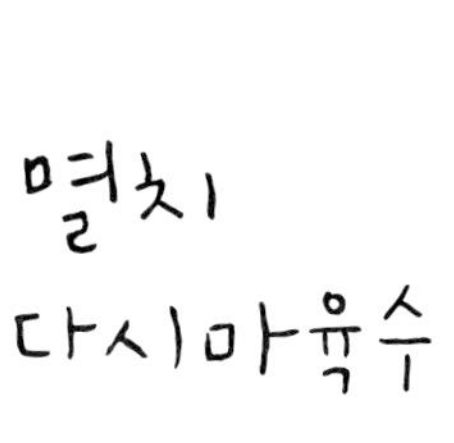

멸치 다시마육수는 국물 요리뿐 아니라 나물 볶을 때, 조림할 때도 다양하게 사용되는 육수예요. 이 레시피대로 하면 비린 맛 없이 감칠맛 나는 육수를 만들 수 있어요.

아이 5~6번 먹는 양
7개월부터

- □ 다시 멸치 30g
- □ 다시마 15g
- □ 마른 새우 10g
- □ 물 2L

1. 멸치는 반 갈라 머리와 내장을 제거한다.
2. 달군 냄비에 멸치를 넣고 중간 불에서 타지 않게 바삭하게 볶아 수분을 날려준다.
3. ②에 물 2L를 붓는다.
4. 다시마와 새우를 넣은 뒤 불을 끄고 1시간 정도 그대로 우린다.
5. 1시간 후 다시 약한 불에서 서서히 끓이다가, 끓기 시작하면 다시마는 건진다.
6. 10분 더 끓인 후 불을 끄고 자연스럽게 식을 때까지 둔 다음 식으면 체에 거른다.

tip 맛있는 국물 맛의 포인트는 계속 팔팔 끓이기보다 끓이지 않고 서서히 국물 맛을 우려내는 것이에요.

tip 김치냉장고에 넣어두면 열흘 정도까지 보관할 수 있어요.

tip 저는 ④에 양파 껍질, 파뿌리, 황태, 표고버섯, 무, 가다랑어포 등 집에 있는 다른 재료들을 추가해서 끓이기도 해요.

조림간장

한 번 만들어 놓고 고기요리, 생선요리, 각종 볶음요리 등에 간장 대신 사용하면 요리 맛이 훨씬 깊어지고 고급스럽게 변하는 마법의 소스예요. 간장, 설탕 대신 조림간장을 쓰면 간편하게 요리할 수 있어요.

온 가족 함께 여러번 먹는 양
12개월부터

- □ 간장 1L
- □ 설탕 500g
- □ 맛술(미림) 3/4컵
- □ 청주 1/2컵
- □ 사과 · 레몬 1/2개씩
- □ 식초물(식초 2큰술 + 물 500ml)

채소즙

- □ 생강 10g
- □ 마늘 15g
- □ 양파 100g
- □ 당근 25g
- □ 청주 1/4컵
- □ 물 1컵
- □ 통후추 1/2큰술

1. 채소즙에 들어가는 재료들을 굵게 다진다.
2. ①을 믹서에 넣고 곱게 간다.
3. 냄비에 채소즙 재료를 넣고 약한 불에서 20~25분 졸인 후 불을 끄고 체에 밭치는데 채소즙 1/2컵 정도 분량이 나온다.
4. 사과와 레몬은 식초물에 담갔다가 깨끗하게 씻어내고, 껍질째 얇게 슬라이스한다.
5. 냄비에 ③, 간장, 설탕을 넣고 중간 불에서 끓으면 약한 불로 줄여 맛술, 청주를 넣고 한 번 더 끓인다.
6. 썰어 놓은 사과, 레몬 슬라이스를 넣고 불을 끈다.
7. 24시간 후에 체에 밭쳐서 병에 담고 냉장보관한다.

tip 조림간장은 동일양의 간장보다 싱겁고 살짝 달짝지근해요. 조림간장으로 대체할 경우 원래 레시피의 간장보다 조림간장을 1.2~1.5배로 정도 넣고, 단맛을 약간 추가해 주세요.

tip 냉장실에서 5개월까지 보관 가능합니다.

+ 응용편

조림간장 활용 메뉴

애플소스

채식 베이킹에 도전하고
싶다면 달걀이나 버터 대신에
애플소스를 만들어 넣어 보세요.
사과의 풍미까지 더해져 맛있는
빵을 만들 수 있답니다.

아이 3~4번 먹는 양
6개월부터

- □ 사과 2개(500g)
- □ 물 1 ½컵

1 사과는 껍질을 벗겨 씨 부분을 제거하고 굵게 다진다.

2 냄비에 사과와 물을 넣고 중간 불에서 15분 정도 졸인다.

3 국물이 약간 자작하게 남았을 때 핸드블렌더로 곱게 간다.

tip 달걀 1개당 동일 양의 애플소스(55~60ml)로 대체 가능해요.

tip 버터를 애플소스로 대체할 경우 버터의 절반 비율로 애플소스를 사용하세요.

tip 이 소스는 아이 간식용 퓌레로 줘도 좋고 잼 대신 사용할 수도 있어요. 한 번 만든 애플소스는 냉장보관으로 2~3일 내에 소진하거나, 냉동보관하세요.

즉석 딸기잼

요구르트에 얹어 먹고,
샌드위치에 넣어 먹고, 다양하게 쓰이는 잼. 아이가 먹는 잼을 그 자리에서 빠르게 만들어 먹으면 신선한 맛이 배가되겠죠!

아이 4~5번 먹는 양
7개월부터

- □ 딸기 300g
- □ 사과 70g
- □ 설탕 1~2작은술
- □ 레몬즙 1작은술

1. 딸기는 잘게 다지고, 사과는 잘게 다지거나 강판에 곱게 간다.
2. 팬에 딸기와 간 사과, 설탕을 넣고 중간 불에서 3분간 졸인다.
3. 계속 천천히 저어가면서 수분이 날아가도록 젓는다.
4. 제법 수분이 날아갔으면 레몬즙을 넣고 다시 졸인다.
5. 과육을 주걱으로 으깨면서 계속 젓는데, 걸쭉한 농도가 되도록 5~10분 정도 젓는다.

tip 설탕 대신 시럽류(아가베시럽, 조청, 꿀, 올리고당 등)을 1/2큰술 정도 넣어도 좋아요. 기호에 따라 가감해주세요.

tip 냉동 딸기를 사용하면 수분이 더 많이 나오기 때문에, 걸쭉하게 될 때까지 뭉근하게 더 졸여주세요. 레몬즙이 없다면 식초를 넣어서 만들 수 있어요.

tip 냉장실에서 일주일 정도 보관이 가능합니다.

두부마요네즈

마요네즈는 보통 짭짤하고 고소한 맛으로 여러 요리에 쓰이는데, 지방 함량이 높아서 아이 요리에는 꺼려져요. 두부로 만드는 채식 마요네즈는 지방 함량이 적고 첨가물도 들어 있지 않아 마음껏 넣고 맛있는 요리를 만들 수 있어요!

아이 3~4번 먹는 양
9개월부터

- □ 두부 180g
- □ 통깨 · 올리브오일 · 조청 또는 올리고당 1/2큰술씩
- □ 레몬즙 1/2작은술

1. 두부는 끓는 물에 한 번 데친 다음에 물기를 제거한다.
2. 믹서에 재료들을 모두 넣고 곱게 간다.

tip 두부마요네즈는 냉장 보관으로 5일 내에 먹는 것이 좋아요.

부침가루

아이에게 전이나 부침개를 부쳐줄 때는 쌀가루와 밀가루를 많이 쓰는데, 그래도 부침가루만 한 것이 없습니다. 시판 부침가루도 건강한 재료들로 혼합이 된 제품들이 많지만, 집에서 직접 만들면 간도 조절할 수 있고, 조금 더 건강한 섭취가 가능합니다.

온 가족이 함께 여러 번 먹는 양
6개월부터

- □ 박력분 2컵(400ml)
- □ 찹쌀가루 1/2컵(100ml)
- □ 전분가루 1/4컵(50ml)
- □ 소금·베이킹파우더 1/2작은술씩

1 모든 재료를 섞은 다음 통이나 비닐봉지에 밀봉해 담아서 냉장보관한다.

tip 아직 간을 하지 않는다면, 소금을 빼고 만드세요.

tip 양파가루, 마늘가루 같은 향신가루가 있다면 첨가해도 좋아요.

tip 습기가 들어가지 않게 밀봉하여 보관하세요!

별 다른 반찬이 없어도 한 끼를 풍성하게 채워주는 요리들입니다. 간편하고 빠르게 만들 수 있다는 장점은 엄마들에게 덤이죠. 한 그릇 안에 한 끼 식사에 필요한 영양이 골고루 담겨 있어 마음까지 든든합니다. 아침 식사나 간식으로 간단하게 먹을 수 있는 메뉴부터 한식 · 일식 · 중식 · 양식 · 퓨전 요리까지 다양하게 담았습니다. 대부분 엄마, 아빠와 함께 먹을 수 있는 메뉴라서 훨씬 유용해요.

응용 팁

- 들어가는 주된 재료들은 주변에서 흔히 쓰는 것들로 만들었지만, 얼마든지 냉장고 사정에 따라 마음껏 응용이 가능합니다.
- 7~11개월이라고 표기되어 있지만, 간이 되어 있는 레시피가 있습니다. 레시피 가이드와 응용법(81p 참고)을 참고해 주세요. 소금이나 간장, 국간장으로 간을 더하면 어른도 맛있게 먹을 수 있어요.
- 우유 대신 모유나 분유물, 두유, 쌀유, 아몬드유, 오트밀유 등으로 대체 가능합니다.
- 구하기 쉬운 설탕, 올리고당으로 레시피를 만들었습니다. 이 책에는 비정제 설탕을 사용했지만, 아가베시럽, 메이플시럽, 조청, 과일즙 등 원하는 것으로 얼마든지 대체 가능합니다.

크리미 토마토수프

아주 깔끔한 맛의 토마토수프예요. 생크림을 넣어 맛이 부드럽기 때문에 토마토를 좋아하지 않는 아이들도 좋아할 맛입니다. 빵에 찍어 먹을 수도 있고, 파스타면을 삶아 넣어서 함께 먹을 수도 있어요.

아이 2번 먹는 양
8개월부터

- □ 토마토 1개(170g)
- □ 양파 20g
- □ 당근 15g
- □ 토마토소스(173p 참고)·물 80ml씩
- □ 다진 마늘 1/2작은술
- □ 생크림 2큰술
- □ 올리브오일 1작은술

1 토마토는 십자로 칼집을 내어 볼에 담고 끓는 물을 부어 1분 정도 두었다가 껍질을 벗기고, 안에 씨를 제거한 다음 과육을 큼직하게 다진다.

2 양파와 당근을 잘게 다진다.

3 달군 팬에 올리브오일을 두르고 중간 불에서 마늘, 양파, 당근을 볶는다.

4 양파가 투명해질 즈음, 토마토를 넣고 중간 불에서 1분 정도 볶는다.

5 토마토소스와 물을 넣고 약한 불에서 5분 정도 끓이고, 핸드블렌더로 곱게 간다.

6 ⑤에 생크림을 넣고 약한 불에서 2분 정도 더 졸인다.

tip 생크림 대신 슬라이스치즈를 넣어도 좋아요.

양송이 감자수프

라임이는 9개월 때부터 수프를 먹었는데, 빵을 잘라서 수프 속에 담그면 빵이 촉촉하게 수프를 머금어서 곁들여 먹기 좋아요. 묽기를 조절해서 되직하게 만들면 숟가락질 연습하기에도 안성맞춤입니다. 삶은 파스타면을 넣어 먹어도 맛있어요.

아이 2번 먹는 양
8개월부터

- □ 양송이버섯 2개(60g)
- □ 감자 70g
- □ 양파 30g
- □ 버터 1작은술
- □ 닭육수(물 1컵 + 치킨스톡 큐브 1/2개) 또는 물 1컵
- □ 올리브오일 약간

1. 감자, 양송이버섯, 양파는 얇게 채 썬다.
2. 달군 팬에 버터를 녹이고 감자, 양송이버섯, 양파를 넣고 중간 불에서 2분간 볶는다.
3. 닭육수를 넣고 끓이는데, 감자가 다 익으면 핸드블렌더로 곱게 간다.
4. 약한 불에서 되직해질 때까지 저어가면서 졸인다.
5. 그릇에 수프를 담고 올리브오일을 살짝 두른다.

tip 간을 하지 않는 아이라면 닭육수 대신 물로 조리하세요.

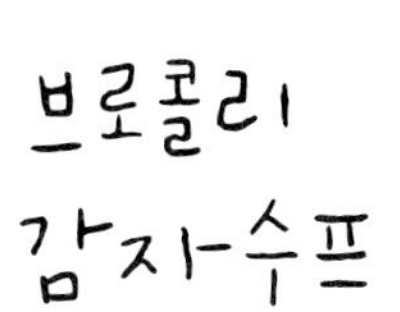

아이가 어느 정도
아이주도이유식에 익숙해지면,
빵이나 다른 채소들을 수프나
소스 같은 것에 찍어 먹을 수
있어요. 이 수프는 어른들 한 끼
식사로도 손색 없지요.

아이 2번 먹는 양
8개월부터

- □ 브로콜리 50g
- □ 감자 1개
- □ 양파 40g
- □ 버터·올리브오일 1작은술씩
- □ 우유 1/2컵
- □ 닭육수(물 1/2컵 + 치킨스톡 큐브 1/2개) 또는 물 1/2컵

1 브로콜리와 감자, 양파는 잘게 다진다.

2 냄비에 버터와 올리브오일을 넣고 중간 불에서 브로콜리, 감자, 양파를 볶는다.

3 양파가 투명해지면 닭육수를 넣고 감자가 익을 때까지 약한 불에서 졸인다.

4 ③에 우유를 넣고 핸드블렌더로 곱게 간 다음 약한 불에서 1~2분 정도 걸쭉해질 때까지 졸인다.

tip 간을 하지 않는 아이라면 닭육수 대신 물로 조리하세요.

고구마 두유수프

달달한 고구마와 고소한 두유로 간단하게 만들 수 있는 수프입니다. 단맛을 첨가하고 싶으면 올리고당이나 조청 등을 활용해보세요. 사과를 조금 추가해서 만들어도 맛있어요.

아이 2번 먹는 양
8개월부터

- □ 고구마 140g
- □ 두유 190ml
- □ 물 150ml

1 고구마는 껍질을 얇게 벗겨내고, 5mm 두께로 얇게 썬다.

2 냄비에 물과 고구마를 넣고 약한 불에서 5분 정도 끓인다. 고구마가 익을 때까지 끓인다.

3 고구마가 제법 익었으면 두유를 넣은 다음에 핸드블렌더로 곱게 간다.

4 걸쭉하게 원하는 질기가 될 때까지 약한 불에서 저어가면서 졸인다.

tip 두유 대신에 모유, 분유물, 아몬드유, 쌀유, 오트밀유 등으로 대체 가능해요.

단호박 병아리콩수프

베타카로틴이 많이 함유된 단호박과 몸에 좋은 단백질이 풍부한 병아리콩으로 만든 영양만점 수프예요. 따뜻하게 만들어 한 공기 먹으면 속도 편하고 든든합니다.

아이 2번 먹는 양
8개월부터

- □ 단호박 200g
- □ 병아리콩 50g
- □ 물 1 ½컵
- □ 올리브오일 약간

1 단호박은 껍질과 씨를 제거한 다음 얇게 슬라이스한다.

2 병아리콩은 잠길 정도의 물에 8시간 이상 불린 다음 끓는 물에 30분간 삶는다.

3 냄비에 단호박, 삶은 병아리콩, 물을 넣고 중간 불에서 뚜껑을 닫고 끓인다.

4 단호박이 부드러워지면 핸드블렌더로 곱게 간다.

5 약한 불에서 저어주면서 되직해지도록 끓인다.

6 그릇에 수프를 담고, 올리브오일을 약간 두른다.

tip 취향에 따라 설탕, 시럽, 꿀(12개월 이후) 등을 추가해 먹어도 맛있습니다.

토마토 치즈파스타

아이가 먹는 첫번째 밀가루 요리로 추천해요. 밀가루는 7개월 이전에 접해봐야 알레르기를 일으킬 가능성을 낮출 수 있다고 해요. 가장 기본적인 홈메이드 토마토소스로 온 가족이 함께 파스타 타임을 갖는 건 어떨까요? 파스타면은 소스가 잘 묻고 집기가 쉬운 모양이 좋아요.

아이 1번 먹는 양
7개월부터

- □ 토마토소스(173p 참고) 1/2컵
- □ 양파 15g
- □ 브로콜리 20g
- □ 파스타(카사레체) 40g
- □ 슬라이스치즈 1장
- □ 다진 마늘 1/3작은술
- □ 올리브오일 1작은술
- □ 파르메산치즈가루 1작은술

1 양파는 잘게 다진다.

2 파스타면은 끓는 물에 넣고 10~11분 정도 삶는다.

3 브로콜리는 한 입 크기로 잘라 파스타 삶는 물에 살짝 데친다.

4 달군 팬에 올리브오일을 두르고, 중간 불에서 양파와 마늘을 볶는다.

5 양파가 투명해지면, 브로콜리와 토마토소스를 넣고
약한 불에서 1~2분 정도 졸인다.

6 ⑤에 파스타면과 슬라이스치즈를 넣고 잘 섞는다.

7 그릇에 담고 파르메산치즈가루를 위에 뿌린다.

브로콜리페스토 콜드파스타

아이들이 가장 잘 먹는 브로콜리로 페스토를 만들었어요.
레몬즙이 들어가 상큼하고 고소한 맛이 나요. 라임이 7개월 때 처음 해준 메뉴인데,
지금까지도 아주 좋아하는 메뉴 중 하나예요.

아이 1번 먹는 양
7개월부터

- □ 브로콜리페스토 1회분 (브로콜리 25g, 파르메산치즈가루 1작은술, 올리브오일 1큰술, 레몬즙 1/4작은술)
- □ 파스타(푸실리) 40g

1. 파스타면은 끓는 물에 넣고 10~11분 정도 삶는다.
2. 브로콜리는 한 입 크기로 잘라 파스타 삶는 물에 살짝 데친다.
3. 믹서에 브로콜리와 파르메산치즈가루, 레몬즙을 넣고 가는데, 올리브오일을 가감하면서 농도를 맞춘다.
4. ③에 파스타면을 넣고 버무린다.

tip 어른용은 마늘, 소금, 앤초비 등을 넣어서 페스토를 만들면 더욱 맛있어요.

아보카도 시금치파스타

철분이 많이 함유되어 있는 아보카도와 시금치를 동시에 섭취할 수 있는 파스타예요. 아보카도는 지방이 많아 고소한 맛이 나지만 자칫 느끼할 수 있어 레몬즙을 첨가해 상큼한 맛을 살렸어요.

아이 1번 먹는 양
7개월부터

- □ 아보카도 50g
- □ 시금치 10g
- □ 파스타(카사레체) 40g
- □ 레몬즙 2/3작은술
- □ 면 삶은 물 2큰술

1 파스타면은 끓는 물에 넣고 10~11분 정도 삶는다.

2 아보카도는 껍질과 씨를 제거한다.

3 아보카도, 시금치, 레몬즙, 면 삶은 물을 믹서에 넣고 곱게 갈아 소스를 만든다.

4 소스에 삶아진 파스타면을 넣고 잘 섞는다.

tip 시금치는 생으로 써도 되고, 살짝 한 번 찌거나 데쳐서 사용해도 좋아요.

쇠고기 비트 토마토파스타

고기를 잘 먹지 않는 아이들에게 안성맞춤인 파스타예요. 다진 쇠고기가 파스타면 사이사이에 콕콕 박혀 있어서 고기를 골라내지 않고 먹을 수 있죠. 소스는 비트 토마토소스를 활용하면 영양분이 업~된답니다!

아이 1번 먹는 양
7개월부터

- □ 다진 쇠고기 · 파스타(푸실리) 50g씩
- □ 양파 · 양송이버섯 20g씩
- □ 올리브오일 1큰술
- □ 다진 마늘 1/3작은술
- □ 비트 토마토소스(174p 참고) 1컵
- □ 파르메산치즈가루 1작은술

1. 양파는 잘게 다지고, 양송이버섯은 모양대로 얇게 썬다.
2. 파스타면은 끓는 물에 넣고 10~11분 정도 삶는다.
3. 달군 팬에 올리브오일을 두른 후 중간 불에서 양파와 마늘을 넣고 볶는다.
4. 양파가 투명해지면 쇠고기를 넣고 볶다가 노릇해질 즈음 양송이버섯도 넣어 볶는다.
5. ④에 비트 토마토소스를 넣고 약한 불에서 1~2분 정도 졸이다가 삶아진 파스타면을 넣고 잘 섞는다.
6. 그릇에 담고 파르메산치즈가루를 위에 뿌린다.

tip 파스타는 소스도 잘 묻고 아이가 집기 편한 모양의 푸실리나 카사레체를 추천해요.

고구마 분유파스타

집에 있는 재료로 간단하게 만들 수 있는 파스타입니다. 다진 채소나 고기를 넣고 마음껏 응용할 수 있어요. 고소한 분유 맛에 치즈와 고구마까지 더해주면 아이들이 굉장히 잘 먹어요.

아이 1번 먹는 양
6개월부터

- □ 고구마 35g
- □ 분유물 또는 모유 1/2컵
- □ 슬라이스치즈 1/2장
- □ 파스타(푸실리) 40g

1. 파스타면은 끓는 물에 넣고 10~11분 정도 삶는다.
2. 고구마는 찜기에 부드럽게 푹 찐 다음 포크로 곱게 으깬다.
3. 으깬 고구마와 분유물을 볼에 넣고 잘 섞이도록 풀어준 다음 체에 덩어리가 없도록 한 번 걸러낸다.
4. ③을 팬에 넣고 약한 불에서 끓으면 파스타면과 치즈를 넣고 걸쭉해질 때까지 저어가면서 1분 정도 졸인다.

tip 다진 채소를 넣고 함께 익히거나 고기토핑(169p 참고)을 얹어 마음껏 응용해도 좋습니다.

tip 파스타면 대신에 밥 50g을 넣고 만들면 리소토로 변신!

tip 분유물 또는 모유는 우유나 두유, 오트밀유 등으로 대체할 수 있고, 고구마 대신 단호박이나 감자를 넣고 만들 수 있어요.

단호박 크림파스타

단호박은 베타카로틴이 많이 함유되어 있어 항암효과에 뛰어나고 비타민 A와 비타민 C도 아주 풍부해요. 단호박 특유의 달콤함과 생크림의 부드러움이 만나 입안 가득 진한 풍미를 느끼게 해주는 파스타예요. 일반 단호박보다는 크기가 작고 당분이 높은 미니 밤단호박으로 만드는 것을 권해요.

아이 1번 먹는 양
7개월부터

- □ 단호박 50g
- □ 다진 쇠고기 · 브로콜리 · 양파 20g씩
- □ 파스타(마카로니) 40g
- □ 다진 마늘 1/3작은술
- □ 우유 80ml
- □ 생크림 1큰술
- □ 올리브오일 · 파르메산치즈가루 2작은술

1 찜기에 단호박을 넣고 푹 찌고, 껍질을 벗긴 다음 포크로 곱게 으깬다.
2 양파는 잘게 다진다.
3 파스타면은 끓는 물에 넣고 10~11분 정도 삶는다.
4 브로콜리는 한 입 크기로 자른 후 파스타 삶는 물에 한 번 데친다.
5 달군 팬에 올리브오일을 두르고 중간 불에서 양파와 마늘을 볶다가 양파가 투명해지면 쇠고기를 넣고 노릇하게 볶는다.
6 ⑤에 단호박과 우유, 생크림을 넣고 아주 약한 불에서 2분 졸인다.
7 삶아진 면과 브로콜리를 넣고 1분 정도 더 졸인다.
8 그릇에 담고 파르메산치즈가루를 뿌린다.

tip 생크림 대신 슬라이스치즈를 넣어도 좋아요.

볼로네제 파스타

볼로네제는 이탈리아 볼로냐 지방의 라구소스를 이용해 만든 파스타예요. 고기와 채소가 듬뿍 들어간 라구소스는 마트에서도 팔지만, 집에서 넉넉하게 만들어 보관하면 맛도 더 좋고 여러 요리에 활용할 수 있어요.

아이 1번 먹는 양
9개월부터

- □ 라구소스(176p 참고) 1컵
- □ 파스타(링귀니) 40g
- □ 파르메산치즈가루 1작은술

1. 파스타면은 끓는 물에 넣고 10~11분 정도 삶는다.
2. 팬에 라구소스를 넣고 약한 불에서 끓기 시작하면, 삶아진 파스타면을 넣고 골고루 섞는다.
3. 그릇에 파스타를 예쁘게 담고 파르메산치즈가루를 뿌린다.

미트볼 바질페스토 파스타

라임이 엄마, 아빠가 제일 좋아하는 파스타예요. 바질페스토를 만들기 위해 베란다 텃밭에서 바질을 키우기도 했죠. 향긋하고 고소한 바질페스토, 한번 먹어보면 계속 먹고 싶은 맛이에요. 라임이를 위해 미트볼도 추가해서 만들었어요.

아이 1번 먹는 양
9개월부터

- □ 바질페스토 40g
- □ 감자 1/2개
- □ 파스타(카사레체) 50g
- □ 파르메산치즈가루 1작은술
- □ 식용유 적당량

미트볼

- □ 다진 쇠고기 30g
- □ 다진 양파 5g
- □ 빵가루 1큰술

1 분량의 재료를 섞어 미트볼 반죽을 만들고, 완자 모양으로 동그랗게 빚는다.

2 달군 팬에 식용유를 두르고 중간 불에서 미트볼을 넣고 굴려가며 노릇하게 굽는다.

3 감자는 껍질을 벗기고 1.5cm 두께, 손가락 길이로 파스타면과 비슷한 크기로 썬다.

4 파스타면은 끓는 물에 넣고 10~11분 정도 삶는데, 절반쯤 익었을 때 감자를 넣고 함께 삶는다.

5 파스타면과 감자를 건져내고 볼에 담아 바질페스토, 미트볼을 넣어 버무린다.

6 그릇에 담아 파르메산치즈가루를 뿌린다.

tip 바질페스토 만드는 법

마른 팬에 잣 20g을 볶은 다음 바질 35g, 파르메산치즈가루 20g, 마늘 1/3톨, 올리브오일 6큰술, 소금 약간과 함께 믹서에 넣고 곱게 갈아주세요. 바질 대신 시금치를 사용하면 시금치페스토로 응용이 가능해요.

바질페스토를 곁들인 토마토파스타

저와 라임이가 가장 좋아하는 파스타예요. 접시 밑에 바질페스토를 깔고 그 위에 토마토 베이스의 파스타를 얹어 섞어 먹으면 맛이 일품! 파스타는 조개나, 새우, 다진 쇠고기를 프라이팬에 볶은 다음 토마토소스를 버무려 다양하게 응용할 수 있어요.

아이 1번 먹는 양
10개월부터

- □ 바질페스토 25g
- □ 토마토소스(173p 참고) 1컵
- □ 파스타(스파게티) 60g
- □ 리코타치즈(325p 참고) 20g
- □ 올리브오일 1/2작은술

1 파스타면은 끓는 물에 넣고 10~11분 정도 삶는다.

2 팬에 토마토소스를 붓고 약한 불에서 끓어오르면 파스타면을 넣고 버무린다.

3 파스타 그릇에 바질페스토를 넓게 펴 바르고 그 위에 토마토파스타를 올린다.

4 리코타치즈도 위에 올린 다음에 올리브오일을 살짝 두른다.

tip 리코타치즈 대신 코티지치즈, 깍둑 썬 생모차렐라치즈를 얹어 먹어도 맛있어요.

tip 수제 바질페스토 만드는 법은 미트볼 바질페스토파스타(201p)를 참고해 주세요.

참치 아보카도 콜드파스타

참치와 마요네즈는 참 맛있게 어울리는 조합이죠. 다양한 재료들의 색감도 예쁘고, 영양도 풍부한 샐러드 콜드 파스타예요. 요구르트와 레몬즙을 넣어서 상큼한 맛을 더했어요.

아이 1번 먹는 양
12개월부터

- □ 참치 30g
- □ 아보카도 · 파스타(동물 모양) 40g씩
- □ 달걀 1개
- □ 방울토마토 4개
- □ 블랙 올리브 3개

소스

- □ 마요네즈 · 플레인요구르트 1큰술씩
- □ 올리고당 · 다진 파슬리 1작은술씩
- □ 레몬즙 1/2작은술

1 파스타면은 끓는 물에 넣고 10~11분 정도 삶는다.

2 볼에 분량의 재료를 섞어 소스를 만든다.

3 아보카도는 껍질과 씨를 제거하고 한 입 크기로 자른다.

4 달걀은 냄비에 잠길 정도의 물과 함께 넣고 13분간 삶는다. 찬물에 헹궈 껍질을 벗기고 8등분한다.

5 방울토마토는 반으로 자르고, 블랙 올리브는 과육만 동그랗게 자른다.

6 볼에 삶아진 파스타와 손질한 재료들, 소스를 넣고 버무린 다음 그릇에 담는다.

tip 캔 참치는 기름을 따라내고 사용했어요. 남은 재료를 캔에 둔 채로 보관하면 세균 번식의 우려가 있으므로 밀폐용기에 옮겨서 보관하는 것을 권해요.

tip 일반 마요네즈 대신 두부마요네즈(186p 참고)를 사용해도 좋아요.

명란 크림파스타

명란젓을 넣어 느끼하지 않고 깔끔한 맛을 내는 크림파스타예요. 저희 할아버지가 좋아하셔서 특별한 날 제가 해드리던 추억의 요리입니다. 어른용은 약간의 쪽파와 고추를 곁들이면 더욱 맛있게 즐길 수 있어요.

아이 1번 먹는 양
12개월부터

- □ 명란 25g
- □ 브로콜리 20g
- □ 양파 15g
- □ 파스타(스파게티) 60g
- □ 우유 150ml
- □ 생크림 3큰술
- □ 올리브오일 1/2큰술
- □ 파르메산치즈가루 · 김가루 1작은술씩
- □ 다진 마늘 1/2작은술

1. 명란은 껍질을 벗겨 속의 알만 따로 분리한다.
2. 양파와 브로콜리는 잘게 다진다.
3. 파스타면은 끓는 물에 넣고 10~11분 정도 삶는다.
4. 달군 팬에 올리브오일을 두르고 중간 불에서 다진 마늘과 양파, 브로콜리를 볶는다.
5. 양파가 투명해지면 우유와 생크림, 명란을 넣고 아주 약한 불에서 1분 정도 졸인다.
6. 소스에 파르메산치즈가루를 넣고 섞는다.
7. 파스타면을 ⑥에 넣고 1분 정도 약한 불에서 한 번 더 졸인다.
8. 소스와 어우러지게 섞은 다음, 그릇에 담고 김가루를 뿌린다.

tip 생크림이 없다면, 조리 과정 ⑥번에서 슬라이스치즈를 넣고 녹여서 잘 섞어주세요.

판네 카르보나라

아이들이 좋아하는 빵과 크림파스타를 함께 먹을 수 있는 특별한 메뉴예요. 빵이 그릇이 된 것도 재밌지만, 고소한 크림소스에 촉촉해진 빵그릇을 먹으면 부드러운 식감이 아주 일품이에요.

아이 1번 먹는 양
12개월부터

- □ 브로콜리 30g
- □ 양파 15g
- □ 베이컨 25g
- □ 파스타(스파게티) 40g
- □ 다진 마늘 1/2작은술
- □ 올리브오일 · 파슬리가루 1작은술씩
- □ 모닝빵 1개
- □ 우유 150ml
- □ 생크림 2큰술
- □ 파르메산치즈가루 1작은술

1. 파스타면은 끓는 물에 넣고 10~11분 정도 삶는다.
2. 브로콜리는 면 삶는 물에 부드럽게 데쳐 한 입 크기로 썬다.
3. 양파는 잘게 다지고, 베이컨은 1cm 두께로 썬다.
4. 모닝빵은 윗부분을 자르고, 그 안의 빵을 손으로 뜯어서 파스타면을 넣을 수 있게 그릇 모양처럼 속을 파낸다.
5. 달군 팬에 올리브오일을 두르고 중간 불에서 마늘과 양파를 볶는다.
6. 양파가 투명해질 즈음 베이컨을 넣고 볶는다.
7. ⑥에 우유를 넣고 약한 불에서 끓으면 생크림과 파르메산치즈가루를 넣고 저어가며 1분 정도 졸인다.
8. ⑦에 브로콜리와 면을 넣어 잘 섞어 걸쭉해지도록 졸인다.
9. 모닝빵 안에 파스타를 채워 넣은 다음 남은 파스타는 빵 옆에 담아 파슬리가루를 뿌린다.

tip 생크림 대신 슬라이스치즈를 넣어도 좋아요.

tip 베이컨 대신 다진 쇠고기를 사용해도 좋아요.

봉골레파스타

파스타 중 제대로 맛내기 어려운 메뉴가 오일 파스타일 거예요.
잘못 만들면 건조하거나 혹은 기름이 범벅인 파스타가 될 수 있죠. 제 레시피는 오일을
많이 안 쓰지만 촉촉한 파스타로 조개의 감칠맛을 더해 아이들이 좋아해요.

아이 1번 먹는 양
12개월부터

- □ 모시조개 또는 바지락 200g
- □ 양파 15g
- □ 파스타(스파게티) 60g
- □ 다진 마늘 1작은술
- □ 올리브오일 · 파르메산치즈가루 · 파슬리가루 · 화이트와인이나 청주 1큰술씩
- □ 면 삶은 물 1/2컵

1 큰 볼에 모시조개와 잠길 정도의 소금물을 넣고 빛이 들어가지 않게 밀봉한 후 냉장고에서 2시간 이상 해감한다.

2 양파는 잘게 다진다.

3 파스타면은 끓는 물에 넣고 10~11분 정도 삶는다.

4 달군 팬에 올리브오일을 두르고 중간 불에서 양파와 마늘을 볶는다.

5 양파가 투명해질 즈음 모시조개를 넣고 화이트와인, 면 삶은 물을 넣고 모시조개가 입을 벌리고 익을 때까지 끓인다.

6 ⑤에 파슬리가루와 파르메산치즈가루 1/2큰술을 넣고 섞는다.

7 ⑥에 면을 넣고 소스와 면이 어우러지도록 강한 불에서 30초간 잘 섞는다.

8 그릇에 담아 남은 파슬리가루와 파르메산치즈가루를 뿌린다.

tip 조개 해감은 깊고 차갑고 어두운 바닷속과 같은 환경을 조성해주는 원리예요.

tip 어른들의 경우, 조리과정 ⑥번에서 소금으로 간을 맞춰주세요. 소스를 먹었을 때 많이 짭조름해야 면과 어우러졌을 때 간이 맞아요.

맥앤치즈

시금치 맥앤치즈

브로콜리 맥앤치즈

맥앤치즈

마카로니 앤드 치즈(macaroni and cheese), 마카로니와 치즈를 넣어 만든 미국식 파스타예요.
미국에서 유년 시절을 보내면서, 맥앤치즈는 제가 가장 좋아하는 음식 중 하나였어요.
한국에 와서 쉽게 먹을 수가 없어서 가끔씩 엄마가 특식으로 만들어 주면 매우 신났었죠.
다양한 맛의 치즈를 많이 넣을수록 깊은 맛이 풍부해져요.

아이 1번 먹는 양
12개월부터

- □ 파스타(마카로니) 50g
- □ 양파 · 다진 쇠고기 20g씩
- □ 체다슬라이스치즈 1~2장
- □ 콜비잭치즈 또는 모차렐라치즈 40g
- □ 파르메산치즈가루 1/2큰술
- □ 버터 1/2큰술
- □ 우유 150~200ml
- □ 식용유 적당량

1 양파는 잘게 다진다.

2 파스타면은 끓는 물에 넣고 10~11분 정도 삶는다.

3 달군 팬에 식용유를 두르고 양파와 쇠고기를 중간 불에서 노릇하게 볶아 따로 빼 둔다.

4 깨끗이 닦아 다시 달군 팬에 약한 불에서 버터를 녹인 다음 우유와 치즈를 넣고 저어가면서 부드럽게 녹인다.

5 ④에 볶은 양파와 쇠고기를 넣고 소스를 만들고, 삶아진 파스타면과 버무린다. 소스가 묽으면 걸쭉할 때까지 저어가며 졸인다.

tip 치즈는 얼마든지 바꿀 수 있어요. 기호에 따라, 혹은 냉장고 상황에 따라 다양한 풍미의 치즈를 섞어서 만들어보세요.

tip 맥앤치즈는 보통 짭조름하게 즐기는 음식이에요. 어른들이 먹을 때는 치즈를 좀 더 넣고 소금으로 살짝 간하면 더욱 맛있게 즐길 수 있어요.

Plus Recipe

시금치 맥앤치즈

기본 맥앤치즈 레시피에서 시금치 15g을 우유와 함께 갈아서 조리한다.

브로콜리 맥앤치즈

기본 맥앤치즈 레시피에서 브로콜리 30g을 잘게 다져서 양파 볶을 때 같이 볶아 만든다.

크림소스 시금치뇨키

평범한 뇨키에 시금치를 더해 예쁜 녹색의 뇨키로 만들었어요.
시금치뇨키는 무엇보다 치즈소스나 크림소스와 매우 잘 어울려요. 손이 좀 많이 가는 메뉴이기는 하지만
만들면 그만큼 뿌듯하고, 따뜻한 뇨키 한 접시에 마음도 푸근해진답니다.

아이 1~2번 먹는 양
9개월부터

시금치뇨키

- □ 시금치 30g
- □ 감자 1/2개(60g)
- □ 밀가루 40g
- □ 올리브오일 1작은술
- □ 덧밀가루 10g

크림소스

- □ 쇠고기(안심 또는 등심) 25g
- □ 양파 15g
- □ 양송이버섯 10g
- □ 다진 마늘 1/3작은술
- □ 우유 1/2컵
- □ 생크림 2큰술
- □ 파르메산치즈가루 · 올리브오일 1작은술씩

1 찜기에 감자를 넣고 푹 찌고, 시금치는 숨이 살짝 죽을 정도로만 찐다.

2 감자는 껍질을 벗겨 포크로 곱게 으깨고, 시금치는 매우 잘게 다진다.

3 볼에 분량의 뇨키 재료를 넣고 섞어서 반죽을 만든다.

4 덧밀가루를 작업대에 흩뿌리고 손가락 두께로 길게 반죽해 1cm 크기로 자른다.

5 덧밀가루에 살짝 묻혀 둥글게 모양을 잡아준 다음 포크 위에 놓고 살짝 누르면서 굴려서 모양을 만든다.

6 쇠고기는 2cm 길이로 잘라 얇게 썬다.

7 양파는 잘게 다지고, 양송이는 얇게 모양대로 썬 다음 반으로 자른다.

8 달군 팬에 올리브오일을 두르고 중간 불에서 다진 양파와 마늘을 볶는다.

9 양파가 투명해질 즈음, 쇠고기를 볶다가 양송이버섯을 넣어 볶는다.

10 생크림과 우유를 넣어 섞고, 파르메산치즈가루를 넣고 아주 약한 불에서 2분간 졸인다.

11 끓는 물에 뇨키를 넣고 5분 정도 삶는데, 반죽이 위에 동동 뜨면 거의 다 익은 것이다.

12 익은 뇨키는 건져 ⑩ 소스에 넣고 아주 약한 불에서 1분 정도 졸이다가 걸쭉해지면 불을 끄고 그릇에 담는다.

tip 생크림 대신 슬라이스치즈를 넣어도 돼요.

tip 실패 없이 뇨키 만드는 법
입에서 사르르 녹듯이 부드러운 뇨키는 밀가루가 너무 많이 들어가면 수제비처럼 쫀득해지고, 너무 적으면 삶으면서 다 풀어져버려요. 레시피대로 뇨키를 만들되 수분 함량을 줄여가며 만드는 팁을 드리자면, 일단 수분 함량이 적은 묵은 감자를 활용하세요. 감자를 익힌 다음 한 김 식히고 으깨는 것이 수분을 없애는 데 효과적이에요. 같은 이유에서 뇨키는 나무 도마에서 성형하는 것이 좋은데, 나무가 수분 함량을 낮추기 때문이죠. 감자마다 수분 함량이 다르니 밀가루는 상태를 보면서 넣어주세요. 기호에 따라 쫀득한 식감을 원하면 달걀노른자를 추가하고 밀가루를 더 넣으면 됩니다.

tip 덩어리 쇠고기 대신 다진 쇠고기를 사용해도 좋아요.

버섯 크림뇨키

뇨키는 이탈리아 요리지만 한국의 수제비와 비슷해 아이들이 아주 좋아해요.
크림에 양송이버섯의 풍미를 더해 고소하고 부드러운 뇨키를 만들어보세요.
어른, 아이 할 것 없이 모두 좋아할 거예요.

아이 1~2번 먹는 양
9개월부터

- □ 양송이버섯 60g
- □ 양파 10g
- □ 다진 마늘 1/3작은술
- □ 우유 70ml
- □ 생크림 1큰술
- □ 파르메산치즈가루 · 올리브오일 1작은술씩
- □ 파슬리가루 약간

뇨키

- □ 감자 1/2개(60g)
- □ 밀가루 40g
- □ 올리브오일 1작은술
- □ 덧밀가루 10g

1. 찜기에 감자를 넣고 푹 찐다.
2. 찐 감자는 껍질을 벗기고 포크로 곱게 으깨어 밀가루와 올리브오일을 넣고 반죽을 한다.
3. 덧밀가루를 작업대에 흩뿌리고 손가락 두께로 길게 반죽해 1cm 크기로 자른다.
4. 덧밀가루에 살짝 묻혀 둥글게 모양을 잡아준 다음 포크 위에 놓고 살짝 누르면서 굴려서 모양을 만든다.
5. 버섯과 양파는 잘게 다진다.
6. 달군 팬에 올리브오일을 두르고 중간 불에서 양파와 마늘을 볶다가 양송이버섯을 넣고 볶는다.
7. ⑥에 우유와 생크림을 넣고 아주 약한 불에서 1분 정도 졸인다. 바글바글 끓으면 우유 단백질이 분리되므로 꼭 약한 불에서 짧게 조리한다.
8. 핸드블렌더로 ⑦을 곱게 간다.
9. 끓는 물에 뇨키를 넣고 5분 정도 삶는데, 반죽이 위에 동동 뜨면 거의 다 익은 것이다.
10. 익은 뇨키는 건져 ⑧ 소스에 넣고, 1분 정도 졸이다가 걸쭉해지면 불을 끄고 그릇에 담아 파르메산치즈가루와 파슬리가루를 뿌린다.

tip 남은 뇨끼 반죽은 밀봉 가능한 용기에 넣어 3~5일간 냉장보관할 수 있어요. 수제비로 활용해도 좋아요.

tip 생크림 대신 슬라이스치즈를 넣어도 좋아요.

tip 우유, 생크림 대신에 토마토소스(173p 참고)를 넣어 만들면 토마토소스 버섯뇨키가 되어요.

쇠고기 로제리소토

부드러우면서도 고소하고,
새콤한 맛이 살짝 감도는
로제소스 쇠고기리소토예요.
쇠고기 대신 돼지고기,
베이컨, 새우 등을 넣어서
만들어도 좋아요.

아이 1~2번 먹는 양
10개월부터

- □ 다진 쇠고기 50g
- □ 양파 20g
- □ 당근 10g
- □ 밥 80g
- □ 다진 마늘 1/3작은술
- □ 토마토소스(173p 참고) 120ml
- □ 물 1컵
- □ 슬라이스치즈 1장
- □ 올리브오일 1작은술

1. 양파와 당근은 잘게 다진다.
2. 달군 팬에 올리브오일을 두르고 중간 불에서 양파와 마늘을 넣고 볶는다.
3. 양파가 투명해지면 당근과 쇠고기를 넣고 중간 불에서 노릇하게 볶는다.
4. 물과 밥, 토마토소스를 넣고 약한 불에서 저어가며 졸인다.
5. 되직해질 때쯤 슬라이스치즈 1/2장을 넣어 잘 섞고,
약한 불에서 1분간 더 졸인다.
6. 그릇에 담은 후 남은 슬라이스치즈로 토핑한다.

tip 원래 리소토는 처음부터 쌀을 볶아서 만들지만, 부드러운 식감과 간편하게 만들기 위해서 밥을 사용했어요.

닭고기 버섯 크림리소토

버섯의 풍미에 부드러운 크림소스가 더해진 리소토로 담백하면서도 고소한 맛이 일품이에요. 구운 닭가슴살을 곁들여 단백질까지 풍부한 영양만점 메뉴지요.

아이 1~2번 먹는 양
10개월부터

- □ 닭가슴살 50g
- □ 양송이버섯 1개
- □ 양파 15g
- □ 밥 80g
- □ 다진 마늘 1/3작은술
- □ 생크림 2큰술
- □ 우유 80ml
- □ 파르메산치즈가루 · 파슬리가루 1작은술
- □ 올리브오일 2작은술

1. 닭가슴살은 소금, 후춧가루에 20분 이상 재운다.
2. 양송이버섯은 모양대로 얇게 썰어서 반으로 자르고, 양파는 잘게 다진다.
3. 달군 팬에 올리브오일을 1작은술을 두르고 중간 불에서 닭가슴살을 노릇하게 구운 다음 한 입 크기로 썰어 따로 빼 둔다.
4. 깨끗이 닦아 다시 달군 팬에 올리브오일을 1작은술을 두르고 다진 마늘, 양파, 양송이버섯을 넣고 중간 불에서 볶는다.
5. ④에 밥과 우유를 넣고 잘 풀어서 섞은 다음, 생크림을 넣고 아주 약한 불에서 걸쭉해질 때까지 졸인다.
6. 그릇에 리소토를 담고 구운 닭가슴살을 얹고, 파르메산치즈가루와 파슬리가루를 뿌린다.

tip 아직 덩어리 고기를 잘 못 씹어 먹는 아이는 닭가슴살 대신 조리 과정 ④에 다진 닭안심살 또는 닭가슴살을 넣어서 볶아주세요.

tip 생크림 대신 슬라이스치즈를 넣어도 좋아요.

연어 완두콩 크림리소토

완두콩은 '밭에서 나는 쇠고기'라고 불릴 정도로 영양가가 많은 식재료예요. 크림소스의 고소한 맛과 연어, 완두콩이 굉장히 잘 어울린답니다.

아이 1~2번 먹는 양
10개월부터

- □ 연어 50g
- □ 완두콩 20g
- □ 양파 15g
- □ 밥 80g
- □ 파르메산치즈가루 1작은술
- □ 생크림 · 올리브오일 2작은술씩
- □ 다진 마늘 1/3작은술
- □ 우유 1/2컵
- □ 후춧가루 약간

1 양파는 잘게 다진다.

2 달군 팬에 올리브오일 1작은술을 두르고 중간 불에서 연어를 노릇하게 구운 다음 연어살을 주걱으로 대강 으깨 따로 빼 둔다.

3 팬을 깨끗이 닦고 다시 달군 후 올리브오일 1작은술을 두르고 중간 불에서 마늘과 양파를 볶다가 완두콩을 넣어 볶는다.

4 완두콩이 거의 다 익을 즈음, 팬에 밥과 우유를 넣고 잘 푼 다음, 생크림과 파르메산치즈가루를 넣어 아주 약한 불에서 2분 정도 걸쭉하게 졸인다.

5 연어를 ④에 넣고 섞은 후 그릇에 담고, 후춧가루를 뿌린다.

tip 생크림이 없을 경우 슬라이스치즈로 대체 가능해요.

tip 후춧가루는 생략 가능해요.

아란치니

이탈리아의 전통요리인
아란치니는 우리나라로 치면
밥고로케 같은 메뉴예요.
남는 리소토를 색다르게 만들고
싶을 때 간단하게 할 수 있는
요리입니다. 집에 남는 재료를
응용해서 만들어보세요.

아이 1~2번 먹는 양
10개월부터

- □ 리소토 100g
- □ 달걀 1개
- □ 밀가루 2큰술
- □ 빵가루 40g
- □ 튀김유 적당량

1 리소토는 냉장고에 1시간 이상 둬 단단하게 굳힌다.
2 달걀은 볼에 담고 가위질을 해서 흰자 알끈을 잘라 푼다.
3 리소토를 동글동글하게 빚어서 밀가루, 달걀물, 빵가루 순으로 묻힌다.
4 170℃ 튀김유에 노릇하게 튀긴다.

tip 180℃로 예열된 에어프라이어에 20분간 구워도 돼요.

달걀샌드위치

한 입 베어 물면 크리미하고
부드러운 달걀이 한가득,
촉촉하고 담백한 샌드위치예요.
포만감이 있어 한 끼 식사로
손색 없어요.

아이 1~2번 먹는 양
10개월부터

- □ 삶은 달걀 2개
- □ 식빵 2장
- □ 두부마요네즈(186p 참고) 1큰술
- □ 올리고당 1작은술
- □ 소금 · 후춧가루 약간씩

1. 삶은 달걀은 으깨서 볼에 마요네즈, 올리고당, 소금, 후춧가루와 함께 넣고 잘 섞는다.
2. 가장자리를 잘라낸 식빵 위에 올리고 식빵을 덮어 샌드위치를 완성한다.

tip 간을 하지 않는 아이라면 소금을 빼고 조리하세요.

단호박 달걀샌드위치

'샌드위치를 잘 먹을 수 있을까'라는 고민은 뒤로 한 채 라임이 9개월쯤 샌드위치를 처음 만들었어요. 물론 지금은 샌드위치 모양 그대로 잘 집어서 한 입 크게 베어 먹지만, 처음에는 분해해가며 먹었던 기억이 나요. 간단하고 건강한 샌드위치에 한번 도전해보세요!

아이 2번 먹는 양
10개월부터

- □ 식빵 2장
- □ 단호박 200g
- □ 삶은 달걀 1개
- □ 두부마요네즈(186p 참고) 1큰술
- □ 올리고당 1/2큰술

1 찜기에 단호박을 넣어 푹 찌고, 껍질을 벗기고 포크로 곱게 으깬다.

2 삶은 달걀을 굵게 대강 다진다.

3 볼에 단호박, 삶은 달걀, 두부마요네즈, 올리고당을 넣고 잘 섞어 샌드위치 속재료를 만든다.

4 식빵은 가장자리를 잘라내고, 식빵 2장 사이에 샌드위치 속재료를 넣고 샌드위치를 만든다.

tip 난백 알레르기가 있다면, 달걀노른자 2개를 넣고 만들어 주세요.

달걀 치즈샌드위치

제가 어렸을 때 먹던 메뉴를 라임이에게 자주 해주는데, 이 샌드위치는 제가 좋아해서 친정엄마가 자주 해줬던 메뉴예요. 슬라이스치즈는 꼭 2장을 넣어서 만들어 달라고 강조하곤 했죠.

아이 1번 먹는 양
10개월부터

- □ 식빵 · 슬라이스치즈 1장씩
- □ 달걀 1개
- □ 즉석 딸기잼(185p 참고) 1큰술
- □ 버터 1/2큰술
- □ 식용유 적당량

1. 달군 팬에 식용유를 두르고 달걀을 식빵 절반 크기에 맞춰 모양을 잡아 굽는다.
2. 식빵을 반으로 잘라 양쪽에 딸기잼을 바른다.
3. 식빵, 달걀, 치즈, 식빵 순으로 겹쳐서 샌드위치를 만든다.
4. 버터를 녹인 팬에 ③을 올리고 중간 불에서 겉면을 노릇하게 굽는다.

감자샐러드 샌드위치

저는 한 번에 넉넉하게
만들어서 주말 아침으로 다같이
브런치처럼 먹곤 해요.
부드럽고 고소해서
감자샐러드만으로도 훌륭한
반찬이 되기도 하고요.

샌드위치 4개 분량
12개월부터

- □ 감자 2개
- □ 오이 1/2개
- □ 스위트콘 35g
- □ 삶은 달걀 1개
- □ 게맛살 2줄(40g)
- □ 모닝빵 4개
- □ 두부마요네즈(186p 참고) 4큰술
- □ 올리고당 2큰술

1. 찜기에 감자를 넣고 푹 찐다.
2. 감자는 껍질을 벗기고 포크로 곱게 으깬다.
3. 오이는 모양대로 1mm 두께로 얇게 썰고,
   키친 타월로 감싸 물기를 꾹 짠다.
4. 오이, 스위트콘, 달걀, 게맛살을 큼직하게 다진다.
5. 모닝빵을 제외한 모든 재료를 볼에 넣고 섞어서 감자샐러드를 만든다.
6. 모닝빵을 반으로 갈라 감자샐러드를 채운다.

필리치즈토스트

남은 불고기를 활용할 수 있는 요리예요. 아이들이 좋아하는 불고기에 치즈를 더한 백전백승 메뉴랍니다.

아이 1~2번 먹는 양
12개월부터

- □ 식빵 2장
- □ 쇠불고기(442p 참고) 100g
- □ 피자치즈 50g
- □ 양파 20g
- □ 식용유 적당량

1. 양파는 얇게 채썬다.
2. 달군 팬에 식용유를 두르고 중간 불에서 양파와 불고기를 넣고 노릇하게 볶는다.
3. 식빵 한쪽 면에 ②를 올리고, 피자치즈, 식빵을 올려 샌드위치를 만든다.
4. 달군 팬에 샌드위치를 눌러가며 앞뒤로 노릇하게 굽는다.

tip 불고기를 미리 만들어 놓지 않았다면, 쇠고기 불고기감을 잘게 썰어 볶아서 넣어주거나 만능 쇠고기소보로(179p 참고)를 활용해도 좋아요.

닭가슴살 토르티야롤

여러 가지 채소를 함께 먹을 수 있어서 맛은 물론 영양적으로도 아주 훌륭한 요리예요. 라임이가 좋아하는 치즈를 듬뿍 넣어 자주 만들어 주는데, 어릴 때는 다 분해해가면서 먹었지만 이제는 손으로 야무지게 잡아 흘리지 않고 잘 먹어요. 아이 도시락 메뉴로 활용하기 좋은 요리랍니다.

아이 1번 먹는 양
12개월부터

- □ 닭가슴살 50g
- □ 아보카도 30g
- □ 양상추 · 토마토소스 25g씩
- □ 파프리카 · 슈레드 콜비잭치즈 또는 슬라이스치즈 20g씩
- □ 양파 15g
- □ 토르티야 1장
- □ 청주 1작은술
- □ 소금 · 후춧가루 약간씩
- □ 식용유 적당량

1. 닭가슴살, 파프리카, 양파는 1cm 두께로 길게 채 썬다. 닭가슴살은 청주, 소금, 후춧가루에 10분간 재운다.
2. 아보카도는 2cm 두께로 썰고, 양상추는 잘게 채 썬다.
3. 달군 팬에 식용유를 약간 두르고 닭가슴살을 중간 불에서 노릇하게 볶는다.
4. 파프리카와 양파를 전자레인지 용기에 담고 뚜껑을 살짝 연 채로 덮은 뒤 전자레인지에 1분 30초간 돌려 찐다.
5. 토르티야 가운데 쪽에 토마토소스를 고루 펴 바르고 닭가슴살, 파프리카, 양파, 양상추, 치즈, 아보카도를 모두 넣는다.
6. 오른쪽, 왼쪽 가장자리부터 접고 아래에서 위로 돌돌 만다.
7. 기름 두르지 않은 달군 팬에 토르티야롤을 올려 중간 불에서 노릇하게 굽는다.

tip 닭가슴살 대신 만능 쇠고기소보로(179p 참고)를 넣고 만들어도 맛있어요.

새우 채소 밥전

밥볼을 지겨워한다면 전으로 만들어주세요. 라임이가 가끔씩 밥을 안 먹을 때 밥전을 만드는데 언제 밥을 안 먹었냐는 듯이 잘 먹더라고요. 밥전은 집에 있는 재료로 자유롭게 응용이 가능하며, 달걀을 넣어서 만들어도 맛있어요.

아이 1~2번 먹는 양
7개월부터

- □ 새우 4마리
- □ 애호박 10g
- □ 시금치 · 당근 · 표고버섯 6g씩
- □ 밥 80g
- □ 물 3큰술
- □ 부침가루(187p 참고) 2큰술
- □ 식용유 적당량

1 새우는 껍질을 벗기고 등과 배쪽을 칼로 살짝 잘라 내장을 제거한 후 잘게 다진다.

2 애호박, 시금치, 당근, 표고버섯은 잘게 다진다.

3 볼에 밥, 새우, 채소, 물, 부침가루를 담고 잘 섞는다.

4 달군 팬에 식용유를 두르고 숟가락으로 반죽을 떠서 중간 불에서 타지 않게 앞뒤로 노릇하게 굽는다.

tip 부침가루 대신 쌀가루, 밀가루를 사용해도 좋아요.

브로콜리 쇠고기 밥전

가족 외식 때 아이가 먹을 것이 마땅치 않은 경우, 도시락으로 싸가기에 좋은 메뉴가 밥전이에요. 집에 있는 재료로 간단하게 만들어서 가지고 나가면 손에도 묻지 않고, 부스러기도 생기지 않아 깔끔하게 먹을 수 있죠.

아이 1~2번 먹는 양
7개월부터

- □ 브로콜리 10g
- □ 다진 쇠고기 15g
- □ 밥 80g
- □ 물 2큰술
- □ 부침가루(187p 참고) 1 ½큰술
- □ 식용유 적당량

1 브로콜리는 찜기에 푹 찐 다음 잘게 다진다.

2 볼에 식용유를 제외한 모든 재료들을 넣고 섞는다.

3 달군 팬에 식용유를 살짝 두르고 숟가락으로 반죽을 떠서 중간 불에서 타지 않게 앞뒤로 노릇하게 굽는다.

tip 부침가루 대신 쌀가루, 밀가루를 사용해도 좋아요.

김 달걀 밥전

김, 달걀, 밥. 세가지 재료는 아이가 좋아할 수밖에 없는 조합이죠.
만들기 간단하지만, 고소한 달걀에 김가루까지 더해져 아이들이 거부할 수 없는 맛이에요.

아이 1~2번 먹는 양
7개월부터

- □ 김가루 5g
- □ 달걀 1개
- □ 밥 80g
- □ 식용유 적당량

1. 볼에 밥, 김가루, 달걀을 넣고 잘 섞는다.
2. 달군 팬에 식용유를 두르고 숟가락으로 반죽을 떠서 타지 않게 중간 불에서 앞뒤로 노릇하게 굽는다.

tip 김가루 대신 후리카케를 넣어도 좋아요.

tip 난백 알레르기 있는 경우 달걀노른자 2개로 대체 가능해요.

스위트콘 시금치 치즈 밥전

달달한 스위트콘과 라임이가 좋아하는 치즈를 넣고 밥전을 만들어 주니, 시금치가 들어있어도 잘 먹어요. 가끔 쌀밥이 지겨울 때 특식으로 이런 밥전을 해주면 아주 좋아한답니다.

아이 1~2번 먹는 양
12개월부터

- □ 스위트콘 30g
- □ 시금치 10g
- □ 피자치즈 20g
- □ 밥 80g
- □ 부침가루(187p 참고) 1 ½큰술
- □ 물 2큰술
- □ 식용유 적당량

1 시금치는 숨이 살짝 죽도록 끓는 물에 데친 다음 물기를 짜고, 잘게 다진다.

2 볼에 식용유를 제외한 모든 재료들을 넣고 섞는다.

3 달군 팬에 식용유를 두르고 숟가락으로 반죽을 떠서 타지 않게 중간 불에서 앞뒤로 노릇하게 굽는다.

tip 한 번 오픈한 스위트콘은 냉장보관을 해도 쉽게 상하기 때문에 원하는 만큼 소분해서 얼리는 것이 좋아요. 가능하면 환경호르몬이 우려되는 캔보다 병에 든 제품을 권해요.

달걀말이 주먹밥

라임이 소풍 도시락 단골 메뉴로,
손으로 집어서 먹기에도 딱 좋고,
도시락에 담기에도 그만이랍니다.

아이 1~2번 먹는 양
9개월부터

- □ 밥 80g
- □ 슬라이스치즈 1장
- □ 후리카케 2큰술
- □ 참기름 1/2작은술
- □ 식용유 적당량

달걀물

- □ 달걀 1개
- □ 애호박·당근 10g씩

1. 볼에 밥을 담고, 치즈를 올려서 전자레인지에 20초간 돌려 치즈를 녹인다.
2. ①에 후리카케와 참기름을 넣고 골고루 섞은 후 한 입 크기의 완자 모양으로 빚는다.
3. 달걀은 볼에 담고 가위질을 해서 흰자 알끈을 잘라 푼다.
4. 애호박과 당근은 잘게 다져서 달걀을 푼 것과 함께 섞어 달걀물을 만든다.
5. 달군 팬에 식용유를 두르고, 약한 불에서 숟가락으로 달걀물을 얇게 펴준다.
6. 달걀물이 완전히 익기 전에 주먹밥을 달걀물 위에 얹어 돌돌 만다.
7. 달걀물이 속까지 안 익었으면, 팬 가장자리에 주먹밥을 옮겨 놓고 익히면서 ⑤, ⑥ 과정을 반복해 주먹밥을 만든다.
8. 팬 가장자리에 둔 주먹밥을 약한 불에서 타지 않게 돌려가며 익을 때까지 굽는다.

tip 후리카케 대신 간이 되지 않은 구운 김가루를 사용해도 좋아요.

tip 난백 알레르기가 있다면, 전란 대신 달걀노른자 2개를 사용하여 만들어 주세요.

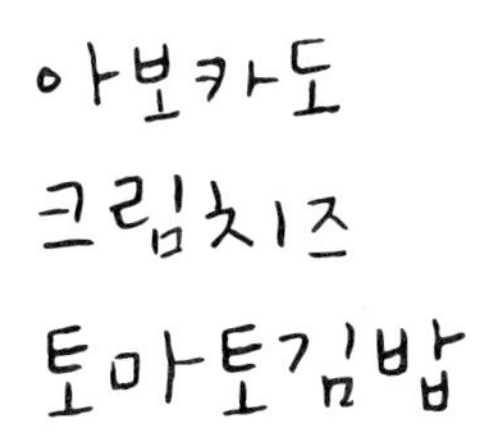

토마토와 아보카도를 좋아하는 라임이를 위하여 만들었던 메뉴예요. 크림치즈까지 더해져 한층 더 고소하죠. 보통 김밥처럼 딱딱한 재료가 들어가지 않아 어린 아이들도 먹기 편해요.

아이 1~2번 먹는 양
9개월부터

- □ 아보카도 1/4개
- □ 크림치즈 20g
- □ 방울토마토 4개
- □ 구운 김 1장
- □ 밥 100g
- □ 참기름 2작은술

1. 아보카도는 껍질과 씨를 제거하고 과육을 굵게 채썬다.
2. 방울토마토는 십자로 살짝 칼집을 내 볼에 담고, 끓는 물을 부어 1분 정도 둔다.
3. 방울토마토의 껍질과 씨를 제거하고, 과육은 3mm 두께로 채썬다.
4. 볼에 밥과 참기름을 담고 섞는다.
5. 김 위에 밥을 얇게 펴고 아보카도, 토마토, 크림치즈를 올려 돌돌 말아 2cm 두께로 자른다.

참치 아보카도김밥

김에 밥을 얹고 마요네즈에 버무린 참치, 게맛살, 오이, 아보카도를 넣고 돌돌 말아 만드는, 라임이가 가장 잘 먹는 김밥이에요. 제가 말아서 주기도 하고, 스스로 말아 먹도록 김밥김이나 곱창김을 작게 잘라 준비해주면 완벽하진 못하지만 제법 그럴싸하게 혼자서 만들어 먹어요.

아이 1번 먹는 양
12개월부터

- □ 참치 2큰술(20g)
- □ 아보카도 1/6개(30g)
- □ 게맛살 20g
- □ 오이 1/2개
- □ 밥 120g
- □ 구운 김 1장
- □ 두부 마요네즈(186p 참고) 1큰술
- □ 참기름 2작은술

1. 게맛살은 먹기 좋게 잘게 손으로 찢고, 오이는 씨 부분을 도려내고 얇게 채 썬다.
2. 아보카도는 껍질과 씨를 제거하고 1cm 두께로 썬다.
3. 참치는 캔 속의 기름기를 꼭 짜내 제거하고, 마요네즈를 넣고 버무린다.
4. 볼에 밥과 참기름을 담고 고루 섞는다.
5. 김 위에 밥을 얇게 펴고 참치, 게맛살, 오이, 아보카도를 넣고 돌돌 말아 2cm 두께로 자른다.

tip 달걀지단이나 얇게 채 썬 단무지를 약간 넣어 주어도 맛있어요.

시금치 달걀김밥

달큼한 시금치와 고소한
달걀지단을 넣은 김밥입니다.
쉽고 간단하게 만들 수 있으면서,
영양도 챙길 수 있는 메뉴예요.
유아식을 하는 아이라면 소금으로
간을 더해서 만들어 주세요.

아이 1~2번 먹는 양
9개월부터

- □ 시금치 20g
- □ 달걀 1개
- □ 밥 100g
- □ 구운 김 1장
- □ 참기름 2작은술
- □ 식용유 적당량

1 시금치는 끓는 물에 숨이 죽을 정도로만 살짝 데쳐내어 물기를 꼭 짠다.

2 달군 팬에 식용유를 약간 두르고 달걀을 풀어 넣어 중간 불에서 달걀지단을 만든다.

3 달걀지단을 얇게 채 썬다.

4 볼에 밥과 참기름을 담고 섞는다.

5 김 위에 밥을 얇게 펴고 시금치, 달걀지단을 넣고 돌돌 말아 2cm 두께로 자른다.

쇠고기 치즈김밥

제가 어렸을 때 아파트 지하상가 김밥집에서 쇠고기 치즈김밥을 팔았는데,
학원 끝나고 한 팩씩 사 먹는 것이 그 시절 큰 즐거움이었어요.
크기가 작아 라임이 한 입에 쏙쏙 들어가는 간편한 메뉴예요.

아이 1~2번 먹는 양
9개월부터

- □ 다진 쇠고기 50g
- □ 슬라이스치즈 · 김밥김 2장씩
- □ 밥 150g
- □ 참기름 1/2큰술
- □ 식용유 적당량

쇠고기양념

- □ 간장 · 설탕 · 참기름 1/2작은술씩
- □ 다진 마늘 1/3작은술

1. 밥에 참기름을 넣어 잘 섞는다.
2. 쇠고기는 양념에 재워 달군 팬에 식용유를 두르고 중간 불에서 노릇하게 볶는다.
3. 치즈는 1cm 간격으로 길게 자른다.
4. 반으로 자른 김밥김 위에 밥을 깔고, 치즈와 볶은 쇠고기를 넣고 만다.
5. 2cm 두께로 자른다.

tip 간을 하지 않는 아이라면 쇠고기는 양념을 빼고 볶아주세요.

밥새우 김밥

밥새우는 한 번 사다 놓으면 의외로 활용도가 높은 재료입니다. 잔멸치보다도 훨씬 작아 씹는 맛은 거의 없지만, 건새우의 영양 성분은 가지고 있으면서 감칠맛이 돌아 여기저기에 활용하기 좋아요. 밥새우에 양념을 입혀 밥에 넣으면 아이들이 정말 잘 먹어요.

아이 1~2번 먹는 양
9개월부터

- □ 밥새우 1큰술
- □ 애호박 20g
- □ 당근 10g
- □ 구운 김 1장
- □ 밥 100g
- □ 간장 1/3작은술
- □ 올리고당 1/2작은술
- □ 참기름 1작은술
- □ 식용유 적당량

1. 기름을 두르지 않은 달군 팬에 밥새우를 넣고 수분이 날아갈 정도로만 약한 불에서 빠르게 볶는다.
2. 볼에 밥새우를 담고 간장, 올리고당을 넣어 고루 버무린다.
3. ②에 밥과 참기름을 넣고 고루 섞는다.
4. 애호박과 당근은 얇게 채 썬 다음에, 달군 팬에 식용유 살짝 두르고 중간 불에서 익을 때까지 볶는다.
5. 김 위에 ③을 얇게 펴고 애호박과 당근을 올려 돌돌 말아 2cm 두께로 자른다.

tip 간을 하지 않는 아이라면 밥새우에 양념을 넣지 않고 마른 팬에 볶아서 사용하세요.

tip 볶은 밥새우 남은 것은 밥볼, 주먹밥, 전 등 다양한 요리에 넣어 활용하시면 됩니다.

야키오니기리

쇠고기 치즈김밥과 같은 속재료로
구운 주먹밥, 야키오니기리를
만들었어요. 집에서도,
도시락용으로도 간단하게
만들어서 먹을 수 있는 메뉴예요.
소박하지만 자꾸 먹고 싶은
그런 깔끔한 맛이에요.

아이 1~2번 먹는 양
12개월부터

- □ 다진 쇠고기 30g
- □ 슬라이스치즈 · 김밥김 1장씩
- □ 밥 100g
- □ 식용유 적당량

밥양념

- □ 미소된장 또는 된장 1/2작은술
- □ 올리고당 · 참기름 · 통깨 1작은술씩

쇠고기양념

- □ 간장 · 설탕 · 참기름 1/2작은술씩
- □ 다진 마늘 1/3작은술

1. 밥은 분량의 양념을 넣고 섞는다.
2. 쇠고기는 양념에 재워 달군 팬에 식용유를 두르고 중간 불에서 노릇하게 볶는다.
3. 밥, 볶은 쇠고기, 치즈, 밥 순으로 쌓아 뭉친 다음 삼각형 모양으로 오니기리를 만든다.
4. 달군 팬에 식용유를 두르고 오니기리를 누룽지 굽듯이 노릇하게 구운 다음 주먹밥 크기에 맞춰 자른 김(4×8cm)으로 감싼다.

미니 삼각주먹밥

불을 사용하지 않고 간단하게 만들 수 있는 메뉴예요. 바쁜 아침에 후다닥 만들어야 할 때, 나들이갈 때 준비하면 좋아요.

아이 1~2번 먹는 양
12개월부터

- □ 구운 김밥김 1/2장
- □ 후리카케 1큰술
- □ 멸치볶음(387p 참고) 2큰술
- □ 밥 100g
- □ 참기름 1작은술

1 볼에 밥, 참기름을 넣고 섞은 후 반으로 나누고, 반은 후리카케, 반은 다진 멸치볶음을 넣고 섞는다.

2 양손을 이용해 작은 삼각김밥 모양으로 빚는다.

3 김을 긴 직사각형으로 잘라 삼각밥에 예쁘게 붙인다.

tip 후리카케 대신 김자반이나 김가루를 넣고 만들 수 있어요.

달걀찜밥

밥 위에 달걀물을 부은 다음 그대로 쪄서 먹는 한 그릇 요리입니다. 어렸을 때 달걀찜에 밥을 비벼 든든하게 먹었던 기억이 나요. 집에 있는 재료로 쉽고 빠르게 만들 수 있답니다.

아이 1~2번 먹는 양
10개월부터

- □ 달걀 1개
- □ 애호박 20g
- □ 당근·브로콜리 5g씩
- □ 밥 80g
- □ 멸치 다시마육수(181p 참고) 또는 물 4큰술
- □ 소금 또는 새우젓 약간

1. 달걀은 볼에 담고 가위질을 해서 흰자 알끈을 잘라 푼다.
2. 애호박, 당근, 브로콜리는 잘게 다진다.
3. 볼에 달걀과 다진 채소들, 멸치 다시마육수를 넣고 고루 섞는다.
4. 소금 또는 새우젓을 약간 넣어 간을 맞춘다.
5. 그릇에 밥을 담고 그 위에 달걀물을 얹는다.
6. 찜솥에 물이 끓으면 그릇을 넣고 10분 동안 찐다.

tip 찜솥에 찌는 대신에 뚜껑이나 랩을 씌운 다음 젓가락으로 구멍을 2~3개 뚫어 준 다음 전자레인지에 3~4분 정도 돌려 쪄도 됩니다.

tip 간을 하지 않는 아이라면 소금을 넣지 않고 만드세요.

표고버섯 무밥

무가 맛있는 겨울에 해 먹으면 정말 맛있어요. 겨울 무는 보약이라고 할 만큼 영양소가 풍부하고, 특히 감기에 좋아요. 표고버섯을 듬뿍 넣은 무밥에 양념장을 얹어 슥슥 비벼 먹으면 없던 입맛도 돌아온답니다.

아이와 어른 1번 먹는 양
10개월부터

- □ 표고버섯 2개
- □ 무 80g
- □ 당근 15g
- □ 쌀 1컵
- □ 다시마육수(180p 참고) 220ml
- □ 들기름 1작은술

양념장

- □ 간장 1큰술
- □ 들기름 1/2큰술
- □ 다진 마늘 1/4작은술
- □ 통깨 1/2작은술

1 쌀 1컵은 잘 씻어서 30분 이상 불린 다음 체에 받친다.

2 무는 사방 1cm 크기로 깍둑썰기하고, 표고버섯은 무랑 비슷한 크기로 굵게 자른다.

3 당근은 잘게 다진다.

4 달군 냄비에 들기름을 두르고 쌀이 투명해지도록 달달 볶은 다음 무, 버섯, 당근을 올리고 다시마육수를 넣어 밥물을 잡는다.

5 뚜껑을 닫고 중간 불에 올려 7분 정도 지나 보글보글 끓는 소리가 나고 밥물이 자작해지면 한 번 뒤적인다.

6 아주 약한 불로 줄여 10분 정도 둔 다음 불을 끄고 약 10분간 뜸을 들인다.

7 분량의 재료를 섞어 양념장을 만들어 곁들인다.

tip 어른용은 기호에 따라 양념장에 고춧가루, 송송 썬 고추를 곁들여 주세요. 간을 하지 않는 아이라면 양념장 없이 먹어요.

tip 솥이나 냄비를 이용해 밥을 지어도 좋지만, 조리 과정 ⑤ 대신 전기밥솥에 모든 재료를 넣고 밥을 지어도 맛있어요.

고구마 표고버섯밥

포만감 있는 한 그릇 요리로,
은은하게 단맛 도는 고구마와
쫄깃하고 담백한 버섯이
잘 어울리는 영양밥이랍니다.

아이와 어른 1번 먹는 양
10개월부터

- □ 고구마 90g
- □ 표고버섯 1개
- □ 쌀 1컵
- □ 참기름 1작은술
- □ 다시마육수(180p 참고) 300ml

양념

- □ 간장·참기름 1/2큰술씩

1 쌀 1컵은 잘 씻어서 30분 이상 불린 다음 체에 밭친다.

2 고구마는 껍질을 벗겨 사방 2cm 크기로 깍둑썰기한다.

3 표고버섯은 모양대로 얇게 슬라이스하고 반으로 자른다.

4 달군 냄비에 참기름을 두르고 쌀이 투명해지도록 달달 볶은 다음 다시마육수를 넣고 밥물을 잡는다. 여기에 고구마와 표고버섯, 분량의 양념을 넣고 섞는다.

5 뚜껑을 닫고 중간 불에 올려 7분 정도 지나 보글보글 끓는 소리가 나고 밥물이 자작해지면 한 번 뒤적인다.

6 아주 약한 불로 줄여 10분 정도 둔 다음, 불을 끄고 약 10분간 뜸을 들인 뒤 고루 섞는다.

tip 솥이나 냄비를 이용해 밥을 지어도 좋지만, 조리 과정 ⑤ 대신 전기밥솥에 모든 재료를 넣고 밥을 지어도 맛있어요.

tip 간을 하지 않는 아이라면 양념을 빼고 조리하세요.

당근 연근밥

만들기도 간편하고 영양도
풍부한 당근 연근밥이에요.
연근은 보통 조림이나 전으로
많이 먹지만 밥에 넣어도
풍미가 상당히 좋답니다.

아이와 어른 1번 먹는 양
12개월부터

- □ 당근 30g
- □ 연근 50g
- □ 쌀 1컵
- □ 참기름 1작은술
- □ 다시마육수(180p 참고) 250ml

양념장

- □ 간장 1큰술
- □ 참기름 2작은술
- □ 통깨 1/2작은술

1 쌀은 잘 씻어서 30분 이상 불린 다음 체에 밭친다.

2 연근의 껍질을 얇게 제거하고 사방 5mm 크기로 굵게 다진다. 당근도 굵게 다진다.

3 달군 냄비에 참기름을 두르고 중간 불에서 쌀이 투명해지도록 달달 볶은 다음 다시마육수를 넣어 밥물을 잡는다. 여기에 연근과 당근을 넣고 섞는다.

4 뚜껑을 닫고 중간 불에 올려 7분 정도 지나 보글보글 끓는 소리가 나고 밥물이 자작해지면 한 번 뒤적인다.

5 아주 약한 불로 줄여 10분 정도 둔 다음 불을 끄고 약 10분간 뜸을 들인 뒤 고루 섞는다.

6 기호에 따라 양념장을 곁들여 먹는다.

tip 표고버섯이나 우엉을 더하면 맛도 있고, 영양도 풍부해집니다.

tip 솥이나 냄비를 이용해 밥을 지어도 좋지만, 조리 과정 ④ 대신 전기밥솥에 모든 재료를 넣고 밥을 지어도 맛있어요.

닭고기 채소밥

얼핏 볶음밥 같지만, 밥을 지을 때부터 닭, 채소, 육수를 넣고 만드는 것이 좀 다른 점이에요. 팬에 재료를 일일이 볶지 않고 짧은 시간에 만들 수 있는 별미밥이지요. 동글동글 굴려서 주먹밥으로 만들 수도 있어요.

아이 1번 먹는 양
10개월부터

- □ 닭가슴살 또는 안심 40g
- □ 애호박 · 파프리카 10g씩
- □ 당근 · 표고버섯 5g씩
- □ 쌀 1/2컵
- □ 다시마육수(180p 참고) 또는 물 120ml
- □ 청주 · 버터 1작은술씩
- □ 간장 1/2작은술

1 쌀은 30분 이상 물에 불린 다음 체에 밭친다.
2 닭고기와 애호박, 파프리카, 당근, 표고버섯은 칼로 잘게 다진다.
3 닭고기는 청주에 버무려 10분 정도 재운다.
4 냄비에 불린 쌀, 닭고기, 다시마육수, 간장을 넣고 밥을 짓는다.
5 뚜껑을 닫고 중간 불에서 보글보글 끓는 소리가 나고 밥물이 자작해지면 한 번 뒤적인다.
6 다진 채소들을 넣고 아주 약한 불로 줄여 10분 정도 둔 다음, 불을 끄고 약 5분간 뜸을 들인 뒤 고루 섞는다.
7 그릇에 밥을 담고 버터를 곁들인다.

tip 간을 하지 않는 아이라면 간장을 빼고 조리하세요.

tip 솥이나 냄비를 이용해 밥을 지어도 좋지만, 조리 과정 ⑤ 대신 전기밥솥에 모든 재료를 넣고 밥을 지어도 맛있어요.

콩나물 쇠고기밥

갓 지어서 양념장이랑
비벼 먹으면 아이, 어른
할 것 없이 모두가 좋아하는
한 그릇 뚝딱 요리입니다.

아이와 어른 1번 먹는 양
12개월부터

- □ 콩나물 70g
- □ 다진 쇠고기 50g
- □ 쌀 1컵
- □ 다시마육수(180p 참고) 250ml
- □ 참기름 1작은술

쇠고기양념

- □ 간장·맛술 1작은술씩
- □ 참기름 1/2작은술
- □ 후춧가루 약간

양념장

- □ 간장 1큰술
- □ 참기름 2작은술
- □ 다진 마늘 1/4작은술
- □ 통깨 1/2작은술

1. 쌀 1컵을 잘 씻어서 30분 이상 불린 다음 체에 밭친다.
2. 콩나물은 잘 씻어서 뿌리만 제거한다.
3. 다진 쇠고기는 분량의 양념을 넣어 섞고, 달군 팬에 식용유를 둘러서 중간 불에서 노릇하게 볶는다.
4. 달군 냄비에 참기름을 두르고 중간 불에서 쌀이 투명해지도록 달달 볶은 다음 다시마육수를 넣어 밥물을 잡는다.
5. 뚜껑을 닫고 중간 불에 올려 7분 정도 지나 보글보글 끓는 소리가 나고 밥물이 자작해지면 한 번 뒤적인다.
6. 아주 약한 불로 줄인 후 볶은 쇠고기와 콩나물을 얹어 10분 정도 둔다. 그런 다음 불을 완전히 끄고 10분 정도 더 뜸을 들인다.
7. 분량의 재료를 섞어 양념장을 만든 후 완성된 밥에 기호에 맞게 곁들인다.

tip 솥이나 냄비를 이용해 밥을 지어도 좋지만, 조리 과정 ⑤ 대신 전기밥솥에 모든 재료를 넣고 밥을 지어도 맛있어요.

미역 해물밥

손질된 해물이나 해물믹스가 있으면 아주 간단하게 만들어 먹을 수 있는 한 그릇 요리입니다.
향긋한 해물의 향이 은은하게 퍼져 어른, 아이 할 것 없이 모두가 좋아하는 솥밥이에요.
버섯이나 은행, 밤을 넣으면 영양이 더욱 풍부해진답니다.

아이와 어른 1번 먹는 양
12개월부터

- □ 마른 미역 4g(불린 미역 40g)
- □ 새우살 · 홍합살 · 오징어살 50g씩
- □ 쌀 1컵
- □ 참기름 1/2큰술
- □ 다진 마늘 1/2작은술
- □ 다시마육수(180p 참고) 또는 물 220ml

양념장

- □ 간장 1큰술
- □ 참기름 · 통깨 1/2작은술씩

1. 쌀은 30분 이상 물에 불린 다음 체에 밭친다.
2. 새우살은 1~2cm의 길이로, 오징어살은 3cm의 길이로 먹기 좋게 자른다.
3. 마른 미역도 물에 담가 30분 이상 불린 다음에 칼로 먹기 좋은 크기로 큼직큼직하게 자른다.
4. 달군 냄비에 참기름을 두르고 미역과 다진 마늘을 넣고 중간 불에서 마늘 향이 올라오도록 볶는다.
5. ④에 쌀을 넣어 쌀이 투명해지도록 달달 볶은 다음 다시마육수를 넣어 밥물을 잡는다.
6. 뚜껑을 닫고 중간 불에 올려 7분 정도 지나 보글보글 끓는 소리가 나고 밥물이 자작해지면 한 번 뒤적인다.
7. 새우살, 홍합살, 오징어살을 넣고 아주 약한 불로 줄여 10분 정도 둔 다음 불을 끄고 약 10분간 뜸을 들인 뒤 고루 섞는다.
8. 그릇에 ⑦을 담고 분량의 재료를 섞어 양념장을 만들어 곁들인다.

tip 해물은 해물믹스를 사용해도 좋고, 쉽게 구할 수 있는 조개, 전복 등 다른 해물을 넣고 밥을 지어도 됩니다.

tip 솥이나 냄비를 이용해 밥을 지어도 좋지만, 조리 과정 ⑥ 대신 전기밥솥에 모든 재료를 넣어 만드는 간편한 방법도 있어요.

전복 버터밥

전복죽과는 또 다른 매력이 있는 솥밥으로, 생각보다 만들기가 어렵지 않아요. 영양 가득한 한 그릇 요리로 양념장을 곁들이면 더욱 맛있답니다.

아이와 어른 1번 먹는 양
12개월부터

- □ 전복 큰 것 2마리
- □ 버터 1큰술
- □ 쌀 1컵
- □ 국간장 1작은술
- □ 다시마육수(180p 참고) 220ml

양념장

- □ 간장 · 다진 파 1큰술씩
- □ 물(생수) 1/2큰술
- □ 다진 마늘 1/3작은술
- □ 설탕 1/4작은술
- □ 참기름 · 통깨 1/2작은술씩

1 쌀은 30분 이상 불린 다음 체에 밭친다.

2 전복은 껍질 쪽만 끓는 물에 담가 숫자 10을 센 후 꺼내 숟가락으로 살과 껍질을 분리한다. 살짝 데쳐야 껍질과 살을 분리하기 쉽다.

3 전복 이빨을 제거한 후 3mm 두께로 채 썬다.

4 믹서에 전복 내장을 곱게 다지고, 믹서가 없으면 칼로 잘게 다진다.

5 냄비에 쌀과 전복 내장, 국간장을 넣고 고루 섞은 다음에 다시마육수를 넣고 밥물을 잡는다.

6 뚜껑을 닫고 중간 불에 올려 7분 정도 지나 보글보글 끓는 소리가 나고 밥물이 자작해지면 한 번 뒤적인다.

7 썰어 놓은 전복살과 버터를 넣고 아주 약한 불로 줄여 10분 정도 둔 다음 불을 끄고 약 10분간 뜸을 들인 뒤 고루 섞는다.

8 분량의 재료를 섞어 양념장을 만든 다음 곁들인다.

tip 어른용은 기호에 따라 양념장에 고춧가루를 섞어 주세요.

연어비빔초밥

떠 먹는 초밥으로 비빔밥처럼 먹는 음식이에요. 구운 연어와 달걀, 오이를 넣어서 영양도 풍부하고 식감도 좋아요.

아이 1~2번 먹는 양
12개월부터

- □ 연어 25g
- □ 오이 1/6개
- □ 달걀 1개
- □ 맛술 · 검은깨 1/2작은술씩
- □ 밥 120g
- □ 소금 · 후춧가루 약간씩
- □ 식용유 적당량

초밥양념

- □ 식초 1작은술
- □ 설탕 2/3작은술
- □ 소금 약간

1. 초밥 양념은 볼에 넣고 잘 섞어서 설탕이 녹을 때까지 젓는다.
2. 밥에 초밥양념, 검은깨를 넣고 버무린다.
3. 연어는 소금, 후춧가루, 맛술에 10분 정도 재운다.
4. 오이는 모양대로 얇게 썰어서 소금에 5분 정도 절인 다음, 키친타월로 감싸 물기를 꼭 짠다.
5. 달걀은 볼에 담고 가위질을 해서 흰자 알끈을 잘라 푼다.
6. 달군 팬에 식용유를 두르고 중간 불에서 달걀물을 넣고 휘저어가며 스크램블을 만들어 따로 빼 둔다.
7. 다시 달군 팬에 연어를 넣고 중간 불에서 잘게 으깨가며 노릇하게 굽는다.
8. 그릇에 초밥을 담고 그 위에 오이, 달걀스크램블, 구운 연어를 올린다.

아보카도 맛살비빔밥

라임이가 좋아하는 재료들로 조합한 비빔밥입니다. 맛살 대신에 진짜 대게살을 쓰면 더욱 맛있어요. 명란젓을 먹을 수 있는 아이라면 맵지 않은 명란젓을 추가해도 됩니다. 바쁜 아침에 간단하게 슥슥 비벼 먹기 좋아요.

아이 1~2번 먹는 양
10개월부터

- □ 아보카도 20g
- □ 게맛살 15g
- □ 달걀 1개
- □ 밥 100g
- □ 식용유 약간

양념

- □ 간장 1/2작은술
- □ 참기름 1작은술

1 달걀은 볼에 담고 가위질을 해서 흰자 알끈을 잘라 푼다.

2 달군 팬에 식용유를 약간 두르고 중간 불에서 달걀물을 붓고 뭉치듯이 볶아 달걀스크램블을 만든다.

3 아보카도는 얇게 슬라이스하고, 게맛살은 손으로 잘게 찢는다.

4 밥 위에 아보카도와 달걀 스크램블, 게맛살을 올린다.

5 양념을 곁들여 먹는다.

tip 달걀스크램블 대신에 반숙 달걀프라이를 얹으면 더욱 맛있어요.

tip 간을 하지 않는 아이라면 게맛살과 양념을 빼고 조리하세요.

낫토 달걀비빔밥

아주 간편하면서도 건강을 챙길 수 있는 영양 가득한 메뉴예요. 낫토는 삶은 콩을 발효시켜 만든 일본 전통 음식으로 단백질, 칼슘, 철분, 비타민, 식이섬유가 골고루 들어 있는 영양식품이에요. 7억 마리 이상의 유익균이 있는 발효식품이라는 사실! 가끔은 아보카도도 곁들여서 먹는, 라임이네 가족 단골메뉴예요.

아이 1~2번 먹는 양
10개월부터

- □ 낫토 1팩
- □ 달걀 1개
- □ 조미김 2장
- □ 밥 80g
- □ 식용유 적당량

양념

- □ 간장 1/3작은술
- □ 올리고당 1작은술
- □ 물 1큰술

1 달군 팬에 식용유를 두르고 중간 불에서 달걀을 넣고 저으면서 익혀 달걀스크램블을 만든다.

2 조미김 2장은 가위로 잘게 잘라 김가루를 만든다.

3 볼에 낫토와 분량의 양념을 넣어 섞는다.

4 그릇에 밥, 달걀스크램블, 김가루, 낫토 순으로 담는다.

tip 낫토를 처음 접해 먹기 힘들어하는 아이에게는 올리고당을 조금 첨가해주면 먹기 수월해져요. 그렇게 낫토 먹는 것에 익숙해지면 당분을 추가하지 않아도 잘 먹을 거예요. 낫토를 저을 때 물을 조금 추가하면 점성이 약해져서 먹기 좀 더 편해요.

tip 간을 하지 않는 아이라면 조미김이 아닌 구운 김을 사용하고 양념을 빼고 조리하세요.

달걀 버터 치즈비빔밥

반찬 없을 때, 요리하기 힘든 날, 가장 쉽게 해 먹을 수 있는 것이 달걀요리가 아닌가 싶어요. 저는 어렸을 때 달걀비빔밥을 자주 먹었는데, 참기름보다는 주로 버터를 넣어서 먹었어요. 버터를 넣고 비비면 풍미가 달라요. 아이들이 좋아하는 치즈까지 더해 아주 고소한 비빔밥이에요.

아이 1번 먹는 양
10개월부터

- □ 달걀 1개
- □ 버터 1작은술
- □ 슬라이스치즈 1/2장
- □ 밥 80g
- □ 간장 1/2작은술
- □ 식용유 적당량

1 달군 팬에 식용유를 두르고 약한 불에서 달걀프라이를 반숙 또는 완숙으로 만든다.

2 공기에 밥을 담고, 버터와 치즈를 올려서 전자레인지에 30초 돌려 치즈를 녹인다.

3 ②에 달걀프라이를 올리고 간장을 넣어 골고루 섞는다.

tip 슬라이스치즈는 생략 가능해요.

tip 간을 하지 않는 아이라면 간장을 빼고 조리하세요.

간단 비빔밥

집에 있는 재료로 간단하게
해 먹을 수 있는 비빔밥입니다.
양파, 버섯, 브로콜리, 시금치 등
냉장고 사정에 따라 다양하게
응용해보세요.

아이 1번 먹는 양
12개월부터

- □ 달걀 1개
- □ 애호박 13g
- □ 당근 10g
- □ 만능 쇠고기소보로 (179p 참고) 20g
- □ 밥 100g
- □ 식용유 적당량

양념장

- □ 간장 1/2작은술
- □ 참기름 1작은술

1. 달군 팬에 식용유를 두르고 약한 불에서 달걀프라이를 반숙으로 만든다.
2. 애호박과 당근은 2cm 길이로 굵게 채 썬다.
3. 식용유를 살짝 둘러 달군 팬에 애호박과 당근을 넣고 중간 불에서 부드럽게 볶는다.
4. 그릇에 밥을 담고 달걀프라이와 볶은 애호박, 당근, 쇠고기소보로를 얹는다.
5. 양념장을 넣고 골고루 섞는다.

tip 만능 쇠고기소로보가 없다면 쇠고기 20g에 간장 1/3작은술, 올리고당 1/2작은술을 섞어서 볶은 것으로 대체할 수 있어요.

tip 달걀 반숙을 먹지 못하는 아이라면 달걀스크램블을 만들어서 올려주세요.

사과 쇠고기비빔밥

간장 양념으로 만드는
담백한 비빔밥이에요.
사과의 새콤달콤한 맛이 더해져
아이들이 참 좋아해요.

아이 1번 먹는 양
12개월부터

- □ 사과 · 다진 쇠고기 30g씩
- □ 새싹채소 20g
- □ 밥 100g
- □ 설탕 · 식용유 적당량씩

쇠고기양념

- □ 간장 · 다진 마늘 1/3작은술씩
- □ 설탕 1/4작은술
- □ 참기름 1/2작은술
- □ 후춧가루 약간

비빔간장

- □ 간장 1작은술
- □ 식초 2/3작은술
- □ 검은깨 · 설탕 · 참기름 1/2작은술씩

1. 새싹채소는 물에 씻은 후 체에 밭쳐 물기를 뺀다.
2. 사과는 껍질을 벗겨 3cm 길이로 채 썰고, 설탕을 뿌려 버무린다.
3. 다진 쇠고기는 분량의 양념을 섞어 재운 다음 달군 팬에 식용유를 두르고 중간 불에서 노릇하게 볶는다.
4. 분량의 재료를 섞어 비빔간장을 만든다.
5. 그릇에 밥을 담고 새싹채소, 사과, 볶은 쇠고기를 돌려 담은 후 비빔간장을 곁들인다.

tip 껍질 벗긴 사과에 설탕을 살짝 뿌리면 갈변 현상을 막을 수 있어요.

가지 두부덮밥

가지를 넣고 만든 맵지 않은
마파두부덮밥으로,
인스타그램에서 인기가
많았던 메뉴예요. 가지를 별로
좋아하지 않는 아이들도 고소한
감칠맛에 반해서 잘 먹어요.

아이 1~2번 먹는 양
10개월부터

- □ 가지 30g
- □ 두부 60g
- □ 대파 7g
- □ 밥 80g
- □ 멸치 다시마육수(181p 참고) 또는 물 1/2컵
- □ 된장 1/2작은술
- □ 전분물(전분가루 1작은술 + 물 1큰술)
- □ 참기름 1/3작은술
- □ 식용유 적당량

1 가지와 두부는 사방 5mm 크기로 깍둑썰기한다.

2 대파는 잘게 다진다.

3 달군 팬에 식용유를 두르고 중간 불에서 가지와 두부, 대파를 볶는다.

4 가지가 익을 때쯤 멸치 다시마육수를 넣고 된장을 풀어서 약한 불에서 1분 정도 졸인다.

5 ④에 참기름을 넣고 전분물을 넣어서 재빠르게 저어 섞는다.

6 그릇에 밥을 넣고 ⑤를 얹는다.

tip 간을 하지 않는 아이라면 된장을 빼고 조리하세요.

마파두부덮밥

두반장 대신 된장을 넣어
만든 마파두부는 구수한 맛
때문에 라임이가 아주 좋아하는
메뉴예요.

아이 1~2번 먹는 양
10개월부터

- □ 다진 돼지고기 35g
- □ 두부 1/4모
- □ 애호박 20g
- □ 양파 15g
- □ 밥 100g
- □ 다진 마늘 1/3작은술
- □ 참기름 1/2작은술
- □ 전분물(물 1큰술 + 전분가루 1작은술)
- □ 식용유 적당량

소스

- □ 된장 · 맛술 · 굴소스 1/2작은술씩
- □ 물 70ml

1. 양파, 애호박은 잘게 다진다.
2. 두부는 사방 1cm 크기로 자른다.
3. 달군 팬에 식용유를 두르고 중간 불에서 다진 마늘, 양파, 애호박을 볶는다.
4. 양파가 투명해지면 돼지고기와 두부를 넣고 중간 불에서 노릇하게 볶다가 소스를 넣어 약한 불에서 끓인다.
5. 재료가 알맞게 익으면 전분물과 참기름을 넣고 빠르게 저어서 농도를 맞춘다.
6. 그릇에 밥을 담고 ⑤를 얹는다.

tip 간을 하지 않는 아이라면 된장과 굴소스를 빼고 조리하세요.

애호박 달걀덮밥

애호박과 달걀은 저희 집
냉장고에 항상 있는 재료들이에요.
이렇게 흔한 재료로도 덮밥을
만들면 슥슥 비벼 한 그릇 뚝딱
비우기 좋아요.

아이 1~2번 먹는 양
10개월부터

- □ 애호박 25g
- □ 달걀 1개
- □ 양파 20g
- □ 밥 80g
- □ 다진 마늘 1/3작은술
- □ 간장 · 올리고당 1/2작은술씩
- □ 멸치 다시마육수(181p 참고) 또는 물 1/2컵
- □ 식용유 적당량

1 애호박과 양파는 사방 1cm 크기로 작게 깍둑썰기 한다. 달걀을 볼에 담고 가위질을 해서 흰자 알끈을 잘라 푼다.

2 달군 팬에 식용유를 살짝 두르고 중간 불에서 다진 마늘, 애호박, 양파를 볶는다.

3 양파가 투명해지고 애호박이 제법 익으면 멸치 다시마육수와 간장, 올리고당을 넣고 중간 불에서 끓인다.

4 바글바글 끓을 때 달걀물을 동그랗게 부은 다음 뚜껑을 닫고 달걀물이 익을 때까지 약한 불에서 졸인다.

5 그릇에 밥을 담고 ④를 얹는다.

tip 간을 하지 않는 아이라면 간장을 빼고 조리하세요.

닭고기덮밥

닭고기덮밥의 일본 이름은 오야코동이에요. 우리나라 사람들이 여름 보양식으로 삼계탕을 챙겨 먹듯이 오야코동은 일본 사람들의 여름 보양식이에요. 자작한 국물에 부드러운 고기와 촉촉한 달걀이 얹어져 어른, 아이 할 것 없이 인기 있는 메뉴예요.

아이 1번 먹는 양
12개월부터

- □ 닭다리살 1개(65g)
- □ 양파 · 브로콜리 20g씩
- □ 느타리버섯 15g
- □ 대파 10g
- □ 달걀 1개
- □ 밥 100g
- □ 통깨 1/2작은술

소스

- □ 다시마육수(180p 참고) 1컵
- □ 간장 1/2큰술
- □ 맛술 1작은술
- □ 설탕 1/2작은술
- □ 후춧가루 약간

1 닭다리살은 껍질을 제거하고 한 입 크기로 자른다.
2 양파는 얇게 채 썰고, 대파는 송송 어슷 썬다.
3 달걀은 볼에 담고 가위질을 해서 흰자 알끈을 잘라 푼다.
4 버섯은 밑동을 자르고 가닥가닥 떼어 놓는다.
5 브로콜리는 끓는 물에 살짝 데쳐내어 한 입 크기로 자른다.
6 분량의 재료를 섞어 소스를 만든다.
7 팬에 소스와 양파, 버섯을 넣고 약한 불에서 소스가 끓으면 닭다리살을 넣는다.
8 닭다리살이 2/3 정도 익으면 뒤집고, 그 위에 달걀물을 동그랗게 부은 다음 대파를 넣고 뚜껑을 닫아 달걀물이 익을 때까지 약한 불에서 졸인다.
9 볼에 밥을 담아 ⑧을 올리고 통깨를 뿌리고, 찐 브로콜리를 곁들인다.

토마토 닭고기덮밥

이유식 초반부터 지금까지
토마토와 사랑에 빠진 라임이
입맛에 맞춘 덮밥이에요.
라임이 9개월쯤 만든 메뉴인데,
평소에는 잘 먹지 않는
두부과 닭고기까지 듬뿍
먹일 수 있는 메뉴였죠.

아이 1~2번 먹는 양
10개월부터

- □ 토마토 1/2개
- □ 다진 닭고기 50g
- □ 두부 60g
- □ 사과 25g
- □ 양파 20g
- □ 밥 80g
- □ 다진 마늘 1/3작은술
- □ 물 60ml
- □ 식용유 적당량

1. 두부는 사방 5mm 크기로 깍둑썰기한다.
2. 토마토는 십자로 살짝 칼집을 낸 후 볼에 담고, 끓는 물을 부어 1분 정도 둔다.
3. 토마토의 껍질과 씨를 제거하고, 과육을 큼직하게 다진다.
4. 양파는 잘게 다지고, 사과는 강판에 간다.
5. 달군 팬에 식용유를 두르고 중간 불에서 마늘과 양파를 볶는다.
6. 양파가 투명해지면 중간 불에서 닭고기와 두부를 넣고 노릇하게 볶는다.
7. 토마토와 사과를 넣고 볶는다. 수분기가 너무 없어지면 물을 넣고 국물이 자작하게 있는 상태로 만든다.
8. 그릇에 밥을 담고 ⑦을 얹는다.

돼지고기 가지덮밥

칼슘과 식이섬유가 풍부한 가지는 특히 돼지고기랑 궁합이 잘 맞아요. 가지를 그다지 좋아하지 않는 아이도 맛있게 먹는 덮밥 요리죠. 어떤 날은 가지를 큼직하게 잘라서 넣고, 어떤 날은 작게 깍둑썰기를 해서 넣는 등 크기에 변화를 주면 아이가 식재료에 흥미를 가지는 데 도움이 됩니다.

아이 1~2번 먹는 양
10개월부터

- □ 다진 돼지고기 60g
- □ 가지 2/3개(120g)
- □ 양파 20g
- □ 밥 80g
- □ 전분물(물 1큰술 + 전분가루 1작은술)
- □ 멸치 다시마육수(181p 참고) 또는 물 1컵
- □ 굴소스 · 들기름 · 통깨 1/2작은술씩
- □ 설탕 1/3작은술
- □ 식용유 적당량

돼지고기양념

- □ 맛술 · 간장 1/2작은술씩
- □ 다진 마늘 1/3작은술
- □ 다진 생강 1/4작은술

1. 양파는 잘게 다진다. 가지는 비스듬하게 얇게 슬라이스한 후 길게 이등분한다. 돼지고기는 돼지고기양념에 버무린다.
2. 달군 팬에 식용유를 약간 두르고 다진 돼지고기를 넣고 중간 불에서 볶는다.
3. 돼지고기가 익으면 양파, 가지를 넣고 강한 불에서 볶는다.
4. 재료들의 숨이 약간 죽으면 멸치 다시마육수를 넣고, 끓으면 굴소스로 간하고 전분물과 설탕, 들기름을 넣고 빠르게 저어서 섞는다.
5. 약한 불에서 자작하게 한소끔 더 끓이고 걸쭉해지면 불을 끈다.
6. 그릇에 밥을 담고 ⑤를 얹고 통깨를 뿌린다.

tip 다진 생강 대신에 생강가루를 한꼬집 넣거나, 없으면 생략해도 괜찮습니다.

tip 간을 하지 않는 아이라면, 굴소스와 간장을 빼고 조리하세요.

게살 버섯덮밥

부드럽고 촉촉한 덮밥은 아이들이
아주 좋아하는 요리예요.
게살 버섯덮밥은 게살의 감칠맛
때문에 특히 더 좋아하죠.
간단하게 휘리릭 만들면 금세
한 그릇 뚝딱입니다.

아이 1~2번 먹는 양
10개월부터

- □ 게살 70g
- □ 팽이버섯 40g
- □ 표고버섯 1/2개
- □ 대파 7g
- □ 밥 80g
- □ 전분물(물 1큰술 + 전분가루 1작은술)
- □ 멸치 다시마육수(181p 참고) 또는 물 1컵
- □ 굴소스 또는 국간장 1/2작은술
- □ 들기름 1/3작은술
- □ 식용유 적당량

1 게살과 팽이버섯은 잘게 찢고,
표고버섯은 모양대로 얇게 썬 다음 3등분한다.

2 대파는 송송 어슷 썬다.

3 달군 팬에 식용유를 두르고 중간 불에서 대파를 볶다가
팽이버섯, 표고버섯을 넣고 볶는다.

4 버섯에서 물이 나오기 시작하면 게살을 넣고 볶는다.

5 ④에 멸치 다시마육수를 넣고 끓으면 굴소스로 간하고
전분물과 들기름을 넣고 빠르게 저어서 섞는다.

6 약한 불에서 자작하게 한 번 끓이고 걸쭉해지면 불을 끈다.

7 그릇에 밥을 담고 ⑥을 얹는다.

tip 게살이 없으면 시판 게맛살을 이용해서 만들어도 맛있어요.

tip 간을 하지 않는 아이라면 굴소스를 빼고 조리하세요.

시금치크림소스 쇠고기덮밥

시금치는 비타민 A, 비타민 C, 칼슘, 철분이 풍부한 식재료예요. 시금치를 잘 먹지 않는 아이에게 이 소스를 한번 만들어 주면 시금치가 들어 있는지도 모르게 맛있게 먹을 거예요. 밥 대신 파스타를 삶아 넣어 만들어도 맛있어요.

아이 1~2번 먹는 양
10개월부터

- □ 시금치크림소스 80g
- □ 다진 쇠고기 20g
- □ 슬라이스치즈(데코용) 1장
- □ 밥 80g
- □ 식용유 적당량

시금치크림소스(160g)

- □ 시금치 30g
- □ 양파 20g
- □ 다진 마늘 1/2작은술
- □ 우유 120ml
- □ 생크림 60ml
- □ 슬라이스치즈 1장
- □ 올리브오일 1작은술

1. 믹서에 시금치와 우유를 넣고 간다.
2. 양파는 잘게 다진다.
3. 달군 팬에 올리브오일을 두르고 중간 불에서 양파와 마늘을 넣고 볶은 다음 ①과 생크림을 넣고 아주 약한 불에서 2분 정도 졸인다.
4. ③에 치즈를 녹여 잘 섞은 다음 따로 뺀다.
5. 깨끗이 씻어 다시 달군 팬에 식용유를 두르고 중간 불에서 다진 쇠고기를 노릇하게 볶는다.
6. ⑤에 시금치크림소스 80g을 넣고 잘 섞는다.
7. 그릇에 밥을 담고 ⑥을 얹어 예쁘게 치즈로 장식한다.

tip 시금치는 생으로 써도 되고, 살짝 한 번 찌거나 데쳐서 사용해도 좋아요.

tip 남은 시금치 크림소스는 삶은 파스타면을 넣어 파스타로 응용해도 좋아요.

tip 생크림을 우유로 대체 가능해요.

쇠고기 시금치 스크램블덮밥

쇠고기, 달걀, 채소를 한 번에
먹을 수 있는 간단하면서도
영양이 가득한 메뉴예요.
덮밥으로도 만들 수 있지만,
반찬으로도 변신이 가능해요.

아이 1~2번 먹는 양
10개월부터

- □ 다진 쇠고기 50g
- □ 양파 · 시금치 20g씩
- □ 표고버섯 10g
- □ 달걀 1개
- □ 밥 80g
- □ 식용유 적당량

1 양파와 시금치, 표고버섯은 잘게 다진다.

2 달걀은 볼에 담고 가위질을 해서 흰자 알끈을 잘라 푼다.

3 달군 팬에 식용유를 두르고 중간 불에서 양파와 표고버섯을 볶는다

4 양파가 투명해지면 쇠고기, 시금치를 넣고 볶는다.

5 쇠고기가 노릇하게 익으면 달걀물을 붓고 주걱으로 저어가면서 잘게 뭉치도록 볶는다.

6 그릇에 밥을 담고 ⑤를 얹는다.

tip 난백 알레르기가 있는 경우 전란 대신 달걀노른자 2개를 사용하세요.

02 한 그릇 요리

쇠고기 파인애플덮밥

파인애플이 쇠고기의 육질을 부드럽게 해줄 뿐만 아니라, 달달한 맛이 더해져 아이들이 먹기 좋은 덮밥이에요. 미리 쪄 놓은 브로콜리는 부드러운 소스를 머금고 있어서 더 맛있어요.

아이 1번 먹는 양
12개월부터

- □ 쇠고기(등심) 40g
- □ 파인애플 50g
- □ 브로콜리 25g
- □ 양파 20g
- □ 밥 80g
- □ 다진 마늘 1/3작은술
- □ 전분물(물 1큰술 + 전분가루 1작은술)
- □ 소금 · 후춧가루 약간씩
- □ 식용유 적당량

양념

- □ 간장 1작은술
- □ 올리고당 1/2작은술
- □ 파인애플즙 1큰술
- □ 물 2큰술

1 쇠고기는 한 입 크기로 큼직하게 썰고, 소금과 후춧가루를 뿌려 15분 이상 재운다.

2 파인애플은 1cm 크기로 고기 크기와 비슷하게 썬다.

3 양파는 잘게 다지고 브로콜리는 찜기에 푹 쪄서 한 입 크기로 썬다.

4 볼에 분량의 재료를 섞어 양념을 만든다.

5 달군 팬에 식용유를 두르고 중간 불에서 양파와 마늘을 볶는다.

6 양파가 투명해지면 쇠고기를 넣고 강한 불에서 노릇하게 볶는다.

7 쇠고기가 노릇해지면 파인애플을 넣고 중간 불에서 1분간 볶는다.

8 양념과 브로콜리를 넣고 끓기 시작하면 전분물을 넣고 빠르게 저어서 섞는다.

9 약한 불에서 자작하게 한 번 끓이고 걸쭉해지면 불을 끈다.

10 그릇에 밥을 담고 ⑨를 얹는다.

tip 파인애플즙은 강판에 파인애플을 갈아서 고운 체나 면포에 거른 후 즙만 사용하세요.

알배추 쇠고기덮밥

제철 알배추는 굉장히 달고
아삭아삭해요. 어른용으로는
알배추 겉절이를 만들어
입맛을 돋우고, 남은 알배추로
아이를 위한 덮밥을 만들어주세요.
소스에 간장 대신 된장을 넣어
응용해도 좋아요.

아이 1~2번 먹는 양
10개월부터

- □ 알배추 80g
- □ 다진 쇠고기 50g
- □ 밥 80g
- □ 다시마육수(180p 참고) 또는 물 150ml
- □ 전분물(물 1큰술 + 전분가루 1작은술)
- □ 통깨 1/2작은술
- □ 식용유 적당량

쇠고기양념

- □ 참기름 1/2작은술
- □ 간장 · 맛술 · 올리고당 1작은술씩
- □ 후춧가루 약간

1 다진 쇠고기는 양념소스에 재우고, 알배추는 사방 1cm 크기로 자른다.

2 달군 팬에 식용유를 두르고 중간 불에서 다진 쇠고기를 노릇하게 볶는다.

3 ②에 물을 붓고 끓으면 알배추를 넣어 중간 불에서 익힌다.

4 알배추가 다 익으면 전분물을 부어 빠르게 저어서 섞는다.

5 그릇에 밥을 담고 ④를 얹은 다음 위에 통깨를 뿌린다.

tip 간을 하지 않는 아이라면 간장을 빼고 조리하세요.

쇠고기 버섯덮밥

쇠고기와 버섯은 찰떡 궁합 재료예요. 향긋한 버섯을 듬뿍 넣어 든든하게 비벼 먹는 덮밥요리입니다. 버섯의 쫄깃한 식감을 싫어한다면 더 잘게 썰어 주세요.

아이 1~2번 먹는 양
10개월부터

- □ 다진 쇠고기 50g
- □ 양송이버섯 2개(40g)
- □ 느타리버섯 40g
- □ 양파 · 당근 15g씩
- □ 밥 80g
- □ 다진 대파 1큰술
- □ 전분물(물 1큰술 + 전분가루 1작은술)
- □ 다시마육수(180p 참고) 또는 물 1컵
- □ 국간장 · 굴소스 1/3작은술씩
- □ 참기름 · 통깨 1/2작은술
- □ 식용유 적당량

1 양파는 잘게 다지고, 당근은 얇게 채 썬다. 양송이버섯은 얇게 슬라이스하고, 느타리버섯은 밑둥을 잘라내고 두꺼운 것은 손으로 얇게 찢는다.

2 팬에 식용유를 약간 두른 다음 다진 대파를 넣고 중간 불에서 볶는다.

3 대파향이 올라오기 시작하면 양파와 당근을 넣고 볶다가 양파가 살짝 투명해지면 다진 쇠고기를 넣고 볶는다.

4 쇠고기가 다 익으면 버섯을 넣고 강한 불에서 볶는다.

5 다시마육수를 넣고 끓으면 국간장과 굴소스로 간을 하고, 전분물과 참기름을 넣어 빠르게 저어서 섞는다.

6 약한 불에서 자작하게 한 번 끓이고 걸쭉해지면 불을 끈다.

7 그릇에 밥을 담고 ⑥을 얹은 다음 통깨를 뿌린다.

tip 버섯은 다른 종류의 버섯들로 대체해도 좋아요.

tip 간을 하지 않는 아이라면 국간장과 굴소스는 빼고 조리하세요.

돈가스덮밥

제가 어렸을 때 돈가스덮밥을 자주 먹었는데, 달달한 국물에 적셔진 밥과 돈가스를 함께 먹으면 그렇게 맛있을 수가 없더라고요. 돈가스는 늘 아이들에게 환영받는 메뉴이니, 돈가스덮밥을 해주면 아이가 '엄마 최고'라고 말할 거예요.

아이 1번 먹는 양
12개월부터

- □ 돈가스(426p 참고) 1장
- □ 양파 20g
- □ 표고버섯 15g
- □ 대파 10g
- □ 달걀 1개
- □ 밥 100g
- □ 통깨 1/2작은술
- □ 튀김유 적당량

소스

- □ 다시마육수(180p 참고) 1/2컵
- □ 간장 1/2큰술
- □ 맛술 · 쯔유 1큰술씩

1 양파는 얇게 채 썰고, 표고버섯은 모양대로 얇게 썬다.
2 대파는 송송 어슷 썰고, 달걀은 볼에 담고 가위질을 해서 흰자 알끈을 잘라 푼다.
3 분량의 재료를 섞어 소스를 만든다.
4 돈가스는 170℃ 튀김유에 노릇하게 튀긴 다음 2cm 두께로 길게 자른다.
5 팬에 소스와 양파, 버섯을 넣고 약한 불에서 끓이고, 양파가 익으면 돈가스를 얹은 다음 달걀물을 동그랗게 붓는다.
6 대파를 넣고 뚜껑을 닫아 달걀물이 익을 때까지 약한 불에서 졸인다.
7 볼에 밥을 담고 ⑥을 올리고 통깨를 뿌린다.

tip 쯔유가 없으면 올리고당 · 간장 1작은술씩 섞어서 대체해도 돼요.

게맛살수프덮밥

게맛살은 구하기도 쉽고
아이들이 좋아하는 재료로
버섯과 달걀을 넣어 영양 듬뿍
덮밥을 만들어보세요.
먹다 보면 어느새 빈 그릇만
남아 있을 거예요.

아이 1~2번 먹는 양
10개월부터

- □ 게맛살 60g
- □ 팽이버섯 40g
- □ 대파 10g
- □ 달걀 1개
- □ 밥 100g
- □ 다진 마늘 1/3작은술
- □ 굴소스 1작은술
- □ 전분물(물 1큰술 + 전분가루 1작은술)
- □ 멸치 다시마육수(181p 참고) 2컵
- □ 식용유 적당량

1 게맛살은 결대로 잘게 찢고, 팽이버섯은 밑동을 자르고 반으로 잘라 가닥가닥 찢는다.

2 대파는 송송 어슷 썬다.

3 달걀을 볼에 담고 가위로 흰자 알끈을 제거한다.

4 달군 팬에 식용유를 두르고 중간 불에서 마늘과 대파, 버섯을 넣고 버섯 숨이 죽을 때까지 볶는다.

5 ④에 게맛살도 넣고 살짝 볶은 다음 육수를 넣고 끓으면 푼 달걀을 동그랗게 붓는다.

6 달걀이 익으면 굴소스로 간을 맞추고, 전분물을 넣고 빠르게 저어서 약한 불에서 걸쭉하게 졸인다.

7 그릇에 밥을 담고 ⑥을 얹는다.

tip 간을 하지 않는 아이라면 게맛살을 게살로 쓰고 굴소스를 빼고 조리하세요.

달걀 짜장밥

고기 대신 달걀로 어떤 특별한 요리를 해줄까 생각하다 만들게 된 메뉴예요. 보통 짜장면을 먹을 때는 달걀프라이나 삶은 달걀을 곁들이잖아요. 달걀을 스크램블해서 넣었더니 짜장에 고기가 들어가지 않아도 제법 잘 어울리더라고요.

아이 1번 먹는 양
12개월부터

- □ 달걀 1개
- □ 고구마 20g
- □ 애호박 10g
- □ 감자 · 양파 15g씩
- □ 표고버섯 1/4개
- □ 밥 80g
- □ 다진 마늘 1/4작은술
- □ 물 1/2컵
- □ 짜장가루 1/2큰술
- □ 식용유 적당량

1 고구마는 찜기에 넣고 푹 찐 다음 껍질을 벗기고 포크로 곱게 으깬다.

2 애호박, 감자, 표고버섯, 양파는 사방 1cm 크기로 크게 다진다.

3 달걀은 볼에 담고 가위질을 해서 흰자 알끈을 잘라 푼다.

4 달군 팬에 식용유를 두르고 중간 불에서 달걀을 넣어 스크램블로 익힌 다음 따로 빼 둔다.

5 팬에 식용유를 두르고 중간 불에서 다진 마늘, 감자, 양파, 표고버섯, 애호박 순으로 채소를 볶는다.

6 ⑤에 달걀스크램블, 물, 짜장가루, 으깬 고구마를 넣고 약한 불에서 걸쭉해질 때까지 졸인다.

7 그릇에 밥을 담고 소스를 얹는다.

시금치 고구마 카레덮밥

카레 덮밥은 대중적인 메뉴지만, 카레향 때문에 의외로 좋아하지 않는 아이들이 있어요. 카레에 고구마를 넣어 부드럽고 달달한 맛을 더해주세요. 고구마의 전분기 덕에 금방 걸쭉해져 카레가루를 적게 넣어도 되직한 느낌의 카레를 만들 수 있어요.

아이 1번 먹는 양
12개월부터

- □ 시금치 30g
- □ 고구마 · 다진 쇠고기 50g씩
- □ 애호박 25g
- □ 당근 20g
- □ 밥 100g
- □ 물 1 ½컵
- □ 카레가루 1큰술
- □ 식용유 적당량

1. 애호박과 당근은 잘게 다진다. 고구마는 얇게 슬라이스한다.
2. 냄비에 물과 고구마를 넣고 고구마가 부드럽게 익을 때까지 약한 불에서 뚜껑을 덮고 끓인다.
3. 고구마가 다 익으면 시금치를 넣고 시금치가 숨이 죽을 때까지 끓인 다음 핸드블렌더로 곱게 간다.
4. 달군 팬에 식용유를 살짝 두르고 애호박과 당근을 중간 불에서 볶다가, 절반 정도 익으면 다진 쇠고기를 넣고 노릇하게 볶는다.
5. 팬에 ③과 카레가루를 넣고 걸쭉하게 될 때까지 약한 불에서 저어가면서 졸인다.
6. 그릇에 밥을 담고 ⑤를 얹는다.

닭고기 버섯 우유카레덮밥

버섯을 가득 넣고 만든 카레예요. 물이 아닌 우유를 넣고 만들기 때문에
맛이 고소하고 부드러워 아이들이 정말 좋아한답니다.

아이 1번 먹는 양
12개월부터

□ 닭가슴살 50g
□ 버섯류(느타리, 표고, 양송이) 90g
□ 양파 15g
□ 슬라이스치즈 1/2장
□ 밥 100g
□ 우유 80ml
□ 카레가루 1큰술
□ 다진 대파 1/2큰술
□ 다진 마늘 1/2작은술
□ 버터 1작은술
□ 파르메산치즈가루 약간

1 닭가슴살은 굵게 채 썰고, 양파는 잘게 다진다.
2 느타리버섯은 밑동을 잘라낸 뒤 손으로 먹기 좋게 찢고, 표고버섯과 양송이는 모양대로 얇게 슬라이스한다.
3 달군 팬에 버터를 넣고 녹인 후 다진 대파, 다진 마늘, 다진 양파를 넣고 중간 불에서 볶는다.
4 양파가 투명해질 때쯤 닭고기를 넣고 함께 볶는다.
5 닭고기가 거의 다 익을 때쯤 버섯을 넣고, 강한 불에서 버섯의 숨이 약간 죽을 때까지 볶는다.
6 우유와 슬라이스치즈, 카레가루를 넣고 중간 불에서 걸쭉해질 때까지 저어가면서 졸인다.
7 그릇에 밥을 담고 카레를 얹은 다음에 파르메산치즈가루를 약간 뿌린다.

tip 닭고기와 우유 대신에 게살과 코코넛밀크를 이용하면 이색적인 맛의 카레 레시피가 됩니다.

달걀볶음밥

소박하지만 맛있는 달걀볶음밥이에요. 파기름을 내어 보슬보슬하게 볶으면 밥알 하나하나에 달걀이 코팅되어 고소하고 담백하니 정말 맛있어요. 식용유 대신 버터로 볶으면 또 다른 풍미를 느낄 수 있을 거예요.

아이 1~2번 먹는 양
10개월부터

- □ 달걀 1개
- □ 대파 6g
- □ 밥 100g
- □ 간장 1/2작은술
- □ 식용유 적당량

1. 달걀은 볼에 담고 가위질을 해서 흰자 알끈을 잘라 푼다.
2. 대파는 굵게 다진다.
3. 달군 팬에 식용유를 두르고 대파를 중간 불에서 볶아 향을 낸 다음 불을 끄고, 밥과 간장을 넣어 주걱으로 골고루 섞는다.
4. 다시 중간 불에서 달걀물을 골고루 부어 주걱으로 밥을 잘라주듯이 골고루 섞어가며 달걀이 다 익을 때까지 볶는다.

tip 간을 하지 않는 아이라면 간장을 빼고 조리하세요.

시금치 달걀볶음밥

어른, 아이 할 것 없이 좋아하는 메뉴입니다. 마지막에 버터를 넣어 살짝만 볶아주면 고소한 풍미가 가득한 볶음밥이 완성됩니다.

아이 1~2번 먹는 양
10개월부터

- □ 시금치 25g
- □ 달걀 1개
- □ 밥 100g
- □ 버터 1작은술
- □ 국간장 1/2작은술
- □ 식용유 약간

1 달걀은 볼에 담고 가위질을 해서 흰자 알끈을 잘라 푼다.
2 시금치는 먹기 좋게 4cm 정도의 길이로 자른다.
3 달군 팬에 식용유를 약간 두르고 중간 불에서 시금치를 볶는다.
4 시금치 숨이 살짝 죽어갈 때쯤 시금치는 팬의 한쪽 가장자리에 몰고, 달걀물을 부어 달걀스크램블을 만든다.
5 달걀이 반 정도 익으면 불을 끄고 밥과 국간장, 버터를 넣어 고루 비빈다.
6 강한 불에 고슬고슬하게 빠르게 다시 볶는다.

tip 밥을 넣지 않고 시금치와 달걀을 같은 방법으로 볶으면 맛있는 시금치 달걀볶음이 된답니다.

tip 간을 하지 않는 아이라면 국간장을 빼고 조리하세요.

카레볶음밥

개나리처럼 예쁜 노란 빛깔과
카레의 은은한 향긋함이
매력적인 볶음밥이에요.
집에 있는 다양한 재료를 넣어서
얼마든지 응용해 만들 수 있는
한 그릇 요리예요.

아이 1번 먹는 양
12개월부터

- □ 닭안심 50g
- □ 양파 · 당근 · 애호박 7g씩
- □ 밥 100g
- □ 카레가루 1작은술
- □ 소금 · 후춧가루 · 식용유 적당량씩

1. 닭안심은 사방 1cm 크기로 자르고, 소금과 후춧가루를 뿌려 20분 이상 재운다.
2. 양파, 당근, 애호박은 잘게 다진다.
3. 달군 팬에 식용유를 두르고 중간 불에서 양파, 당근, 애호박을 볶다가 양파가 투명해지면 닭안심을 넣어서 노릇하게 볶는다.
4. 불을 끄고 카레가루와 밥을 넣어 골고루 섞은 다음 다시 강한 불에서 빠르게 볶는다.

오므라이스

냉장고에 있는 자투리
재료를 모아서 근사하게
만들어 낼 수 있는 메뉴예요.
부들부들한 달걀이 이불처럼
밥을 감싼 오므라이스 위에
케첩으로 예쁘게 모양을 내어
주세요. '우와' 하고
환호성이 들릴지 몰라요!

아이 1번 먹는 양
12개월부터

- □ 새우 5마리
- □ 달걀 1개
- □ 양파 · 애호박 10g씩
- □ 당근 5g
- □ 밥 80g
- □ 다진 마늘 1/3작은술
- □ 간장 1/2작은술
- □ 파르메산치즈가루 · 파슬리가루 약간씩
- □ 식용유 적당량

1. 양파, 당근, 애호박은 잘게 다진다.
2. 새우는 껍질을 벗기고 등과 배쪽을 칼로 살짝 잘라 내장을 제거한 후 3등분해서 큼직하게 자른다.
3. 달걀은 볼에 담고 가위질을 해서 흰자 알끈을 잘라 푼다.
4. 달군 팬에 식용유를 두르고 중간 불에서 마늘과 양파를 볶다가, 양파가 투명해질 때쯤 당근과 애호박을 넣어 볶는다.
5. 새우를 넣어 익을 때까지 볶다가 불을 끄고 밥과 간장을 넣어 주걱으로 골고루 섞는다.
6. 다시 강한 불에서 빠르게 2분간 볶아서 따로 빼 둔다.
7. 깨끗이 닦아 다시 달군 팬에 식용유를 두르고 중간 불에서 달걀물을 부어 넓게 부친다.
8. 달걀물이 완전 익기 전에 볶음밥을 가운데에 놓고 달걀을 덮듯이 접어 그릇에 담은 다음 파르메산치즈가루와 파슬리가루를 곁들인다.

낫토볶음밥

낫토를 잘 먹는 라임이가 좋아하는 볶음밥이에요. 낫토는 호불호가 갈리는 식품인데, 어릴 때부터 접한 아이들은 커서도 잘 먹더라고요. 낫토를 그냥 먹는 것이 부담스럽다면 이렇게 볶음밥으로 만드는 방법을 추천합니다.

아이 1~2번 먹는 양
10개월부터

- □ 낫토 1/2팩
- □ 다진 돼지고기 20g
- □ 브로콜리 15g
- □ 양파 10g
- □ 밥 80g
- □ 국간장·참기름 1/2작은술씩
- □ 식용유 적당량

1. 양파와 브로콜리는 잘게 다진다.
2. 달군 팬에 식용유를 살짝 두르고 양파와 브로콜리, 다진 돼지고기를 넣고 중간 불에서 볶는다.
3. 재료들이 다 익으면 불을 끄고 밥, 낫토, 국간장, 참기름을 넣고 골고루 섞는다.
4. 밥이 고슬고슬해질 때까지 강한 불에서 빠르게 볶는다.

tip 아이가 간을 더 한다면 돼지고기에 조림간장 1/2작은술 또는 간장·맛술·올리고당 1/3 작은술씩에 버무렸다가 볶으면 더 맛있어요. 달걀프라이와 김가루를 얹어 먹어도 맛있답니다.

tip 간을 하지 않는 아이라면 국간장은 빼고 조리하세요.

돼지고기 백김치볶음밥

고춧가루가 들어 있지 않아서 맛도 깔끔하고, 아이들도 맵지 않게 먹을 수 있는 김치볶음밥이에요.

아이 1번 먹는 양
12개월부터

- □ 돼지고기 50g
- □ 백김치 35g
- □ 양파 · 당근 10g씩
- □ 밥 100g
- □ 설탕 1/2작은술
- □ 식용유 적당량

1 돼지고기와 백김치, 양파, 당근은 잘게 다진다.

2 달군 팬에 식용유를 두르고 중간 불에서 양파와 당근, 백김치, 설탕을 넣고 볶는다.

3 양파가 투명해질 때쯤 돼지고기를 넣고 노릇하게 볶는다.

4 불을 끄고 밥을 팬에 넣고 골고루 섞은 다음 다시 강한 불에서 빠르게 볶는다.

tip 간을 추가하고 싶으면 국간장으로 해주세요.

불고기맛 볶음밥

불고기 싫어하는 아이는
극히 드물 거예요. 양념해서
볶은 쇠고기와 냉장고 자투리
채소를 활용해 만들 수 있는
간단한 볶음밥으로
우리집 단골 메뉴랍니다.

아이 1번 먹는 양
12개월부터

- □ 다진 쇠고기 20g
- □ 브로콜리 10g
- □ 당근 7g
- □ 대파 5g
- □ 밥 100g
- □ 식용유 적당량

쇠고기양념

- □ 간장·올리고당·참기름 1/2작은술씩
- □ 다진 마늘 1/4작은술

1 브로콜리, 당근, 대파는 곱게 다진다.

2 다진 쇠고기는 쇠고기양념에 15분 이상 재운다.

3 달군 팬에 식용유를 두르고 ①을 약한 불에서 볶은 다음 채소 숨이 죽으면 다진 쇠고기를 넣고 중간 불에서 노릇하게 볶는다.

4 팬의 불을 끄고 밥을 넣어 재료들과 어우러지게 잘 섞은 다음 다시 강한 불에서 빠르게 볶는다.

쇠고기 버섯볶음밥

한 그릇 요리로 간단하게
만들기에는 볶음밥이 최고인 것
같아요. 대파를 먼저 볶아서
향을 내주고, 들기름을 섞으면
고소한 맛이 극대화돼요.
단순한 볶음밥 같지만,
레시피대로 해보면 그 풍미가
다를 거예요.

아이 1~2번 먹는 양
10개월부터

- □ 다진 쇠고기 25g
- □ 표고버섯 1/2개
- □ 당근 8g
- □ 대파 5g
- □ 밥 80g
- □ 국간장·들기름 1/2작은술씩
- □ 식용유 적당량

1. 당근과 표고버섯은 잘게 다지고, 대파는 송송 어슷 썬다.
2. 달군 팬에 식용유를 두르고 중간 불에서 대파, 당근, 표고버섯 순으로 볶는다.
3. 당근이 거의 다 익으면, 쇠고기를 넣고 노릇하게 볶는다.
4. 불을 끄고 밥, 국간장, 들기름을 넣어 골고루 섞는다.
5. 강한 불에서 밥은 고슬고슬하게 빠르게 볶는다.

tip 간을 하지 않는 아이라면 국간장을 빼고 조리하세요.

토마토 새우 달걀볶음밥

토마토 달걀스크램블은 간단하면서 맛있고, 영양적으로도 훌륭한 요리예요. 여기에 밥을 더하면 든든한 한 그릇 요리가 된답니다. 새우살도 좋지만 닭고기, 게맛살, 참치, 베이컨, 소시지 등을 넣고 응용해서 만들어도 맛있어요.

아이 1~2번 먹는 양
10개월부터

- □ 토마토 또는 방울토마토 100g
- □ 새우살 50g
- □ 달걀 1개
- □ 양파 20g
- □ 밥 100g
- □ 다진 파 1큰술
- □ 다진 마늘 1/3작은술
- □ 국간장 1/2작은술
- □ 식용유 적당량

1. 새우는 등을 칼로 살짝 갈라 내장을 제거한 후 2cm 두께로 자른다.
2. 양파는 잘게 다지고, 토마토는 사방 3cm 정도로 큼직큼직하게 자른다. 방울토마토의 경우 반으로 자른다.
3. 달걀은 볼에 담고 가위질을 해서 흰자 알끈을 잘라 푼다.
4. 팬에 식용유 약간을 두르고 다진 마늘, 다진 파, 다진 양파를 넣고 중간 불에서 볶는다.
5. 양파가 투명해질 때쯤 새우살을 넣고 볶는다.
6. 새우살이 거의 익으면 토마토를 넣고 잠시 볶다가 재료들을 팬의 가장자리로 몰고, 빈 곳에 달걀을 넣고 스크램블을 만든다.
7. 달걀이 거의 익을 즈음 불을 끄고 밥과 국간장을 넣고 팬 안에 있는 재료들을 고루 섞는다.
8. 다시 강한 불에서 고슬고슬하게 빠르게 볶는다.

tip 새우살을 빼고 아주 간단하게 토마토 달걀볶음밥으로 만들어 먹어도 맛있어요.

tip 간을 하지 않는 아이라면 국간장을 빼고 조리하세요.

파인애플 새우볶음밥

파인애플 그릇에 소복하게 밥을 담아 보기에도 예쁘고 달콤한 향까지 더해진 일품 요리예요. 아이들 기억 속에 특별하게 남을 요리랍니다.

아이와 어른 1번 먹는 양
12개월부터

- □ 파인애플 70g
- □ 새우 7마리
- □ 달걀 1개
- □ 당근 20g
- □ 대파 10g
- □ 밥 250g
- □ 다진 마늘 1/2작은술
- □ 피시소스 또는 간장 2작은술
- □ 파인애플즙 2큰술
- □ 식용유 적당량

1 달걀은 볼에 담고 가위질을 해서 흰자 알끈을 잘라 푼다.
2 당근은 잘게 다지고, 대파는 송송 썬다.
3 새우는 껍질을 벗기고 등과 배쪽을 칼로 살짝 잘라 내장을 제거한 후 3등분 한다.
4 달군 팬에 식용유를 두르고 중간 불에서 마늘과 대파를 볶은 다음 당근을 넣어 볶고, 재료들을 프라이팬 가장자리로 몰아 놓은 다음 달걀을 넣어 스크램블을 만든다.
5 달걀이 다 익을 때쯤 새우를 넣고 볶고 새우가 다 익을 때쯤 불을 끄고 밥, 파인애플, 피시소스, 파인애플즙을 넣고 골고루 섞는다.
6 다시 강한 불에서 고슬고슬하게 빠르게 볶는다.

tip 파인애플을 통으로 사서 반으로 갈라 안에 있는 과육을 파내면 파인애플 그릇으로 사용할 수 있어요.

tip 파인애플즙은 강판에 파인애플을 갈아 고운 체나 면포에 걸러 즙만 사용하세요.

02 한 그릇 요리

잔치국수

잔치국수는 아이와 엄마가 함께 먹을 수 있는 대표적인 메뉴입니다.
아마 온몸으로 국수를 먹는 아이의 모습을 보실 수 있을 거예요. 가느다란 면을 입에 넣어보려고
노력하는 모습, 손으로 쥐어보고, 손가락에 걸쳐진 면을 빼내려고 손을 흔들다가 면이 날아가기도 하고,
머리카락에 면이 걸쳐지기도 하고… 주변이 좀 지저분해질 수 있지만,
면이 부드러워 먹기도 쉽고 즐거운 식사 시간이 될 거예요.

아이 1번 먹는 양
8개월부터

- □ 소면 또는 중면 50g
- □ 멸치 다시마육수(181p 참고) 1 ½컵
- □ 애호박 15g
- □ 당근 10g
- □ 달걀 1/2개
- □ 다진 마늘 1/3작은술
- □ 국간장 · 참기름 · 김가루 약간씩
- □ 깨소금 약간

1. 애호박과 당근은 3mm 두께로 채썬다.
2. 볼에 달걀을 넣고 가위질을 해서 흰자 알끈을 잘라 푼다.
3. 끓는 물에 소면을 넣고 4~5분간 삶아서 찬물에 헹군다.
4. 냄비에 멸치 다시마육수를 넣고 중간 불에서 끓인 다음 애호박, 당근, 마늘을 넣고 익힌다.
5. 애호박과 당근이 다 익을 때쯤 육수에 달걀물을 동그랗게 붓는다.
6. 달걀물이 익을 때까지 젓지 않고 약한 불에서 끓이는데, 이때 저으면 국물이 탁해진다.
7. 국간장으로 간을 하고, 접시에 면을 담고 육수를 부은 다음 김가루와 깨소금을 올리고 참기름을 몇 방울 떨어뜨린다.

tip 간을 하지 않는 아이라면 국간장은 빼고 조리하세요.

tip 난백 알레르기가 있는 경우 달걀노른자만 사용하세요.

tip 통깨를 절구에 빻거나 손으로 으깨어(깨소금) 넣으면 더욱 향긋해요.

검은콩국수

저는 콩국수를 좋아해서 여름에 검은콩국물을 자주 만들어요.
한 번 만들어 놓으면 여름 별미로 검은콩국수를 즐길 수 있죠.
라임이는 두부를 안 좋아하는 편이었는데, 신기하게도 이 검은콩국수는 잘 먹더라고요.

아이 1번 먹는 양
8개월부터

- □ 검은콩국물 1컵
- □ 잣 1작은술
- □ 방울토마토 · 오이채 약간씩
- □ 소면 또는 중면 50g

검은콩국물

- □ 검은콩(서리태) 1컵
- □ 물(생수) 2컵
- □ 소금 약간

1. 물로 씻은 검은콩은 잠길 정도의 물을 부어 6시간 이상 불린다.
2. 냄비에 불린 검은콩과 물 1컵을 넣고 중간 불에서 끓이는데, 물이 끓기 시작하고 3분간 더 끓인 다음, 불을 끄고 그대로 한 김 식힌다.
3. 믹서에 검은콩과 삶은 물을 붓고, 물 1컵과 잣을 더 넣어 곱게 간다.
4. 면포를 이용해 검은콩물을 걸러낸다. 기호에 따라 물과 소금을 약간 넣는다.
5. 끓는 물에 소면을 넣고 4~5분간 삶아서 찬물에 헹군다.
6. 그릇에 소면을 담고 검은콩국물을 부어 오이채와 슬라이스한 방울토마토를 얹어 낸다.

tip 더 고소한 맛을 원한다면 잣 1큰술을 콩과 같이 갈아요.

tip 파워 믹서일 경우 면포에 거르지 않고 그대로 곱게 갈고, 주서기는 물과 함께 내려주면 됩니다.

tip 간을 하지 않는 아이라면 소금을 빼 주세요.

+ 응용편

검은콩국물 활용하기

검은콩은 일반 콩에 비해 항암 및 노화 억제 물질이 4배나 많고, 체내의 독소를 빼내는 해독작용이 뛰어나요. 혈액순환을 원활하게 해주고, 혈관도 튼튼하게 해준답니다. 검은콩국물은 한 번 만들어 두면 음료로도 마실 수 있고, 소면이나 칼국수를 삶아 넣거나 우무묵을 넣어 시원하게 콩국수를 해서 먹으면 여름 별미로 제격이에요.

검은깨국수

콩국수와 비슷한 듯 아닌 듯
또 다른 별미인 검은깨국수예요.
만드는 법도 콩국수보다
간단하니 한번 도전해보세요.
두뇌 발달에 좋은 검은깨가
가득한 영양만점 국수요리예요.

아이 1번 먹는 양
8개월부터

- □ 검은깨 2큰술
- □ 우유 또는 두유 1컵
- □ 중면 60g
- □ 오이채 약간
- □ 방울토마토 2~3개

1 끓는 물에 중면을 넣고 5~6분간 삶아서 찬물에 헹궈 체에 밭친다.

2 우유와 검은깨를 믹서에 넣고 곱게 간다.

3 면을 접시에 담고, ②를 부은 다음 오이와 방울토마토로 장식한다.

tip 모유나 분유물을 활용할 수 있어요.

배즙 애호박국수

명절 때 받은 커다란 배를 보고
무엇을 만들까 고민을 하다가
탄생한 메뉴예요. 달달한
배즙으로 쇠고기를 재우면
고기가 한결 부드러워지고,
배즙을 냉면육수처럼 활용하니
아이들에게 인기만점이에요.

아이 1번 먹는 양
8개월부터

- □ 다진 쇠고기 30g씩
- □ 배 70g
- □ 애호박 · 소면 또는 중면 40g씩
- □ 통깨 1작은술
- □ 식용유 적당량

쇠고기양념

- □ 배즙 1큰술
- □ 간장 · 참기름 1/2작은술씩
- □ 다진 마늘 1/3작은술

1. 배는 강판에 간 다음 고운 체에 걸러 즙만 사용한다. 쇠고기양념에 들어가는 1큰술은 따로 빼 둔다.
2. 애호박은 씨 부분을 제거하고 얇게 채썬다.
3. 다진 쇠고기는 분량의 양념에 15분 정도 재운다.
4. 달군 팬에 식용유를 두르고 중간 불에서 쇠고기를 노릇하게 볶는다.
5. 끓는 물에 면을 먼저 넣고 5~6분간 삶고, 애호박은 면이 거의 다 삶아졌을 때 함께 1분간 삶는다.
6. 면과 애호박을 체에 밭쳐 찬물에 헹군 다음 물기를 제거하고 볼에 담는다. 쇠고기 볶은 것과 남은 배즙을 넣고 버무린다.
7. 그릇에 예쁘게 담고 위에 통깨를 뿌려 낸다.

tip 간을 하지 않는 아이라면 간장을 빼고 조리하세요.

사과 간장비빔국수

달달하고 상큼한 사과와
볶은 채소들을 넣어 간단하게
비벼 먹는 간장비빔국수입니다.
중간중간 씹히는 사과와
달콤하고 고소한 면의 맛이
어우러져 아이들이 정말
좋아한답니다.

아이 1번 먹는 양
8개월부터

- □ 사과 1/4개(25g)
- □ 애호박 20g
- □ 표고버섯 1/2개(15g)
- □ 소면 또는 중면 60g
- □ 식용유 적당량

양념

- □ 간장·올리고당 2작은술씩
- □ 참기름 1작은술

1 분량의 재료를 섞어 양념을 만든다.

2 사과, 표고버섯, 애호박은 얇게 채 썰고, 식용유를 살짝 둘러 달군 팬에 표고버섯과 애호박을 넣어 중간 불에서 볶아 익힌다.

3 끓는 물에 소면을 넣고 5~6분 삶아 찬물에 헹궈 체에 밭친다.

4 볼에 면과 양념을 넣고 버무린 다음 사과, 표고버섯, 애호박을 넣고 살살 섞는다.

tip 여기에 만능 쇠고기소보로(179p 참고)를 올려 먹으면 부족한 단백질을 채울 수 있어요. 올리고당 대신 사과를 강판에 갈아 즙을 낸 다음 사과즙을 넣어 응용해도 맛있답니다.

tip 간을 하지 않는 아이라면 간을 빼고 조리하세요.

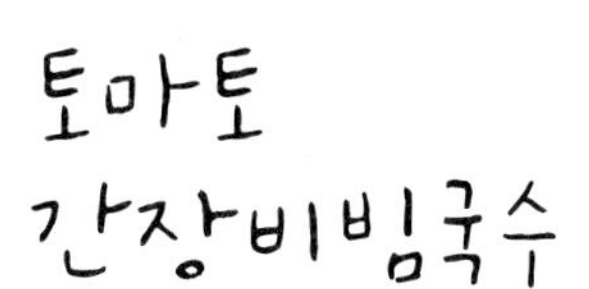

토마토 간장비빔국수

토마토를 좋아하는 라임이를
위해 만든 요리예요.
간단한 간장비빔국수가
토마토와 만나 맛도 더해지고
영양도 풍부해졌어요.

아이 1번 먹는 양
12개월부터

□ 방울토마토 80g
□ 소면 또는 중면 60g

양념
□ 간장 · 올리고당 2작은술씩
□ 식초 · 검은깨 1/2작은술
□ 참기름 1작은술

1 분량의 재료를 섞어 양념을 만든다.
2 방울토마토는 4등분하고 절반을 잘라 8등분한다.
3 끓는 물에 중면을 넣고 5~6분 삶아 찬물에 헹궈 체에 밭친다.
4 그릇에 면을 담고, 토마토와 양념을 얹는다.

tip 식초 대신 발사믹식초를 넣어도 향긋한 감칠맛이 돌아 맛있어요. 신맛을 좋아하지 않는 아이는 식초를 빼주세요.

들기름막국수

몸에 좋은 들기름을 듬뿍 넣고 비빈 아주 간단한 국수 요리입니다. 만들기도 간단하고, 자극적이지 않은 담백한 맛이라 아이들이 정말 잘 먹어요.

아이 1번 먹는 양
12개월부터

- □ 메밀면 70g
- □ 구운 김가루 2큰술
- □ 쪽파 10g
- □ 들기름 · 쯔유 1/2큰술씩
- □ 통깨 1작은술

1 쪽파는 얇게 송송 썬다. 조미되지 않은 구운 김을 비닐에 넣고 손으로 비벼서 잘게 부순다.

2 끓는 물에 메밀면을 넣고 봉지에 써져 있는 조리 방법대로 삶은 후 찬물에 헹군 다음 채반에 밭쳐 물기를 뺀다.

3 볼에 면을 담고 들기름, 쯔유를 넣고 고루 버무린다.

4 그릇에 면을 담고 김가루, 쪽파, 통깨를 얹는다. 통깨는 손으로 살짝 눌러 부숴가며 얹는다.

tip 쯔유가 없다면 간장 2작은술, 올리고당 1작은술로 대체해 주세요. 메밀면 대신에 중면, 소면을 삶아서 만들 수 있답니다. 낫토가 있다면 1/2팩에 물 1큰술을 넣고 저어서 얹어 먹어도 맛있어요.

tip 쪽파는 생략 가능합니다.

들깨 당근수제비

수제비 반죽에 당근을 갈아 넣어 색도 예쁘고, 몸에도 좋은 수제비예요. 들깨를 넣어 고소하고 진한 국물에 쫄깃한 수제비가 잘 어우러져 당근을 잘 먹지 않는 아이들도 좋아할 거예요.

아이 1번 먹는 양
10개월부터

- □ 양파 15g
- □ 감자 50g
- □ 애호박 30g
- □ 대파 10g
- □ 다진 마늘 1/3작은술
- □ 멸치 다시마육수(181p 참고) 1 ½컵
- □ 들깻가루 2큰술
- □ 국간장 1/2작은술

반죽

- □ 당근 30g
- □ 중력분 또는 강력분 40g
- □ 물 25ml

1 수제비 반죽은 당근을 강판에 갈고 밀가루와 물을 섞어 잘 치댄 다음 비닐봉투에 반죽을 담아 냉장고에 30분 이상 숙성시킨다.

2 양파는 1cm 두께로 채 썰고, 감자는 껍질을 벗기고 애호박과 1cm 두께로 썰어 4등분한다.

3 대파는 송송 어슷 썬다.

4 냄비에 육수를 붓고 중간 불에서 끓으면 다진 마늘과 감자를 넣고 끓이는데, 감자가 반 정도 익었을 때 양파와 애호박을 넣고 끓인다.

5 반죽을 손으로 얇게 펴서 한 입 크기로 얇게 뜯어 냄비에 넣는다.

6 수제비와 채소들이 다 익으면, 들깻가루를 넣어 젓고 국간장으로 간을 맞춘다.

tip 간을 하지 않는 아이라면 국간장을 빼고 조리하세요.

감자수제비

날씨가 쌀쌀해지고 비가 오면 생각나는 감자수제비입니다.
손으로 접어서 만든다고 해서 '수접이'라고 불리던 것이 변해서 지금의 수제비가 되었다고 해요.
쫀득쫀득한 감자수제비는 아이들도 정말 좋아한답니다.

아이 1번 먹는 양
10개월부터

- □ 달걀 1개
- □ 애호박 25g
- □ 양파 20g
- □ 대파 10g
- □ 다진 마늘 1/3작은술
- □ 멸치 다시마육수(181p 참고) 2컵
- □ 국간장 · 통깨 1/2작은술씩

반죽

- □ 감자 30g
- □ 중력분 또는 강력분 30~35g

1. 애호박은 1cm 두께로 썰어 4등분하고, 양파는 채 썬다.
   대파는 송송 어슷 썬다.
2. 달걀은 볼에 담고 가위질을 해서 흰자 알끈을 잘라 푼다.
3. 감자는 껍질을 얇게 벗겨내어 찜기에 넣고 부드럽게 찐다.
   포크로 곱게 으깬다.
4. ③에 밀가루를 넣고 손으로 잘 치댄 다음에 비닐봉투에 반죽을 담아
   냉장고에 30분 이상 숙성시킨다.
5. 냄비에 육수를 넣고 중간 불에서 끓으면 다진 마늘과 애호박,
   양파를 넣고 끓인다.
6. 중간 불에서 육수가 팔팔 끓으면 수제비 반죽을 손으로 얇게 펴서
   한 입 크기로 얇게 뜯어 넣는다.
7. 달걀물을 동그랗게 붓고 대파를 넣고 재료들이 익을 때까지
   약한 불로 한소끔 더 끓인다.
8. 국간장으로 간을 맞춘 다음 통깨를 위에 뿌린다.

tip 간을 하지 않는 아이라면 국간장을 빼고 조리하세요.

tip 수제비 반죽은 손에 물을 묻혀서 떼어내면 손에 잘 붙지 않는답니다.

쇠고기칼국수

명동에 있는 유명한 칼국수집 느낌으로 만든 레시피예요. 사골육수에 쇠고기 고명까지 더하니 영양 듬뿍 칼국수가 되었어요.

아이 1번 먹는 양
12개월부터

- □ 다진 쇠고기 30g
- □ 칼국수면 60g
- □ 대파 · 양파 · 당근 10g씩
- □ 다진 마늘 1/3작은술
- □ 사골육수 1 ½컵
- □ 통깨 1/2작은술
- □ 식용유 적당량

쇠고기양념

- □ 간장 · 올리고당 · 맛술 1/2작은술씩
- □ 다진 마늘 · 참기름 1/4작은술씩
- □ 후춧가루 약간

1 볼에 다진 쇠고기를 넣고 분량의 양념에 15분 정도 재운다.

2 달군 팬에 식용유를 두르고 쇠고기를 중간 불에서 노릇하게 볶는다.

3 대파는 송송 어슷 썰고, 양파와 당근은 얇게 채썬다.

4 칼국수면은 끓는 물에 8~9분 정도 충분히 삶아 체에 밭친다. 이때 찬물에 헹구지 말 것.

5 냄비에 사골육수를 끓이고 다진 마늘, 양파, 당근을 넣어 중간 불에서 끓인다.

6 양파와 당근이 다 익으면, 칼국수면과 대파를 넣고 1분 정도 약한 불에서 더 끓인다.

7 그릇에 면과 사골육수를 담고, 볶아낸 쇠고기를 올리고 통깨를 뿌린다.

tip 사골육수 대신 멸치 다시마육수를 사용해도 좋아요. 국물에 간을 하고 싶다면, 사골육수일 때는 소금으로, 멸치 다시마육수일 때는 국간장으로 해주세요.

바지락칼국수

바지락을 풍부하게 넣고 만들어 국물이 시원한 바지락 칼국수입니다. 바지락의 바다 내음과 칼국수면의 쫄깃한 맛이 어우러져 대부분의 아이들이 좋아하는 맛이에요.

아이 1번 먹는 양
12개월부터

- □ 바지락 200g
- □ 칼국수면 60g
- □ 애호박 35g
- □ 당근 · 양파 15g씩
- □ 대파 10g
- □ 다진 마늘 1/3작은술
- □ 국간장 1/3작은술
- □ 멸치 다시마육수 (181p 참고) 1 ½컵

1 큰 볼에 바지락과 잠길 정도의 소금물을 넣고 빛이 들어가지 않게 밀봉한 후 냉장고에서 2시간 이상 해감한다.

2 애호박은 1cm 두께로 슬라이스한 다음, 굵게 채 썰고, 당근과 양파도 굵게 채 썬다. 대파는 어슷 썬다.

3 냄비에 멸치 다시마육수와 다진 마늘을 넣고 중간 불에서 끓인다. 끓으면 바지락, 애호박, 당근, 양파를 넣고 재료들이 익을 때까지 끓인다.

4 칼국수면은 다른 냄비의 끓는 물에 8~9분 정도 충분히 삶아 체에 밭친다.

5 ③에 칼국수면과 대파를 넣고 1분 정도 약한 불에서 더 끓인 다음, 국간장으로 간을 맞춘다.

tip 칼국수면은 따로 삶아내야 국물이 깔끔해요. 바로 넣고 삶으려면, 칼국수면 겉의 밀가루를 한 번 흐르는 물에 헹궈 육수가 팔팔 끓을 때 넣어주세요. 육수가 부족해질 수 있으니 육수를 조금 더 추가하고, 채소와 바지락은 면이 절반 이상 익었을 때 넣고 익혀주세요.

된장 어묵우동

어묵을 국수처럼 길게 잘라
우동면과 함께 먹는 구수한 된장
우동이에요. 집에 미소된장이나
쯔유가 있다면 간을 맞출 때
활용해 보세요.

아이 1번 먹는 양
12개월부터

- □ 어묵 35g
- □ 팽이버섯 30g
- □ 생우동면 100g
- □ 다진 마늘 1/3작은술
- □ 쪽파 또는 대파 10g
- □ 미소 된장 또는 된장 1작은술
- □ 멸치 다시마육수 (181p 참고) 1 ½컵

1. 어묵은 1cm 두께로 길게 채 썰어 끓는 물에 한 번 데친다.
2. 팽이버섯은 밑동을 잘라내고 손으로 먹기 좋게 뜯는다.
3. 쪽파는 송송 얇게 썬다.
4. 냄비에 멸치 다시마육수와 다진 마늘을 넣고 중간 불에서 끓으면 우동면, 팽이버섯을 넣는다.
5. 다시 끓으면 어묵을 넣은 다음에 된장을 풀어 넣고 어묵이 부드러워질 때까지 2~3분 정도 끓인다.
6. 그릇에 담고 쪽파를 얹는다.

tip 쪽파 대신 대파를 넣을 경우, 한소끔 더 끓여주세요.

새우볶음우동

제 인스타그램 계정에서
아주 인기가 많았던 메뉴로
소스 레시피에 많은 칭찬을
보내주셨답니다.
어른용은 간을 약간 더해서
먹기를 권해요.

아이 1번 먹는 양
12개월부터

- □ 새우 5마리
- □ 생우동면 1/2인분(150g)
- □ 양파 · 줄기콩 20g씩
- □ 표고버섯 1/2개
- □ 대파 10g
- □ 달걀 1개
- □ 다진 마늘 · 통깨 1/2작은술씩
- □ 식용유 적당량

소스

- □ 간장 또는 굴소스 · 올리고당 · 맛술 · 마요네즈 1작은술씩
- □ 참기름 1/2작은술
- □ 후춧가루 약간

1. 생우동면은 끓는 물에 2분간 삶아서 푼 다음, 체에 밭쳐 물기를 뺀다.
2. 새우는 껍질을 벗기고 등과 배쪽을 칼로 살짝 잘라 내장을 제거한다.
3. 양파는 채 썰고, 표고버섯은 모양대로 얇게 썬다.
4. 대파는 송송 어슷 썰고, 줄기콩은 4cm 길이로 자른다.
5. 볼에 분량의 소스 재료를 넣고 섞는다.
6. 달군 팬에 식용유를 두르고 중간 불에서 달걀을 넣고 프라이를 만들어 따로 빼 둔다.
7. 팬에 식용유를 두르고 중간 불에서 다진 마늘, 대파, 양파 순으로 볶는다.
8. 양파의 숨이 죽으면 줄기콩, 표고버섯, 새우를 넣고 볶는다.
9. 새우가 어느 정도 익으면 면과 소스를 넣고 함께 볶는다.
10. 그릇에 담아 달걀프라이를 올리고 통깨를 뿌린다.

새우튀김 카레우동

아이들은 부드러운 식감 때문인지 우동면을 좋아해요. 우동면과 카레의 절묘한 만남!
쫄깃하고 탱글한 우동면과 향긋한 카레는 상상만으로도 입맛을 돋아주어요.

아이 1번 먹는 양
12개월부터

□ 당근 15g
□ 애호박 30g
□ 양파 20g
□ 대파 10g
□ 생우동면 1/2인분(150g)
□ 다시마육수(180p 참고) 2컵
□ 가다랑어포 · 버터 1작은술씩
□ 카레가루 1큰술
□ 전분물(물 1큰술 + 전분가루 1작은술)
□ 다진 마늘 1/2작은술

새우튀김

□ 새우 2마리
□ 밀가루 2작은술
□ 달걀물 1큰술
□ 빵가루 2큰술
□ 튀김유 적당량

1 생우동면은 끓는 물에 2분간 삶은 다음 체에 밭쳐 물기를 뺀다.

2 당근, 애호박, 양파는 2mm 두께로 채 썬다.

3 대파는 송송 어슷 썬다.

4 다시마육수는 한 번 끓인 후 가다랑어포를 넣고 10분 정도 뒀다가 체에 걸러 육수를 만든다.

5 새우는 껍질을 벗기고 등과 배쪽을 칼로 살짝 잘라 내장을 제거한 후 밀가루, 달걀물, 빵가루 순으로 묻혀서 170℃ 튀김유에 노릇하게 튀긴다.

6 달군 팬에 버터를 녹이고 중간 불에서 대파와 다진 마늘을 볶다가 당근, 애호박, 양파를 넣고 볶는다.

7 양파가 투명해지면 육수를 부어 약한 불에서 끓이면서 카레가루를 푼 다음, 전분물을 넣고 빠르게 젓는다.

8 ⑦에 우동면을 넣고 잘 섞어준 다음 그릇에 담고 새우튀김을 얹는다.

tip 가다랑어포가 없다면 가다랑어포를 빼고 다시마육수 대신 멸치 다시마육수를 사용해주세요.

쇠고기 들깨 미역 떡국

아이들은 미역국과 고소한 맛의 들깨가 들어간 음식들을 좋아하더라고요. 떡국떡을 넣어서 맛도 영양도 제대로인 한 그릇 요리예요.

아이 1~2번 먹는 양
12개월부터

- □ 쇠고기(양지 또는 등심) 30g
- □ 불린 미역 50g(마른 미역 5g)
- □ 떡국떡 80g
- □ 당근 5g
- □ 표고버섯 10g
- □ 들깻가루 1큰술
- □ 다시마육수(180p 참고) 1 ½컵
- □ 들기름 1작은술
- □ 다진 마늘 1/2작은술
- □ 국간장 약간

1. 쇠고기는 2cm 길이로 얇게 썬다.
2. 불린 미역은 큼직하게 다진다.
3. 당근은 얇게 채 썰고, 표고버섯은 모양대로 얇게 썰고 반으로 자른다.
4. 떡국떡은 물에 헹궈 체에 건져 준비한다.
5. 달군 냄비에 들기름을 두르고 쇠고기, 다진 마늘, 국간장, 미역을 넣어 중간 불에서 달달 볶는다.
6. 쇠고기가 거의 익을 때쯤 당근과 표고버섯을 넣어 볶는다.
7. 다시마육수를 붓고, 떡국떡을 넣어 약한 불에서 뭉근하게 끓인다.
8. 떡이 부드러워지면 들깻가루를 넣어 섞는다.

새우 매생이 떡국

매생이와 새우의 조합은 라임이가 항상 잘 먹는 것 같아요. 바다의 진미로 꼽히는 매생이는 달고 향긋한 맛이 나고, 가늘고 연해서 아이들이 부담 없이 먹을 수 있죠. 저는 라임이가 새우를 좋아해서 자주 넣어주는 편인데, 새우 대신 굴을 넣어도 맛있답니다.

아이 1~2번 먹는 양
12개월부터

- □ 새우 5마리
- □ 동결건조 매생이 1팩(2g)
- □ 애호박 30g
- □ 당근 5g
- □ 떡국떡 80g
- □ 대파 10g
- □ 다진 마늘 · 새우젓 또는 국간장 · 깨소금 1/2작은술씩
- □ 멸치 다시마육수(181p 참고) 1 ½컵
- □ 참기름 1/2큰술

1 동결건조 매생이는 작은 볼에 담고 물 3~4큰술을 넣고 풀어 놓는다.

2 애호박은 3mm 두께로 잘라 4등분해서 부채꼴 모양으로 썬다.

3 당근은 잘게 채 썰고, 대파는 송송 어슷 썬다.

4 떡국떡은 물에 헹궈 체에 건져 준비한다.

5 새우는 껍질을 벗기고 등과 배쪽을 칼로 살짝 잘라 내장을 제거한다.

6 달군 냄비에 참기름을 두르고 중간 불에서 다진 마늘과 매생이를 넣어 달달 볶는다.

7 멸치 다시마육수를 붓고 끓으면, 애호박과 당근, 떡국떡을 넣고 끓인다.

8 떡이 부드러워질 때쯤 새우를 넣고 끓이고, 새우가 거의 다 익었으면 대파를 넣고 1분 정도 더 끓여 새우젓 또는 국간장으로 간을 한다.

9 그릇에 담고 깨소금을 뿌린다.

쇠고기 떡국

가장 기본적인 떡국 레시피로 쌀쌀한 날 든든하게 먹기 좋고, 명절뿐 아니라 언제 먹어도 맛있는 것 같아요. 저는 어렸을 때 명절 다음 날 불은 떡국을 먹는 것을 좋아했는데, 신기하게 라임이도 불은 떡국을 더 잘 먹더라고요. 그래서 지금도 떡국은 전날 미리 만들어서 불려서 만들어요.

아이 1~2번 먹는 양
12개월부터

- □ 다진 쇠고기 · 애호박 30g씩
- □ 떡국떡 80g
- □ 당근 15g
- □ 대파 10g
- □ 달걀 1개
- □ 다진 마늘 1/3작은술
- □ 국간장 1/2작은술
- □ 참기름 · 통깨 1작은술씩
- □ 다시마육수(180p 참고) 1 ½컵

1 애호박은 5mm 두께로 나박썰기하고 당근은 잘게 채 썰고, 대파는 송송 어슷 썬다.

2 달걀은 볼에 담고 가위질을 해서 흰자 알끈을 잘라 푼다.

3 떡국떡은 물에 헹궈 체에 건져 준비한다.

4 냄비에 참기름, 국간장, 마늘, 쇠고기를 넣고 중간 불에서 노릇하게 달달 볶다가 다시마육수를 붓고 끓인다. 중간에 거품이 생기면 걷어낸다.

5 5분 정도 끓여서 쇠고기 국물이 우러나면 떡국떡을 넣고 약한 불에서 10분 정도 끓인다.

6 떡이 부드러워지면 애호박과 당근을 넣고 끓인다.

7 애호박과 당근이 거의 다 익으면 달걀물을 국물 위에 동그랗게 원을 그리듯 조금씩 붓는다. 저으면 국물이 탁해지므로, 달걀이 익을 때까지 젓지 않는다.

8 대파를 넣고 2분 정도 더 끓이고, 그릇에 담아 통깨를 뿌려서 낸다.

tip 떡국을 반나절 정도 미리 만들어 놓으면, 떡이 불어서 부드러워지고 단맛이 더 돌아 아이가 먹기에 훨씬 좋아요.

아이주도이유식을 하면서 소근육이 많이 발달한 아이는 9~11개월만 되어도 다양한 형태와 질감의 음식을 손이나 도구를 사용해 먹을 수 있어요. 잘 삼켜 먹지 못하는 음식이라도 집어서 먹을 수만 있다면 다양한 것을 경험해 볼 수 있게 해주세요. 아이는 다양한 경험을 통해 많은 것을 배울 수 있습니다. 더이상 어른 반찬, 아이 반찬을 따로 하지 않아도 됩니다. 쉽고 간단하게 만들 수 있고, 마트에서 흔히 볼 수 있는 재료들을 이용해 완성할 수 있는 알짜 반찬 레시피를 담았어요.

응용 팁

- 7~11개월이라고 표기되어 있지만, 간이 되어 있는 레시피가 있습니다. 레시피 가이드와 응용법(81p)을 참고해 주세요. 소금이나 간장, 국간장으로 간을 더하면 어른도 맛있게 먹을 수 있어요.
- 부침가루는 밀가루나 쌀가루로 대체 가능해요.
- 구하기 쉬운 설탕, 올리고당으로 레시피를 만들었습니다. 이 책에는 비정제 설탕을 사용했지만, 아가베시럽, 메이플시럽, 조청, 과일즙 등 원하는 것으로 얼마든지 대체 가능합니다.
- 튀김은 170℃ 튀김유에 노릇하게 튀겨내거나 에어프라이어나 오븐을 이용해 조리할 수 있어요.

애호박 달걀찜

달걀 속에 잘게 썬 애호박을 가득 채우면 더 부드럽고 촉촉해져요. 이유식 초기에 아이가 손으로 집어도 잘 부서지지 않아 자주 해줬던 메뉴예요.

아이 1번 먹는 양

7개월부터

- □ 달걀 1개
- □ 애호박 60g

1 애호박은 잘게 채 썬다.

2 달걀은 볼에 담고 가위질을 해서 흰자 알끈을 잘라 푼다.

3 전자레인지용 찜기에 달걀물과 채 썬 애호박을 담고 뚜껑을 닫은 후 스팀홀을 열어 전자레인지에 2분간 돌린다.

tip 달걀흰자 알레르기가 있는 아이의 경우 달걀노른자 2개(30g), 물 2큰술, 전분가루 또는 분유가루 1/2큰술을 섞어서 같은 방법으로 만들면 됩니다. 전란을 사용하는 것과는 식감의 차이가 있을 수 있어요.

달걀찜

달걀찜은 간단한 요리지만, 너무 부드럽게 만들면 아이가 입에 넣기도 전에 으스러져서 먹기 힘들어요. 이 레시피대로 만들면 아이가 쉽게 잡고 먹을 수 있는 달걀찜이 완성돼요. 전자레인지를 사용해 간단하게 달걀찜을 만들어보세요.

아이 1번 먹는 양
7개월부터

- □ 달걀 1개(55g)
- □ 물 또는 멸치 다시마육수(181p 참고) 1큰술

1 달걀은 체에 한 번 내려서 푼다.

2 내열용기에 달걀과 육수를 넣고 뚜껑을 닫아 스팀홀을 열어준 뒤 전자레인지에 1분, 잠시 멈추었다가 다시 30초 돌려서 총 1분 30초간 돌린다.

tip 달걀에 애호박, 양파, 버섯 같은 촉촉한 채소를 다져서 넣고 쪄도 좋아요. 달걀 이외에 다른 재료를 넣고 찜을 할 때는 전자레인지에 2분 정도 돌려주세요.

tip 달걀흰자에 알레르기가 있는 아이의 경우, 달걀노른자 2개(30g), 물 2큰술, 전분가루 또는 분유가루 1/2큰술을 섞어서 같은 방법으로 만들면 됩니다. 전란을 사용하는 것과는 식감의 차이가 있을 수 있어요.

달걀스크램블

가끔씩 호텔 조식에 나오는
폭신폭신하고 촉촉한
달걀스크램블이 생각나요.
간단한 레시피이지만 생크림이나
우유를 넣어서 만들면 더욱
고소하고 보들보들해져요.
부드러운 맛을 원한다면
우유보다는 생크림을
사용해보세요.

아이 1번 먹는 양
9개월부터

- □ 달걀 1개
- □ 생크림 또는 우유 1큰술
- □ 식용유 적당량

1 달걀은 볼에 담고 가위질을 해서 흰자 알끈을 잘라 푼다.

2 달걀과 생크림을 섞는다.

3 달군 팬에 식용유를 두르고 달걀물을 붓고 빠르게 저어
몽글몽글한 상태로 섞는다.

4 달걀물이 굳어서 몽글몽글 덩어리지기 시작하면
약한 불에서 모양이 흐트러지지 않게 살살 뒤적이며 익힌다.

tip 달걀물에 파르메산치즈가루를 추가하면 감칠맛이 한층 달라요!

tip 생크림 대신 모유나 분유물로 대체할 수 있어요.

토마토 달걀스크램블

토마토를 워낙 좋아하는 라임이는 달걀과 토마토로 스크램블을 해주면 상큼한 토마토즙과 고소한 달걀이 어우러져 매우 잘 먹더라고요.

아이 1번 먹는 양
9개월부터

- □ 방울토마토 5개
- □ 달걀 1개
- □ 생크림 또는 우유 1큰술
- □ 식용유 적당량

1. 달걀은 볼에 담고 가위질을 해서 흰자 알끈을 잘라 푼다.
2. 달걀과 생크림을 섞는다.
3. 토마토는 반으로 자른다.
4. 달군 팬에 식용유를 두르고 중간 불에서 토마토를 먼저 1분 정도 볶는다.
5. 토마토를 팬 한편에 밀어 놓고 달걀물을 부운 다음 빠르게 저어준다.
6. 달걀물이 굳어 몽글몽글 덩어리질 때쯤 토마토랑 함께 뒤적이며 약한 불에서 익힌다.

tip 생크림 대신 모유나 분유물로 대체할 수 있어요.

tip 토마토 대신 시금치나 부추를 잘게 썰어 넣어도 맛있어요.

채소 달걀말이

국민 밑반찬으로 사랑받는 메뉴가 달걀말이가 아닌가 싶어요. 냉장고에 있는 자투리 채소로 얼마든지 응용도 가능해요. 영양 가득 단백질원인 달걀과 다양한 채소들이 어우러진 달걀말이 반찬 하나만으로도 든든한 한 끼가 될 수 있어요.

아이 2~3번 먹는 양
8개월부터

- □ 애호박 · 당근 · 양파 15g씩
- □ 달걀 2개
- □ 식용유 적당량

1 애호박, 당근, 양파는 잘게 다진다.

2 달걀은 볼에 담고 가위질을 해서 흰자 알끈을 잘라 풀고 ①을 넣어 함께 섞는다.

3 달군 팬에 식용유를 두르고 약한 불에서 달걀물을 가로로 길게 편다. 이때 팬을 불 중앙에 놓지 말고 오른쪽에 불이 가게 놓는다

4 오른쪽 달걀물이 절반 정도 익으면 오른쪽에서 왼쪽으로 돌돌 만다.

5 덜 익은 끝 부분이 왼쪽으로 가게 두고, 오른쪽으로 달걀말이를 밀어낸다. 달걀물을 한 번 더 길게 이어서 부은 후 다시 돌돌 만다.

6 달걀말이가 속까지 익을 때까지 돌려가면서 약한 불에서 익힌다.

tip 달걀말이는 따뜻할 때 김발로 말아 모양을 단단하게 잡아주면 더 보기 좋아요.

tip 원하는 채소를 다져 넣어 다양하게 응용해보세요!

낫토 달걀말이

라임이는 낫토를 좋아해서
그냥 먹기도 하고 다양한
요리에 넣어서도 먹어요.
달걀의 고소함과 낫토의 풍미가
부드럽게 잘 어우러진 메뉴예요.

아이 2~3번 먹는 양
8개월부터

- □ 낫토 1/2팩
- □ 달걀 2개
- □ 식용유 적당량

1 달걀은 볼에 담고 가위질을 해서 흰자 알끈을 잘라 푼다.
2 달군 팬에 식용유를 두르고 약한 불에서 달걀물을 가로로 길게 편다. 이때 팬을 불 중앙에 놓지 말고 오른쪽에 불이 가게 놓는다.
3 오른쪽 달걀물이 절반 정도 익으면 낫토를 올리고 오른쪽에서 왼쪽으로 돌돌 만다.
4 덜 익은 끝 부분이 왼쪽으로 가게 두고, 오른쪽으로 달걀말이를 밀어낸다. 달걀물을 한 번 더 길게 이어서 부은 후 돌돌 만다.
5 달걀말이가 속까지 익을 때까지 돌려가면 은근한 불에서 익힌다.

tip 낫토 맛있게 먹는 법
팩에 든 낫토를 저으면 점액질 때문에 끈끈하고 냄새가 쿰쿰해서 아이가 먹기에 쉽지 않아요. 이때 물 1큰술 정도 넣고 저어주면 잘 풀어져서 아이가 떠먹기 한결 편해요. 쿰쿰한 냄새가 처음에는 익숙하지 않을 수 있는데, 시럽을 조금 섞어서 먹게 한 다음 낫토가 익숙해지면 시럽 없이도 잘 먹을 수 있어요.

김 달걀말이

김을 넣어서 예쁘게 돌돌 만 달걀말이예요. 한 입에 쏘옥~ 김을 좋아하는 라임이가 즐겨 먹는 반찬입니다.

아이 2~3번 먹는 양
8개월부터

- □ 도시락김 2장
- □ 달걀 2개
- □ 우유 1큰술
- □ 식용유 적당량

1. 달걀은 볼에 담고 가위질을 해서 흰자 알끈을 잘라 풀고, 우유를 넣어 함께 섞는다.
2. 달군 팬에 식용유를 얇게 두르고 달걀물을 가로로 길게 편다. 팬을 불 중앙에 놓지 말고 오른쪽에 불이 가게 놓는다.
3. 오른쪽 달걀물이 절반 정도 익으면 김 1장을 올리고 오른쪽에서 왼쪽으로 돌돌 만다.
4. 덜 익은 끝 부분이 왼쪽으로 가게 두고, 오른쪽으로 달걀말이를 밀어 낸다. 달걀물을 한 번 더 길게 이어서 부은 후 김 1장을 올리고 돌돌 만다.
5. 달걀말이가 속까지 익을 때까지 돌려가면서 약한 불에서 익힌다.

tip 달걀말이가 따뜻할 때 꺼내 김발로 말아 모양을 단단하게 잡아주면 더 예뻐요.

tip 우유는 생략하거나 모유나 분유물로 대체 가능해요.

일식 달걀말이

저는 초밥집에 가면
달걀말이 초밥을 꼭 먹을 만큼
일식 달걀말이를 좋아해요.
설탕과 다시마육수를 넣어
달달하면서도 감칠맛이
도는 아주 부드럽고 촉촉한
달걀말이에요. 반찬으로도 먹기
좋지만, 김밥에 넣거나 납작하게
구워 샌드위치를 해 먹어도
맛있어요.

아이 3~4번 먹는 양
12개월부터

- □ 달걀 2개
- □ 다시마육수(180p 참고) 1큰술
- □ 설탕 1/2작은술
- □ 맛술(미림) 1작은술
- □ 소금 · 식용유 적당량씩

1. 달걀은 볼에 담고 가위질을 해서 흰자 알끈을 잘라 풀고 식용유를 제외한 재료들을 넣어 함께 섞는다.
2. 달군 팬에 식용유를 골고루 얇게 두르고 달걀물을 가로로 길게 편다. 팬을 불 중앙에 놓지 말고 오른쪽에 불이 가게 놓는다.
3. 오른쪽 달걀물이 절반 정도 익으면 오른쪽에서 왼쪽으로 돌돌 만다.
4. 덜 익은 끝 부분이 왼쪽으로 가게 두고, 오른쪽으로 달걀말이를 밀어낸다. 달걀물을 한 번 더 길게 이어서 부은 후 다시 돌돌 만다.
5. 달걀말이가 속까지 익을 때까지 돌려가면서 약한 불에서 익힌다.

tip 일식 달걀말이는 다른 달걀말이보다 쉽게 탈 수 있어요. 불조절을 잘 해줘야 해요.

시금치나물 치즈 달걀말이

나물을 잘 먹지 않는
라임이에게 어떻게 하면
나물을 먹일 수 있을까 많은
궁리를 했어요. 나물을 라임이가
좋아하는 치즈와 조합을 해서
요리를 해주면 잘 먹더라고요.
폭신폭신한 달걀 속에 맛있는
나물과 치즈가 들어 있으니
안 좋아할 수가 없겠죠?

아이 1~2번 먹는 양
8개월부터

- □ 시금치나물무침(362p 참고) 20g
- □ 슬라이스치즈 1장
- □ 달걀 1개
- □ 식용유 적당량

1 시금치나물무침과 치즈는 잘게 다진다.

2 달걀은 볼에 담고 가위질을 해서 흰자 알끈을 잘라 풀고 ①과 함께 섞는다.

3 달군 팬에 식용유를 골고루 얇게 두르고 달걀물을 가로로 길게 편다. 팬을 불 중앙에 놓지 말고 오른쪽에 불이 가게 놓는다.

4 오른쪽 달걀물이 반 정도 익으면 오른쪽에서 왼쪽으로 돌돌 만다.

5 덜 익은 끝 부분이 왼쪽으로 가게 두고, 오른쪽으로 달걀말이를 밀어낸다. 달걀물을 한 번 더 길게 이어서 부은 후 다시 돌돌 만다.

6 달걀말이가 속까지 익을 때까지 돌려가면서 약한 불에서 익힌다.

tip 시금치나물무침 대신 다른 나물이나 데친 시금치를 넣어 얼마든지 응용 가능해요.

오믈렛

오믈렛은 달걀을 풀어서 얇게 부쳐 만드는 프랑스의 달걀요리예요. 달걀에 우유와 생크림을 섞어 더욱 보들보들하고, 아이들이 좋아하는 치즈까지 더하니 인기만점이죠. 빵과 토마토를 곁들여 아이와 브런치를 즐겨보세요.

아이 1~2번 먹는 양
12개월부터

- □ 달걀 1개
- □ 우유 · 생크림 · 케첩 1큰술씩
- □ 버터 1/2큰술
- □ 슬라이스치즈 1장
- □ 파슬리가루 · 파르메산치즈가루 · 소금 · 후춧가루 약간씩

1. 달걀은 볼에 담고 가위질을 해서 흰자 알끈을 잘라 풀고, 우유, 생크림, 소금, 후춧가루를 넣어 잘 섞는다.
2. 달군 팬에 버터를 녹이고 약한 불에서 ①을 부은 후 젓가락으로 큰 동그라미를 그리며 빠르게 젓는다.
3. 절반 정도 익으면 그 위에 치즈를 올리고, 팬 한쪽으로 달걀물을 밀어 팬을 기울여 가지런히 모으고 뒤집개나 젓가락으로 모양을 잡으면서 살살 돌려 익힌다.
4. 그릇에 담고 파슬리가루와 파르메산치즈가루, 케첩을 곁들인다.

케일칩스

케일을 세상에서 가장 맛있게 먹는 방법이에요. 케일은 칼슘, 비타민 K 등 영양소가 풍부하고 면역력 강화에도 도움을 주며 항산화 작용도 뛰어나 비타민제를 챙겨 먹지 않아도 되는 완벽한 채소예요. 이렇게 몸에 좋은 케일을 칩스(chips)로 만들면 케일 한 단 먹는 것은 일도 아니에요.

아이 1~2번 먹는 양
8개월부터

- □ 케일 5장
- □ 올리브오일 1/2큰술

1 케일은 굵은 가운데 줄기는 제거하고, 사방 4cm 한 입 크기로 자른다.

2 키친타월로 닦아 물기를 없앤다.

3 오븐 팬에 종이포일을 깔고, 케일을 올려 올리브오일에 골고루 묻힌다.

4 150℃로 예열된 오븐에 25분 정도 굽는다.

tip 소금, 후춧가루를 뿌려서 구우면 훌륭한 어른용 간식으로 변신한답니다.

tip 잎을 겹쳐 구우면 맨 위의 것만 바삭해지기 때문에 구운 뒤 위의 바삭한 것들은 꺼내고, 눅눅하게 남은 것들만 겹치지 않게 두고 10분 정도 더 구우세요. 갈색으로 변하면 타서 쓴맛이 나니, 타지 않게 잘 지켜보세요!

과카몰리

멕시코의 향기가 느껴지는 과카몰리는 몸에 좋은 아보카도를 실컷 먹을 수 있어 좋아요. 보통 빵이나 토르티야랑 먹는데, 빵에 먹기 좋게 발라주면 아이들도 의외로 잘 먹더라고요. 라임이는 반찬으로 주면 숟가락으로 양껏 퍼먹어요.

아이와 어른 1번 먹는 양
8개월부터

- □ 아보카도 1개
- □ 양파 20g
- □ 토마토 1/4개
- □ 레몬즙 1/2작은술
- □ 커민가루 1/4작은술
- □ 소금·후춧가루 약간씩

1 아보카도는 칼로 반으로 갈라 칼로 씨를 툭 찍고 비틀어서 씨를 제거하고 숟가락으로 과육을 판 다음 포크로 으깬다.
2 양파는 잘게 다져서 물에 10분 이상 담아 매운맛을 없앤다.
3 토마토는 씨를 제거하고 1cm 크기로 굵게 다진다.
4 모든 재료를 볼에 담아 잘 섞는다.

tip 생양파의 매운맛을 없애도 아이가 먹기 힘들어하면 생략해도 돼요.

tip 커민가루를 넣으면 본토의 맛을 느낄 수 있어요. 물론 커민가루는 생략 가능해요.

tip 간을 하지 않는 아이라면 소금을 빼고 조리하세요.

허무스

터키에 놀러 갔다가 허무스를 처음 먹고 '이건 내가 제일 좋아하는 맛이야'라고 감탄했던 기억이 나요. 한국에 돌아온 후로도 자주 먹었는데, 굉장히 고소하면서 매력적인 맛을 지녔어요. 대부분의 아이는 7~8개월만 되어도 음식을 다른 것에 찍어 먹을 수 있어요. 찐 채소 스틱들을 허무스에 꽂아서 주면 아주 맛있는 식사를 할 수 있을 거예요.

아이와 어른 1번 먹는 양
8개월부터

- □ 병아리콩 1/2컵
- □ 통깨 1큰술
- □ 올리브오일 2큰술
- □ 레몬즙 1/2큰술
- □ 커민가루 1/4작은술
- □ 병아리콩 삶은 물 120~200ml
- □ 소금 약간

1. 병아리콩은 잠길 정도의 물에 8시간 이상 불린 다음 냄비에 넣고 병아리콩이 부드럽게 익을 때까지 삶는다.
2. 삶은 국물은 따로 덜어 놓고, 콩 껍질은 벗긴다.
3. 모든 재료를 믹서에 넣고 곱게 간다.

tip 병아리콩 삶은 물로 농도를 조절해주세요.

tip 커민가루를 넣으면 오리지널의 맛을 느낄 수 있어요. 물론 커민가루는 생략 가능합니다.

tip 곱게 잘 갈리는 믹서라면 콩 껍질을 벗기지 않고 만들어도 괜찮아요.

tip 간을 하지 않는 아이라면 소금을 빼고 조리하세요.

코울슬로

사과와 요구르트를 넣어 상큼한 양배추샐러드입니다. 그냥 반찬으로도 먹고, 파스타나 튀김요리 등에 곁들여도 맛있어요. 라임이는 이 샐러드를 아주 좋아해서 숟가락으로 '와구와구' 퍼먹는 답니다.

아이 2~3번 먹는 양
12개월부터

- □ 양배추 45g
- □ 옥수수 · 사과 30g씩
- □ 파프리카 또는 당근 15g

소스

- □ 플레인요구르트 3큰술
- □ 마요네즈 1큰술
- □ 레몬즙 · 설탕 1/2작은술씩
- □ 소금 · 후춧가루 약간씩

1. 양배추, 사과, 파프리카는 사방 5mm 크기로 잘게 다진다.
2. 통조림 옥수수는 체에 밭쳐서 물기를 충분히 뺀다.
3. 분량의 재료를 섞어 소스를 만든다.
4. 볼에 모든 재료와 소스를 넣고 고루 버무린다.

tip 설탕 대신 꿀, 조청, 올리고당, 메이플시럽 등 다른 것으로 단맛을 조절해도 좋아요.

tip 게맛살, 오이, 삶은 마카로니 파스타, 햄 등 원하는 재료를 넣어서 응용해도 맛있어요. 재료의 양에 따라 소스의 양을 가감해주세요.

망고 토마토살사

토마토살사에 망고를 넣어서 달콤한 맛과 예쁜 색감을 더했어요. 발사믹글레이즈를 넣어 맛이 새콤달콤해 피클처럼 먹기 좋은 곁들임 반찬이에요.

아이 2~3번 먹는 양
9개월부터

- □ 망고 50g
- □ 방울토마토 5개
- □ 올리브오일 · 다진 파슬리 1/2큰술씩
- □ 발사믹글레이즈 1/2작은술
- □ 올리고당 1작은술

1 방울토마토는 꼭지 부분에 십자로 칼집을 낸 후, 끓는 물에 넣어 40초간 담가 껍질이 뜨기 시작하면 껍질을 제거하고 4등분한다.

2 망고는 사방 2cm 크기로 자른다.

3 볼에 나머지 재료들을 섞고 토마토와 망고를 넣어서 골고루 버무린다.

tip 파슬리는 마른 파슬리가루를 써도 좋지만, 생파슬리를 다져 넣어야 맛과 향이 더 좋아요.

tip 올리고당 대신 매실청, 메이플시럽, 아가베시럽 등을 사용해도 돼요.

오이 토마토 샐러드

라임이가 잘 먹는 샐러드 중 하나로, 시원하게 만들어주면 특히 좋아해요. 토마토는 지용성 비타민이 많아 지방과 함께 섭취하면 영양 흡수 면에서 훨씬 좋답니다.

아이 2~3번 먹는 양
9개월부터

- □ 오이 1/2개(70g)
- □ 방울토마토 100g
- □ 올리브오일 · 깨소금 1작은술씩
- □ 매실청 또는 올리고당 1/2큰술
- □ 레몬즙 1/2작은술

1 오이는 껍질을 벗겨내고 길게 4등분을 한 후 2~3mm 두께로 자른다.

2 방울토마토는 세로로 4등분을 한 후 가로로 한 번 더 자른다.

3 볼에 모든 재료를 넣고 고루 섞는다.

tip 단맛은 과즙이나 다른 시럽, 조청, 꿀 등으로 대체 가능해요.

tip 신맛을 좋아하지 않는 아이는 레몬즙을 생략해 주세요.

tip 깨소금은 절구에 깨를 간 것을 말하는데, 저는 검은깨와 통깨를 함께 섞어서 쓰기도 해요. 색감도 예쁘고 고소한 맛이 배가되거든요.

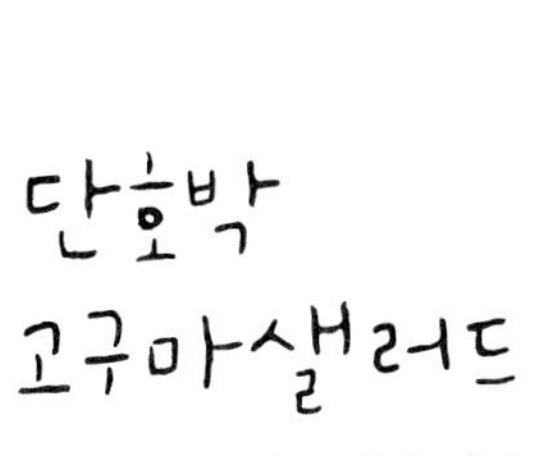

부드럽고 달달한 맛이 입안에서 사르르 녹듯이 넘어가는 샐러드예요. 엄마표 두부 마요네즈를 넣어서 건강하게 만들어보세요.

아이와 어른 1번 먹는 양
12개월부터

- □ 단호박 · 고구마 100g씩
- □ 건크랜베리 · 아몬드 슬라이스 10g씩
- □ 두부마요네즈(186p 참고) 2큰술
- □ 생크림 1큰술
- □ 레몬즙 1/2작은술
- □ 꿀 1작은술

1. 단호박과 고구마는 찜기에 넣어서 푹 찐 다음, 껍질을 벗겨 포크로 곱게 으깬다.
2. ①에 모든 재료들을 섞어서 완성한다.

tip 꿀 대신 올리고당, 아가베시럽 등을 사용해도 돼요.

tip 마요네즈와 생크림 대신 플레인요구르트 2~3큰술을 넣어도 좋아요.

게살 오이샐러드

상큼하고 새콤한 맛의 샐러드로 라임이가 정말 잘 먹는 요리예요. 게맛살로 만들어도 되지만, 진짜 게살을 이용해서 만들면 더 좋아하더라고요. 오이를 채 썰기도 하고, 작게 깍둑 썰어서 넣어도 되는데 모양에 변화를 주면 아이가 더 흥미를 보인답니다.

아이 2~3번 먹는 양
12개월부터

- □ 게살 40g
- □ 오이 1/3개

소스

- □ 플레인요구르트 또는 그릭요구르트 1큰술
- □ 마요네즈·올리고당 또는 꿀 1/2큰술씩
- □ 레몬즙 1/2작은술
- □ 씨겨자 1작은술
- □ 소금 약간

1. 오이는 4cm 길이로 잘라 채칼을 이용해 채 썬다. 안에 씨 부분은 사용하지 않는다.
2. 게살은 손으로 물기를 살짝 짜서 준비한다.
3. 볼에 모든 재료와 소스를 넣고 고루 버무린다.

tip 씨겨자는 생략 가능하니 아이에 입맛에 따라 가감해주세요.

tip 채 썬 사과나 양파를 넣어도 맛있습니다. 양파는 아주 얇게 채 썬 다음 물에 10분 이상 담가 매운기를 빼주세요.

연근샐러드

은은한 단맛과 아삭아삭한 식감을 가진 연근은 조림, 튀김, 전 등 다양한 요리가 가능한 재료입니다. 철분, 비타민이 풍부하고, 지혈작용이 있어 코피가 자주 나는 아이에게 먹이면 좋아요.

아이 2~3번 먹는 양
12개월부터

- □ 연근 80g
- □ 식초 1/2큰술

소스

- □ 마요네즈 · 검은깨 1/2큰술씩
- □ 올리고당 1작은술
- □ 소금 약간

1 연근은 얇게 껍질을 벗기고 5mm 두께 모양대로 둥글게 썬 다음에 십자로 4등분한다.

2 냄비에 연근이 잠길 정도의 물과 식초를 넣고 중간 불에서 끓어오르면 연근을 넣고 5분 정도 데친다.

3 그대로 체에 밭쳐 식힌다.

4 볶은 검은깨는 절구에 넣고 곱게 갈아 가루 상태로 준비한다.

5 분량의 재료를 섞어 소스를 만들고, 볼에 연근과 소스를 넣고 고루 버무린다.

tip 소스를 넉넉하게 만들어 데친 브로콜리를 넣고 함께 버무려 먹어도 맛있어요.

tip 검은깨가 없다면 통깨로 대체해서 만들 수 있어요.

브로콜리 치즈샐러드

코티지치즈나 리코타치즈는 아이에게 그냥 주거나 파스타나 리소토 등의 요리에 활용할 수도 있지만, 이렇게 채소에 버무려서 샐러드처럼 먹어도 좋아요. 단백질과 지방을 보충해줄 뿐만 아니라 맛도 고소해서 아이들이 채소를 더 잘 먹게 된답니다.

아이 2~3번 먹는 양
9개월부터

- □ 브로콜리 70g
- □ 리코타치즈(325 참고) 또는 코티지치즈(323p 참고) 40g
- □ 메이플시럽 1작은술
- □ 올리브오일 1/2작은술

1 브로콜리는 찜기에 넣어 부드럽게 쪄서 한 입 크기로 자른다.

2 볼에 모든 재료를 넣고 골고루 버무린다.

tip 메이플시럽 대신 아가베시럽, 올리고당, 꿀(12개월 이후) 등을 넣어도 좋고, 생략해도 괜찮아요.

코티지치즈

코티지치즈는 생크림이 들어가지 않고 우유로만 만들기 때문에 자칫 거칠 것 같지만 오히려 포슬포슬하고 고소한 맛이 나는 치즈에요. 칼로리도 낮고 단백질 함량이 높아 다이어트하는 저와 라임이가 함께 먹기에 안성맞춤이죠!

아이 3~4번 먹는 양
8개월부터

- □ 우유 500ml
- □ 레몬즙 3큰술
- □ 소금 약간

1 우유를 냄비에 넣고 약한 불에서 뭉근하게 끓인다.

2 우유가 보글보글 끓기 시작하면 레몬즙과 소금을 넣고 휘휘 저어 약한 불에서 2분간 더 끓인다.

3 우유가 두부 굳듯이 몽글몽글하게 되기 시작하면 불을 끄고 10분 정도 둔다.

4 체에 면포를 깔고 ③을 부어 유청을 분리한다.

5 30분 정도 두었다가 면포에 돌돌 말아 단단하게 만들고 냉장실에서 반나절 두면 모양이 예쁘게 잡힌다.

tip 반찬처럼 그냥 줘도 좋고, 다른 채소에 버무려주거나 파스타나 빵 위에 얹어 먹어도 맛있어요.

tip 간을 하지 않는 아이라면 소금을 빼고 조리하세요.

코티지치즈 샐러드

아이들은 의외로 당근과
완두콩을 좋아해요. 은은하게
단맛이 도는 채소거든요.
부드럽게 삶아낸 당근과
완두콩에 코티지치즈를
곁들이면 영양이 업~된답니다.

아이 1~2번 먹는 양
9개월부터

- □ 코티지치즈(323p 참고) · 완두콩 20g씩
- □ 당근 30g

1. 당근은 완두콩 크기로 자른다.
2. 당근과 완두콩은 끓는 물에 부드럽게 삶는다.
3. 치즈를 작게 떼어내어 당근과 완두콩과 함께 섞는다.

tip 다른 채소로도 응용 가능해요.

리코타치즈

리코타치즈는 코티지치즈와
달리 생크림이 들어갔기 때문에
아주 부드러우면서 훨씬
고소한 맛이 나요. 만드는 법도
매우 간단하죠. 아기 치즈로도
제격인 홈메이드 치즈입니다.

아이 3~4번 먹는 양
8개월부터

- □ 우유 250ml
- □ 생크림 120ml
- □ 플레인요구르트 80ml
- □ 레몬즙 2큰술
- □ 소금 약간

1 냄비에 우유, 생크림을 넣고 약한 불에서 뭉근하게 끓인다.

2 우유가 보글보글 끓기 시작하면 레몬즙, 플레인요구르트, 소금을 넣고 휘휘 저어 약한 불에서 2분간 더 끓인다.

3 우유가 두부 굳듯이 몽글몽글하게 되기 시작하면 불을 끄고 10분 정도 둔다.

4 체에 면포를 깔고 ③을 부어 유청을 분리한다.

5 30분 정도 두었다가 면포에 돌돌 말아 단단하게 만들고 냉장실에서 반나절 두면 모양이 예쁘게 잡힌다.

tip 간을 하지 않는 아이라면 소금을 빼고 조리하세요.

리코타치즈 시금치 라비올리

이탈리아식 만두 라비올리는 원래 반죽을 직접 만들어야 하지만, 간단하게 만두피로도 만들 수 있어요. 보통은 토마토소스나 크림소스와 함께 먹는데, 레몬향이 상큼하고 은은하게 도는 깔끔한 맛의 오일베이스 라비올리를 만들었어요.

아이 2번 먹는 양
12개월부터

- □ 만두피 10장
- □ 버터 2작은술
- □ 올리브오일 1작은술
- □ 파르메산치즈가루 약간

속재료

- □ 시금치 90g
- □ 리코타치즈(325p 참고) 70g
- □ 잣 또는 호두 · 생크림 1큰술씩
- □ 파르메산치즈가루 · 레몬즙 1작은술씩
- □ 소금 · 후춧가루 약간씩

1. 시금치는 숨만 죽을 정도로 살짝 끓는 물에 데쳐서 잘게 다진다.
2. 달군 팬에 잣을 살짝 구운 다음 잘게 다진다.
3. 라비올리 속재료는 분량대로 볼에 넣고 섞는다. 이때 리코타치즈가 너무 단단하고 뻑뻑하면 생크림을 추가해 질기를 조절한다.
4. 만두피 가운데에 소를 넣고, 주변으로 물을 바른 다음 만두피를 얹는다.
5. 소와 만두피 사이에 빈 공간이 생기지 않도록 눌러주고 정사각형으로 자른 후, 포크로 가장자리를 눌러 피가 벌어지지 않게 모양을 낸다.
6. 완성된 라비올리는 끓는 물에 3분간 삶는다.
7. 달군 팬에 버터와 올리브오일을 넣고 중간 불에서 삶은 라비올리를 가볍게 볶는다.
8. 그릇에 라비올리를 담고, 파르메산치즈가루를 뿌린다.

수제 오이피클

저희 집은 저염으로 먹는 편이라
소금을 넣지 않고 만드는데도
새콤달콤하니 반찬으로 좋고,
고기와 곁들여 먹어도 맛있어요.
시중에 먹는 피클은 많이 달기
때문에 집에서는 가급적 달지 않게
만들어보세요.

온 가족 함께 먹는 양
12개월부터

- □ 오이 2개
- □ 레몬 슬라이스 4조각
- □ 물 250ml
- □ 식초 90ml
- □ 설탕 100ml
- □ 피클링 스파이스 1/2작은술
- □ 소금 1/3작은술

1 오이는 굵은 소금으로 골고루 문지르면서 닦아 1~2cm 두께로 자른다.

2 냄비에 오이를 제외한 모든 재료를 넣고 5분간 팔팔 끓인다.

3 소독한 내열 용기에 오이를 담고 팔팔 끓인 피클물을 붓는데, 내용물이 잠길 정도로만 담는다.

4 냉장고에 넣어 2일간 숙성시킨 후 먹는다.

tip 어른용 피클은 물 2컵, 식초·설탕 1컵씩, 레몬즙 1큰술, 소금 1/2큰술, 월계수 잎 1장, 피클링 스파이스 1작은술로 담그면 더욱 맛있어요.

방울토마토절임

이 메뉴는 토마토를 그리 좋아하지 않는 아이들도 아주 좋아할 만한 메뉴예요. 상큼하고 싱그러운 맛의 토마토절임은 술술 먹게 되는 반찬이에요.

아이 2~3번 먹는 양
9개월부터

- □ 방울토마토 250g
- □ 매실청 80ml
- □ 생수 30ml

1. 방울토마토의 꼭지를 떼어내고 그 부분에 십자로 얇게 칼집을 낸다.
2. 팔팔 끓는 물에 방울토마토를 넣고 20초 정도 두었다가 꺼낸 다음, 방울토마토의 껍질을 벗긴다.
3. 용기에 방울토마토와 매실청, 물을 넣고 섞는다.

tip 집에서 담근 매실청이라면 당도와 농도가 집집마다 다를 수 있어요. 생수를 넣어 적절하게 조정해주세요. 매실청이 없을 경우 다른 시럽이나 조청 등을 생수에 섞어서 만들 수 있어요.

tip 냉장보관해서 5일 내로 먹는 것이 좋습니다.

핑크 연근피클

비트를 넣어서 예쁘게 색을 입힌 연근피클이에요. 겨울이 제철인 연근은 섬유질이 많고 비타민도 풍부한 뿌리 채소로 성장기 아이들에게 좋은 식재료예요.

온 가족 함께 먹는 양
12개월부터

- □ 연근 300g

피클소스

- □ 매실청 2/3컵
- □ 물(생수) · 식초 · 설탕 1/2컵씩
- □ 소금 1작은술
- □ 비트 50g

1 연근은 껍질을 벗겨서 2mm 두께로 얇게 썬다.

2 연근을 끓는 물에 2분 정도 데친 다음 소독한 용기에 담고 비트를 제외한 분량의 소스 재료를 넣고 재운다.

3 비트도 2mm 두께로 얇게 썰어서 ②에 넣는다.

tip 비트는 생략 가능해요. 피클은 냉장고에 넣고 하루 정도 지나면 맛있게 먹을 수 있어요.

백김치

우리 아기가 먹을 첫 김치, 엄마의 손으로 직접 담가주세요.
어릴 때부터 먹는 버릇을 들이면 커서도 김치를 잘 먹을 수 있어요.
아이가 먹을 거라 저염으로 만들었는데, 되도록 한 달 이내로 먹고 적은 양을 자주 만드는 것이 좋아요.
아삭하고 개운한 맛의 인기 만점 김치랍니다.

아이 여러번 먹는 양
12개월부터

□ 배추 600g

절임

□ 소금물
- 물 3 ½컵
- 굵은 소금(천일염) 1/3컵(40g)

□ 덧소금
- 굵은 소금(천일염) 1/6컵(20g)

속재료

□ 무 100g
□ 당근 30g
□ 쪽파 35g

속재료 양념

□ 다진 새우젓 · 소금 · 설탕 1작은술씩

양념 1

□ 찹쌀풀
- 다시마육수(180p 참고) 또는 생수 1/2컵
- 마른 찹쌀가루 1/2큰술

□ 맛내기즙
- 배 100g
- 양파 50g
- 마늘 1쪽 또는 다진 마늘 1/2큰술
- 다진 생강 1/2작은술

□ 다시마육수 또는 생수 2 ½컵

양념 2

□ 설탕 또는 올리고당 1작은술
□ 멸치액젓 1작은술

1 배추는 작은 사이즈의 배추나 알배기 배추로 준비해 반으로 자른다. 볼에 소금물을 넣고 배추 줄기 부분까지 고루 적셔질 수 있도록 푹 적신다. * 30분 정도 두어 배추가 약간 숨이 죽도록 둔다.

2 배추를 꺼내서 다른 볼에 넣고 덧소금을 굵은 줄기 부분 사이사이에 나누어 뿌린다. ①의 소금물을 다시 고루 붓고 3~4시간 정도 절인다.
* 절여진 배추 위에 비닐을 덮고 배추를 잘 누를 수 있는 볼이나 그릇으로 배추를 살짝 눌러 주면 배추가 숨이 죽으면서 절임물 속에 담기며 뒤적일 필요 없이 잘 절여진다.

3 절인 배추는 물에 서너 번 헹구고, 손으로 물기가 없도록 살짝 짠다.

4 무, 당근은 4cm의 길이로 가늘게 채 썰고, 쪽파도 4cm 정도로 썬다.

5 분량의 재료를 섞어 속재료 양념을 만든 다음에, 볼에 속재료와 속재료 양념을 넣고 고루 버무려 10분 정도 재운다.

6 배춧잎 사이 사이에 버무려진 속재료를 나누어 넣는다. 속재료가 들어간 배추를 통에 담고 공기가 통하지 않도록 랩으로 덮는다. 그러고는 뚜껑을 덮고 배추에서 물이 나오고 약간 익은 듯한 맛이 나도록 상온에 하루 정도 두는데, 더운 여름에는 반나절이 적당하다. 여기서 나오는 배추 절임물은 ⑨에서 사용한다.

7 냄비에 찹쌀풀 재료를 넣고 중간 불에서 덩어리가 지지 않게 저어가면서 연한 찹쌀풀을 쑤어 식힌다.

8 믹서에 맛내기즙 재료들을 모두 넣고 곱게 간 다음에 면포에 넣어 즙을 짠다. 즙은 1/2컵 정도 나온다.

9 ⑦, ⑧, 다시마육수를 고루 섞어서 양념 1을 만든다. 만들어진 양념 1을 상온에서 익힌 배추 절임물과 섞은 후 맛을 보고 필요하다면 양념 2로 짠맛과 단맛을 조절한다.

10 ⑥에 양념을 부어 빛이 들지 않는 서늘한 곳에서(상온) 하루 정도 숙성시킨 다음에 냉장보관해서 먹는다.

tip 배추가 600g보다 무거울 경우 겉잎을 떼어내고, 남은 잎은 국이나 전, 나물로 활용하면 좋아요.

tip 배추가 익기 전에 국물을 부으면 국물만 먼저 익고 김치는 늦게 익게 돼요. 담아 놓은 배추를 살짝 익힌 후 국물을 부으면 국물과 배추가 같은 시점에 익어 같이 먹을 수 있어요.

tip 맛내기즙은 대량으로 만든 다음에 1/2컵씩 소분해 냉동해서 김치 만들 때마다 활용하면 편해요. 배가 없을경우 배즙 음료를 3큰술 정도 넣어주세요.

tip 당근 대신 파프리카를 속재료로 사용하고, 설탕 대신 올리고당이나 조청 등을 사용해도 맛있어요.

깍두기

오독오독 씹히는 식감이 재미있는 깍두기는 아이들이 특히 잘 먹는 김치예요.
만들기도 간단하고, 무가 맛있을 때는 이만한 반찬이 없어요.
무는 가을, 겨울이 가장 달고 맛있어서 아이용 깍두기 담기에 제격이고요.
여름 무를 사용할 경우 맵거나 쓸 수도 있으니 절일 때 설탕을 추가해주세요.
깍두기 역시 저염이라 한 달 이내로 먹고, 조금씩 만드는 것이 좋습니다.

아이 여러 번 먹는 양
12개월부터

- □ 무 500g
- □ 쪽파 20g

절임

- □ 굵은 소금(천일염) 1/2큰술

양념

- □ 파프리카 40g
- □ 마늘 1/2쪽 또는 다진 마늘 1작은술
- □ 매실청 또는 올리고당 · 새우젓 1/2큰술씩
- □ 다진 생강 1/4작은술
- □ 다시마육수(180p 참고) 또는 생수 2큰술
- □ 밥 1큰술

1. 무는 깨끗하게 씻어 사방 1cm 크기로 깍둑썰기하고, 쪽파는 1.5cm 길이로 썬다.
2. 무에 굵은 소금을 뿌려 고루 버무린 다음에 1시간 절인다.
3. 무가 절여지면 물에 헹구지 않고 체에 밭쳐서 물기를 뺀다.
4. 분량의 재료를 믹서에 모두 넣고 갈아서 양념을 만든다.
5. 용기에 절여진 무, 쪽파를 담고 양념을 부어 고루 섞은 다음, 빛이 들지 않는 서늘한 곳(상온)에서 하루 정도 숙성시켜 냉장보관한다.

tip 깍두기를 만들 때는 무의 가운데 흰 부분 또는 초록 부분을 사용하는 것이 가장 맛있어요.

tip 무가 단맛이 적어 단맛을 추가하고 싶은 경우, 조리과정 ②에서 무를 굵은 소금에 절일 때 설탕 1/2큰술을 넣고 함께 절여주세요.

tip 맵지 않은 고춧가루가 있다면 양념장에 조금 추가해서 만들어도 좋아요.

tip 파프리카는 색을 내기 위한 것이라 빼도 됩니다.

동치미

생각보다 만들기가 쉽고 간단한 것이 동치미예요. 무가 맛있는 가을이나 겨울에 만들면 더욱 맛있답니다.
국물까지 시원해 아이들이 정말 잘 먹어요. 아이의 개월수에 따라 무의 크기를 다르게 잘라 주세요.
저염으로 만들어 한 달 이내로 먹고, 조금씩 만드는 것을 권합니다.

아이 여러 번 먹는 양
12개월부터

- □ 무 500g
- □ 쪽파 30g

절임

- □ 굵은 소금(천일염) 1/2큰술
- □ 설탕 1/2큰술

국물

- □ 찹쌀풀
  - 다시마육수(180p 참고) 또는 생수 1/2컵
  - 마른 찹쌀가루 1/2큰술
- □ 맛내기즙
  - 배 100g
  - 양파 50g
  - 마늘 1쪽 또는 다진 마늘 1/2큰술
  - 다진 생강 1/2작은술
- □ 다시마육수 또는 생수 2 ½컵

1 무는 4cm×1cm×1cm 크기로 반듯하게 썬다.

2 쪽파는 3cm 길이로 썬다.

3 무에 소금과 설탕을 뿌려 고루 버무린 다음 1시간 동안 절인다. 절여진 무는 물에 헹구지 않고 채반에 밭친다.

4 냄비에 찹쌀풀 재료를 넣고 중간 불에서 덩어리가 지지 않게 저어가면서 연한 찹쌀풀을 쑤어 식힌다.

5 믹서에 맛내기즙 재료들을 모두 넣고 곱게 간 다음에 면포에 넣어 즙을 짠다. 즙은 1/2컵 정도 나온다.

6 ④, ⑤, 다시마육수 2 ½컵을 섞어서 국물을 만든다.

7 용기에 동치미 재료를 담고 국물을 부어 빛이 들지 않는 서늘한 곳에서(상온) 하루~3일 정도 방울이 보글보글 생기도록 숙성시킨 다음에 냉장보관해서 3일 정도 지나고 먹는다.

tip 동치미는 국물이 익고 나면 처음보다 조금 싱거워져요. 먹어 보고 부족한 간은 약간의 멸치액젓이나 소금으로 맞춰주세요.

tip 맛내기즙은 대량으로 만든 다음에 1/2컵씩 소분해 냉동해서 김치 만들 때마다 활용하면 편해요.

tip 배가 없을 경우 배즙음료 3큰술 정도를 넣어주세요.

tip 설탕 대신 올리고당이나 조청 등을 사용해도 괜찮습니다.

나박김치

무를 네모지고 얄팍하게, '나박나박'하게 썰어 담갔다고 해서 나박김치라 불러요.
고춧가루를 넣지 않고 만든 하얀 나박김치는 국물까지 맛있어 아이들도 잘 먹는답니다.
비트를 조금 넣고 분홍색으로 색을 내어 줘도 좋아요.

아이 여러 번 먹는 양
12개월부터

- □ 무 100g
- □ 알배추(속배추) 100g
- □ 오이 1/5개(40g)
- □ 쪽파 15g
- □ 배 60g

절임

- □ 굵은 소금(천일염) 1작은술

국물

- □ 맛내기즙
  - 배 100g
  - 양파 50g
  - 마늘 1쪽 또는 다진 마늘 1/2큰술
  - 다진 생강 1/2작은술
- □ 다시마육수(180p 참고) 또는 생수 1 ½컵
- □ 매실청 또는 올리고당 1작은술
- □ 소금 4g

1 무는 사방 2.5cm 크기, 두께 2mm 정도로 나박 썬다. 배추는 길이로 2등분하여 2.5cm 길이로 썬다.

2 무와 배추에 굵은 소금을 뿌리고 고루 버무린 다음 30분 재운다. 무와 배추는 헹구지 않고 그대로 체에 밭쳐서 준비한다.

3 쪽파는 2.5cm 길이로 썬다. 오이, 배는 무와 같은 사이즈로 나박썰기한다.

4 믹서에 맛내기즙 재료들을 모두 넣고 곱게 간 다음에 면포에 넣어 즙을 짠다. 즙은 1/2컵 정도 나온다.

5 ④와 다시마육수 1 ½컵, 매실청, 소금을 섞어 국물을 만든다.

6 용기에 미리 준비해둔 나박김치 재료를 담고 국물을 부어 빛이 들지 않는 서늘한 곳에서(상온) 하루 정도 숙성시킨 다음에 냉장보관해서 먹는다.

tip 맛내기즙은 대량으로 만든 다음에 1/2컵씩 소분해 냉동해서 김치 만들 때마다 활용하면 편하답니다.

tip 배가 없을 경우 배즙음료 3큰술 정도를 넣어주세요.

tip 한 달 이내로 먹고, 조금씩 만드는 것이 좋아요.

감자전

감자를 그냥 갈아서 부치는 것보다 좀 더 쫄깃하고 고소한 전을 만들 수 있어요. 간 양파를 넣어 은은한 단맛이 돌아 아이들이 더욱 좋아할 거예요.

아이 2~3번 먹는 양
7개월부터

- □ 감자(중) 1개
- □ 양파 1/8개
- □ 소금 약간
- □ 식용유 적당량

1 감자는 껍질을 벗긴 후 큰 볼에 물을 잠길 정도로 담고 그 속에 강판을 넣어 감자를 간다.

2 물속에서 간 감자는 체에 걸러 물기를 살짝 짜내고, 걸러낸 물은 따로 볼에 담아 둔다.

3 양파는 강판에 곱게 간다.

4 ②에서 걸러낸 물은 10분 이상 두면 전분이 가라앉는데, 위의 물만 따라 버리고 전분은 남겨둔다.

5 간 감자와 가라앉은 전분을 섞고 양파와 소금을 넣고 함께 섞는다.

6 달군 팬에 식용유를 두르고 중간 불에서 타지 않게 앞뒤로 노릇하게 부친다.

tip 감자전은 커터보다 강판에 갈아야 식감이 더 좋아요. 양파를 넣으면 맛도 좋아지지만 감자가 갈변하는 것을 막아줘요.

tip 간을 하지 않는 아이라면 소금을 빼고 조리하세요.

무전

제철 무로 만든 무전은
달달하니 정말 맛있어요.
씹을수록 느껴지는 은은한
단맛과 고소한 맛의 조화가
일품이랍니다.

아이 2~3번 먹는 양
8개월부터

- □ 무 120g
- □ 부침가루(187p 참고) 2큰술
- □ 물 3큰술
- □ 식용유 적당량

1. 무는 껍질을 벗기고 2cm 두께로 두껍게 썬 다음, 가로, 세로로 한 번 더 썰어서 4등분한다.
2. 찜기에 물이 끓으면 무를 넣고 4분 정도 찐다. 키친타월로 물기를 제거한다.
3. 부침가루와 물을 섞어 부침반죽을 만들어 무를 넣고 반죽 옷을 입힌다.
4. 달군 팬에 식용유를 약간 두르고 중불에 무를 올려 앞뒤로 노릇하게 부친다.

tip 무는 전자레인지에 찜 기능으로 2분 정도 돌려 익혀도 좋아요.

tip 어른들은 양념장(간장 1큰술, 식초 1/2큰술, 매실청 1작은술, 고춧가루 약간)을 곁들여 먹으면 더욱 맛있답니다.

애호박전

라임이가 가장 좋아하는 채소가 애호박이라 집에 항시 있는 재료예요. 적당한 두께로 썰어 앞뒤로 노릇노릇하게 부쳐주면 아이들이 정말 잘 먹어요.

아이 2~3번 먹는 양
7개월부터

- □ 애호박 75g
- □ 부침가루(187p 참고) 1 ½큰술
- □ 달걀 1/2개
- □ 식용유 적당량

1 애호박은 4mm 두께로 모양대로 썬다.

2 달걀은 볼에 담고 가위질을 해서 흰자 알끈을 잘라 푼다.

3 애호박에 부침가루와 달걀물을 순서대로 묻히는데, 가루를 묻힌 뒤 살짝 털고 달걀물을 묻혀야 모양이 예쁘다.

4 달군 팬에 식용유를 두르고 중간 불에서 타지 않게 앞뒤로 노릇하게 부친다.

tip 간을 하는 아이라면 애호박에 소금을 약간 뿌려 10분 정도 절였다가 물기를 키친타월로 제거하고 조리하면 더욱 맛있어요.

마 당근전

우리집 식구들은 마를 굉장히 좋아해요. 생으로도 먹고 구워서도 먹곤 하는데, 갈아서 전으로 먹으면 굉장히 고소하고 맛이 좋답니다. 당근과 호두를 넣어서 영양을 업그레이드시켰어요. 언뜻 보면 감자전과 비슷하지만 마의 풍미가 더해져 더 맛있어요.

아이 2~3번 먹는 양
9개월부터

- □ 마 80g
- □ 당근 30g
- □ 호두 2개
- □ 부침가루(187p 참고) 2큰술
- □ 식용유 약간

1 마는 껍질을 벗겨 강판에 동그랗게 원을 그리면서 간다. 당근도 강판에 곱게 간다.

2 호두는 칼로 잘게 다진다.

3 마, 당근, 호두, 부침가루를 볼에 넣고 고루 섞어서 반죽을 만든다.

4 달군 팬에 식용유를 두르고 반죽을 동그랗게 올려 중간 불에서 앞뒤로 노릇하게 굽는다.

tip 마의 뮤신 성분이 피부를 자극해 알레르기 반응을 일으키기도 해요. 갈거나 으깬 마를 피부에 문질러 반응을 주의 깊게 살핀 후 섭취하는 것이 좋습니다.

브로콜리 치즈전

라임이가 가장 좋아하는 전이에요. 피자치즈를 넣어 굽기 때문에 한층 고소하답니다.
아이가 채소를 좋아하지 않을 경우, 치즈를 넣어서 전을 만들면 부담 없이 잘 먹을 거예요.

아이 2~3번 먹는 양
7개월부터

- □ 브로콜리 25g
- □ 피자치즈 20g
- □ 부침가루(187p 참고) 15g
- □ 물 30ml
- □ 식용유 적당량

1. 브로콜리와 피자치즈는 잘게 다진다.
2. 볼에 ①과 부침가루, 물을 섞어 반죽을 만든다.
3. 달군 팬에 식용유를 두르고 중간 불에서 타지 않게 앞뒤로 노릇하게 부친다.

tip 피자치즈는 스트링치즈, 콜비잭치즈, 체다치즈 등 다른 치즈로 얼마든지 대체 가능해요.

tip 다진 애호박을 함께 섞어 만들어도 부드럽고 맛있어요.

고구마 연근전

아삭한 연근을 먹기 싫어하는 아이들도 고구마 연근전을 만들어 주면 아주 맛있게 먹어요.
찐 고구마나 단호박, 가끔은 당근도 함께 갈아서 만들면 다양한 맛을 경험할 수 있지요.

아이 2~3번 먹는 양
7개월부터

- □ 고구마 80g
- □ 연근 40g
- □ 물 80ml
- □ 부침가루(187p 참고) 3큰술
- □ 식용유 적당량

1 고구마는 찜기에 넣고 푹 찐 다음, 껍질을 벗기고 포크로 대강 으깬다.
2 연근은 껍질을 벗기고 잘게 다진다.
3 믹서에 찐 고구마와 연근, 물을 넣고 곱게 간다.
4 ③에 부침가루를 넣어 골고루 섞는다.
고구마의 수분 함량에 따라 물과 부침가루의 양을 가감한다.
5 달군 팬에 식용유를 두르고, 반죽을 떠서 동그랗게 모양을 내어
중간 불에서 앞뒤로 노릇하게 부친다.

tip 연근을 1cm 두께로 얇게 썰어 소분해 랩으로 싸서 냉동보관 했다가
해동해서 먹으면 편리해요.

미역전

라임이가 해조류를 워낙
잘 먹고, 전을 좋아해서 만들어
본 것이 미역전이에요. 바삭하고
노릇하게 구우면 미역과자 같은
독특한 맛이 나요.

아이 2~3번 먹는 양
9개월부터

- □ 불린 미역 40g
- □ 양파·당근 20g씩
- □ 부침가루(187p 참고) 3큰술
- □ 물 4큰술
- □ 식용유 적당량

1. 불린 미역은 잘 씻어서 잘게 다진다.
2. 양파와 당근은 얇게 채 썬다.
3. 볼에 미역, 양파, 당근, 부침가루, 물을 넣고 섞는다.
4. 달군 팬에 식용유를 두르고, 반죽을 떠서 동그랗게 모양을 내어 중간 불에서 앞뒤로 노릇하게 부친다.

tip 어른들은 매콤한 양념장(간장 1/2큰술, 식초 2/3작은술, 올리고당·맛술 1작은술씩, 다진 청양고추·통깨 약간씩)을 만들어 곁들어 보세요.

tip 올리고당, 아가베시럽, 조청 같은 당분을 반죽에 살짝 추가해서 부치면 그 단맛이 미역과 잘 어우러져 풍미가 더 좋아요.

tip 밥새우나 다진 새우살, 다진 쇠고기를 약간 섞어 만들어도 맛있어요.

동태살전

노릇노릇하게 부쳐낸 동태전은
고소하면서도 담백한 맛이
일품으로 남녀노소 누구나
좋아하는 메뉴인 것 같아요.
당근과 대파를 넣어 영양은
물론 예쁜 색도 더해주세요.

아이 2~3번 먹는 양
9개월부터

- □ 동태살(포) 100g
- □ 당근 · 대파 10g씩
- □ 달걀 1개
- □ 부침가루(187p 참고) 2큰술
- □ 식용유 적당량

1 동태살은 사방 1cm 크기로 깍둑썰기한다.

2 당근과 대파는 잘게 다진다.

3 동태살과 당근, 대파, 부침가루, 달걀을 함께 골고루 섞는다.

4 달군 팬에 식용유를 두르고, 반죽을 떠서 동그랗게 모양을 내어 중간 불에서 앞뒤로 노릇하게 굽는다.

tip 다진 동태살을 키친타월로 물기를 충분히 제거하고 사용해도 좋아요.

배추전

겨울에는 배추와 무가 제철이라
아주 달고 맛있어요.
씹을수록 아삭하고 달달한
배추의 맛이 일품으로,
돼지고기를 넣어 부족한
영양을 채웠어요.

아이 3~4번 먹는 양
9개월부터

- □ 알배추(속배추) 2장(80g)
- □ 다진 돼지고기 50g
- □ 달걀 1/2개
- □ 부침가루(187p 참고) 1 ½큰술
- □ 식용유 적당량

돼지고기양념

- □ 참기름 · 청주 1/2작은술씩
- □ 소금 · 후춧가루 약간씩

1. 배추는 끓는 물에 살짝 숨이 죽도록 데친 다음 식혀서 물기를 꼭 짠다.
2. 돼지고기는 분량의 양념 재료를 넣고 섞어서 10분 이상 재운다.
3. 달군 팬에 돼지고기를 넣고 중간 불에서 노릇하게 볶는데, 고기가 뭉쳐 있으면 볶은 후에 칼로 다진다.
4. 배추는 잘게 썰고, 볼에 볶은 돼지고기와 함께 넣고 섞는다.
5. 볼에 달걀을 풀고 부침가루를 넣어 적당한 농도로 반죽을 만든다.
6. 달군 팬에 식용유를 두르고 반죽을 떠서 동그랗게 모양을 내어 중간 불에서 앞뒤로 노릇하게 굽는다.

tip 간을 하지 않는 아이라면 소금을 빼고 조리하세요.

단호박 당근전

입안에 은은하게 감도는
단호박, 당근, 양파의 달달함이
매력적인 전이에요. 영양가도
높아서 반찬으로, 간식으로
먹기에 좋아요.

아이 2~3번 먹는 양
7개월부터

- □ 단호박 80g
- □ 당근 30g
- □ 양파 15g
- □ 다진 견과류 1큰술
- □ 부침가루(187p 참고) 3큰술
- □ 물 80ml
- □ 식용유 적당량

1. 단호박은 찜기에 푹 찐 다음 껍질을 벗긴 후 포크로 대강 으깬다.
2. 당근, 양파는 얇게 채 썬다.
3. 믹서에 단호박, 양파, 물을 넣고 곱게 간다.
4. ③에 부침가루, 당근, 다진 견과류를 넣고 골고루 섞는다.
5. 달군 팬에 식용유를 두르고, 반죽을 떠서 동그랗게 모양을 내어 중간 불에서 앞뒤로 노릇하게 부친다.

시금치전

겨울철 추운 날씨를 이기고 자란 시금치는 아주 달고 영양분도 풍부해요. 시금치를 잘 안 먹는 아이에게 시금치전을 추천합니다. 견과류를 넣어서 고소함이 배가돼요.

아이 2~3번 먹는 양

7개월부터

- □ 시금치 40g
- □ 양파 20g
- □ 다진 견과류 1큰술
- □ 부침가루(187p 참고) 3큰술
- □ 물 60ml
- □ 식용유 적당량

1 시금치는 씻어서 물기를 뺀 후 잘게 다지고, 양파는 채 썬다.

2 믹서에 시금치와 양파, 물을 넣고 곱게 간다.

3 ②에 부침가루, 다진 견과류를 넣어 골고루 섞는다.

4 달군 팬에 식용유를 두르고, 반죽을 떠서 동그랗게 모양을 내어 중간 불에서 앞뒤로 노릇하게 부친다.

tip 새우나 오징어, 조갯살을 추가해 만들어보세요. 해물의 감칠맛 덕분에 맛이 업그레이드돼요.

애호박 새우전

애호박과 새우는 맛과 영양을 보완해주는 환상 궁합의 식재료예요. 부드러운 애호박 속에 탱글탱글한 새우살이 듬뿍 들어있어 맛과 식감이 뛰어나요.

아이 2~3번 먹는 양
9개월부터

- □ 애호박 80g
- □ 새우살 30g
- □ 부침가루(187p 참고) 2큰술
- □ 달걀 1/2개
- □ 식용유 적당량

새우양념

- □ 소금 · 후춧가루 · 참기름 약간씩

1. 새우살은 등과 배쪽을 칼로 살짝 잘라 내장을 제거한 후 잘게 다진 다음 양념을 넣고 버무린다.
2. 달걀은 볼에 담고 가위질을 해서 흰자 알끈을 잘라 푼다.
3. 애호박은 6mm 두께로 동그랗게 썬 다음 하트 커터로 가운데 부분을 판다.
4. ③은 부침가루를 골고루 입히고, 파낸 부분을 새우살로 채운 후 다시 밀가루를 앞뒤로 묻혀 톡톡 턴다.
5. 달걀물을 묻히고, 달군 팬에 식용유를 두르고 약한 불에서 애호박을 앞뒤로 노릇하게 부친다
6. 파낸 하트 모양 부분도 부침가루, 달걀물을 묻혀 부친다.

tip 달군 팬에 애호박을 넣고 약한 불에서 은근하게 익혀야 식감이 말랑말랑 부드러워요.

tip 간을 하지 않는 아이라면 소금을 빼고 조리하세요.

연근 찹쌀전

연근을 튀기듯이 구운 연근전은 라임이가 가장 좋아하는 반찬 중 하나예요. 서너 개만 주면 항상 더 달라고 해서 넉넉하게 만듭니다. 감자칩같이 고소한 맛에 아이들이 정말 좋아해요.

아이 2번 먹는 양
12개월부터

- □ 연근 60g
- □ 찹쌀가루 또는 부침가루(187p 참고) 1 ½큰술
- □ 물 3큰술
- □ 식용유 적당량

양념장

- □ 간장 1작은술
- □ 올리고당 · 통깨 · 참기름 1/2작은술씩
- □ 달래 또는 다진 파 약간

1 연근은 껍질을 칼로 얇게 벗겨내고 3mm 두께로 얇게 썬다.

2 찹쌀가루와 물을 섞어 반죽을 만든다.

3 연근을 반죽에 담갔다가 식용유를 넉넉히 두른 달군 팬에 올린다. 중간 불에서 앞뒤로 노릇하게 굽는다.

4 분량의 재료를 섞어 양념장을 만든 다음 곁들인다.

tip 양념장 없이 먹어도 맛있어요. 찹쌀가루로 반죽을 만들면 시간이 지나면 전끼리 붙을 수 있어요. 나중에 먹을 거면 부침가루로 반죽을 만들어서 조리하세요.

쇠고기 연근전

아삭한 식감과 구수한 맛이
일품인 연근은 튀김, 전,
조림으로 많이 해 먹는데요,
쇠고기의 육향이 연근의 풍미와
어우러져 자꾸 손이 가는
반찬입니다.

아이 2~3번 먹는 양
9개월부터

- □ 다진 쇠고기 · 연근 70g씩
- □ 전분가루 또는 부침가루(187p 참고) 2큰술
- □ 식용유 적당량

1 연근은 껍질을 얇게 벗긴 다음에 둥글게 원을 그리면서 강판에 간다.

2 볼에 모든 재료를 넣고 고루 섞는다.

3 달군 팬에 식용유를 약간 두르고 납작한 완자 모양으로 반죽을 올려 중간 불에서 타지 않게 앞뒤로 굽는다.

tip 당근이나 양파 등 다진 채소를 조금 섞어 주면 맛이 더욱 풍부해져요.

버섯전

쫄깃한 식감에 반하게
되는 느타리버섯전이에요.
느타리버섯은 가격도 저렴하고,
다양한 요리에 활용하기 좋은
재료라 집에 항시 있는 것
같아요. 자투리 채소들을
넣어서 함께 부쳐 먹으면
더욱 맛있어요.

아이 2~3번 먹는 양
9개월부터

- □ 느타리버섯 70g
- □ 달걀 1개
- □ 부침가루(187p 참고) 20g
- □ 식용유 적당량

1 느타리버섯은 길고 얇게 채 썬다.

2 볼에 느타리버섯, 달걀, 부침가루를 넣고 함께 골고루 섞는다.

3 달군 팬에 식용유를 두르고 반죽을 떠서 동그랗게 모양을 내어 중간 불에서 앞뒤로 노릇하게 굽는다.

tip 다진 버섯을 사용해도 좋아요.

치즈 감자전

집에 감자가 많아 어떻게 요리할까 생각하다 만들어낸 메뉴예요. 찐 감자에 치즈를 넣어 변신을 시켰더니 근사한 감자요리가 되었어요. 치즈향이 폴폴~ 나 식욕을 자극한답니다.

아이 2~3번 먹는 양
10개월부터

- □ 피자치즈 20g
- □ 슬라이스치즈 1장
- □ 감자 2개
- □ 전분가루 1/2큰술
- □ 파슬리가루 1/2작은술
- □ 소금·후춧가루 약간씩
- □ 식용유 적당량

1 감자는 찜기에 넣고 푹 찐 다음 껍질을 벗기고 포크로 곱게 으깬다.

2 볼에 감자와 슬라이스치즈, 피자치즈를 넣고 전자레인지에 30초 돌려서 치즈를 녹인다.

3 ②에 전분가루를 넣어 골고루 섞고, 소금과 후춧가루로 간을 한다.

4 ③은 두께 1cm, 지름 4~5cm가 되게 동그랗게 반죽을 한다.

5 달군 팬에 식용유를 두르고 중간 불에서 반죽을 앞뒤로 노릇하게 굽는다.

6 뜨거울 때 파슬리가루를 뿌린다.

tip 간을 하지 않는 아이라면 소금을 빼고 조리하세요.

참치 두부전

자극적이지 않고 부드러워 아이 반찬으로 딱 좋은 참치 두부전입니다.
냉장고에 자투리 채소가 있다면 모두 소환해서 만들어보세요.

아이 2~3번 먹는 양
12개월부터

- □ 참치 · 두부 60g씩
- □ 애호박 20g
- □ 다진 대파 1큰술
- □ 다진 마늘 1/2작은술
- □ 부침가루(187p 참고) 또는 전분가루 2큰술
- □ 달걀노른자 1개
- □ 식용유 적당량

1 두부는 칼을 비스듬하게 눕혀서 으깬 다음에 고운 체나 면포에 넣고 물기를 꼭 짠다. 참치도 기름을 꼭 짜서 준비한다.

2 애호박은 잘게 다진다.

3 볼에 모든 재료를 넣고 치대듯이 고루 섞는다.

4 달군 팬에 식용유를 약간 두르고 작은 완자 모양으로 빚어 올려 중간 불에서 앞뒤로 노릇하게 굽는다.

tip 달걀흰자 알레르기가 없다면 달걀노른자 1개 대신에 전란 1/2개를 사용해 주세요.

tip 두부를 으깨고 그릇에 담아 전자레인지에 1분 정도 돌리면 물기가 제법 빠져요.

백김치전

김치전에 약간의 마요네즈를 넣는 건 라임이 할머니의 비법이에요.
새우, 바지락살, 베이컨, 오징어 등을 더해서 다양하게 변형해보세요.

아이 1~2번 먹는 양
12개월부터

- □ 백김치 40g
- □ 양파 20g
- □ 부침가루(187p 참고) 1큰술
- □ 물 1/2큰술
- □ 마요네즈 · 올리고당 1작은술씩
- □ 식용유 적당량

1 백김치와 양파는 굵게 다진다.

2 볼에 식용유를 제외한 모든 재료들을 담고 섞는다.

3 달군 팬에 식용유를 두르고, 반죽을 떠서 동그랗게 모양을 내어 중간 불에서 앞뒤로 노릇하게 굽는다.

나물 치즈전

대보름이 지나고 나물이 많이
남아 시도해봤던 메뉴예요.
이미 나물에 맛있는 양념들이
배어 있기 때문에 따로
이것저것 넣지 않아도 충분히
고소하고 맛있는 전이 완성돼요.

아이 1~2번 먹는 양
12개월부터

- □ 시금치나물무침(362p 참고) 30g
- □ 피자치즈 20g
- □ 부침가루(187p 참고)·
  물 1 ½큰술씩
- □ 식용유 적당량

1 시금치나물무침과 피자치즈는 잘게 다진다.

2 볼에 식용유를 제외한 모든 재료를 담고 섞는다.

3 달군 팬에 식용유를 두르고, 반죽을 떠서 동그랗게 모양을 내어
중간 불에서 앞뒤로 노릇하게 굽는다.

tip 피자치즈는 스트링치즈, 콜비잭치즈, 체다치즈 등 다른 치즈로 얼마든지 대체 가능해요.

해물파전

보통의 해물파전처럼 쪽파를
길게 넣어 부치지 않고,
대파를 어슷 썰어 넣어
아이들도 쉽게 씹어 먹을 수
있게 만들었어요.

아이 2~3번 먹는 양
10개월부터

- □ 대파 · 오징어살 40g씩
- □ 새우살 30g
- □ 양파 25g
- □ 부침가루(187p 참고) 2큰술
- □ 물 1큰술
- □ 식용유 적당량

1. 대파를 송송 어슷 썰고, 양파는 굵게 다진다.
2. 오징어는 굵게 다지고, 새우는 등과 배쪽을 칼로 살짝 잘라 내장을 제거한 후 잘게 다진다.
3. 볼에 식용유를 제외한 모든 재료를 넣고 잘 섞는다.
4. 달군 팬에 식용유를 두르고, 반죽을 떠서 동그랗게 모양을 내어 중간 불에서 앞뒤로 노릇하게 굽는다.

게맛살 콘 치즈전

라임이가 입맛이 없을 때
특식처럼 만들어 주는 전이에요.
아이들이 좋아하는 게맛살,
스위트콘, 치즈가 들어있어
맛이 없을 수가 없죠. 어른들
맥주 안주로도 딱이에요.

아이 2번 먹는 양
12개월부터

- □ 게맛살 · 피자치즈 20g씩
- □ 스위트콘 35g
- □ 물 1큰술
- □ 부침가루(187p 참고) 1 ½큰술
- □ 식용유 적당량

1 게맛살과 피자치즈는 잘게 다진다.

2 볼에 스위트콘, 게맛살, 피자치즈, 물, 부침가루를 함께 섞어서 반죽을 만든다.

3 달군 팬에 식용유를 두르고 반죽을 떠서 동그랗게 모양을 내어 중간 불에서 앞뒤로 노릇하게 굽는다.

tip 피자치즈는 스트링치즈, 콜비잭치즈, 체다치즈 등 다른 치즈로 얼마든지 대체 가능해요.

연어전

연어에 파르메산치즈가루와
파슬리가루를 곁들여 전으로
부쳐 먹는 맛이 일품이에요.
한번 먹어보면 계속 만들어
먹게 되는 매력적인 맛이랍니다.

아이 1~2번 먹는 양
9개월부터

- □ 연어 100g
- □ 달걀 1/2개
- □ 부침가루(187p 참고) 2큰술
- □ 파르메산치즈가루 · 파슬리가루 · 버터 1작은술씩
- □ 소금 · 후춧가루 약간씩

1. 연어는 소금과 후춧가루를 뿌려 15분 이상 재운다.
2. 달걀은 볼에 담고 가위질을 해서 흰자 알끈을 잘라 풀고 파르메산치즈가루, 파슬리가루를 함께 섞는다.
3. 연어는 부침가루와 ②를 순서대로 묻힌다.
4. 달군 팬에 버터를 녹이고 연어를 올려 중간 불에서 앞뒤로 노릇하게 굽는다. 너무 바짝 구우면 식감이 뻑뻑하니 적당히 굽는 것이 좋다.

tip 가자미, 도미, 동태, 대구 등의 생선으로 만들어도 맛있어요.

tip 간을 하지 않는 아이라면 소금을 빼고 조리하세요.

굴전

김장철이 다가오면 싱싱하고 맛있는 생굴을 먹을 수 있어요. 생으로도 먹고 국에 넣어 먹기도 하지만, 큼직하고 도톰한 굴로 부친 감칠맛 나는 굴전도 별미예요.

아이 2번 먹는 양
9개월부터

- □ 굴 5개(50g)
- □ 대파 6g
- □ 부침가루(187p 참고) 2큰술
- □ 달걀 1/2개
- □ 소금 약간
- □ 식용유 적당량

1. 굴은 손으로 만져가면서 껍질이 있으면 떼어 내고, 흐르는 물에 깨끗하게 씻어 물기를 뺀다.
2. 대파는 잘게 다진다.
3. 달걀은 볼에 담고 가위질을 해서 흰자 알끈을 잘라 풀고 소금과 다진 대파를 섞는다.
4. 손질한 굴에 부침가루를 골고루 묻힌 다음 ③을 묻힌다.
5. 달군 팬에 식용유를 두르고 중간 불에서 굴을 얹고 달걀물 속 다진 파를 떠서 조금씩 굴 위에 얹는다.
6. 약한 불로 줄여 굴이 타지 않고 노릇하게 잘 익도록 부친다.

tip 간을 하지 않는 아이라면 소금을 빼고 조리하세요.

동그랑땡

동그랑땡은 명절뿐 아니라
언제 먹어도 사랑받는 반찬인 것
같아요. 고기는 물론이고
각종 채소도 많이 들어가서
영양이 풍부하죠.

아이 4~5번 먹는 양
9개월부터

- □ 다진 돼지고기 200g
- □ 두부 1/4모(80g)
- □ 당근 · 양파 · 애호박 20g씩
- □ 대파 10g
- □ 달걀노른자 1개
- □ 전분가루 1큰술
- □ 참기름 1작은술
- □ 다진 마늘 1/2작은술
- □ 소금 또는 간장 약간
- □ 식용유 적당량

1 양파, 당근, 애호박, 대파는 잘게 다진다.

2 두부는 칼등으로 눌러 곱게 으깬 후 면포에 넣고 물기를 살짝 짠다.

3 볼에 식용유를 제외한 나머지 모든 재료들을 넣고 섞어서 반죽을 만들고, 지름 3~4cm의 납작한 완자 모양으로 빚는다.

4 달군 팬에 식용유를 두르고 중간 불에서 앞뒤로 노릇하게 굽는다.

tip 고기는 공기와 접촉해 산화하기 쉬우므로 가급적 공기에 접촉되지 않도록 소분해 랩으로 싸서 냉동시키는 것이 좋아요. 보관법 87p 참고.

tip 간을 하지 않는 아이라면 소금을 빼고 조리하세요.

시금치나물무침

비타민 덩어리인 시금치로
만드는 간단한 나물 요리예요.
끓는 물에 데치면 영양소가
많이 빠져나가기 때문에 저는
쪄서 요리하는 것을 선호해요.
통깨를 절구에 직접 곱게
갈아 무치면 그 고소함을
이루 말할 수가 없어요.

아이 3~4번 먹는 양
9개월부터

- □ 시금치 130g
- □ 통깨 2큰술
- □ 참기름 2작은술
- □ 국간장 1/3작은술

1. 시금치는 깨끗이 씻어 찜기에 살짝 찌거나 끓는 물에 살짝 데쳐내어 한 김 식힌 다음, 손으로 물기를 가볍게 짠다.
2. 통깨를 절구에 넣고 곱게 갈아 깨소금을 만든다.
3. 시금치를 먹기 좋게 잘라 깨소금, 참기름을 넣고 버무리고 국간장으로 간을 한다.

tip 간을 하지 않는 아이라면 국간장을 빼고 조리하세요.

가지나물무침

살캉살캉 부드러운 가지가
향긋한 참기름의 향을 머금어
입맛을 돋우는 반찬이에요.
촉촉하고 부드러워 목넘김이
좋은 나물입니다.

아이 2~3번 먹는 양
9개월부터

- □ 가지 150g
- □ 참기름 1작은술
- □ 통깨 1/2작은술
- □ 국간장 1/3작은술

1 가지는 손가락 길이로 길게 6등분해서 자른다.

2 가지는 찜기에 넣어 부드럽게 찌고 한 김 식힌 다음, 손으로 물기를 가볍게 짠다.

3 볼에 가지, 참기름, 통깨, 국간장을 넣고 골고루 버무린다.

tip 간을 하지 않는 아이라면 국간장을 빼고 조리하세요.

들깨 무나물무침

라임이가 처음으로 접해본
나물이 바로 들깨 무나물이에요.
무를 두껍게 썰어서
멸치 다시마육수에 삶듯이
부드럽게 익히면 아이들이
집어먹기 편해요. 들깻가루와
들기름을 듬뿍 넣어 고소하게
만들면 아이가 좋아해요.

아이 3~4번 먹는 양
9개월부터

- □ 무 130g
- □ 들깻가루 1큰술
- □ 들기름 2작은술
- □ 멸치 다시마육수(181p 참고) 1컵
- □ 국간장 1/3작은술

1. 무는 1.5cm 두께, 손가락 길이의 막대 모양으로 자른다.
2. 냄비에 멸치 다시마육수와 무를 넣고 중간 불에서 끓인다.
3. 육수가 자작하게 남았을 때 들깻가루와 들기름을 넣고 버무린다.
4. 1분 정도 더 졸이고, 국간장으로 간을 한다.

tip 간을 하지 않는 아이라면 국간장을 빼고 조리하세요.

들깨 버섯나물무침

버섯 특유의 향긋한 향과 들기름의 고소함이 어우러진 건강 반찬이에요. 느타리버섯 말고 다른 종류의 버섯으로 만들어도 좋아요.

아이 2~3번 먹는 양
9개월부터

- □ 느타리버섯 90g
- □ 들깻가루 · 들기름 1작은술씩
- □ 국간장 1/3작은술

1 버섯은 찜기에 넣어 부드럽게 찌고 한 김 식힌 다음, 손으로 물기를 가볍게 짠다.

2 볼에 버섯, 들깻가루, 들기름, 국간장을 넣고 골고루 버무린다.

tip 간을 하지 않는 아이라면 국간장을 빼고 조리하세요.

콩나물무침

장보러 가면 가장 만만한 것이 콩나물이죠. 반찬, 국 등 활용도가 높은 식재료예요. 수용성 비타민이 많은 콩나물을 끓는 물에 데치지 않고 쪄서 만들어 영양을 더했어요.

아이 3~4번 먹는 양
9개월부터

- □ 콩나물 200g
- □ 통깨 1큰술
- □ 참기름 2작은술
- □ 국간장 1/3작은술
- □ 물 2큰술

1 콩나물은 흐르는 물에 깨끗이 씻어 콩 껍질이나 시든 부분을 제거한다.

2 냄비에 콩나물과 물 2큰술을 넣고 버무린 다음 뚜껑을 닫고 중간 불에서 김이 나기 시작하면 아주 약한 불로 줄여 7~8분 정도 찐다.

3 통깨는 절구에 넣고 곱게 갈아 깨소금을 만든다.

4 콩나물을 살짝 식혀 따뜻할 때 냄비에 깨소금, 참기름, 국간장을 넣고 골고루 버무린다.

tip 간을 하지 않는 아이라면 국간장을 빼고 조리하세요.

브로콜리 들깨무침

조리과정 마지막에 열을 가하지 않고 들깻가루와 들기름을 듬뿍 넣어 버무리면 몸에 좋은 불포화 지방산을 맛있게 섭취할 수 있어요.

아이 2~3번 먹는 양
9개월부터

- □ 브로콜리 80g
- □ 들깻가루 · 들기름 1작은술씩
- □ 국간장 1/3작은술

1 브로콜리는 찜기에 넣어 부드럽게 쪄서 한 입 크기로 자른다.

2 볼에 브로콜리, 들깻가루, 들기름, 국간장을 넣고 골고루 버무린다.

tip 간을 하지 않는 아이라면 국간장을 빼고 조리하세요.

청경채 두부무침

보통 시금치로 두부무침을
많이 하는데, 라임이는 청경채로
해주면 더 좋아하더라고요.
청경채는 아래 이파리 부분이
두툼하고 씹는 맛이 있어서
맛과 식감을 느끼기에 좋은
재료입니다.

아이 2~3번 먹는 양
9개월부터

- □ 청경채 150g
- □ 두부 100g
- □ 참기름 · 통깨 1작은술씩
- □ 소금 약간

1 청경채는 잘 씻어 뿌리 쪽에 칼집을 내고 4등분해서 자른다.

2 두부는 칼등으로 곱게 으깬 다음, 그릇에 담아 전자레인지에 넣고 2분간 돌린 후 면포에 넣고 꼭 짜서 물기를 제거한다.

3 청경채는 끓는 물에 넣고 40초간 데친 다음, 손으로 물기를 꼭 짠다.

4 데친 청경채와 으깬 두부, 참기름, 통깨, 소금을 함께 버무린다.

tip 간을 하지 않는 아이라면 소금을 빼고 조리하세요.

오이무침

손쉽게 만들 수 있는 오이무침은 소금을 거의 넣지 않아도 통깨의 고소함 덕분에 계속해서 집어먹게 되는 반찬이에요. 아이들은 아삭아삭한 오이의 식감을 좋아한답니다.

아이 2~3번 먹는 양
9개월부터

- □ 오이 1개
- □ 참기름 · 통깨 1/2큰술씩
- □ 소금 약간

1 오이는 모양대로 얇게 썬다.

2 오이는 소금을 살짝 뿌려 10분간 절인 다음 키친타월에 싸서 손으로 꾹 눌러서 물기를 짠다.

3 통깨는 절구에 넣고 곱게 갈아 깨소금을 만든다.

4 볼에 오이, 참기름, 깨소금을 넣고 골고루 버무린다.

tip 간을 하지 않는 아이라면 소금을 빼고 조리하세요.

참나물무침

라임이는 시금치나물보다는
향긋한 참나물을 더욱 좋아해요.
요즘은 사시사철 참나물을
구하기가 쉬워 어렵지 않게
만들 수 있는 무침반찬입니다.
시금치, 참나물, 취나물 등
나물 무침은 동일한 방법으로
무침반찬을 만들 수 있어요.

아이 2~3번 먹는 양
9개월부터

- □ 참나물 100g
- □ 통깨 1큰술
- □ 참기름 2작은술
- □ 국간장 1/3작은술

1 참나물은 깨끗이 씻어 찜기에 살짝 찌거나 끓는 물에 살짝 데쳐내어 한 김 식힌 다음, 손으로 물기를 가볍게 짠다.

2 참나물을 먹기 좋게 잘라 통깨, 참기름을 넣고 버무리고 국간장으로 간을 한다.

tip 간을 하지 않는 아이라면 국간장을 빼고 조리하세요.

배추나물무침

달달한 배추를 데쳐 양념에
조물조물 무치면 아삭하면서도
부드럽고, 아주 맛있어요.
특별할 것 없는 나물이지만,
아이들이 의외로 좋아하는
반찬입니다.

아이 2~3번 먹는 양
9개월부터

- □ 알배추(속배추) 150g
- □ 통깨 1큰술
- □ 참기름 2작은술
- □ 국간장 1/3작은술

1 배추는 깨끗이 씻어 찜기에 살짝 찌거나 끓는 물에 살짝 데쳐내어 한 김 식힌 다음, 손으로 물기를 가볍게 짠다.

2 0.5~1cm 두께로 먹기 좋게 잘라 통깨, 참기름을 넣고 버무리고 국간장으로 간을 한다.

tip 참기름, 통깨 대신에 들기름, 들깻가루를 활용하면 색다른 맛으로 아이들이 좋아한답니다.

tip 간을 하지 않는 아이라면 국간장을 빼고 조리하세요.

김무침

김 마니아 라임이가 제일 좋아하는 반찬 중에 하나예요. 처치 곤란 묵은 김으로 만들 수 있는 효자 반찬으로 취향에 따라 견과류를 넣으면 고소한 맛이 배가되죠.

아이 2~3번 먹는 양
12개월부터

- □ 김 7장
- □ 견과류 20g(아몬드 슬라이스, 호박씨, 해바라기씨 등)
- □ 통깨 1/2큰술
- □ 참기름 1작은술

양념

- □ 간장 1/2큰술
- □ 물 또는 다시마육수(180p 참고) 80ml
- □ 올리고당 · 맛술 1/2큰술씩

1. 김은 달군 팬에 중간 불에서 살짝 구운 다음 잘게 부순다.
2. 팬에 분량의 양념 재료를 넣고 바글바글 살짝 끓인 다음 식힌다.
3. 식힌 양념장에 김과 견과류를 넣고 골고루 양념이 배도록 섞은 후 마지막으로 참기름과 통깨를 넣고 골고루 버무린다.

청포묵무침

아이들은 푸딩같이
말캉말캉하면서 탱글탱글한
식감을 좋아해서 그런지 의외로
묵을 좋아하더라고요. 김가루와
간단하게 무쳐줘도 아주 잘
먹는 반찬이 됩니다.

아이 2~3번 먹는 양
12개월부터

- □ 청포묵 150g
- □ 김가루 2~3큰술
- □ 쪽파 또는 대파 10g
- □ 간장 · 참기름 · 통깨 1작은술씩

1 청포묵을 사방 2cm의 크기로 깍둑 썰고, 쪽파는 모양대로 가늘게 송송 썬다.

2 끓는 물에 청포묵을 넣고 청포묵이 투명해질 때까지 데친 다음에 채반에 밭쳐서 물기를 뺀다.

3 볼에 모든 재료를 넣고 살살 버무린다.

tip 도토리묵도 같은 방법으로 무쳐주면 아주 잘 먹어요.

배추 김무침

달달한 배추를 살짝 쪄낸 다음에 김이랑 무치는 반찬입니다. 아이들 누구나 좋아하는 김이 들어 있어 배추를 편식하는 아이들도 잘 먹을 수 있어요.

아이 2~3번 먹는 양
9개월부터

- □ 알배추(속배추) 130g
- □ 구운 김 3g
- □ 참기름 1작은술
- □ 국간장 1/3작은술
- □ 통깨 1/2작은술

1 배추는 길게 반으로 갈라 0.5~1cm 두께로 채 썬다.

2 구운 김은 먹기 좋게 잘게 찢어 놓는다.

3 배추를 전자레인지 찜기에 넣어 2분 30초간 돌려 찐다.

4 식은 다음에 손으로 물기를 꼭 짠 후 볼에 담고 나머지 재료들을 모두 넣고 버무린다.

tip 배추는 끓는 물에 데쳐서 조리해도 좋아요.

tip 구운 김이 없다면 간단하게 조미김을 부숴 넣어서 만들 수 있어요.

tip 간을 하지 않는 아이라면 국간장을 빼고 조리하세요.

숙주나물무침

아삭아삭 식감 좋은 콩나물무침 만큼이나 자주 만들게 되는 나물반찬이에요. 너무 질기지 않게 조리해서 쫑쫑 썰어주면 어린 아이들도 맛있게 잘 먹는답니다.

아이 2~3번 먹는 양
9개월부터

- □ 숙주 100g
- □ 당근 30g
- □ 국간장 1/3작은술
- □ 참기름 · 통깨 1작은술씩

1 숙주는 먹기 좋게 3cm 길이로 자르고, 당근은 같은 길이로 얇게 채 썬다.

2 끓는 물에 당근을 넣고 30초 정도 지나면 숙주를 넣어 30초 정도 더 데친다.

3 채반에 밭쳐 물기를 빼면서 그대로 식힌다.

4 어느 정도 식었으면 볼에 모든 재료를 넣고 골고루 버무린다.

tip 숙주의 물기를 손으로 꼭 짜면 숙주가 질겨질 수 있어요. 뜨거울 때 그대로 식히면 열기와 함께 수분이 증발되는데, 그대로 무쳐야 아삭아삭한 맛이 살아 있답니다. 물기가 좀 남아 있다면 살짝만 짜주세요.

tip 간을 하지 않는 아이라면 국간장을 빼고 조리하세요.

당근 무생채

무가 맛있는 가을, 겨울에 만들면 무에서 단맛이 돌아 피클처럼 마구 집어 먹을 수 있는 생채예요. 새콤달콤한 맛이 입맛을 돋게 해줘 아이들이 의외로 좋아하는 반찬이랍니다.

아이 2~3번 먹는 양
12개월부터

- □ 당근 40g
- □ 무 100g

절임양념

- □ 식초 1/2큰술
- □ 설탕 1작은술
- □ 소금 1/2작은술

무침양념

- □ 매실청 또는 올리고당 1/2~1큰술

1. 무와 당근은 5cm 정도의 길이로 채칼을 이용해서 얇게 채 썬다.
2. 볼에 무와 당근을 넣고 절임양념으로 버무려 20분간 절인다.
3. 물이 제법 나왔으면 손으로 꼭 물기를 짠다.
4. ③을 볼에 담고 무침양념을 넣어 버무린다.

tip 생채나 나물을 만들 때는 단맛이 도는 무의 파란 부분을 사용하세요. 무의 하얀 부분은 매운맛이 나 국이나 찌개, 조림에 많이 쓰인답니다.

황태 보푸라기무침

황태나 북어는 오래 보관할 수 있고 조림, 무침, 국 등 다양하게 활용할 수 있는 요긴한 재료예요. 양념을 많이 하지 않아도 황태 특유의 고소한 맛이 살아 있어 맛있지요. 밥이랑 섞어서 주먹밥으로 만들어도 맛있고, 그냥 반찬으로 먹어도 좋아요.

아이 4~5번 먹는 양
12개월부터

□ 황태보푸라기 30g

양념
□ 올리고당 1큰술
□ 간장 · 참기름 · 검은깨 1작은술씩

1 볼에 분량의 재료를 섞어 양념을 만든다.

2 ①에 황태보푸라기를 넣고 손으로 양념이 골고루 묻히도록 조물조물 무친다.

tip 황태는 강판에 갈거나, 곱게 찢어도 돼요. 커터가 있다면 갈아서 보푸라기를 만들어주세요. 시판 황태보푸라기 제품을 사면 더욱 쉽게 만들 수 있어요.

애호박볶음

멸치 다시마육수를 넣어서
찌듯이 익혔기 때문에
여느 애호박볶음보다 훨씬
촉촉하고 감칠맛이 많이 돌아요.
아이들이 엄청 좋아한답니다.

아이 2~3번 먹는 양
9개월부터

- □ 애호박 40g
- □ 양파 20g
- □ 멸치 다시마육수(181p 참고) 3큰술
- □ 새우젓 1/3작은술
- □ 참기름 · 통깨 · 깨소금 1작은술씩
- □ 다진 마늘 1/4작은술

1. 애호박은 5mm 두께로 썰어 4등분하고, 양파는 5mm 두께로 채 썬다.
2. 달군 팬에 참기름을 두르고 중간 불에서 다진 마늘, 양파, 애호박 순으로 넣어 볶는다.
3. 양파가 투명해지면 육수를 넣고 약한 불에서 졸인다.
4. 애호박이 부드럽게 익으면 새우젓으로 간을 하고 깨소금을 뿌린다.

tip 간을 하지 않는 아이라면 새우젓을 빼고 조리하세요.

tip 밥새우를 함께 넣고 볶아도 맛있어요.

애호박 버섯볶음

집에 있는 흔한 재료로 만들 수 있는 아주 간단한 볶음이에요. 달달한 애호박과 양파, 쫄깃한 버섯이 조화롭게 어우러져요.

아이 2~3번 먹는 양
9개월부터

- □ 애호박 · 양파 · 느타리버섯 60g씩
- □ 다진 마늘 1/3작은술
- □ 들기름 · 통깨 1작은술씩
- □ 소금 약간
- □ 식용유 적당량

1 애호박은 1cm 두께로 모양대로 슬라이스한 다음 굵게 채 썬다. 양파도 1cm 두께로 썬다.

2 버섯은 밑동을 잘라내고 손으로 가닥가닥 떼어낸다. 굵은 것은 손으로 반으로 찢는다.

3 달군 팬에 식용유를 약간 두르고 다진 마늘과 애호박, 양파를 넣고 중간 불에서 볶는다.

4 양파가 투명해질 때쯤 느타리버섯을 넣고 볶은 다음 소금으로 간을 한다.

5 느타리버섯의 숨이 약간 죽으면 들기름과 통깨를 넣고 한소끔 더 볶는다.

tip 버섯은 표고버섯, 새송이버섯 등 다른 버섯을 사용해도 좋아요.

tip 간을 하지 않는 아이라면 소금을 빼고 조리하세요.

양배추볶음

나물처럼 담백하고 달달해서
자꾸 손이 가는 반찬이에요.
의외로 달걀프라이나 토스트에
곁들여 먹어도 맛있어요.

아이 3~4번 먹는 양
9개월부터

- □ 양배추 250g
- □ 참기름 1/2작은술
- □ 식용유 적당량
- □ 소금 약간

1. 양배추는 가운데 심지를 잘라내고 채칼로 얇게 채 썬 다음 물에 2~3번 헹궈 체에 밭친다.
2. 달군 팬에 식용유를 두르고 중간 불에서 양배추와 소금을 넣고 살짝 숨이 죽는 정도로만 빠르게 볶는다.
3. 참기름을 넣고 가볍게 버무린다.

tip 간을 하지 않는 아이라면 소금을 빼고 조리하세요.

감자 사과볶음

간단한 감자볶음인데,
당근과 사과를 넣어 다채로운
맛을 느낄 수 있어요.

아이 2~3번 먹는 양
9개월부터

- □ 감자 70g
- □ 사과 40g
- □ 당근 15g
- □ 식용유 · 소금 약간씩

1 감자와 사과, 당근은 껍질을 벗겨서 가늘게 채 썬다.

2 감자는 물에 2~3번 정도 헹궈서 전분기를 제거한 후 키친타월로 물기를 없앤다.

3 달군 팬에 식용유를 두르고 중간 불에서 감자와 당근, 소금을 넣고 볶는다.

4 감자와 당근이 거의 다 익어 숨이 죽을 때쯤 사과를 넣고 2분 정도 더 볶는다.

tip 간을 하지 않는 아이라면 소금을 빼고 조리하세요.

사과 제육볶음

사과와 돼지고기는 찰떡궁합 재료예요. 사과가 돼지고기의 느끼한 맛도 잡아주고 달달함도 더해주어 아이들이 아주 좋아해요. 밥 위에 얹어서 덮밥처럼 먹어도 맛있어요.

아이 2~3번 먹는 양
12개월부터

- □ 돼지고기(불고기감, 앞다리살) 150g
- □ 사과 1/4개
- □ 브로콜리 30g
- □ 검은깨 1작은술
- □ 식용유 적당량

양념

- □ 다진 마늘 · 참기름 1작은술씩
- □ 간장 · 청주 1/2큰술씩
- □ 올리고당 1큰술
- □ 다진 생강 1/6작은술
- □ 후춧가루 약간

1 사과는 3mm 두께로 부채꼴 모양으로 썰고, 브로콜리는 끓는 물에 데쳐 부드럽게 익힌 후 한 입 크기로 썬다.

2 분량의 재료를 섞어 양념을 만들고, 돼지고기를 넣고 버무려 15분 이상 재운다.

3 달군 팬에 식용유를 두르고 중간 불에서 양념한 돼지고기를 넣고 볶는다.

4 돼지고기가 절반 정도 익으면 사과를 넣고 볶은 후 브로콜리와 검은깨를 넣고 섞는다.

양파볶음

주로 부재료로 사용하는 양파를 주재료 삼아 만든 간단한 반찬이에요. 양파는 오래 볶으면 단맛과 감칠맛이 올라오기 때문에 약한 불에 은근하게 조리해서 단맛을 최대한 올려주세요. 간장 대신 굴소스를 약간 넣어 볶아도 맛있어요.

아이 2~3번 먹는 양
12개월부터

- □ 양파 1개
- □ 간장 · 참기름 1/2큰술씩
- □ 물 1/2컵
- □ 통깨 · 식용유 1/2작은술씩

1 양파는 1cm 두께로 채 썬다.
2 달군 팬에 간장, 참기름, 물, 양파를 넣고 약한 불에서 졸인다.
3 양파가 부드럽게 익고, 물이 다 졸면 식용유를 넣고 볶는다.
4 양파가 노릇해질 때까지 볶아지면 불을 끄고 통깨를 섞는다.

쇠고기 가지볶음

가지와 고기는 굉장히
잘 어울리는 식재료예요.
가지는 자칫 잘못 조리하면
물컹거리기도 해서 호불호가
많이 갈리는 식재료인데,
고기와 같이 볶으면 가지를
별로 안 좋아하는 아이들도 잘
먹어요. 밥 위에 얹어 먹으면
훌륭한 덮밥 메뉴로 변신!

아이 2~3번 먹는 양
12개월부터

- □ 쇠고기(등심) 60g
- □ 가지 1개(100g)
- □ 양파 40g
- □ 다진 파 1큰술
- □ 통깨 1작은술
- □ 굴소스 1/2작은술
- □ 식용유 적당량

쇠고기양념

- □ 간장·들기름 1/2작은술씩
- □ 다진 마늘·설탕 1/3작은술씩

1 쇠고기는 얇게 채 썰고 분량의 양념에 10분간 재운다.

2 가지는 1cm 두께로 어슷 썬 다음 길이로 반으로 자른다.
양파는 1cm 두께로 채 썬다.

3 팬에 식용유와 다진 파를 넣고 약한 불에서 달군 다음에
파향이 올라오면 양파와 가지를 넣고 중간 불에서 볶는다.

4 양파가 반쯤 익고 가지의 숨이 약간 죽으면 쇠고기를 넣고
강한 불에서 볶는다.

5 쇠고기가 반 정도 익으면 굴소스, 통깨를 넣고 강한 불에서 고루 볶는다.

tip 쇠고기는 다진 쇠고기, 불고기감, 차돌박이 등 다양한 부위로 만들 수 있어요.

쇠고기 오이볶음

'오이 뱃두리'라고도 불리는, 오독오독 씹는 맛이 매력적인 반찬이에요. 만들기도 간단하고, 고기와 채소인 오이를 함께 먹을 수 있어서 좋습니다. 냉장고에 두고 차게 먹는 반찬이라 쇠고기는 지방이 적은 우둔살 같은 부위를 사용하는 것이 좋아요.

아이 2~3번 먹는 양
12개월부터

- □ 다진 쇠고기 50g
- □ 오이 1개
- □ 간장 · 맛술 1/2작은술씩
- □ 참기름 1작은술
- □ 통깨 1/2큰술
- □ 소금 1/3작은술

1 오이는 1~2mm 두께로 모양대로 얇게 썬 다음에 볼에 담아 소금을 뿌려 고루 버무린 후 20분간 절인다. 그런 다음 물기가 없도록 면포로 싸서 꼭 짠다.

2 쇠고기는 간장, 맛술에 10분간 재운다.

3 달군 팬에 참기름을 약간 두르고 쇠고기를 중간 불에서 노릇하게 볶다가 오이를 넣고 함께 볶는다.

4 마지막에 통깨를 넣고 고루 버무린다.

어묵볶음

판어묵을 얇게 썰어
채소와 함께 볶은 반찬이에요.
레시피대로 만들면 촉촉하고
부드러운 어묵볶음을
만들 수 있어요. 판어묵이
없다면 동량의 다른 모양
어묵으로 만들어도 됩니다.

아이 2~3번 먹는 양
12개월부터

- □ 어묵 80g
- □ 양파 35g
- □ 당근 20g
- □ 다진 마늘 1/2작은술
- □ 통깨 1작은술

양념

- □ 간장 · 설탕 · 맛술 1/2작은술씩
- □ 물 1큰술

1 어묵을 끓는 물에 빠르게 한 번 데쳐 기름기를 뺀다.

2 당근은 4cm 길이로 얇게 채 썰고, 양파도 1cm 정도의 두께로 썬 다음 짧게 반으로 자른다.

3 데친 어묵도 비슷한 길이, 5mm 두께로 썬다.

4 달군 팬에 식용유를 두르고 약한 불에서 다진 마늘을 볶는다.

5 마늘 향이 나면 양파와 당근을 넣고 중간 불에서 양파가 투명해질 때까지 볶는다.

6 어묵과 분량의 양념을 넣고 중간 불에서 어묵이 부드럽게 되도록 충분히 볶다가 통깨를 넣는다.

멸치볶음

딱딱하지 않고 적당히 바삭하고 고소하게 만든 멸치 볶음으로, 짜지 않아 먹기에 부담스럽지 않아요. 아몬드 슬라이스나 해바라기씨, 호두 같은 견과류를 첨가해서 만들어보세요.

온 가족 함께 먹는 양
12개월부터

- □ 잔멸치 150g
- □ 참기름 · 통깨 1작은술씩

양념

- □ 간장 · 생강즙 1/2작은술씩
- □ 올리고당 2큰술
- □ 식용유 · 물 1큰술씩
- □ 설탕 1작은술

1 마른 팬에 잔멸치를 약한 불에서 타지 않게 볶아 수분을 날린다.

2 볶은 멸치는 체에 넣고 탁탁 쳐서 잔가루를 턴다.

3 팬에 양념을 분량대로 넣고 약한 불에서 설탕이 녹을 때까지 바글바글 끓인다.

4 멸치를 넣고 약한 불에서 버무린 후 참기름, 통깨를 넣고 다시 버무린다.

tip 생강을 강판에 갈아 면포나 고운 체에 거르면 생강즙을 만들 수 있어요. 없으면 생략 가능해요.

tip 작은 밥새우로 만들어도 맛있어요.

마른 새우볶음

저희 가족이 좋아하는, 바삭하면서도 달달한 맛의 반찬이에요. 라임이에게 '새우까까'라고 주면 "까까~?" 소리 하면서 맛있게 먹는 모습이 귀여워요.

아이 4~5번 먹는 양
10개월부터

- □ 마른 보리새우 1 ½컵
- □ 올리고당 2큰술
- □ 식용유 1큰술
- □ 통깨 1작은술

1 보리새우는 체에 넣어 흔들어서 잡티를 제거한다.
2 팬에 식용유를 두르고 새우를 코팅하듯이 버무린다.
3 약한 불에서 새우를 타지 않게 달달 볶는다.
4 올리고당을 넣고 골고루 뒤적이면서 섞는다.
5 불을 끄고 통깨를 넣어 골고루 섞는다.

깍둑 채소볶음

이탈리안 레스토랑에 가면 가끔 스테이크의 사이드 디시로 나오는 채소볶음을 응용해봤어요.
여러 가지 채소를 버터로 볶다 시럽을 살짝 넣어 다시 볶아주면 채소 본연의 맛도 살아나고,
서로 다른 채소들의 맛이 조화를 이뤄 환상적인 맛을 낸답니다.

아이 2~3번 먹는 양
9개월부터

- □ 애호박 50g
- □ 감자 35g
- □ 당근 · 표고버섯 25g씩
- □ 버터 1작은술
- □ 메이플시럽 또는 올리고당 1/2작은술

1 애호박, 감자, 당근, 표고버섯은 사방 5~7mm 정도로 깍둑썰기한다.

2 팬에 버터를 넣고 감자를 약한 불에서 감자가 반쯤 익을 때까지 볶는다.

3 감자가 조금 투명해지기 시작하면 당근을 넣고 중간 불에서 함께 볶는다.

4 당근이 부드럽게 익기 시작하면 애호박과 표고버섯을 넣고 볶는다.

5 재료들이 모두 거의 다 익었으면 메이플시럽을 살짝 두르고 버무리듯 한 번 더 볶는다.

tip 파프리카, 양파, 브로콜리, 새송이버섯 등 집에 있는 채소로 다양하게 응용 가능해요.

새우 청경채볶음

아삭아삭한 맛이 일품인 청경채는 아이들이 의외로 좋아하는 채소입니다. 들큼하고 감칠맛이 있는 새우를 넣어 볶아주면 더 맛있어지지요.

아이 1~2번 먹는 양
9개월부터

- □ 새우 90g
- □ 청경채 100g
- □ 다진 마늘 1작은술
- □ 다진 대파 1큰술
- □ 굴소스 · 통깨 1/2작은술씩
- □ 식용유 약간

1. 새우는 등과 배쪽을 칼로 살짝 잘라 내장을 제거하고 먹기 좋게 1~2cm 두께로 자른다.
2. 청경채는 밑동을 잘라내고 먹기 좋게 3cm 길이로 자른다.
3. 팬에 식용유와 다진 마늘, 다진 대파를 넣고 중간 불에서 볶는다.
4. 마늘과 대파 향이 나기 시작하면 새우를 넣고 볶는다.
5. 새우가 반쯤 익어갈 때쯤 청경채와 굴소스를 넣고 함께 볶는다.
6. 청경채의 숨이 약간 죽을 때까지만 빠르게 잠깐 볶고 통깨를 뿌린다.

tip 간을 하지 않는 아이라면 굴소스를 빼고 조리하세요.

파프리카볶음

향이 강한 파프리카는 아이들이
거부하기 쉬운 채소지만,
달달하게 볶아 놓으면
파프리카만의 싱그럽고 아삭한
단맛을 알아갈 수 있을 거예요.

아이 2~3번 먹는 양
9개월부터

- □ 빨간·노란 파프리카 40g씩
- □ 표고버섯 25g
- □ 메이플시럽 또는 올리고당 1/2작은술
- □ 식용유 적당량

1 파프리카는 위에 꼭지와 씨를 제거하고 5cm 정도의 길이로 굵게 채 썬다.

2 표고버섯도 비슷한 굵기로 채 썬다.

3 달군 팬에 식용유를 두르고 중간 불에서 파프리카를 볶다가 반 정도 익으면 표고버섯을 넣고 함께 볶는다.

4 재료들이 부드러워졌으면 시럽을 넣고 한소끔 더 볶아낸다.

tip 파프리카의 껍질을 얇게 칼로 도려내고 채 썰면 더욱 부드러운 식감으로 먹을 수 있어요.

tip 추가하는 단맛은 다른 감미료로 대체 가능하거나 생략해도 괜찮아요.

당근볶음

당근은 의외로 달큼한 맛이 있어 아이들이 잘 먹는 채소 중에 하나예요. 지용성 비타민이 많아 기름에 볶아 먹으면 영양 흡수 면에서 훨씬 좋습니다. 찌는 조리법보다 기름에 볶거나 굽는 조리법을 추천해드립니다.

아이 2~3번 먹는 양
9개월부터

- □ 당근 100g
- □ 물 4큰술
- □ 참기름 1/2작은술

1. 당근은 4cm 길이로 잘게 채 썬다.
2. 팬에 물과 당근을 넣고, 물이 다 졸아들고 당근이 제법 익을 때까지 중간 불에서 볶는다.
3. 마지막에 참기름을 넣고 한 번 더 볶는다.

tip 참기름 대신에 포도씨유나 올리브유, 버터 등을 넣어도 좋아요.

우엉조림

우엉은 써는 방법에 따라
식감과 맛이 달라지는데,
라임이는 얇게 채 썰어 볶아
아삭하고 부드럽게 먹는 것을
좋아해요. 물기가 없어 도시락
반찬으로도 좋고, 김밥속으로도
활용할 수 있답니다.

아이 2~3번 먹는 양
12개월부터

- □ 우엉 60g
- □ 당근 25g
- □ 들기름 1/2큰술
- □ 통깨 1작은술

조림양념

- □ 다시마육수(180p 참고) 또는 물 1/2컵
- □ 간장 · 맛술 1작은술씩
- □ 설탕 · 식용유 1/2작은술씩

1. 우엉은 칼등으로 껍질을 살살 벗겨 흐르는 물에 깨끗하게 씻어 어슷하고 얇게 썬 다음에 잘게 채 썬다.
2. 당근도 우엉와 비슷한 길이와 굵기로 채 썬다.
3. 팬에 우엉과 들기름을 넣고 우엉의 숨이 죽도록 약한 불에서 5분 정도 달달 볶는다.
4. 우엉이 부드럽게 볶아지면 분량의 조림양념과 당근을 넣고 약한 불에서 양념이 거의 없어질 정도로 뒤적이며 졸인 다음 통깨를 섞는다.

연근조림

타닌과 철분이 많은 연근은 지혈효과와 소염작용이 뛰어난 식재료예요. 식감이 단단해서 아이들이 안 좋아할 것 같지만, 아삭아삭한 식감을 의외로 좋아한답니다.

아이 2~3번 먹는 양
12개월부터

- □ 연근 130g
- □ 식초 1/2큰술
- □ 물 150ml
- □ 검은깨 1/2작은술

조림양념

- □ 간장 · 설탕 · 들기름 1/2큰술씩

1. 연근의 껍질을 얇게 벗겨내고 5mm 두께로 모양대로 썬다.
2. 냄비에 연근이 잠길 정도의 물을 넣고 끓으면 식초와 연근을 넣고 강한 불로 5분간 끓여낸다.
3. 팬에 연근, 물, 조림양념을 넣고 중간 불에서 졸인다.
4. 중간중간에 뒤집어 주고, 양념이 완전히 졸아들 때까지 뒤적이면서 졸인다.
5. 검은깨를 뿌려 마무리한다.

tip 설탕 대신에 조청, 물엿, 시럽 등을 사용해도 좋아요.

메추리알조림

온 가족에게 사랑받는
반찬, 메추리알조림이에요.
탱글탱글한 메추리알을
한 입 쏘옥 먹을 수 있어
반찬으로 그만입니다.

온 가족 함께 먹는 양
12개월부터

- □ 삶은 메추리알 270g
- □ 멸치 다시마육수(181p 참고) 또는 물 1컵

조림양념

- □ 간장 1 ½큰술
- □ 설탕 또는 올리고당 1큰술
- □ 맛술 1/2큰술

1 냄비에 삶은 메추리알과 멸치 다시마육수, 조림양념을 넣고 중간 불에서 졸인다.

2 졸이면서 양념이 메추리알에 골고루 밸 수 있도록 젓는다.

3 국물이 자작하게 남을 때까지 졸인다.

감자조림

감자조림에 버터를 살짝 가미하면 풍미가 굉장해져요. 집에 조림간장(182p 참고)을 만들어 놨다면 조림간장에 설탕이나 올리고당만 추가해서 쉽고 빠르게 만들 수 있는 반찬이에요.

아이 2번 먹는 양
12개월부터

- □ 감자(중) 1개
- □ 간장 · 설탕 1/2큰술씩
- □ 맛술 1작은술
- □ 멸치 다시마육수(181p 참고) 또는 물 1컵
- □ 버터 1/3작은술
- □ 참기름 1/2작은술

1 감자는 껍질을 벗긴 후 사방 1.5cm 크기 주사위 모양으로 썬다.

2 감자는 찬물에 담갔다가 몇 번 헹궈 전분기를 뺀다.

3 냄비에 버터와 참기름을 제외한 모든 재료를 넣고 약한 불에서 졸인다.

4 거의 다 졸였으면 마지막에 버터와 참기름을 넣고 버무린다.

tip 감자조림은 바로 해서 먹는 것이 맛있기 때문에 먹을 양만큼만 만드는 것이 좋아요.

tip 감자는 수확 시기와 보관 방법에 따라 수분 함량이 많이 달라져요. 수분 함량이 높은 햇감자로 만들 경우 육수의 양을 조금 줄여서 졸여주세요.

단호박조림

단호박에 물을 넣고 졸이면 푸석하고 잘 부서지며 속까지 간이 잘 배어들지 않는데, 이 레시피대로 하면 단호박의 달콤한 맛과 쫀득한 식감이 그대로 살아 있어요. 녹황색 채소 중 하나인 단호박은 베타카로틴이 풍부해 아이들이 많이 먹어야 할 식재료 중 하나입니다.

아이 3~4번 먹는 양
12개월부터

- □ 단호박 300g
- □ 물 60ml
- □ 설탕 1/2큰술
- □ 올리고당 1작은술

조림양념

- □ 간장 · 맛술(미림) 1/2큰술씩

1. 단호박은 깨끗이 씻어 반으로 갈라 씨를 긁어내고, 한 입 크기로 큼직하게 썬다.
2. 단호박은 설탕과 올리고당에 골고루 버무려 2시간 정도 절이는데, 가끔씩 뒤적여주면서 호박물이 나오도록 절인다.
3. 단호박물이 넉넉히 나오면 조림양념과 물을 냄비에 함께 넣고 졸인다.
4. 처음에는 중간 불에서 뚜껑을 덮고 5분간 졸이다가, 호박이 어느정도 익으면 뚜껑을 열고 조림장이 자작하게 남을 때까지 졸인다.

tip 단호박을 설탕에 절였다가 졸이면 덜 부서지고 맛이 속까지 깊게 배어들어요.

검은콩자반

달거나 짜지 않은
검은콩조림으로, 이렇게
심심하고 부드럽게 만들어
놓으면 아이들도 곧잘 먹어요.
다시마로 감칠맛을 올리고,
참기름과 통깨로 고소한 맛을
더하세요.

아이 4~5번 먹는 양
12개월부터

- □ 서리태콩 1컵
- □ 다시마 6cm 1장
- □ 물 2컵
- □ 간장 1 ½큰술
- □ 설탕 또는 올리고당 1큰술
- □ 참기름 1작은술
- □ 통깨 1/2큰술

1 콩은 깨끗이 씻어 냄비에 물과 함께 넣고 30분 정도 불린 다음 다시마 1조각을 넣고 중간 불에서 10분 정도 삶는다.

2 콩이 부드럽게 익으면 간장을 넣고 한 번 더 저어가면서 졸인다.

3 콩에 간장 간이 들면 설탕을 넣고 버무린다.

4 반짝거리면서 윤기가 날 때까지 졸이고, 마지막에 참기름과 통깨를 넣어 버무린다.

tip 콩을 삶을 때 다시마를 넣으면 잡내가 없어지고 고소한 맛이 나요. 건져낸 다시마는 콩을 졸일 때 잘게 썰어서 함께 졸여 활용하세요.

tip 더 부드럽게 졸이고 싶으면 물을 조금 추가해서 졸이는 시간을 늘려주세요.

병아리콩조림

맛이 담백하고 고소한
병아리콩은 단백질, 철분, 엽산,
식이섬유 등 영양적으로 아주
훌륭한 식재료예요. 병아리콩을
충분히 불려서 달짝지근한
양념에 부드럽게 졸이면
아이들이 좋아하는 반찬이
된답니다.

아이 4~5번 먹는 양
12개월부터

- □ 병아리콩 1컵(120g)
- □ 간장 1큰술
- □ 조청 또는 올리고당 2큰술
- □ 참기름 · 검은깨 1작은술씩
- □ 물 1 ½컵

1. 병아리콩은 물에 잘 씻어서 8시간 이상 불린다.
2. 검은깨를 제외한 나머지 재료들을 냄비에 넣고 중간 불에서 졸인다.
3. 국물이 자작하게 남을 정도로 졸아들면 불을 끄고 검은깨를 넣고 뒤적인다.

다시마조림

육수 내고 남은 다시마가 아까워서 만들어 먹었던 반찬인데 아이가 의외로 좋아하더라고요. 다시마의 변신은 무죄! 들큼하고 짭조름한 맛에 어른, 아이 할 것 없이 모두 좋아하는 맛이랍니다.

아이 2~3번 먹는 양
12개월부터

- □ 불린 다시마 50g
- □ 물 60ml
- □ 간장 · 올리고당 1/2큰술씩
- □ 참기름 · 통깨 1/2작은술씩

1. 불린 다시마는 5cm의 길이로 얇게 채 썬다. 칼로 자르는 것이 어려우면 가위를 사용하면 좋다.
2. 냄비에 통깨를 뺀 모든 재료를 넣고 약한 불에서 졸인다.
3. 국물이 자작하게 거의 다 졸아들면 통깨를 넣고 버무린다.

tip 그냥 마른 다시마를 사용할 경우 다시마를 물에 담가 20분 정도 불려서 사용하세요.

두부 양파조림

두부를 노릇하게 구워 양념장에
졸인 조림반찬입니다.
양파가 많이 들어가기 때문에
달달하면서 양파와 두부의
식감이 잘 어우러져요.

아이 2~3번 먹는 양
12개월부터

- □ 두부 1/2모(180g)
- □ 양파 60g
- □ 들기름 1작은술
- □ 멸치 다시마육수(181p 참고) 또는 물 150ml
- □ 통깨 1/2작은술

양념

- □ 간장 1/2큰술
- □ 맛술 1작은술
- □ 설탕 1/2작은술

1. 두부는 키친타월로 물기를 충분히 제거한 후 1cm 두께로 자르고, 양파도 1cm 두께로 자른 후 반대 방향으로 한 번 더 자른다.
2. 달군 팬에 들기름을 두르고 중간 불에서 두부를 굽는다. 두부를 앞뒤로 노릇하게 될 때까지 굽는다.
3. 위에 양파를 올리고, 육수와 양념을 넣어 중간 불에서 졸인다.
4. 국물이 자작하게 남도록 졸았으면 불을 끄고 통깨를 뿌린다.

tip 들기름 대신에 포도씨유나 올리브유, 버터 등을 사용해도 좋아요. 만능 쇠고기소보로(179p)를 얹어 먹어도 맛있습니다.

삼치조림

삼치는 고등어보다 비린내도 덜하고 살도 더 부드러워서 자주 먹어요. 생선을 잘 먹지 않는 아이들도 간장양념이 잘 배어든 삼치조림은 입맛에 잘 맞을 거예요.

아이 2번 먹는 양

12개월부터

- □ 삼치 2토막(160g)
- □ 전분가루 2큰술
- □ 소금 약간
- □ 식용유 적당량

조림양념

- □ 간장 · 올리고당 · 청주 2작은술씩
- □ 물 4큰술

1 삼치는 잘 씻어서 키친타월로 물기를 제거한 후 소금을 뿌려 10분간 재운다.

2 전분가루를 앞뒤로 묻힌 다음, 달군 팬에 식용유를 두르고 먼저 삼치의 껍질이 바닥에 가도록 올려 중간 불에서 노릇하게 앞뒤로 굽는다.

3 분량의 재료를 섞고 양념을 만들어 ②에 넣고, 중간 불에서 삼치를 윤기 나게 졸인다.

닭가슴살 표고버섯조림

닭고기는 살이 부드러운 편이라 쇠고기나 돼지고기가 질겨서 잘 안 먹는 아이들도 제법 잘 먹는 고기예요. 닭가슴살이나 안심살로 조림을 하면 쇠고기나 돼지고기로 만드는 것보다 만들기도 비교적 쉽고, 식감도 부드러워서 아이들이 잘 먹는답니다.

아이 2~3번 먹는 양
12개월부터

- □ 닭가슴살 또는 닭안심살 150g
- □ 표고버섯 2개(60g)
- □ 통깨 1작은술

양념

- □ 멸치 다시마육수(181p 참고) 150ml
- □ 간장·올리고당 1/2큰술씩
- □ 맛술 1작은술

삶는 양념

- □ 대파 잎 1대분
- □ 통마늘 3쪽
- □ 통후추 1작은술

1 닭가슴살은 깨끗이 씻어 5cm의 길이로 3등분해서 썬다. 표고버섯은 밑동만 자른다.

2 냄비에 닭이 잠길 정도의 물과 삶는 양념을 넣고 끓인다. 끓으면 닭가슴살과 표고버섯을 넣고 중간 불에서 20분 정도 끓인다.

3 표고버섯은 넣고 5분 정도 지나 숨이 죽으면 꺼낸다. 한 김 식으면 모양대로 얇게 슬라이스한다.

4 닭가슴살도 건져내고, 한 김 식으면 먹기 좋게 결대로 찢는다.

5 팬에 닭가슴살, 표고버섯, 양념을 넣고 중간 불에서 졸인다.

6 국물이 어느 정도 자작하게 남도록 졸여지면 통깨를 넣는다.

tip 버섯은 양송이버섯, 새송이버섯, 목이버섯 등 다른 종류의 버섯으로 활용해도 좋아요.

tip 돼지고기로 만들 경우 안심을 이용하되 레시피는 동일한 방법으로 하면 됩니다. 쇠고기로 만들 경우 쇠고기 홍두깨살로 만들되, 멸치 다시마육수 대신에 쇠고기를 삶은 육수 1컵을 사용해서 졸이세요.

쇠고기 감자조림

강한 불에서 양념이 자작해질 때까지 조리하는 것이 감자가 으스러지지 않게 완성하는 비법이에요. 쇠고기 감자조림은 바로 먹는 것보다 양념이 스며들 때까지 기다렸다가 먹으면 더 맛있어요.

아이 3~4번 먹는 양
12개월부터

- □ 쇠고기(불고기용) 100g
- □ 감자 2개
- □ 당근 50g
- □ 양파 1/2개

양념

- □ 간장 1 ½큰술
- □ 맛술 1큰술
- □ 설탕 · 참기름 1작은술씩
- □ 올리고당 1/2큰술
- □ 물 1 ½컵

1. 감자는 껍질을 벗겨 8등분한다.
2. 쇠고기는 3~4cm 길이로 썬다.
3. 당근은 1cm 두께로 모양대로 썰고 반으로 자른다.
4. 양파는 1cm 두께로 채 썬다.
5. 분량의 재료를 섞어 양념을 만든다.
6. 냄비에 모든 재료를 넣고 강한 불에서 끓인다.
7. ⑥이 끓어올라 거품이 생기면 걷어내고, 강한 불에서 양념이 자작하게 남을 때까지 졸인 다음 10분 정도 뒤 양념이 감자에 스며들게 한다.

쇠고기 채소말이

고기와 채소를 한 번에 먹을 수 있어서 간편하고, 맛과 식감이 뛰어난 요리예요. 찹쌀 옷을 입히면 흐트러지지 않고 예쁘게 모양이 잡히며 식감도 더 촉촉하고 부드러워져요.

아이 2~3번 먹는 양
12개월부터

- □ 쇠고기 6장(육전용 80g)
- □ 느타리버섯 20g
- □ 파프리카 18g
- □ 당근 15g
- □ 시금치 30g
- □ 찹쌀가루 2큰술
- □ 소금 · 후춧가루 약간씩
- □ 식용유 적당량

1. 느타리버섯은 가닥가닥 잘게 찢어 나누고, 파프리카, 당근은 쇠고기 너비보다 약간 짧은 길이로 채 썬다.
2. 시금치는 한 번 데쳐서 물기를 꼭 짠 다음 파프리카, 당근과 길이를 맞춰 자른다.
3. 달군 팬에 식용유를 두르고 느타리버섯, 파프리카, 당근 순으로 소금과 후춧가루를 뿌려 볶는다.
4. 쇠고기는 앞뒤로 찹쌀가루를 골고루 묻히고, 달군 팬에 식용유를 두르고 중간 불에서 앞뒤로 노릇하게 굽는다.
5. 쇠고기를 펼쳐서 식기 전에 채소들을 골고루 넣어 돌돌 말고, 이음새가 밑으로 가도록 접시에 놓은 다음 먹기 좋게 한 입 크기로 자른다.

tip 육전은 조림간장(182p 참고) 1/2큰술에 재웠다가 구우면 훨씬 맛있어요. 6장 기준에 조림간장 1/2큰술이 적당해요. 채소를 각각 볶는 대신 부드럽게 쪄서 만들면 식용유를 덜 쓸 수 있어요.

팽이버섯 삼겹살말이

남은 삼겹살 몇 장을 이용해서 만든 요리예요. 노릇하게 구워서 달짝지근한 양념에 살짝 조려주면 엄마, 아빠의 맥주 안주로, 아이의 반찬으로도 제격이에요.

아이 2번 먹는 양
12개월부터

- □ 대패 삼겹살 90g(6장)
- □ 팽이버섯 90g
- □ 소금 · 후춧가루 약간씩
- □ 식용유 적당량

조림양념

- □ 간장 · 올리고당 · 맛술 1작은술씩
- □ 참기름 · 다진 마늘 1/3작은술씩
- □ 물 2큰술

1. 팽이버섯은 밑동을 잘라 가닥가닥 떼어놓는다.
2. 대패 삼겹살은 길게 펴서 끝에 팽이버섯을 15g씩 올리고, 소금, 후춧가루를 살짝 뿌린 후 돌돌 만다.
3. 분량의 재료를 섞어 조림양념을 만든다.
4. 달군 팬에 식용유를 두르고 중간 불에서 삼겹살의 이음새 쪽부터 익도록 굽는데, 굴려가며 앞뒤로 노릇하게 굽는다.
5. 조림양념을 넣고 국물이 없어질 때까지 굴려가며 약한 불에서 졸인다.

마구이

제가 어렸을 때 엄마가 지금껏 자주 해주시던 메뉴로, 좋아하는 반찬 중 하나예요. 마는 뮤신이라는 점액질이 많은데, 우리 몸의 위와 장을 보호해주는 역할을 합니다. 산에서 나는 장어라 할 정도로 영양이 아주 풍부한 뿌리채소랍니다. 특유의 아삭한 식감이 있는데, 익히면 감자처럼 포슬포슬해져요.

아이 2~3번 먹는 양
7개월부터

- □ 마 10cm
- □ 참기름 1작은술
- □ 소금 · 식용유 적당량씩

1 마는 껍질을 벗겨 1~2cm 간격으로 자른다.

2 달군 팬에 식용유를 두르고 마를 올리고 소금을 살짝 뿌려 중간 불에서 앞뒤로 노릇하게 굽는다.

3 그릇에 담고 참기름을 가볍게 두른다.

tip 마는 취향에 따라 포슬포슬하게 푹 익혀도 되고, 아삭아삭하게 겉만 살짝 익혀 먹어도 돼요.

tip 마에는 우리 몸에 이로운 성분인 뮤신이 들어있어요. 단, 이 뮤신 성분이 피부를 자극하여 간혹 알러지 반응을 일으키기도 합니다. 갈거나 으깬 마를 피부에 문질러 반응을 주의 깊게 살핀 후 섭취하는 것이 좋습니다.

tip 간을 하지 않는 아이라면 소금을 빼고 조리하세요.

새우 허니버터구이

한때 허니버터 열풍이 대단했죠. 그만큼 꿀과 버터의 조합은 명불허전입니다. 새우의 감칠맛과 버터의 고소함, 꿀의 달콤함, 그리고 마늘향까지 더해 거부할 수 없는 맛이에요.

아이 2번 먹는 양
12개월부터

- □ 왕새우 7마리
- □ 버터 1큰술
- □ 꿀 · 다진 마늘 · 파슬리가루 1작은술씩
- □ 소금 · 후춧가루 약간씩

1. 새우는 껍질을 벗기고 등과 배쪽을 칼로 살짝 잘라 내장을 제거한 후 소금과 후춧가루를 뿌려 20분 이상 재운다.
2. 달군 팬에 버터를 녹이고 다진 마늘을 넣고 약한 불에서 타지 않게 볶는다.
3. 새우를 넣고 꿀을 뿌린 후 앞뒤로 노릇하게 굽는다.
4. 그릇에 담고 파슬리가루를 뿌린다.

tip 새우를 너무 많이 익히면 살이 너무 단단하고 퍽퍽해지니 속이 익을 정도로만 적당히 익히는 것이 좋아요.

갈치구이

밀가루 옷을 얇게 입힌 뒤
식용유를 넉넉하게 둘러
노릇하게 구우면 갈치가
바삭바삭하고 맛있어져요.
갈치는 DHA와 필수 아미노산이
풍부하게 들어 있어 두뇌 발달과
성장에 좋은 생선입니다.

아이 2번 먹는 양
10개월부터

- □ 갈치 2토막(100g)
- □ 부침가루(187p 참고) 1큰술
- □ 식용유 적당량

1. 갈치는 흐르는 물에 깨끗이 씻고, 배를 갈라 내장을 말끔히 제거한다.
2. 키친타월로 갈치의 물기를 제거하고, X자로 칼집을 낸다.
3. 부침가루를 골고루 묻히고 톡톡 턴다.
4. 달군 팬에 식용유를 넉넉히 두르고 중간 불에서 튀기듯이 앞뒤로 굽는다.

tip 갈치에 부침가루를 묻혀서 구우면 껍질이 팬에 붙는 것을 막을 수 있고, 살을 단단하게 잡아주며, 튀긴듯 바삭하게 익어 식감이 더 좋아요. 갈치 손질 후 소금으로 약간의 밑간을 하면 살이 단단해져 깔끔하게 구워져요.

tip 아이에게 줄 때는 뼈를 발라주세요.

조기구이

담백한 맛이 일품인 조기는
제가 참 좋아하는 생선이에요.
튀기듯이 노릇하게
구워낸 조기는 흰쌀밥과
찰떡궁합이랍니다.

아이 2번 먹는 양
10개월부터

- □ 조기 2마리
- □ 부침가루(187p 참고) 2큰술
- □ 식용유 적당량

1 조기는 흐르는 물에 깨끗이 씻고 배를 갈라 내장을 말끔히 제거하고, 키친타월로 물기를 제거한다.

2 조기에 부침가루를 골고루 묻히고 톡톡 턴다.

3 달군 팬에 식용유를 넉넉히 두르고 중간 불에서 튀기듯이 앞뒤로 굽는다.

tip 아이에게 줄 때는 뼈를 발라주세요.

전복초

쫀득쫀득한 식감과 짭조름한 맛의 전복초는 아이들이 굉장히 좋아하는 반찬입니다. 그냥 굽는 것도 맛있지만, 양념에 한 번 졸여주면 더욱 맛있죠.

아이 2~3번 먹는 양
12개월부터

- □ 전복 4마리(전복살 90g)
- □ 참기름 1/2작은술
- □ 통깨 1작은술

양념

- □ 대파(흰 부분) 5cm
- □ 물 80ml
- □ 간장 1작은술
- □ 설탕 · 맛술 1/2작은술씩
- □ 다진 마늘 1/3작은술

1 전복은 껍질 쪽만 끓는 물에 담가 10을 센 후 꺼내 숟가락으로 살과 껍질을 분리한다. 살짝 데쳐야 껍질과 살을 분리하기 쉽다.

2 전복 이빨과 내장을 제거한 후 전복에 격자무늬로 얕게 칼집을 낸 다음, 5mm 두께의 모양대로 얇게 썬다.

3 팬에 분량의 양념을 넣고 강한 불에서 끓으면 전복을 넣고 약한 불로 줄여서 국물이 자작하게 남을 때까지 졸인다.

4 대파는 꺼내고, 참기름과 통깨를 넣고 강한 불에서 빠르게 윤기 나게 버무려낸다.

tip 참기름 대신 버터를 넣어도 맛있어요.

tip 전복을 몇 마리 여유 있게 샀다면, 남은 내장은 여분의 전복으로 전복죽을 만들 때 활용하면 좋습니다.

연어 데리야키구이

연어는 고단백 · 저칼로리 식품으로 뇌세포 발달에 도움이 되는 DHA가 아주 풍부하게 들어 있는 생선이에요. 몸에 좋은 연어를 노릇하게 구워서 데리야키소스에 졸인 구이요리로, 어른, 아이 할 것 없이 모두가 좋아하는 맛이에요.

아이 1~2번 먹는 양
12개월부터

- □ 연어 120g
- □ 식용유 적당량

데리야키소스

- □ 물 2큰술
- □ 간장 1/2큰술
- □ 설탕 또는 올리고당 · 맛술 1작은술씩

1. 달군 팬에 식용유를 두르고 중간 불에서 연어를 앞뒤로 노릇하게 굽는다.
2. 분량의 재료를 섞어 데리야키소스를 만든다.
3. 연어가 거의 익으면 데리야키소스를 넣고 약한 불에서 졸이는데, 걸쭉하게 졸아들면 불을 끈다.

고등어 미소된장구이

고등어는 자칫 비린내가 날 수 있기 때문에 싱싱한 것을 골라야 해요. 은은한 단맛이 도는 미소된장 양념은 고등어 특유의 비린내를 잡아준답니다.

아이 1~2번 먹는 양
12개월부터

- □ 고등어 한 토막(80g)
- □ 맛술 1작은술
- □ 소금 · 후춧가루 약간씩
- □ 식용유 적당량

된장양념

- □ 맛술 · 올리고당 1작은술씩
- □ 미소된장 또는 된장 1/2작은술
- □ 다진 마늘 1/3작은술

1. 고등어는 잘 씻어서 껍질에 있는 막을 제거한다.
2. 키친타월로 물기를 제거하고 맛술, 소금, 후춧가루로 밑간을 해 10분 이상 재운다.
3. 볼에 분량의 재료를 섞어 된장양념을 만든다.
4. 고등어에 된장양념을 발라 15분간 재운다.
5. 달군 팬에 식용유를 두르고 중간 불에서 고등어를 올려 앞뒤로 노릇하게 굽는다.

tip 고등어 껍질에도 오징어처럼 얇고 불투명한 막이 있는데, 굵은 소금으로 고등어 끝부분을 문질러 살살 벗기면 쪽~하고 벗겨져요. 이 막을 제거해야 비린내가 없어지고 껍질이 질겨지지 않아 부드럽게 먹을 수 있어요.

tip 고등어는 껍질 쪽이 바닥으로 향하게 구우면 껍질에서 기름이 나와 훨씬 더 담백하고 바삭하게 먹을 수 있어요.

tip 아이에게 줄 때는 뼈를 발라주세요.

관자 버터구이

식감이 쫄깃하고 감칠맛이 좋은
관자를 버터에 구웠어요.
아이가 먹기에는 좀 딱딱해
씹지 못할까 걱정했는데,
센 불에 빠르게 구우니 속이
촉촉하고 부드러워서 생각보다
잘 먹더라고요. 입에 퍼지는
마늘 향과 버터의 고소함에
자꾸 손이 가요.

아이 2~3번 먹는 양
12개월부터

- □ 관자 2개(140g)
- □ 버터 1/2큰술
- □ 다진 마늘 1/2작은술
- □ 파슬리가루 1/3작은술

1. 관자는 사방 2cm 두께로 자른다.
2. 달군 팬에 버터를 녹인 다음 마늘을 넣고 약한 불에서 마늘 향이 나도록 볶는다.
3. 관자를 넣고 강한 불에서 겉이 살짝 노릇해지도록 빠르게 볶는다.
4. 접시에 담아 파슬리가루를 뿌린다.

tip 관자 대신에 전복살을 작게 잘라 볶아도 맛있어요. 관자를 볶을 때 꿀을 조금 넣으면 달콤한 '허니버터구이'가 된답니다.

삼치 카레구이

자칫 비린내가 날 수 있는
생선요리에는 카레가루를
이용하는 것이 좋아요.
카레 향이 솔솔 나면서 겉은
바삭하고 안은 촉촉해서 생선을
별로 좋아하지 않는 아이들도
씩씩하게 먹을 수 있죠.

아이 2번 먹는 양
12개월부터

- □ 삼치 2토막(120g)
- □ 카레가루 1/2작은술
- □ 부침가루(187p 참고) 또는 찹쌀가루 1/2큰술
- □ 식용유 적당량
- □ 소금 약간

1 삼치는 잘 씻어서 키친타월로 물기를 제거한 후 소금을 약간 뿌려 10분간 재운다.

2 삼치 껍질 부분에 칼집을 2~3번 낸 후, 부침가루와 카레가루 섞은 것을 앞뒤로 묻힌다.

3 달군 팬에 식용유를 두르고 먼저 삼치의 껍질이 바닥에 가도록 올려 중간 불에서 노릇하게 앞뒤로 굽는다.

tip 생선 비린내에 예민한 사람은 맛술이나 청주 2작은술에 잠시 재우면 생선 비린내를 잡는 데 도움이 됩니다.

tip 아이에게 줄 때는 뼈를 발라주세요.

닭다리구이

잡내 없이 부드러운 갈릭 버터 닭다리구이로, 익는데 오래 걸리지만 과정은 간단한 요리예요. 닭다리는 손잡이처럼 쉽게 쥐고 먹을 수 있는 모양이기 때문에 닭다리를 들고 먹음직스럽게 뜯어 먹는 아이의 모습을 볼 수 있을 거예요.

아이 1~2번 먹는 양
8개월부터

- □ 닭다리 2개
- □ 녹인 버터 · 다진 마늘 1작은술씩
- □ 소금 · 후춧가루 약간씩

1 닭다리는 깨끗이 씻어 두툼한 살 부분에 사선으로 칼집을 여러 번 낸다.

2 볼에 분량의 재료를 넣어 닭다리에 골고루 묻히고 30분 이상 재운다.

3 180℃ 예열된 오븐에 30분 노릇하게 굽는다.

tip 오븐이 없으면 달군 팬에 식용유를 두르고 중간 불에서 오랫동안 천천히 익혀도 돼요. 닭다리에는 뾰족하고 가느다란 가시 같은 뼈가 하나 숨어 있어요. 조리하기 전이나 먹기 전에 제거하거나, 아이가 먹을 때 조심할 수 있도록 지켜봐 주세요.

tip 간을 하지 않는 아이라면 소금을 빼고 조리하세요.

닭꼬치

라임이 16개월 때 처음으로
닭꼬치를 해준 날이 기억나요.
꼬치를 양손으로 들고
야무지게 뜯어먹었는데,
아이들에게는 꼬치 요리가
재미있는 것 같아요.
꼬치가 없으면 닭을 구운 뒤
양념을 발라서 조리하세요.

닭꼬치 4개 분량
12개월부터

- □ 닭다리살 150g
- □ 청주 1작은술
- □ 소금 · 후춧가루 약간씩
- □ 식용유 적당량

양념

- □ 간장 · 설탕 · 물 1/2큰술씩
- □ 맛술 1작은술
- □ 레몬즙 또는 식초 1/3작은술
- □ 다진 생강 약간

1 닭다리살은 한 입 크기로 잘라 청주, 소금, 후춧가루를 넣고 버무려 30분 이상 재운다.

2 닭다리살을 꼬치에 꽂는다.

3 분량의 재료를 섞어 양념을 만들고, 냄비에 넣어 약한 불에서 걸쭉하게 될 때까지 졸인다.

4 다른 팬에 식용유를 두르고 중간 불에서 닭꼬치를 올려 앞뒤로 노릇하게 굽는다.

5 붓으로 양념을 바르면서 앞뒤로 굽는다.

닭봉조림

간단하면서도 실패가 없는
맛이라 손님 초대 메뉴로
자주 활용하고,
도시락 반찬에도 빼놓지
않는 메뉴예요. 식초 대신에
발사믹식초를 넣으면
또 다른 매력이 있어요.

아이 3~4번 먹는 양
12개월부터

- □ 닭봉 1팩(13~14개 정도)
- □ 물 1 ½컵

양념

- □ 간장 · 식초 · 올리고당 · 맛술 · 다진 마늘 1큰술씩

1. 닭봉은 흐르는 물에 씻어 큰 지방은 가위로 잘라 버린다.
2. 분량의 재료를 섞어 양념을 만든다.
3. 팬에 닭과 양념, 물을 넣고 중간 불에서 졸인다.
4. 닭을 중간에 뒤집어 가며, 국물이 걸쭉하게 약간 남을 때까지 졸인다.

닭강정

집에서 만드는 닭강정은
많은 재료를 넣지 않아도 맛이
순하고 고소해요. 간장 양념이
가볍게 코팅만 되는 느낌이라
많이 달거나 짜지 않아 아이가
먹기에 부담스럽지 않아요.

아이 2~3번 먹는 양
12개월부터

- □ 닭다리살 150g
- □ 전분가루 · 튀김가루 1큰술씩
- □ 청주 1/2큰술
- □ 아몬드 슬라이스 3큰술
- □ 소금 · 후춧가루 약간씩
- □ 튀김유 적당량

강정소스

- □ 간장 · 설탕 1작은술씩
- □ 올리고당 · 물 1큰술씩

1 닭다리살은 껍질을 벗기고 잘 씻어서 키친타월로 물기를 뺀다. 작은 한 입 크기로 썰고 소금과 후춧가루, 청주로 밑간을 해 20분 이상 재운다.

2 전분가루와 튀김가루를 섞어 재워 놓은 닭다리살에 골고루 묻히는데, 재료를 비닐봉투에 넣고 흔들면 골고루 묻는다.

3 170℃도 튀김유에 가루가 묻혀진 닭다리살을 넣고 노릇하게 튀긴다.

4 달군 팬에 분량의 강정소스 재료를 넣고 중간 불에서 바글바글 끓어오르면 닭튀김을 넣고 버무린 후 마지막으로 아몬드 슬라이스를 넣고 가볍게 섞는다.

닭튀김

아이 반찬이나 간식으로는 물론 가벼운 술안주, 간단한 파티 음식으로도 제격인 닭봉튀김이에요. 사 먹는 닭튀김은 조미료도 많이 들어 있고 너무 짜서 꺼려지는데, 이렇게 만들면 느끼함도 덜하고 고소해서 귀찮더라도 직접 해 먹는 편이에요.

아이 3~4번 먹는 양
10개월부터

- □ 닭봉 400g
- □ 소금·후춧가루 (또는 허브 솔트) 약간씩
- □ 전분가루·튀김가루 2컵씩
- □ 튀김유 적당량

1 닭봉은 깨끗하게 씻어 큰 지방은 가위로 잘라 버리고 소금과 후춧가루를 뿌려 20분 정도 재운다.

2 비닐봉투에 재워놓은 닭봉, 전분가루와 튀김가루를 넣고, 입구를 막은 뒤 닭봉에 가루가 골고루 묻도록 흔든다.

3 170℃ 튀김유에 5분 정도 노릇하게 튀긴 다음 꺼냈다가 180℃ 튀김유에 2~3분 더 노릇하게 튀긴다.

tip 닭에 묻힌 가루가 껍질에 있는 수분에 의해 약간 촉촉하게 습기를 머금은 상태에서 닭을 튀겨야 튀김옷이 도톰하고 깨끗하게 튀겨져요.

tip 간을 하지 않는 아이라면 소금을 빼고 조리하세요.

치킨너깃

사 먹는 것과 비교할 수 없는 맛을 자랑하는 엄마표 치킨너깃입니다. 레시피대로만 만들면 아주 촉촉한 너깃을 완성할 수 있어요. 닭고기는 기름기 있는 닭다리살도 좋지만, 닭가슴살이나 안심살 다진 것을 사용해도 됩니다.

아이 2~3번 먹는 양
9개월부터

- □ 다진 닭고기 150g
- □ 양파 30g
- □ 빵가루 40g
- □ 다진 마늘 1/2작은술
- □ 카레가루 1작은술
- □ 밀가루 · 전분가루 1큰술씩
- □ 물 또는 우유 2큰술
- □ 소금 · 후춧가루 약간씩
- □ 튀김유 적당량

1 양파는 잘게 다진다.

2 볼에 다진 닭고기, 다진 마늘, 카레가루, 소금, 후춧가루를 넣고 고루 섞으면서 치댄다.

3 작은 볼에 밀가루, 전분가루, 물을 섞어 반죽을 만든다.

4 ②를 지름 5cm의 납작한 완자 모양으로 빚은 다음에 ③에 담갔다가 빵가루를 고루 묻힌다.

5 170℃ 튀김유에 노릇하게 튀긴다.

tip 손에 물을 묻혀서 반죽하면 손에 붙지 않고 모양을 만들 수 있어요.

tip 170~180℃ 에어프라이어나 오븐에 20분간 조리해서 구워도 좋습니다.

tip 간을 하지 않는 아이라면 카레가루, 소금을 빼고 조리하세요.

수제어묵

시판 어묵에는 아무래도 첨가물이 많이 들어 있어서, 아이 먹이기에 망설여져요.
직접 만든 수제어묵은 재료가 많이 들어가고 손이 좀 많이 가지만 만들어 놓으면 그렇게 뿌듯하고
든든할 수가 없어요. 채소를 편식하는 아이들도 가리지 않고 맛있게 먹어요.

아이 4~5번 먹는 양
9개월부터

- □ 광어살 150g
- □ 오징어살 100g
- □ 새우살 50g
- □ 양파 30g
- □ 당근 · 애호박 · 표고버섯 20g씩
- □ 전분가루 3큰술
- □ 설탕 1/2작은술
- □ 식용유 적당량

1 오징어는 큼직하게 다지고, 광어살도 살로만 준비해서 큼직하게 다진다. 키친타월로 물기를 충분히 제거해야 한다.

2 새우살은 등과 배쪽을 칼로 잘라 내장을 제거한 후 큼직하게 다진다.

3 양파와 당근, 애호박, 버섯은 잘게 다진다.

4 달군 팬에 식용유를 두르고 중간 불에서 다진 채소들을 넣고 물기가 없을 때까지 볶는다.

5 광어살, 오징어살, 새우살을 믹서에 넣고 곱게 간다.

6 볼에 ④와 ⑤를 담고 전분가루, 설탕을 넣고 치대듯이 골고루 섞는다.

7 막대 모양이나 완자 모양으로 빚어 170℃ 튀김유에 노릇하게 튀긴다.

tip 종이포일에 반죽을 넣고 소시지처럼 말아서 찜기에 넣고 20~25분간 쪄도 좋아요.

tip 속재료를 바꿔서 깻잎어묵, 치즈어묵, 잡채어묵으로 응용해도 좋고, 광어 대신 아귀살, 대구살, 민어살 등 다른 흰살 생선으로 만들어도 괜찮아요.

피시핑거

흰살 생선을 손가락 길이의 도톰한 스틱 모양으로 자른 후 빵가루를 묻혀 튀긴 음식으로, 피시 핑거(fish finger) 또는 피시 스틱(fish stick)이라고도 불려요. 흔히 대구살로 만들지만, 저는 쫄깃한 식감이 매력적인 아귀살로 만들어 봤어요. 아이주도이유식 초기에 아이가 쥐어 먹기 좋은 메뉴예요.

아이 3~4번 먹는 양
9개월부터

- □ 아귀살 130g
- □ 밀가루 2큰술
- □ 달걀 1개
- □ 빵가루 1/2컵
- □ 파르메산치즈가루 1작은술
- □ 레몬 1조각
- □ 소금 · 후춧가루 약간씩
- □ 튀김유 적당량

1 아귀살은 손가락 길이 정도로 길게 자르고 소금과 후춧가루를 뿌려 15분 이상 재운다.

2 달걀은 볼에 담고 가위질을 해서 흰자 알끈을 잘라 푼다.

3 빵가루와 파르메산치즈가루는 함께 섞는다.

4 아귀살을 밀가루, 달걀물, 빵가루 순으로 묻힌다.

5 170℃로 예열된 튀김유에 ④를 넣고 노릇하게 튀긴 다음 레몬즙을 곁들여 먹는다.

tip 아귀살 대신 광어살, 민어살, 대구살, 연어살 같은 생선으로도 대체 가능해요.

tip 냉동 생선일 경우 해동 후 키친타월로 물기를 제거해서 사용하세요.

tip 간을 하지 않는 아이라면 소금을 빼고 조리하세요.

검은깨 생선순살튀김

한 입 크기로 먹기 좋게 만든 생선 튀김으로, 반죽에 검은깨를 섞어주니 색감도 예쁘고, 맛도 더 고소해요. 검은깨는 항산화 작용을 하는 토코페롤과 필수 아미노산이 풍부한 식재료예요.

아이 2~3번 먹는 양
9개월부터

- □ 검은깨 1/2작은술
- □ 광어살 120g
- □ 청주 1작은술
- □ 튀김가루 또는 밀가루 3큰술
- □ 물 2큰술
- □ 소금·후춧가루 약간씩
- □ 튀김유 적당량

1. 광어살은 사방 1.5cm 크기로 자른 후 소금, 후춧가루, 청주에 버무려 20분 이상 재운다.
2. 볼에 광어살과 튀김가루 1큰술을 버무린다.
3. 튀김가루 2큰술과 물 2큰술, 검은깨를 섞어서 튀김 반죽을 만든다.
4. 광어살을 튀김 반죽에 잘 버무려 170℃ 튀김유에 노릇하게 튀긴다.

tip 냉동 생선일 경우 해동 후 키친타월로 물기를 제거해서 사용하세요.

tip 간을 하지 않는 아이라면 소금을 빼고 조리하세요.

돈가스

라임이 할머니의 돈가스 비법이 들어 있는 레시피예요. 한 번에 많이 만들어 냉동시켜 놓으면 그냥 돈가스로도 먹고 덮밥(264p 참고)으로도 먹을 수 있어 활용도가 높아요.

4~5장 분량
12개월부터

□ 돼지고기(안심 또는 등심 두께 1cm) 250g
□ 빵가루 1 ½컵

양념
□ 전분가루 35g
□ 양파 간 것 25g
□ 달걀노른자 1개
□ 우유 2큰술
□ 다진 마늘 1/4큰술
□ 생강즙 1작은술
□ 소금 1/4작은술

1 분량의 재료를 섞어 양념을 만든다.

2 돼지고기를 양념에 골고루 버무려 1시간 이상 재운다. 양념 속 전분가루가 가라앉으니 고기를 꺼내기 전에 양념에 한 번 더 골고루 버무린다.

3 돼지고기는 빵가루를 듬뿍 묻혀 손으로 꾹꾹 누른 다음 180℃로 예열된 에어프라이어에 25분 굽는다.

tip 돈가스는 빵가루를 넉넉하게 묻혀서 사이에 종이포일을 넣고 지퍼백이나 용기에 넣어 얼려요. 나중에 먹을 만큼 한두 장씩 꺼내서 해동 없이 튀겨 먹을 수 있어요.

tip 생강을 강판에 갈아 면포나 고운체에 거르면 생강즙을 만들 수 있어요.

생선가스

생선가스는 쉽게 구할 수 있는 동태살포로 간단하게 만들 수 있어요.
밥이랑 채소, 두부마요네즈를 이용한 소스까지 곁들이면 근사한 한 끼 식사가 돼요.

아이 2번 먹는 양
10개월부터

- □ 동태살(포) 180g
- □ 밀가루 2큰술
- □ 달걀 1개
- □ 빵가루 40g
- □ 검은깨 1작은술
- □ 소금 · 후춧가루 약간씩

소스

- □ 두부마요네즈(186p 참고) 또는 플레인요구르트 4큰술
- □ 레몬즙 · 올리고당 1큰술씩
- □ 파슬리 1작은술
- □ 소금 약간

1. 동태살은 소금, 후춧가루로 밑간을 하고 15분 이상 재운다.
2. 분량의 재료를 섞어 소스를 만든다.
3. 달걀은 볼에 담고 가위질을 해서 흰자 알끈을 잘라 푼다.
4. 검은깨와 빵가루를 함께 섞는다
5. 동태살 두 개를 겹친 후 밀가루, 달걀물, 빵가루 순으로 골고루 묻힌다.
6. 180℃로 예열된 에어프라이어에 25분간 굽는다.
7. 그릇에 담고 소스와 곁들인다.

tip 간을 하지 않는 아이라면 소금을 빼고 조리하세요.

tip 냉동 생선일 경우 해동 후 키친타월로 물기를 제거해서 사용하세요.

새우가스

간간이 씹히는 새우살 때문에 더 맛있는 튀김요리예요. 직접 만든 소스를 곁들여 반찬처럼 먹어도 맛있고,
햄버거빵이나 모닝빵 사이에 넣어 새우버거를 만들어 먹어도 좋아요.

아이 2~3번 먹는 양
10개월부터

새우 반죽

- □ 새우살 150g
- □ 양파 30g
- □ 달걀흰자 · 맛술 1/2큰술씩
- □ 전분가루 2큰술
- □ 다진 마늘 1작은술
- □ 소금 · 후춧가루 약간씩

튀김 재료

- □ 밀가루 2큰술
- □ 달걀 1개
- □ 빵가루 40g
- □ 튀김유 적당량

소스

- □ 두부마요네즈(186p 참고) 또는 플레인요구르트 4큰술
- □ 레몬즙 · 올리고당 1큰술씩
- □ 다진 파슬리 1작은술
- □ 소금 · 후춧가루 약간씩

1 새우는 등과 배쪽을 칼로 살짝 잘라 내장을 제거한 후 반은 1cm 두께로 자르고, 반은 잘게 다진다.

2 달걀흰자 1/2큰술을 새우와 섞고, 나머지 달걀은 볼에 담고 가위질을 해서 흰자 알끈을 잘라 풀어 달걀물을 만든다.

3 양파는 잘게 다지고, 분량의 새우 반죽 재료를 볼에 담아 골고루 섞는다.

4 지름 5cm 길이로 동그랗게 패티를 만든 후 밀가루, 달걀물, 빵가루 순으로 묻혀서 170℃도로 예열된 에어프라이어에 20분간 조리한다.

5 볼에 분량의 소스 재료를 넣고 섞는다.

6 접시에 새우가스를 올리고 소스를 곁들인다.

tip 너무 오래 튀기면 새우살이 너무 단단해져 식감이 떨어지므로, 겉만 노릇해지도록 빠르게 튀기는 것이 포인트예요.

tip 간을 하지 않는 아이라면 소금을 빼고 조리하세요.

함박스테이크

라임이는 육즙 가득 부드러운 함박스테이크에 소스 없이 치즈만 얹어서 먹는데,
온 가족이 다 먹으려면 버섯소스도 함께 만들어보세요.

함박스테이크 10개 분량
9개월부터

- □ 다진 쇠고기 · 다진 돼지고기 120g씩
- □ 양파 50g
- □ 애호박 · 빵가루 30g씩
- □ 양송이버섯 · 슈레드 콜비잭치즈 또는 체다치즈 20g씩
- □ 달걀 1개
- □ 간장 · 맛술 2작은술씩
- □ 버터 1/2큰술
- □ 물 4큰술
- □ 후춧가루 약간
- □ 식용유 적당량

1 양파, 양송이버섯, 애호박은 잘게 다진다.

2 달군 팬에 버터를 녹이고 중간 불에서 양파가 투명하고 황금빛이 돌 때까지 볶다가 양송이버섯과 애호박도 넣어 숨이 죽고 익을 때까지 볶아 한 김 식힌다.

3 볼에 식용유와 물을 제외한 모든 재료들을 넣고 골고루 섞어 반죽을 만든 뒤 밀봉하여 냉장고에 넣고 30분 이상 숙성시킨다.

4 냉장고에서 꺼내 반죽을 충분히 치댄 뒤 반죽을 지름 5cm 크기로 동그랗게 모양을 만든다. 가운데를 살짝 옴폭하게 눌러 구우면 부풀어서 예쁜 모양이 된다.

5 달군 팬에 식용유를 두르고, 중간 불에서 타지 않게 굽는다. 뚜껑 열고 2분, 뒤집어서 뚜껑 닫고 2분 굽는다. 뒤집어서 물 4큰술을 넣고 뚜껑을 닫아 찌듯이 1분간 더 조리한다.

tip 함박스테이크를 아주 촉촉하게 만들고 싶다면, 조리 과정 ③번에서 반죽에 우유를 조금 추가해 질게 만들어 구우면 촉촉하고 부드러운 식감이 됩니다.

tip 남은 반죽은 가급적 공기가 접촉되지 않도록 밀봉해 냉장보관하고, 먹기 직전에 구워 주세요. 냉동할 시 소분해 랩으로 싸서 냉동해주세요. 보관법 87p 참고.

tip 간을 하지 않는 아이라면 간장을 빼고 조리하세요.

Plus Recipe

버섯소스 만들기

함박스테이크 10개랑 함께 먹는 분량
애느타리버섯 · 양송이버섯 100g씩, 팽이버섯 1/2봉, 양파 1/2개
소스 토마토케첩 4큰술, 우스터소스 3큰술, 편으로 썬 마늘 2쪽, 물 1/4컵, 밀가루 · 버터 1큰술씩

1 애느타리버섯과 팽이버섯은 밑동을 잘라 잘게 찢어 놓고, 양송이버섯은 모양대로 얇게 썬다. 양파는 얇게 채 썬다.
2 달군 팬에 버터를 녹인 후 약한 불에서 밀가루를 넣고 타지 않게 볶아 루를 만든 뒤 케첩, 우스터소스, 마늘, 물을 넣어 섞는다.
3 버섯 절반 정도 올리고 양파, 반쯤 구운 함박스테이크를 올린 뒤 나머지 버섯들을 순서대로 얹는다.
4 뚜껑을 덮고 약한 불에서 은근하게 가열한 뒤 10분 정도 지나면 버섯에서 수분이 나와 되직한 소스와 합쳐지면서 걸쭉한 소스가 완성된다.
5 아래 위로 잘 섞어주면서 약한 불에서 2분 정도 더 끓인다.

쇠고기멘치가스

영어의 'minced', '다진'이라는 뜻을 가진 말과 'cutlet', '고기를 얇게 두들겨 빵가루 입혀 튀긴 요리'라는 뜻을 가진 말이 일본식 발음으로 변형되어 생겨난 단어가 '멘치카츠'예요. 다진 고기를 이용해 반죽을 만들고 빵가루를 입혀 만든 대표적인 일본 가정식 요리입니다. 겉은 바삭하고 속은 육즙이 가득한 튀김이에요. 보통 돼지고기와 쇠고기를 섞어서 만드는데, 저는 쇠고기만 가지고 만들었어요.

아이 1번 먹는 양
10개월부터

- □ 다진 쇠고기 50g
- □ 당근 7g
- □ 애호박 10g
- □ 양파 20g
- □ 달걀 1개
- □ 다진 마늘 1/4작은술
- □ 파르메산치즈가루 1/2큰술
- □ 우유 또는 물 1큰술
- □ 빵가루 1/2컵
- □ 밀가루 1/3컵
- □ 튀김유 적당량

1 당근, 애호박, 양파는 잘게 다진다.
2 달걀은 볼에 담고 가위질을 해서 흰자 알끈을 잘라 푼다.
3 볼에 다진 쇠고기, 당근, 애호박, 양파, 달걀 1/2개, 다진 마늘, 파르메산치즈가루, 우유, 빵가루 2큰술을 담고 잘 섞어 반죽을 만든다.
4 지름 5cm, 높이 3cm의 동글 납작한 모양으로 반죽을 빚는다.
5 ④를 밀가루, 남은 달걀물, 남은 빵가루 순서로 골고루 묻힌다.
6 180℃로 예열된 에어프라이어에 25분간 굽는다.

tip 에어프라이어가 없으면 170℃ 튀김유에 노릇하게 튀겨주세요.

양배추 쇠고기롤

추운 겨울을 보내고 나온
양배추는 정말 달고 맛있어요.
라임이는 그냥 쪄줘도 잘 먹는데,
다진 쇠고기를 넣은 양배추롤도
좋아하더라고요. 익힐수록
양배추의 단맛과 양배추 안에서
촉촉하게 익은 쇠고기의
담백한 맛이 어우러져 아주
맛이 좋답니다.

아이 2~3번 먹는 양
9개월부터

- □ 양배추 잎 5장
- □ 다진 쇠고기 50g
- □ 양파 25g
- □ 당근 15g
- □ 밥 50g
- □ 달걀 1개
- □ 밀가루 2큰술
- □ 소금 · 후춧가루 약간씩
- □ 식용유 적당량

육수

- □ 물 1컵
- □ 간장 2/3큰술
- □ 5×5cm 다시마 1장
- □ 맛술 1큰술

1 양배추 잎은 찜기에 넣어서 살짝 숨이 죽을 정도로 찐다.

2 양파와 당근은 잘게 다진다.

3 볼에 다진 쇠고기, 양파, 당근, 밥, 달걀, 소금, 후춧가루를 넣고 섞어서 반죽을 만든다.

4 냄비에 분량의 육수 재료를 넣고 중간 불에서 끓으면, 불을 끄고 10분 정도 지나면 다시마는 뺀다.

5 양배추 잎을 넓게 펼쳐서 ③을 넣고 돌돌 만다.

6 양배추 잎에 밀가루를 얇게 코팅하듯 살살 뿌려 골고루 묻힌다.

7 달군 팬에 식용유를 두르고 중간 불에서 ⑥을 노릇하게 굽는다.

8 육수를 붓고 자작해질 때까지 중간 불에서 졸인다.

tip 간을 하지 않는 아이라면 양배추 쇠고기롤을 소금을 빼고 만들고 육수에 졸이지 말고 찜기에 넣어 20분 정도 쪄주세요.

애호박 쇠고기찜

여름이 제철인 애호박은 철에 먹으면 더 달아요.
살캉하게 익은 애호박과 부드러운 쇠고기가 어우러져 씹히는 맛이 아주 좋아요.
닭고기나 새우살 등으로 응용해도 맛있어요.

아이와 어른 1번 먹는 양
12개월부터

- □ 애호박 1개
- □ 전분가루 1작은술

속재료

- □ 다진 쇠고기 · 두부 100g씩
- □ 브로콜리 15g
- □ 표고버섯 1/2개
- □ 대파 7g
- □ 전분가루 · 참기름 1/2큰술씩
- □ 다진 마늘 1작은술
- □ 설탕 1/2작은술
- □ 소금 · 후춧가루 약간씩

소스

- □ 물 1/2컵
- □ 간장 · 참기름 1/2큰술씩
- □ 올리고당 1큰술
- □ 전분물(물 1큰술 + 전분가루 1/2큰술)
- □ 맛술 1작은술
- □ 후춧가루 약간

1 애호박은 반으로 잘라 숟가락을 이용해 보트 모양으로 속을 파내고 소금을 살짝 뿌려 10분간 절인 다음 키친타월로 물기를 제거한다.

2 끓는 물에 브로콜리와 표고버섯을 살짝 데친 다음 키친타월로 물기를 제거하고, 잘게 다진다.

3 두부는 칼등으로 으깨서 접시에 담아 전자레인지에 1분 정도 돌리고, 고운 체에 밭쳐서 물기를 꼭 짠다.

4 대파는 잘게 다진다.

5 냄비에 분량의 소스 재료를 넣고 약한 불에서 1분간 끓여서 걸쭉하게 만든다.

6 볼에 분량의 속재료를 넣고 잘 섞은 다음, 애호박 보트 속에 푸짐하게 담고 그 위에 전분가루를 조금 뿌린다.

7 찜기에 ⑥을 넣고 20분 정도 찐다.

8 한 입 크기로 잘라 접시에 담고, 걸쭉한 소스를 뿌려서 낸다.

tip 파낸 애호박은 다져서 남은 속재료와 달걀을 섞어 동그랗게 빚은 다음 전으로 부쳐 먹을 수 있어요.

수제 소시지

아이라면 누구나 소시지를 좋아하는데요. 첨가물이 많이 든 시판 소시지를 먹이자니 엄마의 마음은 불편하기만 합니다. 집에서 직접 소시지를 만들어 보세요. 의외로 재료가 간단하고, 시판 소시지 못지않게 맛도 일품이에요. 소시지 모양으로 빚으면 소시지이지만, 패티 모양으로 빚어 만들면 훌륭한 고기 패티가 돼요.

아이 2~3번 먹는 양
7개월부터

- □ 다진 쇠고기 · 다진 돼지고기 100g씩
- □ 양파 60g
- □ 양송이버섯 50g
- □ 다진 마늘 1작은술
- □ 전분가루 2큰술
- □ 소금 · 후춧가루 약간씩
- □ 식용유 적당량

1 양파와 양송이버섯을 잘게 다진다.

2 달군 팬에 식용유를 약간 두르고 중간 불에서 양파와 양송이버섯이 익을 때까지 볶는다.

3 볼에 다진 쇠고기와 돼지고기, 볶은 채소, 다진 마늘, 전분가루, 소금, 후춧가루를 넣고 섞으면서 충분히 치댄다.

4 종이포일에 고기 반죽을 길쭉하게 올리고 돌돌 만 다음 양 끝을 돌려서 오므린다.

5 찜기에 물이 끓으면 ④를 넣고 20분간 찐다.

6 그대로 찐 것을 먹어도 좋지만, 달군 팬에 올려 강한 불에서 겉만 살짝 노릇해지도록 굽는다.

tip 기름기가 제법 있도록 만들고 싶으면 돼지고기 목심, 쇠고기 갈빗살 등을 이용하면 좋아요. 기름기 없이 담백한 소시지는 돼지고기 안심이나 등심, 쇠고기 우둔살이나 홍두깨살을 사용하면 됩니다.

tip 양고기나 닭고기로 응용해도 맛있어요.

tip 간을 하지 않는 아이라면 소금은 빼고 조리하세요.

tip 어른용은 청양고추를 다져 넣으면 더욱 맛있어요.

쇠고기 육전

쇠고기 육전은 어른, 아이 할 것 없이 좋아하는 고기 반찬이죠. 육전용 고기만 있으면 생각보다 만들기도 어렵지 않아요. 고기가 얇으면 얇은 대로 두꺼우면 두꺼운 대로 맛있답니다. 고기를 잘 씹지 못하는 아이도 가위로 작게 잘라주면 잘 먹어요.

아이 2~3번 먹는 양
10개월부터

- □ 육전용 쇠고기 50g
- □ 찹쌀가루 2큰술
- □ 달걀 1개
- □ 식용유 적당량

1 달걀은 볼에 담고 가위질을 해서 흰자 알끈을 제거한다.
2 쇠고기는 키친타월로 감싸 가볍게 눌러 핏물을 충분히 뺀다.
3 쇠고기에 찹쌀가루를 눌러가면서 골고루 묻힌다.
4 가루가 촉촉하게 잘 묻었으면 달걀물을 입힌 후 달군 팬에 식용유를 두르고 중간 불에서 노릇하게 굽는다.

tip 찹쌀가루 대신에 전분가루, 밀가루, 부침가루를 묻혀서 만들기도 해요. 육전용 고기로는 꾸리살, 설깃, 채끝, 불고기감이 좋습니다.

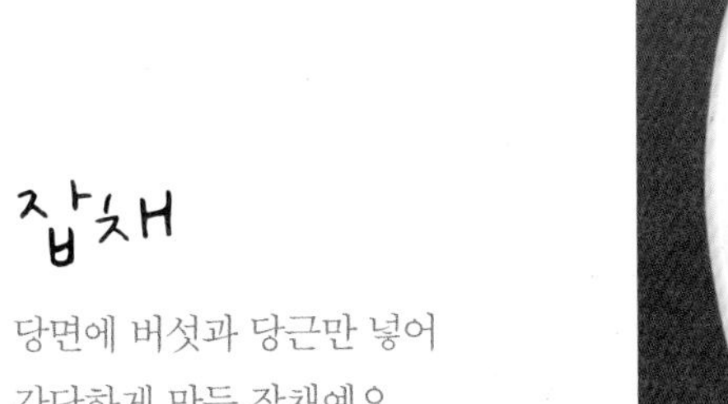

당면에 버섯과 당근만 넣어
간단하게 만든 잡채예요.
라임이는 채소를 적게 넣어야
더 잘 먹어서 평소 좋아하는
채소 몇 가지만 넣어서 잡채를
만들어 봤어요. 당면만 불려
놓으면 금방 만들 수 있고,
라임이가 잘 먹어서 자주
만드는 반찬 중 하나예요.

아이 2~3번 먹는 양
12개월부터

- □ 당면 50g
- □ 만가닥버섯 40g
- □ 당근 20g
- □ 식용유 적당량

양념

- □ 간장 · 참기름 1큰술씩
- □ 설탕 · 맛술 1/2큰술씩
- □ 통깨 1작은술

1. 당면은 물에 1시간 이상 불리고, 버섯은 가닥가닥 떼어 놓는다.
2. 당근은 가늘게 채 썬다.
3. 분량의 재료를 섞어 양념을 만든다.
4. 끓는 물에 당면을 넣고 부드럽게 3분 정도 삶아 채반에 건져 놓는다.
5. 달군 팬에 식용유를 두르고 중간 불에서 양념의 반과 당면을 함께 볶는다.
6. 볶은 당면은 볼에 따로 빼놓고, 그 팬에 다시 버섯과 당근을 볶는다.
7. 볼에 볶은 당면, 버섯, 당근, 남은 양념을 넣고 골고루 버무린다.

떡잡채

어린 시절 매운 음식을 잘 먹지 못하는 저를 위해 엄마가 쇠고기와 채소를 넣어 맵지 않게 볶아낸 떡볶이를 자주 해주셨는데, 그게 바로 이 떡잡채예요. 떡으로 만든 잡채라 한 끼 식사로도 손색 없는 메뉴입니다.

아이 2~3번 먹는 양
12개월부터

- □ 떡볶이떡 100g
- □ 다진 쇠고기 50g
- □ 애호박 30g
- □ 당근 15g
- □ 양파 20g
- □ 식용유 적당량

쇠고기양념

- □ 간장 · 참기름 · 올리고당 1/2작은술씩
- □ 후춧가루 약간

잡채양념

- □ 간장 · 설탕 · 참기름 1작은술씩
- □ 물 1큰술
- □ 통깨 약간

1. 애호박은 1cm 두께로 썰고 4등분해 부채꼴 모양으로 썰고, 양파는 1cm 두께로 썬다.
2. 당근은 얇게 채 썬다.
3. 떡볶이떡은 끓는 물에 데쳐서 말랑말랑한 상태를 만든다.
4. 다진 쇠고기는 분량의 쇠고기양념을 넣고 섞어 15분 정도 재운다.
5. 달군 팬에 식용유를 두르고 중간 불에서 쇠고기를 볶고, 쇠고기가 노릇하게 익을 때쯤 채소를 넣고 볶는다.
6. 채소가 거의 다 익으면 분량의 잡채양념과 데친 떡을 넣고 함께 볶는다.

tip 설탕은 올리고당 또는 물엿으로 대체해도 돼요.

tip 아이가 어릴 경우 떡을 작게 잘라 조리하세요.

떡찜

가래떡을 색다르게 먹을 수 있는 방법이에요. 소박이처럼 떡 사이에 고기를 채워 넣고 살짝 쪄서 먹으면 식감도 좋고 맛과 영양이 풍부하답니다.

온 가족 함께 먹는 양
12개월부터

□ 가래떡 300g
□ 다진 쇠고기 50g
□ 표고버섯 1개
□ 호두 2알
□ 잣 1작은술

쇠고기양념

□ 다진 파 1/2큰술
□ 간장 · 설탕 · 다진 마늘 1작은술씩
□ 참기름 1/3작은술
□ 후춧가루 약간

찜양념

□ 간장 · 물엿 또는 올리고당 · 청주 1큰술씩
□ 물 4큰술

1 표고버섯, 호두, 잣은 잘게 다진다.

2 볼에 다진 쇠고기, 쇠고기양념, 호두, 버섯, 잣을 넣고 섞어서 잘 치댄다.

3 가래떡은 2cm 정도 길이로 자른 다음 5mm 정도 남기고 십자로 위에 칼집을 낸다. 떡이 굳어 있으면 고기 속을 넣기 어려우므로 끓는 물에 살짝 데친다.

4 칼집을 낸 떡에 양념한 쇠고기를 젓가락으로 꼭꼭 채운다.

5 뚜껑이 있는 팬에 분량의 찜양념과 속을 넣은 떡을 넣고 뚜껑을 덮어 양념이 끓으면 약한 불에서 고기 속이 익도록 찐 다음 뚜껑을 열어 남은 양념을 끼얹어가면서 졸인다.

tip 아이가 어릴 경우 줄 때 떡을 작게 잘라 주세요.

쇠불고기

불고기를 싫어하는 아이가 있을까요. 라임이가 고기를 잘 씹지 못했을 때 불고기감 대신 샤부샤부감으로 해줬는데, 훨씬 부드러워서 고기를 잘 못 먹는 아이들도 잘 먹을 수 있겠더라고요.

아이 5~6번 먹는 양
12개월부터

- □ 쇠고기(불고기감) 400g
- □ 양파즙 · 배즙 4큰술씩
- □ 양파 40g
- □ 당근 30g
- □ 느타리버섯 50g
- □ 대파 25g
- □ 식용유 적당량

양념

- □ 간장 1 ½큰술
- □ 올리고당 1큰술
- □ 설탕 1작은술
- □ 청주 · 다진 마늘 · 참기름 2작은술씩
- □ 후춧가루 약간

1 양파와 당근은 얇게 채 썰고, 느타리버섯은 밑동을 자르고 가닥가닥 찢는다.

2 대파는 송송 어슷 썬다.

3 분량의 재료를 섞어 양념을 만든다.

4 쇠고기는 양파즙과 배즙을 넣고 1시간 이상 재우고, 핏물이 나오면 따라낸 뒤 양념을 넣고 버무려 20분 이상 재운다.

5 달군 팬에 식용유를 두르고 중간 불에서 양파, 당근, 대파, 느타리버섯을 볶는다.

6 채소의 숨이 죽으면 양념된 고기를 넣고 노릇하게 볶는다.

tip 양파즙·배즙은 연육작용을 해주고 맛을 업그레이드시켜줘요. 양파와 배를 강판에 갈아 면보나 고운체에 거르면 즙을 만들 수 있어요. 거르지 않으면 지저분해져요. 저는 양파와 배를 1:1 비율로 대량으로 갈아 즙을 낸 다음 소분해서 냉동보관하고 필요할 때마다 활용해요.

불고기만두

라임이가 처음 먹어본 만두예요. 쇠고기를 잘 안 먹는 라임이가 어떻게 하면 쇠고기를 잘 먹을 수 있을까 생각해서 만들었어요. 양념이 강하지 않고, 만두 속에 부드러운 쇠고기 육즙이 가득해 라임이가 좋아하더라고요.

만두 20개 정도
12개월부터

- □ 다진 쇠고기 150g
- □ 애호박 60g
- □ 대파 10g
- □ 표고버섯 30g
- □ 만두피 20장

쇠고기양념

- □ 간장 · 올리고당 · 참기름 · 다진 마늘 1작은술씩

1 애호박과 표고버섯은 얇게 채 썰고, 대파는 잘게 다진다.

2 쇠고기는 분량의 양념을 넣고 10분 정도 재운다.

3 쇠고기와 ①을 섞어서 만두소를 만든다.

4 만두피는 작은 동그라미 모양으로 잘라내거나 반으로 자른 다음 만두소를 넣고 작게 만두를 빚는다.

5 찜기의 물이 끓으면 찜기에 넣고 만두피가 투명해지고 속이 익을 때까지 찐다.

tip 만두 속을 팬에 조금 구워 먹어보면 간을 가늠할 수 있어요. 맛을 보고 간을 더하고 싶으면 양념을 2배로 늘려주세요.

돼지고기 부추만두

돼지고기와 부추를 넣어 만든 라임이 외할머니표 만두입니다. 제가 어릴 때 너무 좋아해서 거의 매일 먹다시피 했던 만두인데, 깔끔한 맛에 반한 라임이도 아주 좋아한답니다.

만두 16개 정도
12개월부터

- □ 다진 돼지고기 150g
- □ 부추 50g
- □ 양배추 또는 시금치 40g
- □ 다진 파 1큰술
- □ 만두피 16장

돼지고기양념

- □ 물 3큰술
- □ 간장·청주 1작은술씩
- □ 다진 생강 1/2작은술
- □ 참기름 1/2큰술
- □ 소금·후춧가루 약간씩

1. 부추는 5mm 길이로 짧게 썰고, 양배추도 잘게 다진다.
   시금치를 사용할 경우, 끓는 물에 살짝 데친 다음에 물기를 제거하고 잘게 다진다.
2. 돼지고기는 분량의 양념을 넣고 10분 정도 재운다.
3. 볼에 돼지고기와 부추, 양배추, 다진 파를 섞어서 만두소를 만든다.
4. 만두피는 작은 동그라미 모양으로 잘라내거나 반으로 자른 다음 만두소를 넣고 작게 만두를 빚는다.
5. 찜기의 물이 끓으면 찜기에 넣고 만두피가 투명해지고 속이 익을 때까지 찐다.

tip 어른용으로 간장 2큰술, 식초 1큰술, 고춧가루 1작은술, 다진 마늘 1/2작은술을 섞어 양념장을 만들어 곁들이면 온 가족이 맛있게 먹을 수 있답니다.

떡갈비

떡갈비는 쇠고기를 다져
만든 모양이 떡을 닮아 붙은
이름이에요. 갈비를 뜯기 어려운
노인이나 어린 아이까지
먹기 쉽도록 다진 쇠고기에
갈비 양념을 해서 구운 것이죠.
맛있다고 소문난 라임이
외할머니표 떡갈비 레시피를
전수받았답니다.

떡갈비 8개 분량
12개월부터

- □ 다진 쇠고기 120g
- □ 다진 돼지고기 100g
- □ 양파 30g
- □ 표고버섯 20g
- □ 대파 12g
- □ 다진 마늘 · 찹쌀가루 1/2큰술씩
- □ 식용유 적당량

양념

- □ 간장 · 참기름 1/2큰술씩
- □ 설탕 · 맛술 1작은술씩
- □ 소금 · 후춧가루 약간씩

바르는 양념

- □ 꿀 또는 올리고당 · 간장 · 참기름 1/2큰술씩

1. 양파, 표고버섯, 대파는 잘게 다진다.
2. 볼에 바르는 양념, 식용유를 제외한 모든 재료들을 넣고 골고루 섞어 반죽을 만든다.
3. 반죽은 지름 5cm 크기로 동그랗게 모양을 만들고 가운데를 살짝 옴폭하게 눌러 구우면 부풀어서 예쁜 모양이 된다.
4. 달군 팬에 식용유를 두르고, 약한 불에서 타지 않게 굽는다. 뚜껑 열고 2분, 뒤집어서 뚜껑 닫고 2분 굽는다.
5. 분량의 재료를 섞어 바르는 양념을 만들고, ④ 위에 바른다.

tip 쇠고기 중에는 갈빗살, 돼지고기는 뒷다리살을 사용해요.

tip 고기는 공기와 접촉해 산화하기 쉬우므로 떡갈비를 보관해야 한다면 가급적 공기에 접촉되지 않도록 소분해 랩으로 싸서 냉동시키는 것이 좋아요. 보관법은 87p를 참고하세요.

불고기 치즈 김말이

남은 불고기를 어떻게 활용하면 좋을지 생각하다가 탄생한 메뉴예요.
손이 좀 많이 가지만 많이 만들어서 냉동보관하면 마음이 든든하답니다.
불고기, 브로콜리, 치즈가 들어가 이 요리 하나만 먹어도 영양이 충분해요.

온 가족 함께 먹는 양
12개월부터

- □ 불린 당면 150g
- □ 쇠불고기(442p 참고) 100g
- □ 브로콜리 20g
- □ 슈레드치즈 (피자치즈 + 콜비잭치즈) 50g
- □ 김밥김 6장
- □ 참기름 1작은술
- □ 소금 1/4작은술
- □ 튀김유 적당량

튀김 반죽

- □ 튀김가루 1컵
- □ 물 150ml

1. 당면은 물에 3~4시간 불린다.
2. 불린 당면은 끓는 물에 5분 정도 삶아 헹구지 말고 체에 건져서 물기를 뺀다.
3. 볼에 당면을 담고 참기름과 소금을 넣어 버무린 다음 식혀서 7cm 정도의 크기로 자른다.
4. 달군 팬에 식용유를 두르고 중간 불에서 불고기를 노릇하게 볶은 다음 잘게 썬다.
5. 브로콜리는 찜기에 푹 찐 다음 잘게 썬다.
6. 김밥김은 가로, 세로 한 번씩 잘라 4등분한다.
7. 분량의 재료를 섞어 튀김 반죽을 만든다.
8. 볼에 당면과 브로콜리, 불고기, 치즈를 넣고 섞는다.
9. 김 위에 ⑧을 얹고 이음새 부분에 튀김 반죽을 발라 돌돌 말아서 김말이를 만든다.
10. 김말이에 튀김 반죽을 묻혀서 170℃로 예열된 튀김유에 바삭하게 튀긴다.

tip 냉동보관한 김말이를 먹을 때는 프라이팬이나 에어프라이어 등에 기름 없이 구우면 돼요.

식탁에 오르는 것만으로도 근사한 자태를 뽐내는 손님 초대 요리. 특별한 날 즐기는 요리 중 제가 특별히 애정하는 레시피들을 한데 모았어요. 해외생활 경험을 녹이다 보니 다소 생소한 메뉴들도 있지만, 레시피는 가급적 쉽게 만들었어요. 아이가 어릴 때부터 다양한 향신료를 접하면 나중에 커서 먹을 수 있는 음식의 범위가 더욱 넓어지더라고요. 요즘은 일반 마트에서도 다양한 향신료를 구할 수 있어, 이참에 구비해 두고 이색적인 맛을 더해 주세요. 라임이가 제가 만든 특식을 먹고 "엄마 엄청 맛있어요!", "역시 엄마 요리가 최고야!" 라고 하면서 양손으로 '엄지 척' 해주는 순간 뿌듯함을 느껴요.

응용 팁

- 7~11개월이라고 표기되어 있지만, 간이 되어 있는 레시피가 있습니다. 레시피 가이드와 응용법(81p)을 참고해 주세요. 어른의 경우 아이 것을 덜어낸 다음 모자란 간을 더해 주세요.
- 구하기 쉬운 설탕, 올리고당으로 레시피를 만들었습니다. 이 책에는 비정제 설탕을 사용했지만, 아가베시럽, 메이플시럽, 조청, 과일즙 등 원하는 것으로 얼마든지 대체 가능합니다.

피시파이

피시 앤 칩스(fish and chips) 외에 영국 요리라고 불릴 만한 요리가 바로 피시파이(fish pie)예요. 흰살 생선을 크리미하게 볶아 으깬 감자와 함께 오븐에 굽는 요리죠. 보통 대구나 훈제된 흰살 생선을 많이 쓰지만 저는 식감이 좋은 아귀살을 이용해서 만들어요.

아이와 어른 1번 먹는 양
12개월부터

- □ 아귀살 80g
- □ 새우살 50g
- □ 완두콩 30g
- □ 대파 10g
- □ 루(버터 · 밀가루 1큰술씩, 올리브오일 1작은술)
- □ 우유 150ml
- □ 소금 · 후춧가루 약간씩

감자매시

- □ 감자 250g
- □ 우유 2큰술
- □ 버터 5g
- □ 슬라이스치즈 1장 또는 파르메산치즈가루 1큰술
- □ 소금 1/3작은술

1 감자는 찜기에 푹 쪄서 껍질을 벗긴 후 포크로 곱게 으깬 다음, 볼에 매시 재료들과 함께 섞어 감자매시를 만든다.

2 새우는 등과 배쪽을 칼로 살짝 잘라 내장을 제거한 후 큼직하게 썬다.

3 아귀살은 껍질과 가시를 제거하고 순살로 준비해 한 입 크기로 큼직하게 썬다.

4 대파는 어슷하게 송송 썬다.

5 달군 팬에 올리브오일, 버터를 녹이고 대파와 밀가루를 넣어 타지 않게 약한 불에서 볶아 루를 만든다.

6 ⑤에 우유를 조금씩 나눠 넣고 덩어리지지 않게 부드럽게 푼 다음, 아귀살과 새우살, 완두콩, 소금, 후춧가루를 넣고 골고루 섞는다.

7 내열 용기에 ⑥을 넓게 펴고, 그 위에 감자매시를 펴서 담은 다음 200℃로 예열된 팬에 30분간 굽는다.

tip 아귀살은 대구살, 광어살, 민어살 등의 흰살 생선으로도 대체 가능해요.

시금치프리타타

프리타타는 이탈리아식 오믈렛이에요. 달걀찜과 흡사하지만 만드는 법은 오히려 간단해요.
집에 있는 다양한 재료로 얼마든지 응용해서 만들 수 있어 저희 집 식탁에 자주 등장하는 요리입니다.

아이와 어른 1번 먹는 양
9개월부터

- □ 시금치 35g
- □ 양파 20g
- □ 방울토마토 3개
- □ 양송이버섯 1개
- □ 새우 6마리
- □ 올리브오일 1작은술

달걀물

- □ 달걀 2개
- □ 우유 2큰술
- □ 파르메산치즈가루 1작은술
- □ 소금·후춧가루 약간씩

1 볼에 분량의 달걀물 재료들을 넣고 골고루 잘 섞는다.

2 시금치는 잘 씻어서 밑동을 자르고, 양송이버섯은 얇게 모양대로 썬다.

3 양파는 얇게 채 썰고, 방울토마토는 모양대로 동그랗게 4등분해서 썬다.

4 새우는 등과 배쪽을 칼로 살짝 잘라 내장을 제거한다.

5 달군 팬에 올리브오일을 두르고 중간 불에서 새우를 볶는데, 절반 정도만 익혀 따로 빼 둔다.

6 다시 그 팬에 양파, 양송이버섯을 넣어 중간 불에서 볶고, 양파가 투명해질 때쯤 시금치를 넣어 숨이 살짝 죽을 정도로 볶는다.

7 달걀물을 골고루 붓고, 그 위에 토마토와 새우를 올려 장식한다.

8 200℃로 예열된 오븐에 20분 굽는다.

tip 오븐팬이 없다면 내열 용기 안쪽에 식용유를 골고루 발라 달걀물을 붓고 오븐에 넣어 구우세요. 머핀틀을 이용해서 달걀머핀처럼 만들 수도 있어요.

tip 오븐이 없다면 팬에 부어 뚜껑을 닫고 달걀이 익을 때까지 약한 불에서 조리해도 돼요. 이때 젓가락으로 찔러서 달걀물이 묻어나오지 않으면 알맞게 익은 거예요.

tip 우유는 모유나 분유물, 두유 등 다른 것으로 대체 가능해요.

tip 간을 하지 않는 아이라면 소금을 빼고 조리하세요.

04 특식

키시

프랑스에서 흔히 만들어 먹는 요리인 키시를 간단하게 변형시켰어요.
달걀 반죽 안에 여러 재료들을 다양하게 넣어 만드는 요리로, 한국식 달걀찜과 흡사해요.
타르트지 대신 구하기 쉬운 식빵을 이용해 보세요.

아이 2~3번 먹는 양
9개월부터

□ 식빵 3장
□ 식용유 적당량

충전물
□ 달걀 2개
□ 생크림 또는 우유 4큰술
□ 파르메산치즈가루 2작은술
□ 소금 · 후춧가루 약간씩

속재료
단호박 치즈키시
□ 단호박 50g
□ 슬라이스치즈 2장

애호박 양파키시
□ 애호박 30g
□ 양파 25g
□ 브로콜리 10g

토마토 올리브키시
□ 방울토마토 4개(50g)
□ 블랙 올리브 10g

1 식빵은 밀대로 얇게 밀어서 머핀틀 옆면까지 덮을 정도의 크기로 동그랗게 자른다.

2 달걀은 볼에 담고 가위질을 해서 흰자 알끈을 잘라 푼다. 생크림, 파르메산치즈가루, 소금, 후춧가루를 넣고 골고루 섞어 충전물을 만든다.

3 단호박은 찜기에 푹 찐 다음 사방 1cm 크기로 깍둑썰기하고, 치즈는 돌돌 말아 1cm 두께로 자른다.

4 애호박, 양파는 얇게 채 썬 다음 작게 썰고, 브로콜리는 굵게 다진다. 달군 팬에 식용유를 두르고 중간 불에서 재료들이 절반 정도 익을 때까지 볶는다.

5 토마토와 블랙 올리브는 모양대로 4등분한다.

6 밀어 놓은 식빵을 머핀틀에 넣은 다음 모양을 잡아준다.

7 식빵 안에 재료들을 가득 넣고, 충전물을 붓는다.

8 180℃로 예열된 오븐에 30분간 굽는다.

tip 충전물은 식빵 3장 분량이에요. 더 적게 만드려면 충전물의 양을 반으로 줄이세요.

tip 머핀틀이 없으면 집에 있는 작은 내열 용기를 이용해서 만들 수 있어요.

tip 우유는 모유나 분유물, 두유 등으로 대체 가능해요.

tip 식빵 대신에 익혀서 으깬 감자나 고구마, 밥으로 키시틀을 만들 수 있어요. 다른 것으로 대체할 경우 머핀틀에 식용유를 살짝 바르고 틀을 채워주세요.

tip 간을 하지 않는 아이라면 소금을 빼고 조리하세요.

떠 먹는 감자피자

밀가루 빵이나 토르티야 대신에 감자를 밑에 깔아 만든 떠 먹는 피자입니다.
아이가 원하는 재료로 얼마든지 응용이 가능하기 때문에 자주 해 먹는 특식이죠.
온 가족이 함께 만들어보기도 좋고요.
평소 잘 안 먹는 채소가 있다면 작게 썰어서 토핑 재료로 활용해 보세요.
직접 만든 피자에 들어간 재료는 의외로 잘 먹을 수도 있거든요.

아이 1~2번 먹는 양
12개월부터

- □ 감자(중) 1개(110g)
- □ 비엔나 소시지 1개(20g)
- □ 파프리카 15g
- □ 양송이버섯 1/2개
- □ 파인애플 25g
- □ 피자치즈 50g
- □ 토마토소스(173p 참고) 2큰술
- □ 식용유 적당량

1 감자는 푹 쪄서 포크나 매셔로 곱게 으깬다.

2 비엔나 소시지는 모양대로 얇게 슬라이스하고, 파프리카는 굵게 다진다.

3 양송이버섯은 모양대로 얇게 슬라이스한 다음 반으로 썬다. 파인애플은 먹기 좋은 크기로 작게 썬다.

4 오븐 용기에 식용유를 살짝 바르고 으깬 감자를 깐다. 그 위에 토마토소스를 고루 바른다.

5 치즈 1/3을 고루 뿌린 다음, 토핑 재료들을 고루 올린다.

6 남은 치즈를 골고루 뿌리고 190℃로 예열된 오븐에 20분간 굽는다.

tip 감자 대신에 고구마나 단호박, 밥을 이용해서 만들 수도 있어요.

호박피자

라임이에게 피자를 만들어주고 싶은데, 워낙 식감에 민감한 아이라 시중 피자는 안 먹을 것 같아서 탄생한 메뉴예요. 라임이가 좋아하는 애호박과 달달한 맛의 단호박을 가득 넣어 피자를 만들었는데 아주 맛있게 먹었어요. 이후에도 여러 가지 재료들을 넣어서 피자 맛에 익숙해지도록 만들어줬지요.

아이 1~2번 먹는 양
9개월부터

- □ 애호박 120g
- □ 단호박 100g
- □ 토마토소스(173p 참고) 40g
- □ 피자치즈 30g
- □ 토르티야 1장
- □ 다진 마늘 1작은술
- □ 식용유 적당량

1. 찜기에 단호박을 넣고 푹 찐 다음 껍질을 제거하고 포크로 곱게 으깬다.
2. 애호박은 얇게 채 썬다.
3. 으깬 단호박과 토마토소스를 함께 섞는다.
4. 달군 팬에 식용유를 두르고 중간 불에서 다진 마늘과 애호박을 넣고, 애호박이 익을 때까지 볶는다.
5. 토르티야 위에 ③을 골고루 바른 다음 볶은 애호박을 골고루 얹고 치즈를 뿌린다.
6. 180℃로 예열된 오븐에 20분간 굽는다.

프렌치토스트

우유와 달걀을 촉촉하게 머금은 부드러운 프렌치토스트예요.
폭신폭신한 토스트 위에 예쁘게 과일을 얹고, 달걀스크램블까지 곁들이면
근사한 브런치 메뉴가 됩니다.

아이 1~2번 먹는 양
9개월부터

- □ 식빵 1장
- □ 달걀 1개
- □ 우유 2큰술
- □ 생크림 1큰술
- □ 올리고당 1작은술
- □ 버터 1/2큰술
- □ 슈거파우더 · 메이플시럽 약간씩

1 볼에 달걀, 우유, 생크림, 올리고당을 넣고 잘 섞는다.

2 식빵을 ①에 10분 정도 담그고 중간에 뒤집어 달걀물을 골고루 묻힌다.

3 달군 팬에 버터를 녹이고 약한 불에서 식빵이 타지 않게 앞뒤로 굽는다.

4 그릇에 담고 기호에 따라 빵 위에 슈거파우더와 시럽을 뿌린다.

tip 올리고당 대신에 으깬 바나나 1큰술을 넣어도 맛있어요.

tip 우유와 생크림은 모유나 분유물 3큰술로 대체 가능해요.

가지 닭가슴살 케사디아

아이들이 가지를 별로 좋아하지 않는데, 잘게 채 썰어서 케사디아에 넣으면 안에 들어 있는지도 모르고 맛있게 먹어요. 토르티야를 반으로 접지 않고 펼쳐서 피자처럼 만들 수도 있고, 반으로 접으면 케사디야로 먹을 수 있는 메뉴예요.

아이 1~2번 먹는 양
12개월부터

- □ 가지 30g
- □ 닭가슴살 또는 닭안심살 40g
- □ 양파 20g
- □ 토마토소스(173p 참고) 2큰술
- □ 피자치즈 30g
- □ 토르티야 1장
- □ 식용유 적당량

1. 닭가슴살은 식용유를 살짝 두른 팬에 굽거나 끓는 물에 푹 삶아서 먹기 좋은 크기로 굵게 다진다.
2. 가지는 어슷하게 썬 다음 잘게 채 썬다. 양파도 잘게 채 썬 다음에 반으로 한 번 더 썬다.
3. 달군 팬에 식용유를 두르고 중간 불에서 양파와 가지를 볶는다. 양파는 투명해지고, 가지는 숨이 죽을 때까지 볶는다.
4. 마른 팬에 토르티야를 올리고 토마토소스를 토르티야의 반쪽에 고루 바른다.
5. 그 위에 치즈 절반을 고루 뿌리고 닭가슴살과 ③을 그 위에 고루 올리고, 남은 치즈도 고루 올려 토르티야를 반으로 접는다.
6. 팬을 약한 불로 달궈 토르티야의 겉면이 노릇해질 때까지 앞뒤로 굽는다.

tip 닭가슴살 대신 쇠고기로 대체해도 됩니다. 고기를 넣지 않고 애호박을 채 썰어서 가지와 함께 볶아 만들어도 맛있어요.

시금치 버섯케사디야

고기가 들어 있지 않은 케사디야로 만들기가 간단해서 자주 해 먹어요. 라임이가 아주 좋아하죠. 치즈가 들어 있어 내용물이 흘러내리지도 않고 아침으로 간단하게 먹기에도 좋은 메뉴입니다.

아이 1~2번 먹는 양
12개월부터

- □ 시금치 30g
- □ 양송이버섯 1개
- □ 양파 25g
- □ 슈레드 콜비잭치즈 또는 피자치즈 30g
- □ 토르티야 1장
- □ 다진 마늘 1/3작은술
- □ 식용유 적당량

1 시금치는 깨끗이 씻어서 먹기 좋게 2cm 길이로 굵게 썬다.

2 양파는 잘게 다지고, 양송이버섯은 2mm 두께로 슬라이스한 다음 반으로 한 번 더 썬다.

3 팬에 식용유를 살짝 두르고 중간 불에서 다진 마늘을 볶다가 마늘 향이 올라오면 시금치를 넣고 숨이 살짝 죽을 때까지 빠르게 볶아낸다.

4 같은 팬에 다진 양파를 넣고 중간 불에서 양파가 약간 투명해질때까지 볶다가 양송이버섯을 넣고 버섯의 숨이 죽을 때까지 볶는다.

5 마른 팬에 토르티야를 올리고, 치즈 절반을 토르티야의 반쪽에 고루 뿌린다. 그 위에 ③, ④의 재료를 고루 올리고, 남은 치즈도 골고루 올린 다음 토르티야를 반으로 접는다.

6 팬을 약한 불로 달궈 토르티야의 겉면이 노릇해질 때까지 앞뒤로 굽는다.

tip 달걀스크램블이나 다진 쇠고기, 선드라이 토마토를 넣어도 잘 어울려요.

토마토미트로프

식감에 예민한 라임이는 다진 고기 요리도 아주 부드럽고 촉촉하지 않으면 잘 먹지 않았어요. 아이가 고기를 잘 먹었으면 하는 바람을 담아 만든 요리입니다. 라임이가 좋아하는 토마토를 듬뿍 넣어서 촉촉하게 만들었어요. 인스타그램에서도 사랑받은 베스트 메뉴 중 하나죠.

온 가족 함께 먹는 양
10개월부터

- □ 토마토 · 달걀 1개씩
- □ 다진 쇠고기 200g
- □ 다진 돼지고기 150g
- □ 빵가루 40g
- □ 양파 60g
- □ 당근 20g
- □ 다진 마늘 · 토마토 페이스트 · 다진 생파슬리 · 파르메산치즈가루 1큰술씩
- □ 버터 1/2큰술
- □ 소금 · 후춧가루 · 식용유 약간씩
- □ 타임 · 커민가루 1/4작은술씩

소스

- □ 토마토소스(173p 참고) 60ml
- □ 올리고당 2큰술

1. 양파와 당근은 잘게 다진다.
2. 토마토는 꼭지 쪽에 십자 칼집을 내어 끓는 물에 2~3분간 굴려 껍질을 벗긴다. 씨 부분은 제거하고, 과육은 잘게 다진다.
3. 달군 팬에 버터를 녹이고 약한 불에서 양파와 당근을 오랫동안 노릇하게 볶는다.
4. 볼에 소스와 식용유를 제외한 나머지 재료들을 넣고 가볍게 섞는다.
5. 분량의 재료들을 섞어서 소스를 만든다.
6. 내열 용기 안쪽에 식용유를 골고루 발라 ④을 담는다.
7. 쿠킹포일을 덮어서 180℃로 예열된 오븐에 30분 굽고, 쿠킹포일을 제거한 뒤 소스를 미트로프 윗면에 곱게 펴 바르고 200℃로 예열된 오븐에 30분 굽는다.

tip 향이 강한 타임과 커민가루는 아이의 기호에 따라 생략 가능해요. 토마토 페이스트는 진한 토마토의 맛을 내기 위해 넣은 것인데 생략 가능해요.

tip 간을 하지 않는 아이라면 소금을 빼고 조리하세요.

+ 응용편

채소가 많이 들어있는 미트로프는 쉽게 으깰 수 있기 때문에
한 번 만들어 두면 다른 요리로 응용하기 쉬워요.

단호박 미트로프밥

아이 1~2번 먹는 양 10개월부터

단호박 20g, 미트로프 30g, 밥 70g

1 찜기에 푹 찐 다음 단호박을 포크로 곱게 으깬다.
2 미트로프는 포크로 곱게 으깬다.
3 볼에 밥, 단호박, 미트로프를 넣고 잘 섞은 다음 접시에 담는다.

토마토 미트로프파스타

아이 1~2번 먹는 양 10개월부터

토마토소스(173p 참고) 150ml, 미트로프 30g, 파스타(카사레체) 40g

1 미트로프는 포크로 곱게 으깬다.
2 파스타면은 끓는 물에 넣고 10~11분 정도 삶는다.
3 달군 팬에 토마토소스와 미트로프를 섞어 약한 불에서 끓여 소스를 만들고 삶아낸 파스타면을 넣어 골고루 버무린 다음 약한 불에서 데운다.

코티지파이

아이 3~4번 먹는 양 10개월부터

미트로프 140g, 완두콩 20g, 토마토소스(173p 참고) 2큰술, 물 150ml, 식용유 적당량

감자매시 감자 250g, 우유 2큰술, 슬라이스치즈 1장, 버터 5g, 소금 1/3작은술

1 감자는 찜기에 푹 쪄서 껍질을 벗긴 후 포크로 곱게 으깬 다음, 볼에 매시 재료들과 함께 섞어 감자매시를 만든다.
2 미트로프는 칼로 잘게 으깬 다음 달군 팬에 완두콩, 토마토소스, 물을 함께 넣고 약한 불에서 졸인다.
3 내열 용기에 ②를 담고, 그 위에 감자매시를 올린 다음 포크로 빗살무늬 모양을 낸다.
4 ③을 250℃로 예열된 오븐에서 20분간 굽는다.

라타투이

프랑스 가정식 라타투이를 쉽고 간단한 레시피로 만들었어요.
채소 본연의 색과 맛을 드러내는 요리라 먹는 즐거움뿐 아니라 보는 즐거움이 가득한 메뉴예요.
보통은 오븐에 굽지만, 양이 적어서 프라이팬에 찌듯이 만들었어요.

아이 2번 먹는 양
9개월부터

- □ 가지 30g
- □ 애호박 50g
- □ 토마토 1개
- □ 토마토소스(173p 참고) 4큰술
- □ 물 1/2컵
- □ 파르메산치즈가루 1큰술

1. 가지와 애호박은 2mm 두께로 모양대로 썬다.
2. 토마토는 3mm 두께로 가로로 썬다.
3. 팬에 가지, 애호박, 토마토 순으로 겹쳐서 동그랗게 올린다.
4. ③에 물을 붓고 약한 불에서 가지와 애호박이 익을 때까지 뚜껑을 덮어서 찌듯이 졸인다.
5. 가지와 애호박이 익으면 토마토소스를 골고루 뿌리고 약한 불에서 1분 정도 더 졸인다.
6. 그릇에 모양대로 담고 파르메산치즈가루를 뿌린다.

+ 응용편

라타투이파스타

아이 1번 먹는 양 9개월부터

라타투이 1컵, 파스타(푸실리) 40g

1. 팬에 라타투이를 넣고 건더기를 가위로 듬성듬성 자른다.
2. 파스타면은 끓는 물에 넣고 10~11분 정도 삶는다.
3. 삶은 파스타면을 ①에 넣고 버무리고 약한 불에서 2분간 뒤적인다.

쇠고기 토마토스튜

쇠고기와 채소를 볶아 토마토소스를 넣고 뭉근하게 끓인 쇠고기 토마토스튜는 빵을 푹 적셔 먹으면 그 맛이 일품이에요. 바로 먹어도 맛있고, 전날 만들어 놨다가 데워 먹어도 맛있답니다. 라임이 또래 친구들이 왔을 때 해주면 인기만점이에요.

온 가족 함께 먹는 양
10개월부터

- □ 쇠고기(등심 또는 양지) 250g
- □ 홀토마토 1캔(400g)
- □ 양파 80g
- □ 당근 · 감자 100g씩
- □ 양송이버섯 70g
- □ 완두콩 30g
- □ 밀가루 1 ½큰술
- □ 버터 1큰술
- □ 올리브오일 3큰술
- □ 다진 마늘 1/2큰술
- □ 물 1 ½컵
- □ 토마토소스(173p 참고) 1컵
- □ 치킨스톡 큐브 2개
- □ 월계수 잎 1개
- □ 소금 · 후춧가루 약간씩
- □ 파르메산치즈가루 · 파슬리가루 2작은술

1. 쇠고기는 사방 2cm 크기로 큼직하게 자른 후 소금과 후춧가루를 뿌려 20분 이상 재운다.
2. 쇠고기에 밀가루를 골고루 묻힌다.
3. 양파, 당근, 감자도 사방 2cm 크기로 큼직하게 자르고, 양송이버섯은 4등분한다. 홀토마토는 주걱으로 대강 자른다.
4. 냄비에 버터 1큰술과 올리브오일 2큰술을 두르고 밀가루 묻힌 쇠고기를 중간 불에서 타지 않게 볶는다.
5. 쇠고기 겉면이 노릇하게 익으면 올리브오일 1큰술을 두르고 다진 마늘, 양파, 당근, 감자, 버섯, 완두콩 순으로 넣어 볶는다.
6. 채소가 노릇하게 볶아지면 물, 홀토마토, 토마토소스, 치킨스톡, 월계수 잎을 넣고 끓인다.
7. 바닥과 옆면에 눌어붙은 것은 끓이면서 스튜 속으로 녹아들어 갈수 있게 주걱으로 부드럽게 긁어서 끓인다.
8. 뚜껑을 닫고 아주 약한 불에 30분 정도 끓이고 소금과 후춧가루로 간을 맞춘다.
9. 그릇에 담고 파르메산치즈가루와 파슬리가루를 뿌린다.

tip 간을 하지 않는 아이라면 소금과 치킨스톡을 빼고 조리하세요.

+ 응용편

쇠고기 토마토스튜 파스타

아이 1번 먹는 양 10개월부터

쇠고기 토마토스튜 2컵, 파스타(마카로니) 50g, 파르메산치즈가루 1/2작은술

1. 냄비에 스튜 2컵을 넣고 약한 불에서 끓인다.
2. 파스타면을 끓는 물에 넣고 10~11분 정도 삶아 스튜에 넣고 약한 불에서 1분 정도 더 졸인다.
3. 그릇에 담고 파르메산치즈가루를 뿌린다.

돼지고기 콩스튜

저희 부부가 브라질에서 유학할 때 많이 먹었던 브라질식 돼지고기스튜
'페이조아다(feijoada)'를 간단하게 변형해서 만든 레시피예요. 강낭콩이 브라질 것과
조금 다르지만 맛은 비슷해요. 콩을 좋아하는 아이들이 특히 좋아하는 요리죠.
밥, 토마토살사, 케일볶음, 오렌지와 곁들이면 환상 궁합입니다.

온 가족 함께 먹는 양
12개월부터

- □ 돼지 등갈비 700g
- □ 적강낭콩 80g
- □ 양파 50g
- □ 다진 마늘 1/2큰술
- □ 월계수 잎 1장
- □ 치킨스톡 큐브 2개
- □ 소금·파슬리가루 1작은술씩
- □ 후춧가루 약간
- □ 올리브오일 1큰술
- □ 물 2컵

1. 강낭콩은 잠길 정도의 물에 반나절 이상 불린다.
2. 등갈비는 막을 제거하고 칼집을 내서 찬물에 담가 2시간 동안 핏물을 빼고, 뼈를 따라 토막을 낸다. 중간에 한두 번 물을 갈아 핏물을 뺀다.
3. 양파는 잘게 다진다.
4. 압력솥에 올리브오일을 두르고 마늘과 양파를 볶고, 양파가 투명해지면 등갈비를 넣고 강한 불에서 노릇하게 될 때까지 볶는다.
5. ④에 강낭콩, 월계수 잎, 치킨스톡, 소금, 후춧가루, 물을 넣고 뚜껑을 닫아 강한 불에서 끓인다.
6. 추가 올라가면 약한 불에서 15분 더 끓이다가 불을 끄고 추가 내려갈 때까지 기다린다.
7. 뚜껑을 열고 국물이 자작하게 될 때까지 약한 불에서 5분 정도 더 졸이고, 그릇에 담아 파슬리가루를 뿌린다.

tip 콩이 부드럽게 으깨지듯 씹히면 다 익은 거예요.

tip 너무 싱거우면 느끼할 수 있기 때문에 살짝 간간하게 만드는 것이 좋아요.

tip 양파 볶을 때 덩어리 베이컨이나 생소시지를 같이 볶으면 훨씬 맛있어요. 돼지 등갈비 대신 목살, 갈비, 삼겹살, 내장 등 다양한 부위를 넣어서 끓이면 맛이 풍부해져요.

tip 압력솥이 없으면 냄비에 물을 조금 더 추가해서 뭉근한 불에 오랫동안 콩이 아주 부드러워질 때까지 조리하세요.

스테이크

스테이크를 맛있게 굽는 비법을 담았어요. 보통 엄마들이 아이들에게 고기를 구워줄 때
가장 많이 하는 실수가 너무 바짝 굽는다는 것인데, 육즙은 다 손실되고
고기는 질기고 퍽퍽해져서 아이들이 먹기 힘들어요. 미디엄이나 미디엄웰 정도로 구우면
아이들도 부드러우면서 육즙 가득한 스테이크를 즐길 수 있어요

아이와 어른 1번 먹는 양
10개월부터

- □ 쇠고기 등심 180g(두께 3cm)
- □ 깍지콩 35g
- □ 양송이버섯 2개
- □ 마늘 3톨
- □ 올리브오일 2큰술
- □ 소금 · 후춧가루 약간씩
- □ 로즈메리 1줄기

1 고기는 상온에 꺼내서 소금, 후춧가루, 올리브오일 1큰술에 골고루 버무려 30분 재운다.

2 마늘은 반으로 자르고, 양송이버섯은 4등분한다.

3 달군 팬에 올리브오일을 두르고 중간 불에서 마늘, 깍지콩, 양송이버섯, 로즈메리를 넣고 볶는다. 이때 로즈메리는 향만 내고 타기 전에 먼저 뺀다.

4 마늘과 채소가 부드럽게 익으면 따로 빼 두고, 그 팬에 고기를 넣고 강한 불에서 양쪽을 2분씩 굽는다.

5 중간 불에서 고기를 뒤집어 다시 2분씩 굽는다.

6 다시 뒤집어서 양쪽을 1분씩 굽고, 또 30초씩 굽는다.

7 고기는 꺼낸 후 포일에 싸서 5분간 레스팅한다.

tip 고기를 잘 삼키지 못하는 아이이더라도 손으로 쥐기 쉽게 잘라주면 열심히 씹고 빨아 먹어요. 육즙을 먹는 것만으로도 많은 영양분을 섭취할 수 있으니 육즙까지 다 날아가도록 너무 바짝 굽지 않도록 해주세요. 고기 굽기를 '미디움' 정도로 익히는 것이 좋아요. 고기를 굽고 나서 나오는 빨간 즙은 핏물이 아닌 단백질, 수분, 지방 등의 성분이 함유돼 있는 육즙이에요.

tip 간을 하지 않는 아이라면 소금을 빼고 조리하세요.

◆ 스테이크 잘 굽는법

스테이크의 퀄리티는 풍미와 육즙이 좌우해요. 풍미를 살리려면 강한 불에서 초벌(2분씩 앞뒤로 굽기)로 고기의 각 면을 노릇하게 구우면 되는데, 육즙이 빠져나가는 것을 방지할 뿐더러 고기의 풍미를 살려줘요. 고기 안을 골고루 익히기 위해서는 중간 불에서 1분씩 뒤집어가며 각 면을 익히는데, 고기가 두꺼우면 각 면을 1분씩 굽되, 그 횟수를 늘려 구우면 됩니다. 그리고 중요한 것이 '레스팅'이에요. 레스팅은 가열로 인해 가운데로 몰린 육즙이 자기 자리로 돌아가 골고루 퍼질 수 있도록 기다리는 시간으로, 육즙 가득한 스테이크를 즐기기 위한 필수 과정이죠. 방법은 고기를 포일로 감싸서 5분 정도 그냥 두면 돼요. 겉을 감싸는 이유는 고기가 산소와 접촉해 겉이 딱딱해지는 것을 막고, 따뜻한 고기의 온도를 유지하기 위함입니다. 꼭 포일이 아니더라도 뚜껑이 있는 용기에 넣어두면 돼요.

양갈비스테이크

의외로 아이들이 잘 먹는 고기가 양고기예요. 양갈비를 맛있게 구워주면
뼈째 들고 전투적으로 뜯어 먹는 아이의 모습을 볼 수 있을 거예요. 고기를 잘 삼키지 못하는 아이라
하더라도 어떻게든 먹어보려고 노력하는 모습이 굉장히 귀엽답니다. 어릴 때부터 다양한 향신료에 익숙한
아이는 나중에 먹을 수 있는 음식의 범위가 더욱 넓어진다는 것, 잊지 마세요.

아이와 어른 1번 먹는 양
9개월부터

- □ 양고기(프렌치렉 또는 숄더렉) 250g
- □ 마늘 3톨
- □ 올리브오일 1 ½큰술
- □ 커민가루 또는 말린 로즈메리 1/3작은술
- □ 소금 · 후춧가루 약간씩
- □ 웨지감자(603p 참고) 적당량

1. 고기는 상온에 꺼내서 소금과 후춧가루, 올리브오일 1큰술, 커민가루에 골고루 버무려 30분 재운다.
2. 마늘은 칼등으로 눌러 살짝 으깨고, 웨지감자는 에어프라이어나 오븐에 구워 미리 준비한다.
3. 달군 팬에 올리브오일 1/2큰술을 두르고 마늘을 넣어 약한 불에서 마늘의 향이 나도록 볶는다. 기름에 마늘 향이 나면 마늘은 뺀다.
4. 그 팬에 고기를 넣고 중간 불보다 약간 강한 불에서 2분간 굽고, 반대 면으로 뒤집어서 다시 2분간 굽는다.
5. 다시 양쪽을 1분간 노릇하게 굽고, 다시 1분씩 굽는다. 고기가 두껍다면 30초씩 한 번 더 굽는다.
6. 고기를 꺼낸 후 포일에 싸서 5분간 레스팅한다.

tip 요즘은 온라인 마켓에서 양고기의 다양한 부위를 쉽게 구할 수 있어요. 뼈가 붙어 있는 양갈비는 들고 먹기에 좋지만, 라임이는 뼈가 없는 목심이나 안심, 등심 같은 부위도 잘 먹는답니다.

tip 커민가루는 양고기와 굉장히 잘 어울리는 향신료지만 없다면 생략 가능해요.

tip 간을 하지 않는 아이는 소금을 빼고 조리하세요.

찹스테이크

찹스테이크는 레시피가 왠지 어렵게 느껴져 늘 망설여지는 메뉴인 것 같아요. 부드러운 안심이나 등심 부위를 사용해서 후다닥 만들어 보세요. 아이들용 소스로 레시피를 만들었는데, '단짠단짠'한 맛이라 아이들이 아주 좋아해요. 라임이는 애호박과 파프리카를 같이 먹을 수 있다며 특히 좋아한답니다.

아이 1번 먹는 양
12개월부터

- □ 쇠고기 70g
- □ 애호박 30g
- □ 양파 · 파프리카 20g씩
- □ 식용유 적당량

소스

- □ 굴소스 · 메이플시럽 또는 올리고당 1/2작은술씩
- □ 토마토소스(173p 참고) 또는 토마토케첩 1/2큰술

1 쇠고기는 사방 2cm 크기로, 애호박은 1.5cm 크기로 깍둑썰기한다.

2 양파와 파프리카는 비슷한 크기로 네모지게 썬다.

3 달군 팬에 식용유를 살짝 두르고 양파와 파프리카를 넣어 중간 불에서 양파가 투명해질 때까지 볶아낸다.

4 같은 팬에 애호박을 넣고 중간 불에서 애호박이 부드럽고 노릇하게 익도록 굽듯이 볶아낸다.

5 팬을 한 번 닦고, 다시 식용유를 살짝 두른 후 쇠고기를 넣고 중간 불에서 사방이 노릇해지도록 굽는다. 스테이크를 굽듯이 지긋이 굽다가 다른 면으로 돌려 사방을 골고루 익힌다.

6 쇠고기가 적당히 익었으면 볶아 두었던 채소와 분량의 소스를 넣고 강한 불에서 살짝 간이 배도록 볶는다.

버섯소스 닭가슴살 스테이크

닭가슴살을 이용한 일품요리로 버섯이 잔뜩 들어간 크림소스를 얹어 먹으면 그 식감이 가히 최고예요. 밥이나 빵, 파스타를 곁들여 먹어도 좋아요.

아이 1~2번 먹는 양
10개월부터

- □ 닭가슴살 1쪽
- □ 소금 · 후춧가루 약간씩
- □ 식용유 적당량
- □ 파슬리가루 1작은술

버섯크림소스

- □ 느타리버섯 40g
- □ 양파 15g
- □ 다진 마늘 1작은술
- □ 버터 1/2큰술
- □ 생크림 · 우유 3큰술씩
- □ 소금 · 후춧가루 약간씩

1 닭가슴살은 소금과 후춧가루를 살짝 뿌려 20분 재운다.

2 느타리버섯은 밑동을 잘라 가닥가닥 찢고, 양파는 잘게 다진다.

3 달군 팬에 식용유를 두르고 중간 불에서 닭가슴살을 노릇하게 구워 따로 빼 둔다.

4 깨끗이 닦아 다시 달군 팬에 버터를 녹이고 중간 불에서 마늘과 양파를 볶는다.

5 양파가 반쯤 익었으면 버섯을 넣고 볶다가 생크림, 우유, 소금, 후춧가루를 넣고 2분 정도 아주 약한 불에서 졸여 소스를 만든다.

6 닭가슴살을 1~2cm 두께로 썰어 그릇에 담고 버섯크림소스를 얹고 파슬리가루를 뿌린다.

tip 생크림은 슬라이스치즈로 대체 가능해요.

tip 우유 대신 두유로 만들어도 맛있어요.

tip 간을 하지 않는 아이라면 소금을 빼고 조리하세요.

카수엘라

새우와 마늘향이 매력적인 스페인 요리로, 식지 않게 냄비째 먹는 것이 특징입니다.
카수엘라는 바삭하게 구운 바게트를 찍어 전채요리로,
파스타면을 함께 버무려 근사한 식사로도 즐길 수 있어요.

온 가족 함께 먹는 양
10개월부터

- □ 새우 12마리
- □ 브로콜리 35g
- □ 방울토마토 6개
- □ 통마늘 7톨
- □ 올리브오일 50ml
- □ 화이트와인 또는 청주 2큰술
- □ 닭육수(물 1/2컵 · 치킨 스톡 큐브 1/2개)
- □ 파르메산치즈가루 1작은술
- □ 다진 파슬리 1큰술
- □ 소금 · 후춧가루 약간씩

1 새우는 껍질을 벗기고 등과 배쪽을 칼로 살짝 잘라 내장을 제거한 후 소금, 후춧가루를 버무려 15분 이상 재운다.

2 통마늘은 2mm 두께로 편을 썰고, 방울토마토는 반으로 자른다.

3 브로콜리는 찜기에 푹 찐 다음 한 입 크기로 자른다.

4 달군 팬에 올리브오일을 두르고 마늘을 넣고 중간 불에서 노릇하게 튀기듯이 익힌다.

5 마늘이 살짝 노릇해지고 마늘향이 나기 시작하면 새우와 화이트와인을 넣고 익힌다.

6 새우가 거의 다 익으면, 닭육수를 넣고 방울토마토, 브로콜리, 다진 파슬리를 넣고 살짝 끓인다.

7 위에 파르메산치즈가루를 뿌린다.

tip 엑스트라버진 올리브오일은 발연점이 낮기 때문에, 발연점이 높은 퓨어 올리브오일을 사용했어요(101p 참고). 엑스트라버진 올리브오일의 향을 추가해서 먹고 싶으면 조리가 끝난 뒤 살짝 뿌려서 버무려주세요.

tip 어른용은 마늘을 볶을 때 페페론치노(마른 고추)를 넣거나, 따로 작은 팬에 올리브오일과 페페론치노를 넣고 약한 불에서 2분 정도 열을 가한 다음, 그 오일을 카수엘라에 추가하면 매콤하게 먹을 수 있어요.

tip 간을 하지 않는 아이라면 소금을 빼고 조리하세요.

발사믹소스를 곁들인 삼치구이

부드러운 생선살과 발사믹소스로 볶은 채소의 맛이 아주 잘 어울리는 일품요리예요. 기호에 따라 채소를 추가해도 된답니다.

아이 1~2번 먹는 양
12개월부터

- □ 삼치살 80g
- □ 애호박 30g
- □ 파프리카 · 양파 20g씩
- □ 버터 · 토마토소스(173p 참고) · 다진 견과류 1/2큰술씩
- □ 올리브오일 · 밀가루 1큰술씩
- □ 소금 · 후춧가루 약간씩

소스

- □ 발사믹식초 2큰술
- □ 다진 마늘 1/2작은술
- □ 올리브오일 · 올리고당 1작은술씩

1. 삼치는 껍질을 제거해 살만 발라내고 소금과 후춧가루로 밑간을 해 15분간 재운다. 키친타월로 물기를 제거한다.
2. 애호박, 양파, 파프리카는 사방 7mm 정도로 자른다.
3. 삼치는 앞뒤로 밀가루를 묻힌 후 달군 팬에 올리브오일을 두르고 약한 불에서 앞뒤로 노릇하게 익혀 따로 빼 둔다. 은근한 불에서 속까지 익히는 것이 포인트다.
4. 깨끗이 닦아 다시 달군 팬에 버터를 녹이고 양파를 넣어 중간 불에서 투명하게 볶은 후, 토마토소스와 애호박을 넣고 익힌 다음 파프리카와 견과류를 넣어 볶는다. 채소들이 다 익으면 따로 빼 둔다.
5. 다시 달군 팬에 올리브오일을 두르고 중간 불에서 마늘을 볶다가 발사믹식초, 올리고당을 넣고 묽은 시럽 정도의 묽기가 되도록 아주 약한 불에서 반 이상 졸여 소스를 만든다.
6. 구운 삼치를 접시에 담고 볶은 채소를 얹은 후 소스를 뿌린다.

tip 삼치 대신 도미, 연어, 대구 등 살이 도톰한 생선으로 대체해도 돼요.

쇠고기양념구이

쇠고기를 덩어리로 주면
잘 먹지 못하던 라임이가
이 요리를 접하면서
쇠고기를 잘 먹게 됐어요.
이 레시피대로 양념에 재웠다가
노릇하게 구우면 육질이
더욱 부드러워지고 양념이
고루 배어 잘 먹더라구요.

아이와 어른 1번 먹는 양
12개월부터

- □ 쇠고기(등심) 300g
- □ 식용유 약간

양념

- □ 배즙 2큰술
- □ 양파즙 1큰술
- □ 조림간장(182p 참고) 1 ½큰술
- □ 설탕 1/2큰술
- □ 다진 마늘 · 참기름 1작은술씩
- □ 후춧가루 약간

1. 볼에 분량의 재료를 섞어 양념을 만든다.
2. 양념에 고기를 골고루 버무려 2시간 이상 재운다.
3. 달군 팬에 식용유를 살짝 두르고, 재워둔 쇠고기가 타지 않게 중간 불에서 노릇하게 굽는다.

tip 조림간장 1 ½큰술 대신 간장 1큰술, 맛술 1큰술로 대체할 수 있어요.

tip 설탕 대신 올리고당이나 시럽을 넣는다면 1큰술 정도 넣어요.

tip 배즙과 양파즙은 강판에 배와 양파를 각각 갈아서 고운체나 면포에 걸러서 즙만 사용하세요.

로스티드치킨

에어프라이어나 오븐만 있으면 쉽게 만들 수 있는 근사한 요리예요. 채소에 메이플시럽을 버무려 닭에 올려서 구우면, 메이플시럽의 단맛이 채소 본연의 향과 맛을 극대화 시키고, 닭고기의 육즙이 채소에 배어서 더욱 맛있어져요.

아이와 어른 1번 먹는 양
9개월부터

- □ 영계 1마리
- □ 애호박 60g
- □ 방울 양배추 5개
- □ 당근 50g
- □ 복숭아 2개
- □ 감자 1개
- □ 양파 1/4개
- □ 올리브오일 4큰술
- □ 메이플시럽 1큰술
- □ 소금 · 후춧가루 약간씩

1 닭은 흐르는 물에 깨끗이 씻어 꼬리와 목 쪽의 큰 지방을 가위로 자르고, 반으로 갈라 안에 등쪽에 붙어 있는 내장을 깔끔하게 제거한다.

2 영계는 소금, 후춧가루, 올리브오일 3큰술을 골고루 버무려 반나절 정도 재운다.

3 채소와 복숭아는 먹기 좋은 크기로 큼직하게 자르고, 올리브오일 1큰술, 메이플시럽, 소금에 잘 버무린다.

4 내열 용기에 채소를 깔고, 닭을 올리고 180℃로 예열된 오븐에 1시간 20분간 굽는다.

tip 오븐이 작아 닭의 윗부분이 먼저 탈 것 같으면, 노릇하게 색이 났을 때 닭 위에 쿠킹포일을 덮어서 구우면 타는 것을 방지할 수 있어요.

tip 간을 하지 않는 아이라면 소금을 빼고 조리하세요.

레몬 치킨윙스

닭날개는 잔뼈를 발라 먹기 어렵지 않을까 싶은 생각에 두 돌이 지나 처음으로 요리해줬어요. 닭다리보다 조리 시간도 훨씬 짧고, 부드럽고 쫄깃해서 라임이가 잘 먹더라고요. 저의 편견으로 인해 닭날개를 늦게 줬던 것이 후회됐어요. 새콤달콤한 양념을 발라 맛깔나게 구운 닭날개 요리, 꼭 시도해보세요.

아이 2~3번 먹는 양
12개월부터

□ 닭날개 12개

양념

□ 레몬즙 1/2큰술
□ 간장 · 꿀 1큰술씩
□ 다진 마늘 1/2작은술
□ 올리브오일 1작은술
□ 소금 · 후춧가루 약간씩

1 닭날개는 깨끗하게 씻어 키친타월로 물기를 제거하고 분량의 양념에 골고루 버무려 20분 이상 재운다.

2 내열 용기에 종이포일을 깔고 닭날개를 올려 200℃로 예열된 오븐에 15~20분간 굽는다.

3 중간에 붓으로 바닥에 있는 양념을 닭날개에 바르고 한 번 뒤집는다. 닭날개가 쫄깃쫄깃해 보이고, 겉면이 노릇노릇해 보이면 완성이다.

tip 오븐이 없으면 팬에 물 1컵과 함께 넣고 졸이세요.

발사믹에 졸인 돼지고기

상큼한 발사믹이 돼지고기의 잡내를 잡아주고 고급스러운 맛으로 변신시켜줘요. 사과를 웨지로 잘라서 함께 졸여 보세요. 마늘향이 폴폴 나면서 발사믹, 사과, 돼지고기가 아주 잘 어울려요.

아이 2~3번 먹는 양
12개월부터

- □ 돼지고기(목살) 120g
- □ 마늘 2톨
- □ 식용유 · 올리고당 1큰술씩
- □ 발사믹식초 1/2큰술
- □ 소금 · 후춧가루 약간씩

1 마늘은 얇게 편을 썬다.

2 돼지고기는 소금과 후춧가루를 살짝 뿌려 30분 이상 재운다.

3 달군 팬에 식용유를 두르고 약한 불에서 마늘이 타지 않게 구운 다음 빼 둔다.

4 마늘향이 나는 팬에 재워둔 돼지고기를 올리고 중간 불에서 굽는다.

5 앞뒤로 고기가 노릇하게 구워질 즈음 발사믹식초와 올리고당을 넣어 아주 약한 불에서 살짝 졸인다.

tip 발사믹식초와 올리고당은 발사믹글레이즈로 대체 가능해요.

돼지목살 양념구이

사 먹는 것보다 훨씬 맛있는
홈메이드 돼지고기양념구이예요.
아이들이 좋아하는 달짝지근한
양념이라 고기 안 먹는 아이도
먹게 하는 효자 레시피랍니다.
보통 돼지고기로 만들지만,
같은 양념에 쇠고기를 재워서
구워주기도 해요.

아이와 어른 1번 먹는 양
12개월부터

- □ 돼지 목살 300g
- □ 식용유 약간

양념

- □ 양파 30g
- □ 대파 10g
- □ 간장 · 맛술 1큰술씩
- □ 설탕 · 다진 마늘 1/2큰술씩
- □ 다진 생강 1/3작은술
- □ 물 3큰술

1 믹서에 분량의 양념 재료를 넣고 곱게 간다.

2 양념에 고기를 골고루 버무려 하루 이상 재운다.

3 달군 팬에 식용유를 살짝 두르고, 재워둔 돼지 목살이 타지 않게 중간 불에서 노릇하게 굽는다.

클램차우더

조개만 있으면 쉽게 만들 수 있는 크림수프, 클램차우더예요. 진한 조개국물과 푹 익은 감자가 별미인 매력만점 수프입니다. 뜨끈할 때 빵을 적셔 먹어도 맛있지만, 라임이는 이 수프에 삶은 파스타를 넣어 크림파스타처럼 해주면 아주 좋아해요.

아이와 어른 1번 먹는 양
12개월부터

- □ 바지락 250g
- □ 양파 1/4개
- □ 감자 1개
- □ 대파 10g
- □ 베이컨 40g
- □ 루(밀가루 1 ½큰술, 올리브오일 1큰술)
- □ 우유 1 ½컵
- □ 물 1컵
- □ 생크림 3큰술
- □ 후춧가루 약간

1. 바지락은 해감을 해서 물 1컵과 냄비에 넣고 조개가 입을 벌릴 때까지 끓인 후 조갯살과 국물을 체에 걸러서 분리한다.
2. 감자는 껍질을 벗겨 4등분한 후 1cm 두께 부채꼴 모양으로 썬다.
3. 양파는 약간 굵게 다진다.
4. 대파는 송송 썰고, 베이컨은 1cm 두께로 자른다.
5. 달군 냄비에 베이컨을 넣고 중간 불에서 베이컨 기름으로 양파와 대파를 달달 볶는다. 채소가 달라붙으면 걸러 놓은 조개국물을 조금씩 붓는다.
6. 양파가 투명하게 볶아지면 감자와 나머지 조개국물을 넣고 15분 정도 뚜껑을 덮어 약한 불에서 감자가 익을 때까지 끓인다.
7. 분리해둔 조갯살은 반으로 자른다.
8. 달군 팬에 올리브오일과 밀가루를 넣어서 약한 불에 타지 않도록 살짝 볶아 루를 만든다. 루에 우유를 조금씩 나눠 넣으면서 부드럽게 푼다.
9. ⑥에 ⑧과 생크림을 넣고 아주 약한 불에서 걸쭉해질 때까지 2분간 저어가며 끓인다.
10. 수프가 좀 걸쭉해지면 조갯살과 대파를 넣고 약한 불에서 1분 정도 더 끓이고, 후춧가루를 넣는다.

tip 루는 타지 않게 약불에서 2~3분 정도 충분히 볶아주세요. 그래야 우유에 잘 풀려요.

치킨수프

닭고기와 다양한 채소를 넣어 만든 서양식 수프입니다. 우리나라에서는 아플 때 주로 죽을 먹지만,
외국에서는 치킨수프를 먹어요. 영혼까지 치유해준다는 치킨수프, 따뜻하게 한 그릇 어떠세요?

온 가족 1번 먹는 양
10개월부터

- □ 닭고기 1마리(800g)
- □ 양파 1/2개
- □ 셀러리 80g
- □ 당근 1/2개
- □ 다진 마늘 1작은술
- □ 다진 타임 1/2작은술
- □ 물 1 ½L
- □ 월계수 잎 1장
- □ 다진 파슬리 1큰술
- □ 치킨스톡 큐브 2개
- □ 식용유 적당량

1. 닭고기는 흐르는 물에 깨끗이 씻어 꼬리와 목 쪽의 큰 지방을 가위로 잘라내고, 안에 등쪽에 있는 내장을 깔끔하게 제거한다.
2. 양파는 1cm 두께로 채 썰고, 당근은 5mm 두께로 모양대로 썬다. 당근 큰 것은 반으로 또 자른다.
3. 셀러리는 5mm 두께로 어슷하게 썬다.
4. 달군 냄비에 식용유를 두르고 중간 불에서 다진 마늘, 양파, 당근, 셀러리 순으로 볶는다.
5. 양파가 투명해질쯤 ④에 닭고기, 물, 타임, 월계수 잎, 치킨스톡을 넣고 1시간 정도 약한 불에서 끓인다.
6. 닭고기가 다 익으면 꺼내서 살을 먹기 좋게 바른 후 다시 넣고, 월계수 잎은 꺼내고, 다진 파슬리를 넣는다.

tip 간을 하지 않는 아이라면 치킨스톡을 빼거나 소량만 넣어 조리하세요.

+ 응용편

치킨수프에 면을 넣어 탄수화물을 보강한 한 끼 식사로 만들었어요.
담백한 육수에 채소, 닭고기, 면이 어우러진 건강한 맛이에요.

치킨 누들수프

아이 1번 먹는 양　10개월부터
치킨수프 3컵, 중면 40g

1. 끓는 물에 중면을 넣고 4~5분간 삶은 뒤 찬물에 헹궈서 체에 밭친다.
2. 치킨수프는 냄비에 넣고 약한 불에서 데운다.
3. ②에 삶은 면을 넣는다.

tip 파스타면이나 중면 정도의 두께가 적당해요. 국물이 부족하면 물을 더 추가하세요.

발사믹폭립

제 인스타그램에서 가장 사랑받는 메뉴이자, 성공담이 많았던 레시피예요. 만드는 법이 복잡하지 않고, 집에 있는 재료로도 정말 맛있는 폭립을 만들 수 있어요. 얼굴에 소스를 묻혀가며 등갈비를 뜯는 아이의 모습이 얼마나 사랑스러운지 몰라요.

온 가족 함께 먹는 양
12개월부터

- □ 등갈비 600g(9~10개)

향신료
- □ 통마늘 3개
- □ 대파 잎 파란 부분 3~4대
- □ 월계수 잎 1장
- □ 통후추 1작은술

소스 1
- □ 다진 마늘 1작은술
- □ 다진 생강 1/4작은술
- □ 다진 대파 · 식용유 1큰술씩

소스 2
- □ 발사믹식초 · 간장 · 청주 · 올리고당 1큰술씩
- □ 설탕 · 케첩 1/2큰술씩
- □ 물 1컵

1. 통마늘은 칼 옆면으로 눌러서 살짝 으깬다.
2. 분량의 재료를 섞어 소스 1과 소스 2를 만든다.
3. 등갈비는 막을 제거하고 칼집을 내서 찬물에 담가 2시간 동안 핏물을 빼고, 뼈를 따라 토막을 낸다. 중간에 한두 번 물을 갈아 핏물을 뺀다.
4. 냄비에 잠길 정도의 물과 향신료 재료들을 넣어서 팔팔 끓으면 등갈비를 넣고 15분 정도 삶은 후 건져 깨끗하게 씻는다.
5. 달군 팬에 소스 1을 넣고 중간 불에서 타지 않게 볶은 다음 마늘과 파 향이 나기 시작하면 데친 등갈비와 소스 2를 넣고 함께 졸인다.
6. 국물이 없어질 때까지 졸인다.

미니 햄버거

귀엽고 앙증맞는 엄마표 수제 햄버거예요. 패티를 노릇하고 촉촉하게 구워서 원하는 재료들을 넣고 만들 수 있어요. 패스트푸드점 햄버거처럼 자극적이거나 짜지 않아서 좋아요.

햄버거 2개 분량
12개월부터

- □ 모닝빵 2개
- □ 달걀 · 토마토 슬라이스 2개씩
- □ 푸른 잎 채소 20g
- □ 슬라이스치즈 2장
- □ 딸기잼(185p 참고) · 마요네즈 2작은술씩
- □ 식용유 적당량

패티

- □ 다진 돼지고기 100g
- □ 다진 쇠고기 50g
- □ 양파 20g
- □ 다진 마늘 1/2작은술
- □ 빵가루 2큰술
- □ 녹인 버터 5g

1 볼에 패티 재료들을 넣고 잘 치대 지름 6~7cm 크기로 납작한 완자 모양으로 만든다. 빵 크기보다 조금 더 크게 만들어야 나중에 구웠을 때 크기가 알맞다.

2 달군 팬에 식용유를 두르고 패티를 굽는데, 강한 불에서 각 면을 1분씩 굽고, 중간 불에서 1분씩 구워 따로 빼 둔다.

3 깨끗이 닦아 달군 팬에 식용유를 두르고 달걀을 넣고 빵 크기에 맞춰 달걀프라이를 만든다.

4 모닝빵을 반으로 잘라 각 면에 딸기잼과 마요네즈를 바른다.

5 모닝빵, 푸른 잎 채소, 토마토 또는 달걀프라이, 햄버거 패티, 치즈, 모닝빵 순으로 쌓아서 햄버거를 만든다.

크림새우

오동통하고 식감 좋은 큰 칵테일 새우를 사용하세요. 바삭바삭한 새우튀김에 레몬즙이 들어있어 상큼하면서도 고소한 크림소스를 곁들이면 금상첨화죠.

아이와 어른 1번 먹는 양
12개월부터

- □ 새우살(26/30 사이즈) 10마리
- □ 청주 1/2작은술
- □ 달걀흰자 2큰술
- □ 전분가루 1/3컵
- □ 소금 · 후춧가루 약간씩
- □ 튀김유 적당량

크림소스

- □ 마요네즈 2큰술
- □ 연유 · 생크림 1큰술씩
- □ 레몬즙 1/2큰술

1. 새우는 등과 배쪽을 칼로 살짝 잘라 내장을 제거한다.
2. 새우는 꼬리에 있는 뾰족한 물주머니를 손으로 꾹 집어 뒤로 당겨서 안에 있는 물을 제거한다.
3. 새우에 소금과 후춧가루, 청주로 밑간을 하고 15분 정도 재운다.
4. 분량의 재료를 섞어 크림소스를 만든다.
5. 볼에 달걀흰자를 넣고 손으로 저어 거품이 나게 풀어준 다음 새우를 넣고 달걀흰자 거품과 골고루 섞는다.
6. 새우에 전분가루를 골고루 묻힌 다음 전분가루가 촉촉해지도록 잠시 둔다.
7. 튀김유 170℃에 새우를 뽀글하게 부풀어 오르도록 튀겨 낸 후 다시 한 번 바삭하게 튀긴다.
8. 접시에 튀긴 새우를 담고 크림소스를 곁들인다.

궈바로우

쫄깃하면서 바삭한 식감에
새콤달콤한 소스 맛에 반해
라임이는 탕수육보다
궈바로우를 더 좋아해요.
달지 않고 느끼하지 않아
사먹는 것보다 훨씬 맛있어요.

아이와 어른 1번 먹는 양
12개월부터

- □ 돼지 등심 150g
- □ 청주 1작은술
- □ 소금 · 후춧가루 약간씩
- □ 튀김유 · 식용유 적당량씩

튀김옷

- □ 찹쌀가루 50ml
- □ 전분가루 25ml
- □ 물 60ml

소스

- □ 케첩 2큰술
- □ 간장 · 식초 · 설탕 · 다진 마늘 1/2큰술씩
- □ 물 1/2컵
- □ 전분물(전분가루 · 물 1/2큰술씩)

1. 돼지고기는 키친타월로 물기를 충분히 제거해 준 다음 6~7mm 두께로 살짝 두들겨 한 입 크기로 넓게 썰고, 소금과 후춧가루, 청주로 밑간을 한 뒤 20분 정도 재운다.
2. 다진 마늘, 전분물을 제외한 분량의 재료를 넣고 소스를 만든다.
3. 볼에 찹쌀가루와 전분가루, 물을 넣고 섞어 약간 흐르듯이 되직한 튀김옷을 만든다.
4. 돼지고기는 튀김옷을 골고루 입혀서 180℃로 달군 튀김유에 두 번 튀긴다. 고기를 넣고 노릇하게 익을 때까지 기다렸다가 떼어내야 반죽이 팬에 붙지 않는다.
5. 달군 팬에 식용유를 두르고 중간 불에서 다진 마늘을 볶다가 준비된 소스를 넣고 바글바글 끓인 다음 전분물을 넣고 빠르게 저어 걸쭉하게 농도를 맞춘다. 탕수육 소스 정도의 농도로 맞추면 된다.
6. 바삭하게 튀긴 돼지고기를 접시에 담고 소스를 곁들인다.

tip 돼지고기 대신 쇠고기나 생선살을 이용해서 만들어도 맛있어요.

해물파에야

한국의 해물 솥밥이랑 비슷한 스페인의 전통 요리입니다.
팬에 고기나 소시지, 해산물, 채소 등을 넣고 볶은 다음 쌀과 육수를 넣어 익힌 스페인식 쌀요리죠.
불린 쌀과 해물, 육수만 있으면 의외로 간단하게 만들 수 있어요.

아이와 어른 1번 먹는 양
12개월부터

- □ 홍합 150g
- □ 오징어 100g
- □ 새우 250g
- □ 토마토 1개(100g)
- □ 양파 20g
- □ 쌀 1컵
- □ 다진 마늘 1/2작은술
- □ 올리브오일 적당량
- □ 닭육수(치킨스톡 큐브 1개+물 1컵) 또는 다시마육수(180p 참고) 1컵
- □ 레몬 1/3개

1. 쌀은 30분 이상 불린 다음 체에 밭친다.
2. 새우살은 등과 배쪽은 칼로 살짝 잘라 내장을 제거한다. 오징어살은 모양대로 동그랗게 썰어 준비한다.
3. 양파는 굵게 다지고, 토마토는 사방 2cm 크기로 자른다.
4. 달군 냄비에 올리브오일을 두르고 새우, 오징어를 중간 불에서 반쯤 익을 때까지 볶아 따로 덜어낸 다음 홍합을 넣고, 홍합이 입을 벌릴 때까지 뚜껑을 닫아 익힌 다음 홍합 국물과 함께 홍합도 따로 덜어낸다. 해물에서 나온 국물까지 나중에 사용할 것이라 모두 볼에 담아둔다.
5. 다시 그 팬에 올리브오일을 살짝 두르고 다진 마늘과 양파를 넣어 중간 불에서 볶는다.
6. 양파가 살짝 투명해지면 쌀을 넣고 1분 정도 볶는다.
7. ⑥에 닭육수를 붓고 중간 불에서 끓이는데, 국물이 약간 자작해질 때까지 뚜껑을 열고 끓인다.
8. 국물이 쌀의 높이와 비슷해지면 토마토를 넣고 주걱으로 한 번 뒤적인 다음에 아주 약한 불로 줄인다.
9. 위에 새우, 오징어, 홍합을 고루 얹고 ④에서 나온 국물을 고루 둘러 붓는다.
10. 뚜껑을 닫고 약한 불에서 10분, 불을 끄고 5분 정도 뜸을 들인다.
11. 그릇에 파에야를 담고, 레몬을 곁들인다.

tip 토마토는 일반 토마토 대신 반으로 썬 방울토마토를 넣거나, 파프리카를 넣어도 좋아요.

tip 육수에 카레가루를 약간 넣거나 토마토소스를 넣으면 맛이 풍부해집니다.

tip 해물을 핑거푸드처럼 먹어도 좋은데, 아이가 먹기에 너무 크면 작게 잘라서 밥과 섞어주세요. 해물 믹스를 이용해서 간단하게 만들어도 괜찮습니다.

오코노미야키

어려울 것 같지만 파전
만드는 것처럼 쉬운 것이
오코노미야키예요. 양배추의
달달한 맛에 감칠맛 나는
가다랑어포를 뿌려서 먹으면
엄지 척입니다.

온 가족 함께 먹는 양
12개월부터

- □ 양배추 120g
- □ 오징어살 80g
- □ 양파 20g
- □ 베이컨 30g
- □ 달걀 1개
- □ 부침가루(187p 참고) · 가다랑어포 2큰술씩
- □ 파슬리가루 1작은술
- □ 물 · 돈가스소스 · 마요네즈 1큰술씩
- □ 식용유 적당량

1. 양배추, 양파, 베이컨, 오징어살은 큼직하게 다진다.
2. 볼에 양배추, 양파, 베이컨, 오징어, 달걀, 부침가루, 물을 넣고 골고루 섞는다.
3. 달군 팬에 식용유를 두르고 반죽을 떠서 동그랗게 모양을 내어 중간 불에서 노릇하게 앞뒤로 굽는다.
4. 위에 돈가스소스와 마요네즈를 뿌리고, 가다랑어포를 얹은 다음 파슬리가루를 뿌린다.

치킨가라아케

가라아케는 생선이나 고기에 밀가루나 전분가루를 묻혀서 기름에 튀겨낸 일본 요리예요. 간장으로 밑간을 하고, 대파와 브로콜리, 당근을 넣어서 영양을 더했어요. 부드러운 닭다리살을 한 입 크기로 튀겨 아이들 간식으로 좋고, 어른들 맥주 안주로도 훌륭해요.

아이와 어른 1번 먹는 양
12개월부터

- □ 닭다리살 150g
- □ 대파 15g
- □ 브로콜리 · 당근 10g씩
- □ 조림간장(182p 참고) 1작은술
- □ 청주 1/2큰술
- □ 다진 마늘 1/2작은술
- □ 소금 · 후춧가루 약간씩
- □ 튀김유 적당량

반죽

- □ 튀김가루 65g
- □ 물 1/2컵

1 닭다리살은 껍질을 벗기고 잘 씻어서 키친타월로 물기를 제거한 후 한 입 크기로 썰고, 조림간장, 소금, 후춧가루, 청주, 다진 마늘로 밑간을 해 15분간 재운다.

2 대파는 얇게 송송 썰고, 브로콜리는 굵게 다지고, 당근은 짧고 가늘게 채 썬다.

3 볼에 분량의 재료를 섞어 반죽을 만들고, 닭다리살과 채소를 넣고 섞는다.

4 170℃ 정도의 튀김유에 ③을 숟가락을 이용해 먹기 좋은 크기로 넣어 노릇하게 튀긴다.

tip 닭다리살 대신 안심이나 가슴살로 대체 가능해요.

tip 조림간장 1작은술은 간장 2/3작은술, 맛술 1/2작은술로 대체 가능해요.

돼지 등갈비찜

갈비찜은 양념장 비율과 조리 시간만 잘 맞추면 쉽게 만들 수 있어요. 갈비 대신에
등갈비로 찜을 하면 만드는 법도 간단해지고 기름기가 적어 부담 없이 먹을 수 있어요.
명절 때마다 만드는데 남녀노소 모두 좋아하는 황금 레시피랍니다.

온 가족 함께 먹는 양
12개월부터

- □ 돼지 등갈비 600g
- □ 무 7cm 1/2토막
- □ 당근 1/2개
- □ 대추 5개
- □ 물 1 ½컵
- □ 대파 잎 · 대파 뿌리 1대분씩
- □ 녹차 잎 1작은술
- □ 참기름 · 물엿 또는 올리고당 1큰술씩

양념 1
- □ 배 1/8개
- □ 사과 · 양파 1/4개씩
- □ 생강 1/2쪽(손가락 1/2마디 정도)

양념 2
- □ 간장 2큰술
- □ 청주 · 다진 마늘 1큰술씩
- □ 매실청 1/2큰술
- □ 후춧가루 약간

1. 등갈비는 막을 제거하고 칼집을 내서 찬물에 담가 2시간 동안 핏물을 빼고, 뼈를 따라 토막을 낸다. 중간에 한두 번 물을 갈아 핏물을 뺀다.
2. 큰 냄비에 잠길 정도의 물과 대파, 녹차 잎을 넣고 끓으면 등갈비를 넣고 3분 정도 삶은 후 건져 찬물에서 깨끗하게 씻는다.
3. 양념 1 재료를 강판이나 커터에 갈아 면포에 짜서 즙을 내고, 분량의 양념 2 재료를 넣고 섞는다.
4. 무와 당근은 2cm×5cm 크기로 썰고, 타원형으로 둥글려 깎는다.
5. 대추는 통째로 깨끗하게 씻는다.
6. 넓은 냄비에 등갈비와 ③을 넣고 1시간 동안 재운다.
7. 냄비에 등갈비와 양념, 물 1 ½컵을 넣고 뚜껑을 닫아 중간 불에서 30분 정도 끓인다.
8. ⑦에 손질한 무, 당근, 대추를 넣고 뚜껑을 닫아 무가 부드럽게 될 때까지 약한 불에서 뭉근하게 끓인다.
9. 갈비와 채소가 어느정도 익고 국물이 자작할 정도로 졸여지면 참기름, 물엿을 넣고 윤기를 낸다.

tip 불에 따라 다르지만 보통 1시간 이내면 갈비가 부드럽게 익어요.

영계백숙

아이주도이유식을 하면서 엄마들이 가장 기다리는 순간은 아이가 처음으로 닭다리를 뜯는 순간이 아닐까 싶어요. 아이가 닭다리를 혼자 쥐고 먹으면 '아이주도이유식이 잘 되고 있구나', '우리 아이가 참 잘 자라줬구나' 같은 위안을 얻어요. 영계로 백숙을 만들어 사이좋게 나눠 먹으면서 소중한 추억을 만들어보세요.

아이와 어른 1번 먹는 양
9개월부터

- □ 영계 1마리(500g)
- □ 대파 40g
- □ 마늘 7톨
- □ 대추 4알
- □ 물 1L
- □ 모둠 한약재 티백 1봉
- □ 소금·후춧가루 약간씩

1. 닭은 흐르는 물에 깨끗이 씻어 꼬리와 목 쪽 큰 지방을 가위로 잘라내고, 등 안쪽에 붙어 있는 내장을 깔끔하게 제거한다.
2. 대파는 어슷하게 송송 썬다.
3. 큰 냄비에 닭과 물, 마늘, 대추, 한약재, 소금, 후춧가루를 넣고 중간 불에서 40분 정도 끓인다.
4. 닭이 다 익었으면 ③에 대파를 넣고 1분 정도 더 끓인다.

tip 간을 하지 않는 아이라면 소금을 빼고 조리하세요.

들깨 삼계탕

어느 복날, 가족들과 삼계탕 집에서 외식을 하며 처음 먹은 것이 들깨삼계탕이었어요. 어떻게 하면 이런 맛을 낼 수 있을까 연구하다가 만든 레시피입니다. 들깨의 고소한 맛이 더해져 라임이가 아주 맛있게 먹는 메뉴예요.

아이와 어른 1번 먹는 양
10개월부터

- □ 닭 1마리(800g)
- □ 대파 10g
- □ 백숙 모둠 한약재 티백 1봉
- □ 통마늘 4개
- □ 국간장 · 들기름 1작은술씩
- □ 물 3컵
- □ 소금 약간

들깨육수

- □ 물 3컵
- □ 들깻가루 2 ½큰술 (또는 통들깨 3큰술)
- □ 미숫가루 · 땅콩버터 2/3큰술씩
- □ 전분가루 1큰술

1. 닭은 흐르는 물에 깨끗이 씻어 꼬리와 목 쪽 큰 지방을 가위로 잘라내고, 안에 등쪽에 있는 내장을 깔끔하게 제거한다.
2. 대파는 길고 얇게 채 썬다.
3. 들깨육수는 분량의 재료를 믹서에 넣고 곱게 간다.
4. 압력솥에 닭, 한약재 티백, 통마늘, 소금, 물 3컵을 넣고 강한 불에서 끓이는데, 추가 올라가고 3분이 지나면 불을 끈다.
5. 추가 내려가면 뚜껑을 열어 들깨육수를 넣고 약한 불에서 3분 정도 더 끓인다.
6. 대파를 올리고 3분 정도 더 끓인 후 국간장으로 간을 맞춘다.
7. 그릇에 닭을 담고 들기름을 두른다.

tip 압력솥이 없으면 냄비에 넣고 물을 더 추가해서 40분 이상 끓여 익히세요.

tip 간을 하지 않는 아이라면 국간장과 소금을 빼고 조리하세요.

수육

돼지고기를 삶은 것이 보통의 수육이지만, 저는 저수분 방식으로 만들어요. 물을 적게 넣고 조리하면서 생기는 고기 자체의 수분, 유분, 염분으로 조리가 가능해요. 영양소 파괴도 적고 쫄깃하면서 부들부들한 식감까지 살릴 수 있는 방법입니다.

온 가족 함께 먹는 양
9개월부터

- □ 돼지고기 목살 450g
- □ 양파 100g
- □ 대파 60g
- □ 마늘 5쪽
- □ 청주 1/4컵
- □ 물 1/2컵
- □ 소금 · 후춧가루 약간씩

1. 양파는 3~4cm 두께로 큼직하게 썬다.
2. 대파도 10~15cm 길이로 큼직하게 썬다.
3. 돼지고기 목살은 소금과 후춧가루를 살짝 뿌려서 20분 정도 재운다.
4. 냄비에 양파와 대파를 깔고, 돼지고기 목살과 마늘, 청주, 물을 넣는다.
5. 뚜껑을 닫고 강한 불에서 3분 정도 끓이면 김이 나오는데 이때 아주 약한 불로 줄여서 40분 더 익힌다.

tip 약간 두툼한 냄비(3중, 5중)를 사용하세요. 냄비 뚜껑에 스팀 구멍이 있다면 젖은 행주로 구멍을 막아주세요. 냄비마다 성능이 다르므로 중간에 물이 부족하지 않은지 확인하면서 필요에 따라 물을 보충해 주세요.

tip 간을 하지 않는 아이라면 소금을 빼고 조리하세요.

찜닭

닭다리 두 개로 만드는
간단한 간장 찜닭이에요.
라임이가 당면을 좋아해서
듬뿍 넣어줬어요.
시중에 파는 찜닭처럼 짜지
않고 담백해서 안심하고
맛있게 먹을 수 있어요.

아이 1~2번 먹는 양
12개월부터

- □ 닭다리 2개
- □ 양파 · 사과 1/3개씩
- □ 당근 1/2개
- □ 당면 15g
- □ 통깨 1작은술

양념

- □ 물 2 ½컵(500ml)
- □ 간장 1 ½큰술
- □ 올리고당 · 참기름 1/2큰술씩
- □ 설탕 · 다진 마늘 · 맛술 1작은술씩
- □ 다진 생강 1/4작은술
- □ 후춧가루 약간

1. 닭다리는 두툼한 부분을 사선으로 2~3번 칼집을 낸다.
2. 양파는 2cm 두께로 썰고, 당근은 2cm 두께로 썬 다음 모서리를 둥글게 깎는다.
3. 사과는 2cm 두께로 잘라서 3등분한다.
4. 당면은 물에 담가 30분 이상 불린다.
5. 분량의 양념 재료들을 섞어서 양념을 만든다.
6. 냄비에 당면과 통깨를 제외한 모든 재료와 양념을 넣고 30분 끓인다.
7. 재료가 거의 다 익으면 당면을 넣고 5분 정도 더 끓인 다음 접시에 담고 통깨를 뿌린다.

멸치 다시마육수와 다시마육수만 있다면 손쉽게 끓일 수 있는 국물 요리입니다. 그냥 물을 넣어 국을 끓여도 되지만 육수를 넣고 만든 국물 요리는 그 감칠맛과 깊은 맛이 달라요. 라임이는 숟가락을 사용하기 시작한 10개월쯤부터 약간의 국물과 건더기를 맛볼 수 있도록 해줬어요. 어른용 국을 만들 때 간하기 전 덜어서 주면 참 잘 먹더라고요. 국물과 서로 조화롭게 어우러진 건더기를 먹기 쉽게 잘라주면 부담 없이 맛있게 먹을 수 있습니다.

응용 팁

- 가족과 함께 나눠 먹을 수 있는 레시피입니다. 어른의 경우 아이 것을 덜어내고 청양고추나 고춧가루를 더 넣어 매콤하게 끓이거나, 모자란 간은 소금, 국간장, 새우젓으로 더해주는 식으로 활용하세요.

콩나물국

맑고 시원한 국물이 당길 때는 콩나물국만한 것이 없는 것 같아요. 감칠맛을 원하면 새우젓을 넣고, 어른용에는 고춧가루와 매운 고추를 넣어서 칼칼하게 만들면 됩니다.

아이 3~4번 먹는 양
12개월부터

- □ 콩나물 100g
- □ 양파 1/4개
- □ 대파 10g
- □ 새우젓 1/2작은술
- □ 멸치 다시마육수(181p 참고) 3컵

1. 콩나물은 잘 씻어서 꼬리 부분은 제거한다.
2. 양파는 얇게 채 썰고, 대파는 송송 어슷 썬다.
3. 냄비에 육수를 붓고 중간 불에서 끓기 시작하면 콩나물과 양파를 넣는다.
4. 육수가 다시 끓어오르면 5~6분 정도 끓여서 익힌다.
5. 콩나물이 다 익으면 대파를 넣고, 새우젓으로 간을 맞춘 후 1분 정도 더 끓인다.

tip 보기에 깔끔하라고 콩나물 꼬리를 떼어냈는데, 떼어내지 않고 먹으면 영양적으로 더 좋아요.

북어 콩나물국

라임이 아빠가 가장 좋아하는 해장용 국인데, 라임이도 엄청 잘 먹어요. 아삭하게 씹히는 콩나물과 쫄깃한 북어의 식감이 잘 어우러지고, 국물이 진하게 우러나와 깊고 개운한 맛이 나요. 감기에 좋은 콩나물이 들어있어 아이가 감기 기운 있을 때 종종 끓인답니다.

아이 3~4번 먹는 양
12개월부터

- □ 북어포 25g
- □ 콩나물 40g
- □ 무 90g
- □ 대파 15g
- □ 다진 마늘 · 새우젓 1/2작은술씩
- □ 참기름 1작은술
- □ 멸치 다시마육수(181p 참고) 3컵

1 북어는 씻어서 한 입 크기로 자른다. 무는 3mm 두께로 나박하게 썬다.

2 콩나물은 씻어서 꼬리를 떼고, 대파는 송송 어슷 썬다.

3 달군 냄비에 참기름을 두르고 북어, 무, 마늘을 중간 불에서 달달 볶다가 무가 투명해질 때쯤 멸치 다시마육수를 붓고 10분간 팔팔 끓인다.

4 콩나물을 넣고 5분간 더 끓이고, 새우젓으로 간을 맞춘 다음 대파를 넣고 1분 정도 더 끓인다.

애호박 순두부국

제철인 여름에 더 달고 영양가도 높은 애호박을 몽글몽글 부드러운 순두부와 같이 담백하게 끓이면 아이들이 아주 잘 먹어요.

아이 2~3번 먹는 양
12개월부터

- □ 애호박 60g
- □ 순두부 300g
- □ 양파 30g
- □ 대파 10g
- □ 다진 마늘 · 국간장 1/3작은술씩
- □ 멸치 다시마육수(181p 참고) 2컵

1. 애호박은 5mm 두께로 4등분해 부채꼴 모양으로 썰고, 양파는 채 썰고, 대파는 송송 어슷 썬다.
2. 냄비에 멸치 다시마육수를 붓고 중간 불에서 끓으면 다진 마늘, 애호박, 양파를 넣고 끓인다.
3. 애호박이 익을 때쯤 순두부와 국간장을 넣고 2분간 끓인다.
4. 대파를 넣고 1분간 더 끓인다.

순두부 굴국

담백하고 고소한 순두부에
영양 덩어리인 굴을 듬뿍 넣어
끓인 국입니다. 국물이 맑고
시원해서 자꾸 먹게 되는
중독적인 맛이에요.
자극적이지 않고 부드러워서
속에 부담이 없지요.

아이 2~3번 먹는 양
12개월부터

- □ 순두부 1봉
- □ 굴 100g
- □ 대파 15g
- □ 멸치 다시마육수(181p 참고) 1 ½컵
- □ 다진 마늘 · 새우젓 1/3작은술씩

1 굴은 손으로 만져가면서 껍질이 있으면 떼어 내고, 흐르는 물에 깨끗하게 씻어 물기를 뺀다.

2 대파는 송송 어슷 썬다.

3 냄비에 멸치 다시마육수와 다진 마늘을 넣고 중간 불에서 끓인다.

4 육수가 끓으면 굴과 순두부를 넣고 2분 정도 끓인다.

5 새우젓으로 간을 맞춘 후 대파를 넣고 1분 정도 더 끓인다.

tip 무나 배추, 애호박, 버섯 등을 넣으면 더욱 푸짐하게 먹을 수 있어요. 어른들은 청양고추를 넣어 먹으면 맑고 칼칼한 국물 맛에 반하실 거예요.

달걀국

달걀국은 바쁜 아침에 간단하게
휘리릭~ 끓일 수 있는 국이에요.
아이들이 좋아하는 달걀이
몽글몽글 들어있어 밥과 함께
말아서 주면 잘 먹어요.

아이 2~3번 먹는 양
12개월부터

- □ 달걀 1개
- □ 애호박 30g
- □ 양파 20g
- □ 대파 10g
- □ 다진 마늘 · 국간장 1/3작은술씩
- □ 멸치 다시마육수(181p 참고) 2컵

1. 달걀은 볼에 담고 가위질을 해서 흰자 알끈을 잘라 푼다.
2. 애호박은 5mm 두께로 4등분해서 부채꼴 모양으로 썰고, 양파는 채 썰고, 대파는 송송 어슷 썬다.
3. 냄비에 멸치 다시마육수를 붓고 중간 불에서 끓으면 애호박, 양파, 다진 마늘을 넣고 끓인다.
4. 애호박이 익을 때쯤 달걀물을 원을 그리듯 둥그렇게 붓는다. 국물이 탁해지므로 달걀이 익을 때까지 젓지 않는다.
5. 국간장으로 간을 하고, 대파를 넣고 1분간 더 끓인다.

tip 감자를 넣어 감자 달걀국을 해 먹어도 맛있어요.

쇠고기 뭇국

저희 집 식탁에 자주 등장하는 국으로, 영양가 높은 무와 고기가 잔뜩 들어가 한 그릇만 먹어도 든든해져요. 지방이 좀 섞여 있는 고기를 사용하면 더 부드럽고 고소한 맛을 낼 수 있어요.

아이 2~3번 먹는 양
12개월부터

- □ 쇠고기(양지) · 무 100g씩
- □ 대파 10g
- □ 다진 마늘 · 국간장 1/3작은술씩
- □ 참기름 2작은술
- □ 다시마육수(180p 참고) 2 ½컵
- □ 참기름 · 후춧가루 약간씩

1 쇠고기는 키친타월로 덮어 눌러 핏물을 제거하고, 작은 한 입 크기로 썬다.

2 쇠고기는 다진 마늘, 국간장, 참기름, 후춧가루를 넣고 10분 정도 밑간을 한다.

3 무는 3mm 두께로 나박썰기하고, 대파는 송송 어슷 썬다.

4 달군 냄비에 참기름 약간을 두르고 중간 불에서 쇠고기를 넣고 달달 볶다가 핏기가 사라지면 무를 넣고 충분히 볶는다.

5 무가 절반 정도 투명해지면 다시마육수를 붓고 약한 불에서 15~20분간 끓인다.

6 대파를 넣고 1분간 더 끓인다.

tip 쇠고기를 얇게 썰어 살짝 다지듯이 칼로 고기를 두드려주면 육질이 부드러워져요. 다진 쇠고기를 사용해도 좋아요.

두부 뭇국

무의 깊고 진한 맛과 구수한 들기름향이 어우러져 쇠고기 없이도 감칠맛이 나는 국물 요리예요. 무가 투명해질 때까지 달달 볶아 끓이면 사골 육수처럼 뽀얀 국물이 우러나 더 맛있어져요.

아이 2~3번 먹는 양
12개월부터

- □ 두부 75g
- □ 무 60g
- □ 대파 10g
- □ 멸치 다시마육수(181p 참고) 2 ½컵
- □ 들기름 1작은술
- □ 새우젓 1/2작은술
- □ 다진 마늘 1/3작은술

1 두부는 사방 1.5cm 크기로 자른다.

2 무는 3mm 두께로 나박하게 썰고, 대파는 송송 어슷 썬다.

3 달군 냄비에 들기름을 두르고 중간 불에서 다진 마늘, 무를 넣고 달달 볶는다.

4 무가 좀 투명해지면, 멸치 다시마육수를 넣고 끓는다.

5 무가 부드러워질 때까지 10분 정도 끓이다가 새우젓으로 간을 하고, 두부와 대파를 넣고 1분간 더 끓인다.

오징어 뭇국

요즘은 손질된 해산물을 많이 파는데 오징어살도 하나 사두면 간단하게 국을 끓일 수 있어요. 담백하고 시원한 국물에 말캉한 오징어가 매력적인 국으로, 어른용은 청양고추와 고춧가루를 넣어 먹으면 맛있어요.

아이 2~3번 먹는 양
12개월부터

- □ 오징어살 70g
- □ 무 100g
- □ 느타리버섯 50g
- □ 대파 15g
- □ 들기름 1작은술
- □ 다진 마늘 · 새우젓 1/3작은술씩
- □ 멸치 다시마육수(181p 참고) 2 ½컵

1. 오징어살은 1cm 두께, 3cm 길이로 썬다.
2. 무는 5mm 두께로 두껍게 채 썬다.
3. 느타리버섯은 밑동을 잘라 가닥가닥 찢고, 대파는 송송 어슷 썬다.
4. 냄비에 들기름을 두르고 중간 불에서 다진 마늘과 무를 넣어 달달 볶는다.
5. 멸치 다시마육수를 넣고 끓여, 무가 푹 익으면 오징어살, 느타리버섯, 새우젓을 넣고 2분 정도 끓인다.
6. 오징어가 다 익으면 대파를 넣고 1분 정도 더 끓인다.

수제어묵국

쫄깃쫄깃하고 탱탱한 어묵과 시원한 국물 맛이 일품인 수제 어묵국이에요. 다양한 해산물로 만든 어묵의 맛이 국물에 배어들어 감칠맛이 뛰어나요.

아이 2~3번 먹는 양
12개월부터

- □ 수제어묵(422p 참고) 150g
- □ 무 100g
- □ 대파 15g
- □ 멸치 다시마육수(181p 참고) 3컵
- □ 다진 마늘 · 국간장 1/3작은술씩

1. 수제어묵은 한 입 크기로 자른다.
2. 무는 3mm 두께로 나박하게 자른다.
3. 대파는 송송 어슷 썬다.
4. 냄비에 멸치 다시마육수를 넣고 중간 불에서 다진 마늘, 무를 넣고 끓인다.
5. 무가 절반 정도 익으면 어묵을 넣고 5분 정도 끓인다.
6. 대파를 넣고 1분 정도 더 끓이고 국간장으로 간을 한다.

새우 배춧국

보통은 마른 새우를 넣어 만들지만 새우살을 좋아하는 라임이를 위해 새우를 넣고 만들었어요. 자극적이지 않고 된장 맛이 은은하게 나는 구수한 국이에요.

아이 2~3번 먹는 양
12개월부터

- □ 새우살 6마리
- □ 알배추(속배추) 65g
- □ 무 40g
- □ 대파 10g
- □ 다진 마늘 1/2작은술
- □ 멸치 다시마육수(181p 참고) 2컵
- □ 된장 1/2큰술

1. 새우는 등과 배쪽을 칼로 살짝 잘라 내장을 제거한 후 3등분으로 자른다.
2. 무는 3mm 두께로 나박하게 썰고, 알배추는 한 입 크기로 큼직하게 썰고, 대파는 송송 어슷 썬다.
3. 냄비에 멸치 다시마육수와 마늘을 넣고 중간 불에서 끓이고, 육수가 끓으면 무를 넣는다.
4. 무가 부드럽게 익을 때쯤 알배추를 넣고 익히고, 육수에 된장을 푼다.
5. 무와 알배추가 부드럽게 익으면 ④에 새우와 대파를 넣고 1분 더 끓인다.

tip 새우를 넣지 않고 만들면 간단한 배추 된장국이 돼요.

새우완자탕

새우완자를 만드는 날,
꼭 끓이는 탕이에요. 새우의
맛이 밴 국물은 깊고 감칠맛이
나요. 새우완자를 찌기 전에
바로 반죽을 떼어 넣고
끓이면 새우의 풍미가 한층
더해진답니다. 탱글탱글한
새우완자가 부드럽게 으깨져
부담 없이 먹을 수 있어요.

아이 2~3번 먹는 양
12개월부터

- □ 새우완자(153p 참고) 6개
- □ 애호박 30g
- □ 달걀 1개
- □ 대파 10g
- □ 멸치 다시마육수(181p 참고) 1 ½컵
- □ 새우젓 1/3작은술
- □ 후춧가루 약간

1 달걀은 볼에 담고 가위질을 해서 흰자 알끈을 잘라 푼다.
2 애호박은 3mm 두께로 반달썰기하고, 대파는 송송 어슷 썬다.
3 냄비에 멸치 다시마육수를 넣고 중간 불에서
애호박, 새우완자를 넣고 끓인다.
4 애호박이 다 익을 때쯤 달걀물을 원을 그리듯 동그랗게 붓는다.
이때 젓지 않고 달걀이 익을 때까지 약한 불에서 끓인다.
5 ④에 대파를 넣고 1분 정도 더 끓이고 새우젓, 후춧가루로 간을 맞춘다.

들깨 감잣국

감자 하나만 있어도 간단하게 끓일 수 있는 국이에요. 들깨의 고소함과 감자의 구수함이 어우러져 어른, 아이 할 것 없이 모두 좋아하는 국이죠.

아이 2~3번 먹는 양
12개월부터

- □ 감자 1개
- □ 표고버섯 1/2개
- □ 대파 10g
- □ 통들깨 2큰술 (또는 들깻가루 1큰술)
- □ 멸치 다시마육수(181p 참고) 2컵
- □ 다진 마늘 · 국간장 1/3작은술씩

1. 감자는 껍질을 벗겨서 1cm 두께로 납작하게 썬 후 2등분한다.
2. 표고버섯은 3mm 두께로 모양대로 썰고, 대파는 송송 어슷 썬다.
3. 믹서에 멸치 다시마육수 1컵과 통들깨를 넣고 곱게 갈아 들깨육수를 만든다.
4. 냄비에 멸치 다시마육수 1컵, 감자, 표고버섯, 마늘, 국간장을 넣고 중간 불에서 끓인다.
5. 감자가 다 익을 때쯤, 들깨육수를 넣고 약한 불에서 2분 정도 더 끓인다.
6. 대파를 넣고 1분 정도 더 끓인다.

tip 조리과정 ③ 대신에 간편하게 ⑥에 들깻가루를 넣어 만들어도 좋아요.

들깨 무채국

가을 무는 보약과도 같아요.
제철 맞은 달달한 무 하나만
있으면 시원하고 구수한
국물 요리를 손쉽게 만들 수
있답니다.

아이 2~3번 먹는 양
12개월부터

- □ 무 100g
- □ 대파 10g
- □ 들깻가루 1큰술
- □ 멸치 다시마육수(181p 참고) 2컵
- □ 다진 마늘 · 국간장 또는 새우젓 1/3작은술씩

1. 무는 5cm 길이, 3mm 두께로 얇게 채 썰고 대파는 송송 어슷 썬다.
2. 냄비에 멸치 다시마육수, 다진 마늘을 넣고 중간 불에서 끓인다.
3. 무를 넣고 무가 살캉하게 익을 때까지 끓인다.
4. 대파, 들깻가루를 넣고, 국간장으로 간을 맞춘 후 약한 불에서 1분 정도 더 끓인다.

비지찌개

매운 것을 좋아하지 않는 저를 위해 엄마가 자주 해주시던 맵지 않은 비지찌개예요.
콩비지 대신 콩을 직접 불려서 갈아 만들면 더 맛있어요.

아이 2~3번 먹는 양
12개월부터

- □ 백태 1/2컵(불린 콩은 1컵)
- □ 돼지고기 50g
- □ 양파 20g
- □ 표고버섯 15g
- □ 대파 10g
- □ 멸치 다시마육수(181p 참고) 3컵
- □ 다진 마늘 · 들기름 1작은술씩
- □ 새우젓 1/2작은술

1 백태는 잠길 정도의 물에 담가 6시간 이상 충분히 불린다.

2 돼지고기, 양파, 표고버섯은 사방 5mm 크기로 굵게 다진다.

3 대파는 송송 어슷 썰고, 새우젓은 잘게 다진다.

4 믹서에 불린 백태와 멸치 다시마육수 1 ½컵을 넣고 곱게 간다.

5 달군 냄비에 들기름, 다진 마늘, 양파, 돼지고기를 넣고
돼지고기가 익도록 중간 불에서 달달 볶고, 돼지고기가 익으면
표고버섯을 넣어 함께 볶는다.

6 ⑤에 멸치 다시마육수 1컵을 넣고 재료들이 완전히 익을 때까지
바글바글 끓인다.

7 ④를 냄비에 넣어주고, 남은 멸치 다시마육수(1/2컵)는
믹서에 남은 콩물을 헹궈서 냄비에 넣고
콩비지가 고소하게 익을 때까지 약한 불에서 7분간 끓인다.

8 새우젓으로 슴슴하게 간을 하고, 대파를 넣고 2분 정도 더 끓여서
완성한다.

tip 어른용은 표고버섯을 볶을 때 다진 김치를 넣어 달달 볶아주세요.
대파를 넣을 때 매운 고추도 첨가하면 칼칼하게 먹을 수 있어요.

불고기만둣국

만둣국도 달걀국 못지않게 쉽게 끓일 수 있어요. 만두를 빚는 날이면 어김없이 해 먹는 만둣국이에요.

아이 2~3번 먹는 양
12개월부터

- □ 불고기만두(443p 참고) 6개
- □ 달걀 1개
- □ 대파 5g
- □ 멸치 다시마육수(181p 참고) 1 ½컵
- □ 다진 마늘 1/4작은술
- □ 국간장 1/3작은술

1 달걀은 볼에 담고 가위질을 해서 흰자 알끈을 잘라 푼다.
2 대파는 송송 어슷 썬다.
3 냄비에 멸치 다시마육수를 넣고 중간 불에서 마늘과 함께 끓인다.
4 육수가 끓으면 만두를 넣고 끓인다.
5 만두가 다 익을 때쯤 달걀물을 둥글게 부어서 익힌다. 이때 국물이 탁해지므로 젓지 않는다.
6 ⑤에 대파를 넣고 1분 정도 더 끓이고, 국간장으로 간을 맞춘다.

tip 돼지고기 부추만두(444p 참고)나 시판 만두를 활용해도 좋아요.

쇠고기 얼갈이 된장국

쌀쌀한 날에 생각나는 든든한 국이에요. 데쳐서 소분해 얼려 둔 얼갈이만 있으면 언제든 끓여 먹을 수 있답니다.

아이 3~4번 먹는 양
12개월부터

- □ 쇠고기 70g
- □ 얼갈이 150g
- □ 대파 15g
- □ 멸치 다시마육수(181p 참고) 3컵
- □ 된장 1큰술
- □ 들기름 1작은술
- □ 들깻가루 2작은술
- □ 다진 마늘 1/2작은술

1 쇠고기는 먹기 좋은 크기로 작게 자른다.

2 얼갈이는 밑동을 잘라내고 가닥가닥 떼어내 깨끗이 씻어 끓는 물에 2분 정도 데치고, 반으로 자른다.

3 대파는 송송 어슷 썬다.

4 냄비에 쇠고기, 얼갈이, 마늘, 된장, 들기름을 넣고 조물조물해서 무친 다음 중간 불에서 달달 볶는다.

5 ④에 멸치 다시마육수를 붓고 얼갈이가 부드럽게 퍼질 때까지 20분 정도 약한 불에서 푹 끓이고, 대파와 들깻가루를 넣어 1분 정도 더 끓여서 완성한다.

tip 기호에 따라 두부를 넣어도 좋고, 어른용은 매운 고추를 첨가하면 칼칼하게 즐길 수 있어요.

게살 된장국

꽃게를 넣지 않고 게살만으로도 꽃게 된장국 같은 맛을 낼 수 있어요. 손질된 게살만 있으면 간단하게 만들 수 있죠. 쉽게 구할 수 있는 간단한 재료로 색다른 국물 요리를 만들어보세요.

아이 3~4번 먹는 양
12개월부터

- □ 게살 70g
- □ 두부 80g
- □ 양파 50g
- □ 애호박 40g
- □ 대파 15g
- □ 된장 1/2큰술
- □ 멸치 다시마육수(181p 참고) 2 ½컵
- □ 다진 마늘 1/3작은술

1. 애호박은 1cm 두께로 4등분해 부채꼴 모양으로 썰고, 양파와 두부는 사방 2cm 크기로 썬다.
2. 대파는 송송 어슷 썬다.
3. 냄비에 멸치 다시마육수와 다진 마늘을 넣고 된장을 육수에 풀어 중간 불에서 끓인 다음 애호박, 양파, 두부를 넣는다.
4. 애호박이 거의 익을 때쯤 게살과 대파를 넣고 한소끔 더 끓인다.

tip 칼칼한 맛을 좋아하는 어른들은 청양고추를 넣어 먹으면 더욱 맛있어요.

tip 일반 된장 대신에 미소 된장을 넣고 만들어도 아이들이 좋아한답니다.

쇠고기 들깨 미역국

대부분의 아이들이 좋아하는 쇠고기 미역국인데, 들깻가루를 살짝 넣어 고소한 맛을 더했어요. 바쁜 아침에는 미역국에 밥만 말아줘도 한 그릇 뚝딱입니다.

아이 3~4번 먹는 양
12개월부터

- □ 쇠고기 50g
- □ 마른 미역 12g(불린 미역 100g)
- □ 들깻가루 1작은술
- □ 다시마육수(180p 참고) 3컵
- □ 다진 마늘 1/2작은술
- □ 국간장 1/3작은술
- □ 들기름 1/2큰술

1. 미역은 물에 1시간 이상 불려서 깨끗이 씻는다. 미역이 너무 크면 한 입 크기로 자른다.
2. 쇠고기는 가늘고 짧게 채 썬다. 칼날로 다지듯이 가볍게 두드려주면 육질이 좀 더 부드러워진다.
3. 달군 냄비에 들기름을 두르고 중간 불에서 다진 마늘과 쇠고기, 불린 미역을 넣고 달달 볶는다.
4. 다시마육수를 붓고 약한 불에서 25분간 끓인다.
5. 마지막으로 ④에 들깻가루를 넣고 고루 섞는다.

조개 미역국

조개를 넣어 끓인 미역국은
바다향이 가득하고 감칠맛이
일품이라 저희 집은 쇠고기
미역국보다 더 자주 해 먹어요.
뜨거울 때 밥 한 그릇 후루룩
말아 먹으면 참 든든합니다.

아이 2~3번 먹는 양
12개월부터

- □ 조개 200g
- □ 마른 미역 12g(불린 미역 100g)
- □ 다시마육수(180p 참고) 2컵
- □ 다진 마늘 1/2작은술
- □ 참기름 1/2큰술

1. 미역은 물에 1시간 이상 불려서 깨끗이 씻는다. 미역이 너무 크면 한 입 크기로 자른다.
2. 달군 냄비에 참기름을 두르고 중간 불에서 다진 마늘과 불린 미역을 달달 볶는다.
3. 다시마육수를 붓고 약한 불에서 20분간 끓인다.
4. 조개를 넣고 조개가 입을 벌리고 익을 때까지 5분간 끓인다.

매생이 굴국

겨울이 제철인 매생이는
파래과에 속하는 녹색 해조류로
단맛이 있어 파래보다 맛이
좋아요. 철분, 칼슘, 요오드
성분이 풍부한 영양 재료예요.
매생이는 굴이랑 찰떡궁합인데,
매생이 굴전, 매생이 굴죽,
매생이 굴떡국, 매생이 굴볶음 등
응용 요리가 많아요.

아이 2~3번 먹는 양
12개월부터

- □ 매생이 · 굴 100g씩
- □ 다시마육수(180p 참고) 2 ½컵
- □ 국간장 1/3작은술
- □ 다진 마늘 1/2작은술
- □ 참기름 1/2큰술

1. 볼에 매생이를 넣고 잘 씻어서 체에 밭쳐 물기를 짜낸 후 먹기 좋은 크기로 자른다.
2. 냄비에 참기름을 두르고 중간 불에서 매생이, 마늘, 국간장을 넣고 달달 볶는다.
3. 다시마육수를 넣고 3분간 끓인다.
4. 굴을 넣고 익을 때까지 3분 정도 더 끓인다.

조개 된장국

모시조개의 개운한 맛과 된장의 구수함이 일품인 국이에요. 모시조개는 바지락보다 단맛이 좀 더 돌면서 국에 감칠맛을 더해주고, 타우린이 풍부해 피로 회복, 숙취 해소에도 좋아요. 이 레시피에 아욱, 근대, 시금치를 넣어 다양하게 응용해보세요.

아이 3~4번 먹는 양
12개월부터

- □ 모시조개 또는 바지락 100g
- □ 애호박 40g
- □ 표고버섯 1/2개
- □ 양파 30g
- □ 두부 50g
- □ 대파 8g
- □ 된장 1/2큰술
- □ 멸치 다시마육수(181p 참고) 2 ½컵

1 큰 볼에 모시조개와 잠길 정도의 소금물을 넣고, 빛이 들어가지 않게 한 후 냉장고에서 2시간 이상 해감한다.

2 애호박은 1cm 두께로 4등분해 부채꼴 모양으로 썰고, 표고버섯은 모양대로 얇게 썬다.

3 양파와 두부는 사방 2cm 크기로 썰고 대파는 송송 어슷 썬다.

4 냄비에 멸치 다시마육수를 넣고 된장을 육수에 풀어 중간 불에서 끓이고, 애호박과 양파, 버섯을 넣는다.

5 애호박이 거의 익을 때쯤 모시조개를 넣는다.

6 모시조개가 입을 벌리기 시작하면 대파를 넣고 1분 정도 더 끓인다.

시금치 어묵 미소국

철분과 엽산이 풍부한 시금치는 제철이면 단맛이 풍부하고 부드러워요.
시금치, 어묵, 미소된장이 절묘하게 어우러져 아이들이 좋아하는 국으로 탄생했어요.
어묵 대신 유부를 채 썰어 넣어도 맛있어요.

아이 2~3번 먹는 양
12개월부터

- □ 시금치 · 양파 30g씩
- □ 어묵 60g
- □ 대파 10g
- □ 미소된장 1큰술
- □ 다진 마늘 1/3작은술
- □ 멸치 다시마육수(181p 참고) 2컵

1 어묵은 어슷하게 썬다.
2 시금치는 깨끗이 씻어 가닥가닥 분리한다.
3 양파는 얇게 채 썰고, 대파는 송송 어슷 썬다.
4 냄비에 멸치 다시마육수를 넣고 중간 불에서 끓으면 양파, 다진 마늘, 어묵을 넣고 끓인다.
5 양파가 투명해지면 ④에 미소된장을 풀고 5분 정도 끓인다.
6 시금치와 대파를 넣고 2분 정도 더 끓인다.

차돌박이 된장국

차돌박이는 거친 살코기 안에 하얀 지방이 섞여 있어 요리에 넣으면 지방의 향미가 고소하고 꼬들꼬들한 육질이 매력적인 부위예요. 차돌박이 된장국은 국거리용 쇠고기로 만든 된장국과는 다른 매력이 있지요.

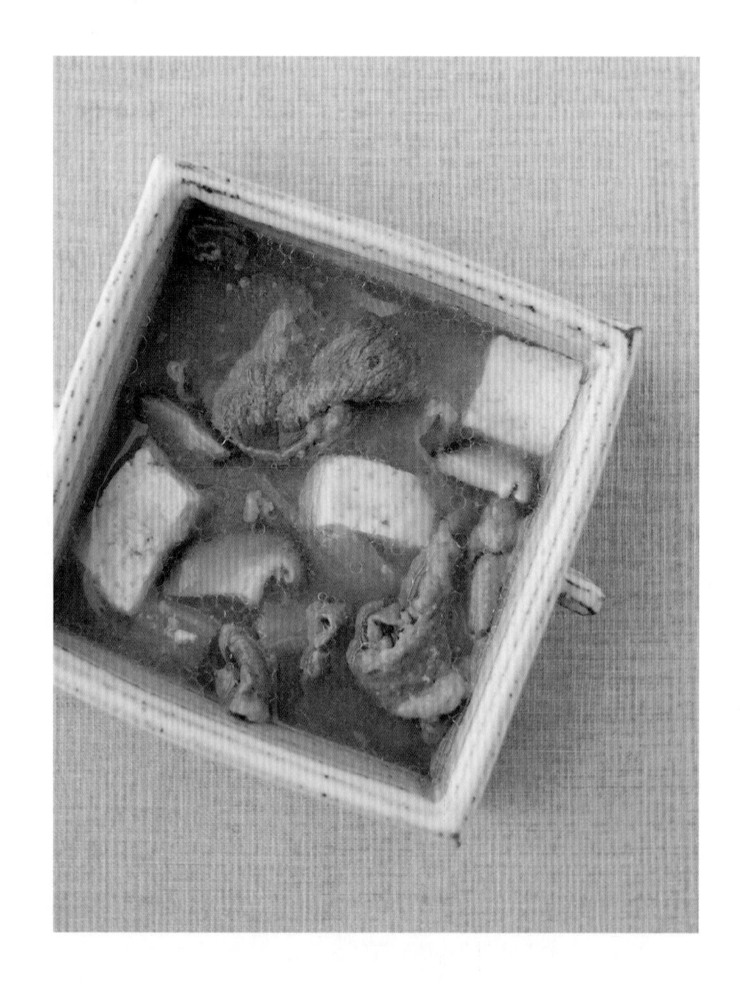

아이 2~3번 먹는 양
12개월부터

- □ 차돌박이 70g
- □ 알배추(속배추) 50g
- □ 두부 150g
- □ 표고버섯 · 양파 30g씩
- □ 대파 10g
- □ 된장 1/2큰술
- □ 멸치 다시마육수(181p 참고) 2 ½컵

1. 배추는 2cm 간격으로 자르고, 양파와 두부는 사방 2cm 크기로 썬다.
2. 표고버섯은 모양대로 얇게 썰어서 반으로 자른다.
3. 대파는 송송 어슷 썬다.
4. 냄비에 멸치 다시마육수를 넣고 된장을 육수에 풀어 중간 불에서 끓으면 배추, 버섯, 양파를 넣고 끓인다.
5. 양파가 거의 익을 때쯤 차돌박이와 두부를 넣고 끓인다.
6. 고기가 다 익으면 대파를 넣고 1분 정도 더 끓인다.

백김치찌개

김치를 씻어줘도 맵다고 하는
라임이를 위해 만든 메뉴예요.
만드는 법은 일반 김치찌개와
동일해요. 매운 것을 못 먹는
아이들이 반할 만한 깔끔하고
담백한 맛의 하얀 김치찌개예요.

아이 2~3번 먹는 양
12개월부터

□ 백김치 100g
□ 돼지고기(앞다리살) 60g
□ 두부 70g
□ 양파 15g
□ 다진 마늘 1/3작은술
□ 맛술 · 참기름 1작은술씩
□ 멸치 다시마육수(181p 참고) 2컵
□ 설탕 1/2작은술

1 백김치는 2cm 두께로 큼직하게 썰고, 돼지고기도 한 입 크기로 큼직하게 썬다.
2 양파는 1cm 두께로 채 썰고, 두부는 사방 1cm 크기로 자른다.
3 달군 냄비에 참기름을 두르고 백김치, 돼지고기, 맛술, 다진 마늘을 넣고 중간 불에서 달달 볶는다.
4 고기가 거의 익을 때쯤 양파와 육수를 넣고 끓인다.
5 설탕을 넣어 김치의 신맛을 줄이고, 김치가 부드러워지고 육수가 진해지면 두부를 넣고 2분간 더 끓인다.

닭개장

닭개장은 쇠고기 대신 닭고기를 넣어 육개장처럼 끓인 국이에요.
닭을 통째로 넣고 삶아서 육수가 진하고 구수해요. 닭육수에 푸짐한 재료가 들어간
닭개장 하나만 있으면 반찬이 따로 필요없는 한 끼 식사가 돼요.

온 가족 함께 먹는 양
12개월부터

- □ 닭 1마리(500g)
- □ 숙주 100g
- □ 대파(잎 + 줄기) 2대분
- □ 표고버섯 100g
- □ 느타리버섯 80g

닭 삶는 양념

- □ 물 1 ½L
- □ 양파 1/4개
- □ 대파 잎 1대분
- □ 통마늘 3쪽
- □ 통후추 1/2큰술

밑간양념

- □ 다진 마늘 · 들깨가루 1큰술씩
- □ 참기름 · 소금 · 국간장 1작은술씩

1 닭은 흐르는 물에 깨끗이 씻어 꼬리와 목 쪽의 큰 지방을 가위로 잘라내고, 안에 등쪽에 있는 내장을 깔끔하게 제거한다.

2 숙주는 끓는 물에 데쳐 체에 밭쳐서 물기를 뺀다.

3 느타리버섯과 표고버섯은 끓는 물에 살짝 데친 다음, 표고버섯은 꼭 짜서 얇게 채 썰고, 느타리버섯은 밑동을 잘라내고 잘게 찢는다.

4 대파는 반으로 갈라 4cm 길이 정도로 약간 굵게 채 썬 다음 끓는 물에 데친다.

5 냄비에 닭을 넣고 닭 삶는 양념을 넣고 중간 불에서 40분 정도 끓인다.

6 40분 정도 끓여 재료가 익으면 고기는 건져 뼈와 살로 분리해 살을 발라낸다.

7 살은 식혀서 잘게 찢고, 뼈는 다시 국물 안에 넣어 15분 정도 더 끓인다.

8 다 끓으면 면포에 밭쳐 닭국물을 맑게 걸러낸다.

9 냄비에 준비한 숙주, 대파, 버섯과 닭살을 넣어 밑간양념에 무친 후 걸러낸 육수를 넣고 10분 정도 더 끓인다.

밀푀유나베

맛도 비주얼도 훌륭해서 집들이 메뉴, 손님 초대 메뉴로 많이 등장하는 일본식 국물요리예요.
냄비 안에 차곡차곡 재료를 포개듯 쌓아 육수를 부어 끓여먹는 샤부샤부 느낌의 요리지요.
슴슴하게 만들어서 아이와 함께 먹기에 좋아요.

아이와 어른 1번 먹는 양
10개월부터

- □ 쇠고기(샤부샤부용) 300g
- □ 알배추(속배추) 6장
- □ 애느타리버섯 100g
- □ 표고버섯 2개
- □ 청경채 130g
- □ 깻잎 35g
- □ 멸치 다시마육수(181p 참고) 3컵
- □ 국간장 2작은술

폰즈소스

- □ 간장 1큰술
- □ 식초 또는 레몬즙 · 올리고당 1/2큰술씩

1. 애느타리버섯은 밑동을 잘라내고, 표고버섯은 위에 십자로 칼집을 낸다.
2. 청경채는 잘 씻어서 길게 4등분해 자른다.
3. 배추, 고기, 깻잎, 배추, 고기, 깻잎 순으로 겹겹이 쌓고, 6cm 간격으로 자른다.
4. 분량의 재료를 섞어 폰즈소스를 만든다.
5. 넓은 냄비에 청경채를 깔고, 바깥쪽부터 배추, 고기, 깻잎 겹쳐 놓은 것을 순서대로 놓는다.
6. 가운데 버섯을 놓고 냄비의 2/3만큼 육수를 붓는다.
7. 중간 불에서 끓이고 국간장으로 간을 맞춘다. 다 익으면 소스와 함께 곁들인다.

tip 다 먹고 남은 육수에 국수를 넣어 먹거나, 죽으로 만들어 식사를 마무리할 수 있어요.

tip 간을 하지 않는 아이라면 국간장과 소스를 빼고 조리하세요.

맑은 대구탕

대구탕은 빨간 국물로 많이
먹지만, 아이와 함께 먹으려면
맑게 끓인 대구탕이 좋아요.
자극적이지 않고, 슴슴한 간에
국물 맛이 시원한 대구탕입니다.
도톰한 대구살을 발라 먹는
재미가 쏠쏠해요.

온 가족 함께 먹는 양
12개월부터

- □ 손질 대구 1마리(430g)
- □ 무 120g
- □ 미나리 50g
- □ 알배추(속배추) 100g
- □ 느타리버섯 80g
- □ 대파 25g
- □ 다진 마늘 · 새우젓 1작은술씩
- □ 청주 1큰술
- □ 멸치 다시마육수(181p 참고) 4컵
- □ 후춧가루 약간
- □ 끓는 물 2컵

1 대구는 주먹만 한 크기로 큼직하게 자르고, 체에 밭쳐 끓는 물을 골고루 끼얹어준다.

2 무는 3mm 두께로 나박하게 자른다.

3 미나리는 5cm 길이로 자른다.

4 배추는 세로로 길게 반으로 자르고, 4cm 두께로 큼직하게 자른다.

5 버섯은 밑동을 잘라 가닥가닥 찢어 놓고 대파는 송송 어슷 썬다.

6 냄비에 멸치 다시마육수와 다진 마늘, 무를 넣고 중간 불에서 15분 정도 끓인 다음 대구, 배추, 버섯, 청주를 넣고 5분 정도 더 끓인다.

7 ⑥에 대파, 미나리를 넣고 1분 정도 더 끓이고, 새우젓과 후춧가루로 간을 한다.

tip 대구를 체에 밭쳐 끓는 물을 골고루 끼얹어주면 잡내를 제거할 수 있어요. 대구살은 연하기 때문에 조금만 많이 끓여도 살이 다 부셔져요. 깔끔한 대구탕을 만들기 위해서는 빠르게 조리하는 것이 포인트예요.

바지락찜

미나리를 넣어 봄 향기가
가득한 바지락찜은 미세먼지가
심한 날 딱 맞는 음식이에요.
따로 간을 안 해도 바지락의
짭짤한 바다맛과 감칠맛으로
맛있게 먹을 수 있어요.

아이 2~3번 먹는 양
12개월부터

- □ 바지락 300g
- □ 미나리 4줄기
- □ 통마늘 3쪽
- □ 올리브오일 · 청주 1작은술씩
- □ 물 2컵
- □ 후춧가루 약간

1 큰 볼에 바지락과 잠길 정도의 소금물을 넣고, 빛이 들어가지 않게 한 후 냉장고에서 2시간 이상 해감한다.

2 마늘은 얇게 슬라이스하고, 미나리는 작게 송송 썬다.

3 달군 냄비에 올리브오일을 두르고 마늘을 넣고 약한 불에서 타지 않게 볶는다.

4 바지락을 넣고 강한 불에서 청주와 물을 넣고 뚜껑을 닫아 끓인다.

5 바지락이 입을 벌리면 미나리와 후춧가루를 넣고 2분 정도 더 끓인다.

도토리묵국

도토리묵국은 라임이가 후루룩 잘 먹는 메뉴예요.
맛있게 우려낸 멸치 다시마육수와 도토리묵, 간단한 채소만 있으면 쉽게 만들 수 있답니다.

아이 1번 먹는 양
12개월부터

- □ 도토리묵 100g
- □ 애호박 · 백김치 20g씩
- □ 달걀 1개
- □ 참기름 1/2작은술
- □ 김가루 1큰술
- □ 깨소금 1작은술
- □ 국간장 1/3작은술
- □ 멸치 다시마육수(181p 참고) 1컵
- □ 식용유 적당량

1. 도토리묵은 끓는 물에 1분 정도 데친 다음 1.5cm 두께로 길게 채 썰고, 애호박은 얇게 채 썬다.
2. 볼에 달걀을 담고 가위질을 해서 흰자 알끈을 잘라 푼다.
3. 백김치를 얇게 채 썬 다음 참기름에 버무린다.
4. 달군 팬에 식용유를 살짝 두르고 애호박을 중간 불에서 숨이 죽을 때까지만 빠르게 볶아낸다.
5. 같은 팬에 달걀물을 붓고 약한 불에서 얇게 부쳐 잘게 썰고, 달걀지단 고명을 만든다.
6. 멸치 다시마육수는 국간장으로 간을 맞추고 따뜻하게 한 번 끓인다.
7. 그릇에 도토리묵, 애호박, 달걀지단, 백김치를 올리고 멸치 다시마육수를 붓는다.
8. 김가루와 깨소금을 올린다.

tip 위에 올라가는 고명은 다양하게 응용할 수 있어요. 채 썬 오이를 올리기도 하고 달걀지단 대신에 데쳐 채 썬 어묵을 올려도 맛있습니다.

tip 도토리묵국은 따뜻하게 먹기도 하지만, 여름에는 차게 냉국으로 먹어야 별미예요.

집에서 직접 만든 엄마표 건강 간식이에요. 트랜스지방이나 몸에 해로운 첨가물 걱정 없이 안심하고 먹일 수 있어요. 이 책에 담긴 간식 레시피는 제가 여러 번 수정 레시피로 만들어 보면서 '덜 기름지고, 덜 달고, 덜 짜게 만들 수 있는 방법이 없을까?' 고민하는 엄마들의 마음을 담아 맛있으면서도 건강하게 만든 레시피입니다. 채소를 먹지 않는 아이들을 위해 채소를 숨긴 레시피도 많으니 꼭 한번 시도해보세요.

응용 팁

- 7~11개월이라고 표기되어 있지만, 간이 되어 있는 레시피가 있습니다. 레시피 가이드와 응용법(81p)을 참고해 주세요.
- 구하기 쉬운 설탕(비정제설탕), 올리고당으로 레시피를 만들었습니다. 아가베시럽, 메이플시럽, 조청, 과일즙 등 원하는 것으로 얼마든지 대체 가능합니다.
- 머핀과 케이크, 팬케이크의 응용법은 베이킹 가이드(535p)를 참고해주세요.
- 튀김은 170℃ 튀김유에 노릇하게 튀겨내거나, 에어프라이어나 오븐을 이용해 조리할 수 있어요.

아이주도이유식 베이킹 가이드

간식 파트에는 베이킹을 많이 담았어요. 머핀과 케이크, 팬케이크 등 베이킹 메뉴가 많은데, 아이들이 먹을 것이기 때문에 여러 번의 시도 끝에 최대한 버터나 설탕을 줄인 레시피로 만들었어요. 아이의 개월수에 따라 설탕의 양을 조금씩 조절해도 되지만, 설탕은 수분을 머금고 있는 중요한 베이킹 재료라 양에 따라 결과물이 좀 달라질 수도 있어요. 레시피대로 만들어도 많이 달지 않고 맛있답니다. 그럼 재료를 대체하는 간단한 팁을 공개할게요.

1 레시피를 다른 재료로 대체할 경우 맛과 질감이 변해요. 버터, 달걀, 설탕 중 한 가지만 대체하여 만드는 것이 좋습니다. 비율을 보고 적절히 응용해 주세요.

2 레시피의 쌀가루는 이유식이나 떡을 만들 때 쓰는 일반 건식 쌀가루예요. 밀가루를 쌀가루로 대체할 경우 베이킹용 쌀가루를 권해요. 박력분은 박력쌀가루, 강력분은 강력쌀가루로 대체해 주세요.

3 달걀 1개(55~60g)는 동일한 양의 애플소스(184p 참고), 으깬 바나나, 으깬 두부로 대체 가능합니다.

4 버터 1컵은 애플소스(184p 참고) 1/2컵, 그릭요구르트 1/2컵, 으깬 아보카도 1컵, 식용유 3/4컵으로 대체 가능합니다.

5 이 책의 레시피는 비정제 설탕을 사용하였습니다. 설탕 입자가 작은 것이 좋고, 너무 클 경우 커터에 살짝 갈아주세요. 설탕 1컵은 애플소스 1컵, 아가베시럽, 메이플시럽, 꿀, 올리고당은 3/4컵으로 대체 가능합니다. 설탕을 다른 것으로 대체할 경우 달걀의 양을 줄이면 안 됩니다.

6 오트밀가루는 압착 오트밀을 커터에 곱게 갈아 만들 수 있어요.
오트밀은 퀵 오트밀이나 포리지 오트밀을 사용해 주세요. 동일 양의 밀가루로 대체 가능해요.

7 우유와 두유는 모유, 분유물, 아몬드유, 오트밀유, 쌀유, 코코넛유 등으로 대체할 수 있습니다.

8 애플소스는 시판 사과퓌레로 대체할 수 있어요.

9 베이킹파우더는 알루미늄 프리 제품이나 주석산 베이킹파우더를 사용하는 것이 좋아요.

10 오븐 대신 에어프라이어를 쓸 경우 에어프라이어의 열이 오븐보다 가까운 경우 겉이 먼저 익어 탈 수도 있어요. 오븐보다 20℃ 정도를 낮추고 조리시간은 5~10분 정도 늘려주세요.

11 이 책에 베이킹 레시피의 경우 소금이 들어가지 않고, 유지류와 당류가 적어 금방 상할 수 있어요. 당일 먹을 것을 제외하고 나머지는 한 번 먹을 만큼씩 소분 · 밀봉 포장해서 냉동보관(2주 이내 소진)해 주세요. 먹을 때는 냉장해동 후 전자레인지에 15~20초 정도 살짝 데워주세요. 양이 많아 기간 내에 소진이 어렵다면 레시피의 절반 정도만 만드는 것도 방법입니다.

12 아이가 간을 하기 시작했다면 레시피에 소금 한꼬집 정도 추가해서 만들어주세요. 무설탕 레시피도 설탕을 약간 추가해주세요. 훨씬 맛있답니다.

치즈팝

간단하게 만들 수 있는 치즈 간식이에요. 아이용은 나트륨 함량이 적은 치즈를 사용해서 만들고,
어른용은 일반 체다치즈로 만들면 맥주 안주로 제격이에요.

아이 1번 먹는 양
6개월부터
□ 슬라이스치즈 1장

1 치즈는 사방 2cm 크기로 자른다.
2 접시에 종이포일을 깔고 치즈를 겹치지 않게 올린 다음 전자레인지에 2분간 돌린다.

요구르트범벅

라임이가 숟가락을 사용하지 못할 때 많이 만들어 준 메뉴예요. 요구르트 안의 과일을 먹으면서 자연스럽게 요구르트까지 먹더라고요. 얼굴과 머리카락이 요구르트 범벅이 되어 놀랄 수도 있지만, 맛있게 먹고 해맑게 웃는 아이의 모습이 그렇게 사랑스러울 수가 없어요.

아이 1번 먹는 양
8개월부터

- □ 플레인요구르트 1컵
- □ 딸기 2개
- □ 체리 1개
- □ 블루베리 10개
- □ 햄프시드 1/2작은술

1 딸기와 체리는 4등분한다.

2 그릇에 요구르트를 담고 과일을 올린 다음 햄프시드를 뿌린다.

tip 생과일을 잘 못 먹는 아기들은 얼린 과일을 전자레인지에 돌려 해동하면 과일이 부드러워지고 즙이 나와 요구르트와 잘 어우러져 먹기에 좋아요. 시리얼도 요구르트에 넣고 섞은 다음 잠시 그대로 두면 부드러워져서 잘 먹을 수 있어요.

고구마말랭이

시중에 파는 고구마말랭이도 있지만 단단하고 질겨서 먹기가 쉽지 않더라고요. 촉촉한 고구마로 집에서 직접 만들어보세요. 아이들도 좋아하고 어른 간식으로도 인기만점이에요.

아이 4~5번 먹는 양
8개월부터

□ 꿀고구마 200g(2개)

1 고구마는 깨끗이 씻어서 200℃로 예열된 오븐에 40분간 굽고, 껍질을 벗긴 후 포크로 곱게 으깬다.

2 고구마는 볼이나 막대 모양으로 빚는다.

3 오븐팬에 종이포일을 깔고, 겹치지 않게 올려 140℃로 예열한 오븐에서 1시간 굽는다.

4 오븐에서 꺼낸 뒤 실온에 놔둬 2~3시간 정도 더 말리면 촉촉하고 쫀득한 말랭이가 된다.

tip 고구마는 구웠을 때 촉촉해야 말렸을 때 말랑말랑한 식감의 말랭이가 돼요. 고구마를 으깨지 않고 막대 모양으로 잘라서 해도 되지만, 아기들이 먹기에는 으깬 것이 더 쫀득하고 부드러워서 좋아요.

사과조림

복숭아 통조림처럼 사과로 만든 통조림이라 생각하면 돼요. 사과 껍질을 벗겨 한 입 크기로 잘라 살짝 졸이듯이 익히면 부드럽고 탱글탱글한 식감 때문에 먹기 좋아요. 식기 전 뜨거울 때도 맛있고, 차갑게 식어도 맛있는 디저트예요.

아이 2~3번 먹는 양
7개월부터

- □ 사과 1개
- □ 물 1/2컵
- □ 올리고당 1/2큰술

1 사과는 8등분한 후 껍질을 벗겨 속을 자르고 3등분한다.

2 냄비에 사과와 물, 올리고당을 넣고 중간 불에서 5분 정도 사과가 살짝 투명해지도록 끓인 후 불을 끈다.

3 냄비에서 그대로 식힌 후 용기에 담아 냉장보관한다.

tip 올리고당은 생략 가능해요. 물을 더 넣고 고구마를 작게 썰어 함께 졸여도 맛있어요. 고구마를 먼저 넣고 거의 익을 때쯤 사과를 넣어 졸이면 돼요.

감자볼 3가지

감자를 이용해서 만든 간단한 볼 간식입니다. 감자 대신 단호박이나 고구마로도 응용할 수 있어요.
추가하는 재료에 따라 3가지 종류의 감자볼 레시피를 소개할게요.
아이들이 특히 좋아하는 고소하고 담백한 맛이라 접시 위로 손이 바삐 움직입니다.

감자 치즈볼

볼 14~15개 분량 · 6개월부터

- □ 찐 감자 100g
- □ 슬라이스치즈 1/2장

1. 감자는 뜨거울 때 볼에 담아 곱게 으깨고, 그 위에 치즈를 얹는다.
2. 감자와 치즈를 고루 섞는다.
3. 손에 물을 살짝 묻힌 다음 작은 볼 모양으로 빚는다. 오븐팬에 종이포일을 깔고 그 위에 볼을 하나씩 얹는다.
4. 예열된 180℃ 오븐에 15분간 굽거나, 식용유를 살짝 두른 팬에 약한 불에서 굴려가며 굽는다.

감자 노른자볼

볼 14~15개 분량 · 6개월부터

- □ 찐 감자 70g
- □ 삶은 달걀노른자 1개
- □ 전분가루 1큰술
- □ 모유(분유물) 1 ½큰술

1. 감자는 볼에 담아 곱게 으깨고, 삶은 달걀은 노른자만 분리해 사용한다.
2. 볼에 모든 재료를 넣고 고루 섞는다.
3. 손에 물을 살짝 묻힌 다음에 작은 볼 모양으로 빚는다. 오븐팬에 종이포일을 깔고 그 위에 볼을 하나씩 얹는다.
4. 예열된 180℃ 오븐에 15분간 굽거나, 식용유를 살짝 두른 팬에 약한 불에서 굴려가며 굽는다.

감자 오트밀볼

볼 14~15개 분량 · 6개월부터

- □ 찐 감자 40g
- □ 분유가루 · 오트밀가루 20g씩
- □ 물 1 ½큰술

1. 감자는 뜨거울 때 볼에 담아 곱게 으깬다.
2. 볼에 모든 재료를 넣고 고루 섞는다.
3. 손에 물을 살짝 묻힌 다음에 작은 볼 모양으로 빚는다. 오븐팬에 종이포일을 깔고 그 위에 볼을 하나씩 얹는다.
4. 예열된 180℃ 오븐에 15분간 굽거나, 식용유를 살짝 두른 팬에 약한 불에서 굴려가며 굽는다.

tip 부드럽게 익혀서 다진 채소(당근, 브로콜리, 시금치, 비트 등)나 익혀서 잘게 다진 고기, 잘게 다진 건과일 등을 반죽에 소량 넣어서 응용해도 좋아요.

노른자 찐빵 4가지

달걀노른자는 단백질, 철분, 칼슘, 아연, 각종 여러 비타민과 미네랄, 필수 지방산 등
영양분이 많이 함유돼 있어 성장기 어린이에게 꼭 필요한 식품이에요.
흰자 알레르기가 있는 아이도 먹을 수 있도록 보들보들한 찐빵을 만들어 봤어요.

단호박 노른자 분유찐빵

아이 1~2번 먹는 양 6개월부터

- □ 찐 단호박 50g
- □ 분유가루 40g
- □ 달걀노른자 1개
- □ 물 2큰술
- □ 식용유 적당량

1 단호박은 볼에 담아 곱게 으깬다.

2 볼에 식용유를 제외한 모든 재료를 넣고 고루 섞은 다음 반죽을 만든다. 체에 한 번 거르거나 믹서에 넣고 가볍게 갈면 더욱 부드럽게 만들어진다. 랩을 씌워 20분간 냉장고에서 휴지시킨다.

3 내열 용기 안쪽에 식용유를 고루 바르고 반죽을 붓는다.

4 찜기에 물이 끓으면 ③을 넣고 20분간 찐다. 먹기 좋게 잘라서 제공한다.

고구마 노른자찐빵

아이 1~2번 먹는 양 6개월부터

- □ 찐 꿀고구마 50g
- □ 달걀노른자 1개
- □ 쌀가루 20g
- □ 애플소스(184p 참고) 3큰술(54g)
- □ 식용유 적당량

1 고구마는 볼에 담아 곱게 으깬다.

2 볼에 식용유를 제외한 모든 재료를 넣고 고루 섞어 반죽을 만든다. 체에 한 번 거르거나 믹서에 넣고 가볍게 갈면 더욱 부드럽게 만들어진다. 랩을 씌워 20분간 냉장고에서 휴지시킨다.

3 내열 용기 안쪽에 식용유를 고루 바르고 반죽을 붓는다.

4 찜기에 물이 끓으면 ③을 넣고 20분간 찐다. 먹기 좋게 잘라서 제공한다.

바나나 노른자찐빵

아이 1~2번 먹는 양 6개월부터

- □ 바나나 80g
- □ 달걀노른자 1개
- □ 모유(분유물) 1큰술
- □ 쌀가루 30g
- □ 식용유 적당량

1 바나나는 포크로 곱게 으깬다.

2 볼에 식용유를 제외한 모든 재료를 넣고 고루 섞어 반죽을 만든다. 체에 한 번 거르거나 믹서에 넣고 가볍게 갈면 더욱 부드럽게 만들어진다. 랩을 씌워 20분간 냉장고에서 휴지시킨다.

3 내열 용기 안쪽에 식용유를 고루 바르고 반죽을 붓는다.

4 찜기에 물이 끓으면 ③을 넣고 20분간 찐다. 먹기 좋게 잘라서 제공한다.

바나나 노른자 분유찐빵

아이 1~2번 먹는 양 6개월부터

- □ 바나나 50g
- □ 분유가루 50g
- □ 달걀노른자 1개
- □ 식용유 적당량

1 바나나는 포크로 곱게 으깬다.

2 볼에 식용유를 제외한 모든 재료를 넣고 고루 섞어 반죽을 만든다. 체에 한 번 거르거나 믹서에 넣고 가볍게 갈면 더욱 부드럽게 만들어진다. 랩을 씌워 20분간 냉장고에서 휴지시킨다.

3 내열 용기 안쪽에 식용유를 고루 바르고 반죽을 붓는다.

4 찜기에 물이 끓으면 ③을 넣고 20분간 찐다. 먹기 좋게 잘라서 제공한다.

tip 찜기에 찌는 대신에 랩을 씌워 전자레인지에 2~3분간 돌려 쪄도 좋아요. 전자레인지 사용 시 반죽의 두께가 3cm가 넘지 않도록 해주세요. 단호박은 고구마로, 고구마는 단호박으로 응용이 가능하답니다. 흰자 알레르기가 없다면 남는 흰자를 볼에 담고 거품기나 핸드 믹서로 단단하게 머랭을 쳐서 반죽과 함께 살살 섞어주면 좀 더 포실포실한 찐빵을 만들 수 있어요. 달걀흰자가 거품처럼 올라오고 거품기로 반죽을 떴을 때 떨어지지 않는 상태가 좋습니다.

병아리콩 납작빵

'이집트콩'이라고도 불리는 병아리콩은 인류 역사상 최초로 재배한 콩 중의 하나라고 해요. 필수아미노산과 칼슘, 철분, 아연 등 영양소가 풍부해 성장기 아이들이 먹기에 좋은 식재료입니다. 병아리콩을 가득 넣어 만든 납작빵은 담백하고 부드러워 어린 아이들도 잘 먹는답니다.

납작빵 8개 분량
6개월부터

- □ 삶은 병아리콩 50g
- □ 박력분 50g
- □ 베이킹파우더 3g
- □ 달걀노른자 1개
- □ 애플소스(184p 참고) 3큰술(54g)

1 박력분과 베이킹파우더는 체에 한 번 걸러서 섞는다.

2 삶은 병아리콩과 달걀노른자, 애플소스는 믹서에 넣고 곱게 간다.

3 ②에 ①을 넣고 고루 섞는다.

4 오븐팬에 종이포일을 깔고 지름 8cm, 두께 1cm 정도의 원형으로 반죽을 두툼하게 올린다.

5 예열된 160℃ 오븐에 20분 굽는다.

tip 병아리콩 삶기
병아리콩이 잠길 정도의 물을 부어 8시간 이상 불린 다음 냄비에 그대로 넣고 부드럽게 익을 때까지 삶는다. 참고로 병아리콩을 물에 불리면 무게가 2.1배 정도 늘어난다.

마들렌

디저트 가게에 파는 마들렌은 버터, 달걀, 설탕이 아주 많이 들어가 있어 아이에게 주기에 망설여집니다. 기존 재료에서 양만 조절해보니 제대로 만들어지지 않아 아예 제 식대로 비건 레시피를 완성했어요. 마들렌의 매력인 배꼽 모양은 없지만 보드라운 식감과 담백한 맛에 누구나 부담없이 먹을 수 있어요.

마들렌 6개 분량
7개월부터

- □ 박력분 55g
- □ 아몬드가루 · 포도씨유 또는 카놀라유 25g씩
- □ 베이킹파우더 2g
- □ 두유 또는 우유 40ml
- □ 아가베시럽 또는 꿀 20g
- □ 애플소스(184p 참고) 3큰술(54g)

1. 박력분, 아몬드가루, 베이킹파우더를 체에 한 번 걸러서 섞는다.
2. 볼에 두유, 포도씨유, 아가베시럽, 애플소스가 고르게 섞이도록 거품기로 젓는다.
3. ②에 ①을 넣어 날가루가 없을 정도로만 주걱으로 뒤집듯이 가볍게 섞어 반죽을 만든다. 랩을 씌워 30분간 냉장고에서 휴지시킨다.
4. 가볍게 섞은 다음 마들렌틀의 80% 정도로 반죽을 나눠 담는다.
5. 175℃로 예열된 오븐에 20분간 굽는다.

tip 반죽을 짤주머니에 넣거나 비닐 지퍼백에 넣어 모서리를 조금 잘라 짤주머니처럼 만들면 반죽을 고르게 짤 수 있어요. 틀을 위에서 아래로 가볍게 떨어뜨려주면 기포 없이 매끈해집니다.

tip 포도씨유 대신에 녹인 버터를 넣어 만들면 마들렌이 조금 더 매끈하고 풍미가 있어요.

tip 꿀은 12개월 이후에 사용하세요.

쌀찐빵 3가지

달걀을 넣지 않아 달걀 알레르기가 있는 아이도 먹을 수 있는 찜케이크입니다.
맵쌀가루를 써서 일반 머핀보다는 쫀득한 느낌이 있지만,
부드러운 식감을 최대한 살려 어린 아이도 먹기 좋게 만들었어요.

채소찐빵

머핀 6개 분량 7개월부터

- □ 당근 25g
- □ 애호박 30g
- □ 쌀가루 90g
- □ 전분가루 10g
- □ 베이킹파우더 4g
- □ 우유 40ml
- □ 애플소스(184p 참고) 4큰술(72g)
- □ 포도씨유(카놀라유) 또는 녹인 버터 20g

1 당근과 애호박은 채칼로 아주 얇게 채 썰어 준비한다.

2 쌀가루, 전분가루, 베이킹파우더는 체에 한 번 걸러서 준비한다.

3 볼에 우유, 애플소스, 포도씨유를 넣고 고르게 섞이도록 거품기로 젓는다.

4 ②에 ③을 넣어 거품기로 멍울이 없도록 고루 섞는다. 랩을 씌워 30분간 냉장고에서 휴지시킨다.

5 ④에 ①을 넣고 가볍게 섞은 다음 머핀 틀의 80% 정도로 반죽을 나눠 담는다.

6 찜기에 물이 끓으면 찜기에 넣고 15분간 찐다.

tip 채소를 넣지 않고 만들어도 설기 같이 맛있어요. 다른 채소로도 얼마든지 응용 가능해요.

사과 요구르트찐빵

머핀 6개 분량 7개월부터

- □ 사과 100g
- □ 플레인요구르트 90g
- □ 쌀가루 60g
- □ 전분가루 20g
- □ 아몬드가루 20g
- □ 베이킹파우더 4g
- □ 아가베시럽 25g
- □ 포도씨유(카놀라유) 또는 녹인 버터 20g

1 사과는 사방 7mm 깍둑 썰어서 팬에 넣고 중간 불에서 5분 정도 덖어 수분기를 날려준다.

2 쌀가루, 전분가루, 아몬드가루, 베이킹파우더는 체에 한 번 걸러서 준비한다.

3 볼에 플레인요구르트, 아가베시럽, 포도씨유를 넣고 고르게 섞이도록 거품기로 젓는다.

4 ②에 ③을 넣어 거품기로 멍울이 없도록 고루 섞는다. 랩을 씌워 30분간 냉장고에서 휴지시킨다.

5 ④에 ①을 넣고 가볍게 섞은 다음 머핀 틀의 80% 정도로 반죽을 나눠 담는다.

6 찜기에 물이 끓으면 찜기에 넣고 15분간 찐다.

단호박 바나나찐빵

머핀 6개 분량 7개월부터

- □ 찐 단호박 48g
- □ 바나나 60g
- □ 두부 50g
- □ 쌀가루 90g
- □ 전분가루 10g
- □ 베이킹파우더 4g
- □ 두유 60ml

1 쌀가루, 전분가루, 베이킹파우더는 체에 한 번 걸러서 준비한다.

2 믹서에 두부, 찐 단호박, 두유, 바나나를 넣고 고르게 섞이도록 곱게 간다.

3 ①에 ②를 넣어 거품기로 멍울이 없도록 고루 섞는다. 랩을 씌워 30분간 냉장고에서 휴지시킨다.

4 가볍게 섞은 다음 머핀 틀의 80% 정도로 반죽을 나눠 담는다.

5 찜기에 물이 끓으면 찜기에 넣고 15분간 찐다.

tip 단호박은 고구마로 대체 가능해요.

tip 180℃로 예열된 오븐에 25분 정도 구워도 좋아요. 찐 것과는 또 다른 매력이 있답니다.

tip 박력 쌀가루를 사용하면 더욱 잘 부풀어요.

오트밀머핀 3가지

외국에서는 오트밀을 식사 대용으로도 많이 먹는데, 아직 우리나라에서는 좀 생소한 재료입니다.
식이섬유뿐 아니라 단백질과 각종 비타민, 항산화 성분이 풍부하고, 칼슘과 철분, 아연, 칼륨 등
아이들에게 필수인 미량 영양소도 많이 포함하고 있어 성장기 아이들에게 좋은 식재료지요.
어린 아이들까지 먹을 수 있는 폭신폭신 부드러운 오트밀머핀 레시피 3가지를 소개할게요.

바나나 딸기 오트밀머핀

머핀 6개 분량 7개월부터

- □ 바나나 100g
- □ 딸기 또는 블루베리 100g
- □ 오트밀가루 100g
- □ 베이킹파우더 3g
- □ 우유 30ml

1 볼에 오트밀가루와 베이킹파우더를 넣어 포크로 고루 섞는다.

2 바나나와 딸기를 포크로 대강 입자 있게 으깬다.

3 ①에 ②, 우유를 넣어 멍울이 없도록 고루 섞는다. 랩을 씌워 30분간 냉장고에서 휴지시킨다.

4 가볍게 섞은 다음 머핀 틀의 80% 정도로 반죽을 나눠 담는다.

5 180℃로 예열된 오븐에 30분간 굽는다.

단호박 당근 오트밀머핀

머핀 6개 분량 7개월부터

- □ 찐 단호박 120g
- □ 당근 40g
- □ 오트밀가루 70g
- □ 베이킹파우더 3g
- □ 우유 80ml
- □ 애플소스(184p 참고) 4큰술(72g)

1 볼에 오트밀가루, 베이킹파우더를 고루 섞는다.

2 당근은 강판에 갈아서 준비하고, 믹서에 단호박, 애플소스, 우유를 넣고 간다.

3 ①에 ②를 넣어 멍울이 없도록 섞는다. 랩을 씌워 30분간 냉장고에서 휴지시킨다.

4 가볍게 섞은 다음 머핀 틀의 80% 정도로 반죽을 나눠 담는다.

5 180℃로 예열된 오븐에 30분간 굽는다.

브로콜리 치즈 오트밀머핀

머핀 6개 분량 7개월부터

- □ 브로콜리 20g
- □ 슬라이스치즈 2장 또는 체다치즈 40g
- □ 바나나 100g
- □ 두부 30g
- □ 오트밀가루 100g
- □ 베이킹파우더 3g
- □ 애플소스(184p 참고) 4큰술(72g)

1 볼에 오트밀가루, 베이킹파우더를 넣어 포크로 고루 섞는다.

2 바나나는 포크로 곱게 으깨고, 두부는 키친타월로 감싸 물기를 제거한 후 체에 내리거나 아주 곱게 으깬다. 브로콜리는 잘게 다진다. 모두 볼에 넣고 고루 섞는다.

3 ①에 ②, 애플소스를 넣어 멍울이 없도록 섞는다. 랩을 씌워 30분간 냉장고에서 휴지시킨다.

4 ③에 치즈를 손으로 작게 뜯어 넣고 가볍게 섞는다. 머핀 틀의 80% 정도로 반죽을 나눠 담는다.

5 180℃로 예열된 오븐에 30분간 굽는다.

tip 반죽을 냉장 휴지시켜 오트밀가루에 수분을 흡수시키는 것이 포인트예요. 그래야 폭신하고 부드럽게 구워져요.

tip 브로콜리나 당근 같은 채소는 애호박이나 데친 시금치, 케일 등으로 대체할 수 있어요.

06 간식

노버터 채소머핀 2가지

버터가 들어가지 않는 머핀으로, 부족한 풍미는 채소가 채워줬어요.
달달한 양파와 고소한 시금치의 맛이 어우러져 아이들도 잘 먹는답니다.
채소를 가득 넣어 영양과 맛을 더한 셈이죠.

양파머핀

머핀 6개 분량 7개월부터

- □ 양파 1개(230g)
- □ 박력분 100g
- □ 베이킹파우더 3g
- □ 두유 또는 우유 50ml
- □ 포도씨유 또는 카놀라유 15g
- □ 아가베시럽 20g
- □ 달걀 1개
- □ 식용유 적당량

1 양파는 1cm 두께로 채 썰고, 반대 방향으로 반으로 한 번 더 자른다.

2 달군 팬에 식용유를 살짝 두르고 중간 불에서 양파가 숨이 죽고 갈색으로 변할 때까지 15분 정도 타지 않게 볶는다.

3 박력분, 베이킹파우더는 체에 한 번 걸러서 고루 섞는다.

4 볼에 두유, 포도씨유, 아가베시럽, 달걀을 넣고 거품기로 거품이 일도록 힘차게 고루 섞는다.

5 ④에 ③을 넣어 뒤집듯이 가볍게 섞는데, 반 정도 섞었을 때 양파를 넣고 날가루가 없을 정도로만 가볍게 섞는다.

6 머핀 틀의 80% 정도로 반죽을 나눠 담는다.

7 180℃로 예열된 오븐에 25분간 굽는다.

시금치 치즈머핀

머핀 6개 분량 7개월부터

- □ 시금치 40g
- □ 슬라이스치즈 2~3장
- □ 박력분 100g
- □ 베이킹파우더 3g
- □ 두유 또는 우유 30ml
- □ 포도씨유 또는 카놀라유 · 아가베시럽 20g씩
- □ 달걀 2개

1 시금치는 살짝 데쳐서 물기를 꼭 짜고 다진다. 치즈는 칼에 물을 묻혀서 잘게 자른다.

2 박력분, 베이킹파우더는 체에 한 번 걸러서 고루 섞는다.

3 볼에 두유, 포도씨유, 아가베시럽, 달걀을 넣고 거품기로 거품이 일도록 힘차게 고루 섞는다.

4 ③에 ②를 넣어 뒤집듯이 가볍게 섞는데, 반 정도 섞었을 때 시금치와 치즈를 넣고 날가루가 없을 정도로만 가볍게 섞는다.

5 머핀 틀의 80% 정도로 반죽을 나눠 담는다.

6 180℃로 예열된 오븐에 25분간 굽는다.

tip 시금치는 볶은 대파로 대체해도 맛있어요.

바나나 시금치머핀

색도 모양도 예쁜 머핀으로 바나나가 들어 있어 맛이 달달하고 식감이 부드러워요.
아이들이 잘 안 먹는 시금치를 넣어 예쁜 초록색을 더했습니다.

머핀 6개 분량
7개월부터

- □ 바나나 60g + 토핑용 바나나 60g
- □ 시금치 20g
- □ 박력분 100g
- □ 베이킹파우더 3g
- □ 우유 50g+우유10g
- □ 포도씨유(카놀라유) 또는 녹인 버터 20g

1 박력분, 베이킹파우더는 체에 한 번 걸러서 섞는다.

2 포도씨유와 우유 50g을 거품기로 고루 섞은 다음에 ①에 넣어 날가루가 없을 정도로만 주걱으로 뒤집듯이 가볍게 섞는다.

3 시금치는 살짝 데쳐서 물기를 제거하고 칼로 아주 잘게 다진 다음에 우유 10g과 섞는다.

4 바나나는 포크로 대강 으깬다. 토핑용 바나나는 5~7mm 두께로 자른다.

5 ②의 반죽을 반으로 나눠 하나는 ③을, 다른 하나는 ④를 가볍게 섞는다.

6 머핀 틀 80% 정도로 반죽을 담는데 바나나 섞은 반죽을 먼저 고루 나눠 담고, 그 위에 시금치 섞은 반죽을 담는다. 토핑용 바나나를 가운데에 얹는다.

7 180℃로 예열된 오븐에 30분 굽는다.

tip 시금치 대신에 케일이나 브로콜리, 간 당근 또는 비트 등을 넣어 다양하게 활용해 보세요.

tip 반죽을 나누지 않고 한꺼번에 섞어서 만들어도 좋아요.

사과찐빵

오븐에 구운 것보다 부드럽고 촉촉해서 아이들이 아주 잘 먹어요.
따뜻하게 쪘을 때 호호 불면서 먹는 찐빵의 맛은 아주 환상적이랍니다.
사과의 단맛과 향긋함이 더해져 더욱 맛있어요.

머핀 6개 분량
9개월부터

- □ 사과 90g + 토핑용 30g
- □ 박력분 120g
- □ 베이킹파우더 4g
- □ 계핏가루 약간
- □ 달걀 1개
- □ 설탕 40g
- □ 우유 3큰술
- □ 버터 60g + 1작은술

1. 사과 30g은 껍질을 벗긴 후 사방 1cm 크기로 깍둑썰기하고, 90g은 강판에 곱게 간다.
2. 달군 팬에 버터 1작은술을 녹이고 약한 불에서 깍둑썰기한 사과, 계핏가루를 넣고 물기가 없어질 때까지 볶아 토핑용 사과를 만든다.
3. 달걀과 버터, 우유는 상온에 1시간 이상 꺼내 둔다.
4. 달걀은 볼에 담고 가위질을 해서 흰자 알끈을 잘라 푼다.
5. 박력분, 베이킹파우더는 체에 한 번 걸러서 섞는다.
6. 볼에 버터를 넣고 거품기로 푼 다음 설탕을 2~3번 나눠 넣고 거품기로 설탕을 녹이면서 버터가 하얗게 될 때까지 버터를 크림화시킨다.
7. 달걀을 2~3회씩 나눠 넣으면서 분리가 되지 않게 빠르게 섞는다.
8. 간 사과도 넣고 잘 섞는다.
9. ⑤를 넣고 주걱으로 뒤집듯이 가볍게 섞는데, 가루가 좀 남아 있을 때 우유도 넣고 섞는다.
10. 머핀틀의 80% 정도로 반죽을 나눠 담고, 위에 토핑용 사과를 올린다.
11. 찜기에 김이 오르면 머핀을 넣고 30분간 찐다.

tip 180℃로 예열된 오븐에 30분 정도 구워도 돼요.
오븐에 구울 때 토핑용 사과가 탈 수 있으니 사과는 반죽에 섞어 구워주세요.

채소머핀

돌 전, 라임이의 첫 해외여행 때 간식으로 만든 채소머핀이에요.
집에 있는 자투리 채소들까지 잔뜩 넣어서 영양을 듬뿍 담은 간식입니다. 많이 달지도 않으면서
담백하고, 채소의 맛이 은은하게 감돌아 자꾸 집어먹게 돼요.

머핀 6개 분량
9개월부터

- □ 양파 · 당근 · 애호박 40g씩
- □ 박력분 120g
- □ 베이킹파우터 4g
- □ 버터 · 설탕 50g씩
- □ 달걀 1개
- □ 우유 25ml
- □ 파르메산치즈가루 20g

1. 양파, 당근, 애호박은 잘게 다진 다음 기름을 두르지 않은 팬에 약한 불에서 수분이 날아가도록 5분간 덖는다.
2. 버터, 달걀, 우유는 미리 상온에 1시간 이상 꺼내 놓는다.
3. 박력분, 베이킹파우더는 체에 한 번 걸러서 섞는다.
4. 달걀은 볼에 담고 가위질을 해서 흰자 알끈을 잘라 푼다.
5. 볼에 버터를 넣고 거품기로 풀고, 설탕을 2~3번 나눠 넣어 거품기로 설탕을 녹이면서 버터가 하얗게 될 때까지 버터를 크림화시킨다.
6. 달걀을 2~3회씩 나눠 넣으면서 분리가 되지 않게 빠르게 섞고, 파르메산치즈가루를 넣고 함께 섞는다.
7. ③을 넣고 주걱으로 뒤집듯이 가볍게 섞는데, 가루가 좀 남아 있을 때 우유도 넣고 섞는다.
8. 다진 채소들도 넣어서 가볍게 섞는다.
9. 머핀틀의 80% 정도로 반죽을 나눠 담는다.
10. 180℃로 예열된 오븐에 30분 굽는다.

tip 섞을 때 너무 많이 휘저으면 반죽이 질척해지니 주걱으로 반죽을 뒤집듯이 빠르게 섞는 것이 포인트예요.

tip 파르메산치즈가루 말고도 체다치즈, 콜비잭치즈, 피자치즈 등 다양한 치즈를 활용해도 좋아요.

tip 기호에 맞게 원하는 채소로 바꿔보세요. 추가하는 재료들은 물기를 최대한 제거해서 넣어야 실패가 없어요.

바나나머핀

큰 바나나가 머핀 가운데에 콕 박혀서 구워지기 때문에,
마치 달지 않은 잼을 발라 먹는 것처럼 아주 촉촉하고 맛있어요. 간단하고 빠르게 만들 수 있어서
제가 가끔 어린이집 간식으로 싸서 보냈던 머핀입니다.

머핀 6개 분량
9개월부터

- □ 바나나 100g
- □ 토핑용 바나나 2개
- □ 박력분 90g
- □ 버터 60g
- □ 설탕 40g
- □ 달걀 1개
- □ 베이킹파우더 4g
- □ 코코아가루 1/2큰술
- □ 우유 2큰술

1 바나나 100g은 포크로 대강 으깨고, 토핑용 바나나는 5cm 길이로 자른다.

2 버터, 달걀은 상온에 1시간 이상 꺼내 놓는다.

3 달걀은 볼에 담고 가위질을 해서 흰자 알끈을 잘라 푼다.

4 박력분, 베이킹파우더를 체에 한 번 걸러서 섞는다.

5 볼에 버터를 넣고 거품기로 푼 다음 설탕을 2~3번에 나눠 넣고 거품기로 설탕을 녹이면서 버터가 하얗게 될 때까지 크림화시킨다.

6 달걀을 2~3회씩 나눠서 넣고, 분리가 되지 않게 빠르게 섞는다.

7 ④를 넣고 날가루가 없을 정도로만 주걱으로 뒤집듯이 섞는다.

8 반죽의 1/4 정도 덜어내 코코아가루와 우유를 넣고 빠르게 섞는다.

9 남은 반죽 3/4에 으깬 바나나를 넣고 가볍게 섞는다.

10 ⑨에 ⑧을 넣고 살짝 섞는데, 마블링을 위해 안 섞는 듯이 가볍게 섞는 것이 포인트다.

11 머핀틀 80% 정도로 반죽을 나눠 담고, 토핑용 바나나를 머핀 반죽 가운데에 폭 박아 넣는다. 구우면 반죽이 위로 올라오기 때문에 바나나가 바깥으로 길게 나와도 된다.

12 180℃로 예열된 오븐에 30분 굽는다.

tip 바나나는 너무 무르지 않고, 적당히 익은 것을 사용하는 것이 좋아요.

병아리콩 바나나 블루베리머핀

병아리콩, 바나나, 블루베리, 아몬드가루만 가지고도 부드럽고 맛있는 머핀을 만들 수 있어요. 은은하게 달달하면서 고소한 맛도 더해져 아이들이 안 좋아할 수가 없는 맛이랍니다. 어른들 식사 대용 건강빵으로도 좋아요.

작은 머핀 6개 분량
7개월부터

- □ 삶은 병아리콩 52g
- □ 바나나 120g
- □ 블루베리 80g
- □ 아몬드가루 84g

1 삶은 병아리콩은 커터나 믹서에 넣고 곱게 갈아 준비한다.

2 볼에 바나나를 넣고 포크로 대강 으깬다.

3 ②에 아몬드가루와 병아리콩을 넣고 고루 섞은 다음에 블루베리를 넣고 가볍게 섞는다.

4 머핀틀 60% 정도로 작게 반죽을 나눠 담는다.

5 180℃로 예열된 오븐에 30분 굽는다.

tip 블루베리는 냉동을 사용해도 좋아요.
해동하고 밑에 물이 나온다면 물은 제거하고 사용하세요.

tip 병아리콩 삶는 법은 병아리콩 납작빵(544p) 팁을 참고하세요.

단호박 크림치즈머핀

단호박의 노란 빛깔 때문에
보는 것만으로도 군침이 돌고,
크림치즈가 들어 있어 맛은
더욱 환상적인 머핀이에요.
라임 아빠와 라임이가
여러 번 칭찬해준 성공적인
레시피랍니다.

머핀 6개 분량
9개월부터

- □ 단호박 90g
- □ 박력분 120g
- □ 베이킹파우더 4g
- □ 버터 30g
- □ 설탕 40g
- □ 우유 30ml
- □ 달걀 1개

크림치즈 필링

- □ 크림치즈 100g
- □ 슈거파우더 10g

1 단호박은 찜기에 푹 쪄서 껍질을 벗기고 포크로 곱게 으깬다.

2 분량의 재료를 섞어 크림치즈 필링을 만든다.

3 버터와 우유, 달걀은 실온에 1시간 이상 둔다.

4 달걀은 볼에 담고 가위질을 해서 흰자 알끈을 잘라 푼다.

5 박력분, 베이킹파우더를 체에 한 번 걸러서 섞는다.

6 볼에 버터를 넣고 거품기로 부드럽게 푼 다음 설탕을 2~3번에 나눠 넣고 거품기로 설탕을 녹이면서 버터가 하얗게 될 때까지 크림화시킨다.

7 달걀을 2~3회씩 나눠 넣으면서 분리가 되지 않게 빠르게 섞는다. 으깬 단호박도 여러 번 나눠 넣으면서 섞는다.

8 ⑤를 넣고 주걱으로 뒤집듯이 가볍게 섞고, 가루가 좀 남아 있을 때 우유도 넣고 섞는다.

9 머핀틀에 단호박 반죽, 크림치즈 필링, 단호박 반죽 순으로 채운 다음 180℃ 예열된 오븐에 30분 굽는다.

06 간식

브레드푸딩 2가지

온 가족이 간단하게 먹을 수 있는 브레드푸딩을 소개할게요.
먹다 남은 식빵만 있으면 손쉽게 만들 수 있고, 좋아하는 과일이 있다면 얼마든지 응용할 수 있어요.

바나나 블루베리 브레드푸딩

큰 머핀 3~4개 분량
9개월부터

- □ 바나나 100g
- □ 블루베리 40g
- □ 식빵 1장
- □ 달걀 1개
- □ 우유 60ml
- □ 메이플시럽 또는 아가베시럽 2작은술
- □ 계핏가루 약간

1 볼에 달걀과 우유, 메이플시럽을 넣고 고루 섞는다.

2 바나나는 5mm 두께로 슬라이스한다. 블루베리는 냉동 블루베리를 사용한다면 해동 후 나오는 물은 사용하지 않는다. 식빵을 사방 2.5cm 크기로 자른다.

3 모든 재료를 ①에 넣고 고루 섞은 다음에 달걀물이 빵에 흡수되도록 5분 정도 둔다.

4 머핀틀에 재료를 고루 담는다. 꾹 채워 눌러 담아도 좋다.

5 180℃로 예열된 오븐에 30분간 굽는다.

토마토 시금치 브레드푸딩

큰 머핀 3~4개 분량
9개월부터

- □ 토마토 60g
- □ 시금치 20g
- □ 식빵 1장
- □ 피자치즈 40g
- □ 달걀 1개
- □ 우유 60ml
- □ 메이플시럽 또는 아가베시럽 2작은술

1 볼에 달걀과 우유, 메이플시럽을 넣고 고루 섞는다.

2 토마토는 한 입 크기로 큼직하게 자른다. 시금치는 돌돌 말아 잘게 채 썰고, 한 번 더 굵게 다진다. 식빵을 사방 2.5cm 크기로 자른다.

3 모든 재료를 ①에 넣고 고루 섞은 다음에 달걀물이 빵에 흡수되도록 5분 정도 둔다.

4 머핀틀에 재료를 고루 담는다. 꾹 채워 눌러 담아도 좋다.

5 180℃로 예열된 오븐에 30분간 굽는다.

tip 어른용 토마토 시금치 브레드푸딩에는 베이컨을 넣으면 더욱 맛있어요.

사과 오트밀쿠키

오트밀은 수분과 만나면 쫀득해지는데, 바삭한 쿠키의 질감은 아니지만 씹히는 맛이 색다른 건강 쿠키예요.

아이 2~3번 먹는 양
7개월부터

- □ 사과 60g
- □ 바나나 55g
- □ 오트밀 50g
- □ 오트밀가루 30g
- □ 달걀 1/2개
- □ 올리브오일 2큰술

1 볼에 오트밀, 오트밀가루를 넣고 잘 섞는다.
2 바나나는 포크로 곱게 으깨고, 사과는 잘게 다진다.
3 달걀은 볼에 담고 가위질을 해서 흰자 알끈을 잘라 푼다.
4 바나나, 사과, 달걀, 올리브오일을 잘 섞는다.
5 ①에 ④를 넣고 날 가루가 없을 정도로만 섞어 직경 5cm 정도로 동그랗게 빚고 종이포일을 깐 오븐팬 위에 올린다.
6 180℃로 예열된 오븐에 15분간 굽는다.

tip 달걀 1/2개는 달걀노른자 1개로 대체할 수 있어요.

고구마 바나나 오트밀쿠키

달걀이 들어가지 않는 쿠키예요. 고구마와 바나나의 달달함과 오트밀의 고소한 맛이 아이들 입맛을 사로잡아요. 이름은 쿠키지만 포슬포슬하고 부드러운 식감이 특징이랍니다.

아이 2~3번 먹는 양
7개월부터

- □ 고구마 150g
- □ 바나나 55g
- □ 당근 25g
- □ 오트밀 20g
- □ 오트밀가루 40g

1 고구마는 찜기에 푹 쪄서 껍질을 벗기고 포크로 곱게 으깬다.

2 바나나는 포크로 곱게 으깨고, 당근은 강판에 간다.

3 볼에 고구마, 바나나, 당근, 오트밀, 오트밀가루를 넣고 섞는다.

4 오븐팬 위에 종이포일을 깔고 반죽을 직경 5cm 정도로 동그랗게 빚는다.

5 180℃로 예열된 오븐에 30분 굽는다.

tip 오븐이 없으면 달군 팬에 식용유를 살짝 두르고 뚜껑을 덮어서 약불에 타지 않게 고루 구우세요.

tip 오트밀가루는 오트밀을 커터에 곱게 갈아 만들었어요.

채소쿠키

파는 채소과자보다 훨씬 맛있는 채소쿠키예요. 담백하면서 감칠맛이 돌아 계속 손이 가는 과자입니다.
반죽은 얇게, 그리고 적당히 노릇하게 구워야 식었을 때 바삭해요.

아이 2번 먹는 양
10개월부터

- □ 당근 15g
- □ 애호박 15g
- □ 양파 30g(양파즙 14g)
- □ 박력분 55g
- □ 베이킹파우더 1g
- □ 설탕 5g
- □ 포도씨유 또는 카놀라유 7g
- □ 덧밀가루 적당량

1. 양파는 강판에 갈아 고운체에 걸러 즙만 사용한다. 즙이 1큰술 정도 나온다.
2. 당근과 애호박은 아주 잘게 다진다. 고운 채칼로 먼저 썬 다음에 칼로 다지면 잘게 다져진다.
3. 팬에 당근과 애호박을 약한 불에 5분 정도 덖어 수분기를 최대한 날린다.
4. 박력분, 베이킹파우더를 체에 한 번 걸러서 섞는다.
5. 포도씨유와 설탕을 거품기로 고루 섞은 다음에 ④에 넣어 주걱으로 반죽을 자르듯이 가볍게 섞는다.
6. 반 정도 섞었을 때 양파즙, 당근, 애호박을 넣고 빠르게 섞어 반죽을 한 덩어리로 뭉친다. 반죽은 비닐에 넣어 냉장고에서 20분간 휴지한다.
7. 작업대에 덧밀가루를 뿌리고 반죽을 올려 덧밀가루를 뿌려가며 반죽을 2mm 두께로 밀대로 최대한 얇게 민다.
8. 쿠키틀이나 스크래퍼로 원하는 모양으로 자른다. 포크로 숨구멍을 몇 개 뚫어 준다.
9. 오븐팬에 종이포일을 깔고 반죽을 올린다.
10. 180℃로 예열된 오븐에 12~15분 정도 굽는다.

tip 집에 있는 자투리 채소를 응용할 수 있어요. 채소를 한 번 볶아 수분을 최대한 날려주세요.

tip 반죽을 비닐에 넣은 채로 밀면 붙지도 않고 편하게 밀 수 있어요.

사과쿠키

사시사철 구하기 쉬운 사과로 만들었어요. 사과의 향이 은은하게 퍼지는 포실포실한 쿠키로 버터, 우유, 달걀흰자를 넣지 않아 알레르기가 있는 아이도 충분히 먹을 수 있습니다.

아이 2번 먹는 양
7개월부터

- □ 사과즙 1큰술(15ml)
- □ 박력분 50g
- □ 베이킹파우더 1g
- □ 설탕 5g
- □ 포도씨유 또는 카놀라유 10g
- □ 달걀노른자 1개

1 박력분, 베이킹파우더를 체에 한 번 걸러서 섞는다.

2 볼에 설탕, 포도씨유, 달걀노른자, 사과즙을 넣고 거품기로 설탕이 녹도록 고루 섞는다.

3 ②에 ①을 넣고 빠르게 반죽을 한 덩어리로 만든다.

4 반죽을 비닐에 넣고 지름이 4cm 정도의 원통형으로 만든 다음 냉동고에서 2시간 휴지한다.

5 반죽을 언 상태에서 5mm 두께로 칼로 썰고 오븐팬에 종이포일을 깔고 반죽을 올린다.

6 170℃로 예열된 오븐에 20분 정도 굽는다.

시리얼쿠키

아이 키우는 집이라면
상비식품으로 시리얼이 꼭
있잖아요. 구하기 쉬운 시리얼로
만든 쿠키로, 씹는 맛이 좋고
많이 달지 않아 더 좋아요.
초코칩 대신 라임이가 좋아하는
초코시리얼을 넣었는데
부담스럽지 않은 단맛이라
제 입맛에도 딱 맞더라고요.

아이 5~6번 먹는 양
12개월부터

- □ 시리얼 1컵
- □ 박력분 110g
- □ 버터 100g
- □ 견과류 1/4컵
- □ 베이킹소다 1/2작은술
- □ 설탕 40g
- □ 달걀 1개

1. 버터와 달걀은 상온에 1시간 이상 꺼내 둔다.
2. 박력분과 베이킹소다는 한 번 체에 내린다.
3. 견과류는 팬에 한 번 구운 다음 굵게 다진다.
4. 달걀은 볼에 담고 가위질을 해서 흰자 알끈을 잘라 푼다.
5. 볼에 버터를 넣고 거품기로 부드럽게 푼 다음 설탕을 2~3번에 나눠 넣고 거품기로 설탕을 녹이면서 버터가 하얗게 될 때까지 버터를 크림화시킨다.
6. 달걀을 2~3번 나눠 넣으면서 분리가 되지 않게 빠르게 섞는다.
7. ②를 넣고 주걱으로 뒤집듯이 날가루만 없어질 정도로 가볍게 섞는다.
8. 다진 견과류와 시리얼을 넣고 가볍게 섞는다.
9. 오븐팬 위에 종이포일을 깔고 그 위에 숟가락으로 반죽을 지름 5cm 정도로 떼어 올린다.
10. 180℃로 예열된 오븐에 15~20분 굽는다.

초코칩쿠키

오트밀과 호두를 넣은 건강한 초코칩쿠키예요. 아이들이 초코맛에 한 번 눈을 뜨면 '쪼꼬~쪼꼬~' 하면서 찾더라고요. 아무래도 시중에 파는 것은 너무 달아 집에서 간단한 재료로 완성한 쿠키 레시피입니다.

아이 5~6번 먹는 양
12개월부터

- □ 초코칩 40g
- □ 통밀가루 또는 박력분 · 버터 50g씩
- □ 베이킹파우더 3g
- □ 호두 25g
- □ 오트밀 35g
- □ 설탕 30g
- □ 달걀 1/2개

1 버터, 달걀은 상온에 1시간 이상 꺼내 놓는다.

2 호두는 팬에 한 번 볶은 다음 굵게 다진다.

3 통밀가루와 베이킹파우더를 체에 한 번 걸러서 섞는다.

4 달걀은 볼에 담고 가위질을 해서 흰자 알끈을 잘라 푼다.

5 볼에 버터를 넣고 거품기로 부드럽게 푼 다음 설탕을 2~3번에 나눠 넣고 거품기로 설탕을 녹이면서 버터가 하얗게 될 때까지 크림화시킨다.

6 달걀을 2~3회씩 나눠 넣으면서 분리가 되지 않게 잘 섞는다.

7 ③을 넣고 주걱으로 뒤집듯이 가볍게 섞는다.

8 밀가루가 아직 남아 있을 때 초코칩과 오트밀, 호두를 넣어 가볍게 섞고 반죽을 뭉쳐서 비닐봉투에 담아 냉장고에서 1시간 숙성시킨다.

9 반죽을 잘라 공 모양으로 빚은 다음 오븐팬에 종이포일을 깔고 그 위에 올린 다음 손바닥으로 반죽을 살짝 누른다.

10 180℃로 예열된 오븐에 15분간 구운 후 식힘망에 올려 식힌다.

피넛버터 코코아쿠키

땅콩의 풍미가 진하게 느껴지는 피넛버터쿠키예요. 코코아가루를 넣어 초코향을 더했답니다. 우유와 함께 먹으면 더욱 맛있어요.

아이 5~6번 먹는 양
12개월부터

- □ 땅콩버터 80g
- □ 코코아가루 2작은술
- □ 박력분 120g
- □ 버터 50g
- □ 베이킹파우더 3g
- □ 달걀 1개
- □ 설탕 60g

1. 버터, 달걀은 상온에 1시간 이상 꺼내 둔다.
2. 박력분, 베이킹파우더, 코코아가루는 체에 한 번 걸러서 섞는다.
3. 달걀은 볼에 담고 가위질을 해서 흰자 알끈을 잘라 푼다.
4. 볼에 버터와 땅콩버터를 넣고 잘 섞은 다음 설탕을 2~3번 나눠 넣고 거품기로 설탕을 녹이면서 버터가 하얗게 될 때까지 크림화시킨다.
5. 달걀을 2~3회씩 나눠 넣으면서 분리가 되지 않게 빠르게 섞는다.
6. ②를 넣고 날가루가 안 보일 정도로 주걱으로 뒤집듯이 가볍게 섞는다.
7. 반죽을 비닐봉투에 담아 냉장고에서 30분간 숙성시킨다.
8. 오븐 팬에 종이포일을 깔고 반죽을 지름 4cm 크기의 둥글 납작한 모양으로 빚어서 올린다.
9. 포크를 이용해 꾹 눌러 빗살 모양으로 반죽에 모양을 낸다.
10. 170℃로 예열된 오븐에 15분간 구운 후 식힘망에 올려 식힌다.

tip 코코아가루는 생략 가능해요.

고구마 팬케이크

고구마와 달걀 두가지 재료만으로 팬케이크를 만들 수 있어요. 고구마와 달걀과 섞어서 팬케이크로 만들면 식감이 촉촉하고 부드러워서 아이가 좋아하더라고요.

아이 1번 먹는 양
7개월부터

- □ 고구마 100g
- □ 달걀 1개(55g)
- □ 식용유 적당량

1. 고구마는 껍질을 제거하고, 찜기에 고구마를 넣고 푹 찐다.
2. 찐 고구마는 포크로 곱게 으깬다.
3. 볼에 달걀을 넣고 가위질을 해서 흰자 알끈을 잘라 푼다.
4. 고구마와 달걀을 잘 섞고, 식용유를 살짝 두른 팬에 약한 불에서 앞뒤로 굽는다.

tip 일반 팬케이크보다 많이 부드러워요. 좀 더 단단한 팬케이크를 원한다면 쌀가루나 밀가루를 1큰술 정도 넣어 주세요.

tip 달걀흰자에 알레르기가 있는 아이의 경우, 달걀노른자 2개(30g), 고구마 100g, 쌀가루나 밀가루 1큰술을 섞어서 만들어 주세요.

바나나 달걀팬케이크

밀가루 없이 두 가지 재료로 팬케이크를 만들 수 있다니, 놀랍지 않나요? 만들기도 쉽고, 달달해서 라임이가 잘 먹는 메뉴예요. 반죽에 다진 채소를 넣어 다양하게 응용해보세요.

아이 1번 먹는 양
7개월부터

- □ 바나나 1개(100g)
- □ 달걀 1개(55g)
- □ 식용유 적당량

1 볼에 달걀을 넣고 가위질을 해서 흰자 알끈을 잘라 푼다.

2 잘 익은 바나나는 포크로 곱게 으깬다.

3 바나나와 달걀을 잘 섞고, 식용유를 살짝 두른 팬에 약한 불에서 앞뒤로 굽는다.

tip 많이 부드러운 팬케이크로, 좀 더 단단한 팬케이크를 원한다면 쌀가루나 밀가루를 1큰술 정도 넣어 주세요.

tip 달걀흰자에 알레르기가 있는 아이의 경우, 달걀노른자 2개(30g), 바나나 1개(100g), 쌀가루 1큰술을 섞어서 만들어 주세요.

노에그 팬케이크 3가지

달걀에 알레르기가 있는 아이도 먹을 수 있는 맛있는 팬케이크 레시피를 만들었어요.
설탕을 사용하지 않았지만, 다른 재료로 설탕을 대체해 은은한 단맛이 살아 있습니다.
우유 대신 모유나 분유물을 활용하면 영양도 더 챙길 수 있지요.
쌀가루로도 얼마든지 만들 수 있습니다.

당근팬케이크

지름 10cm 3~4장 7개월부터

- □ 당근 20g
- □ 박력분 50g
- □ 베이킹파우더 1/2작은술
- □ 애플소스(184p 참고) 2큰술(36g)
- □ 우유 60ml

1 볼에 애플소스와 우유를 넣고 고루 섞는다. 당근은 강판에 곱게 갈아 함께 섞는다.

2 박력분과 베이킹파우더는 한 번 체를 친 다음 ①에 넣고 고루 섞는다.

3 달군 팬에 반죽을 둥글 납작하게 붓고 약한 불에서 앞뒤로 노릇하게 굽는다. 폭신하게 부풀어오르고, 기포가 올라왔을 때 뒤집는다.

tip 당근 대신 애호박, 시금치, 브로콜리 등 다른 채소로도 응용 가능해요.

바나나팬케이크

지름 10cm 3~4장 7개월부터

- □ 바나나 80g
- □ 박력분 50g
- □ 베이킹파우더 1/2작은술
- □ 우유 50ml

1 볼에 바나나를 넣어 포크로 아주 곱게 으깨고, 우유를 넣어 고루 섞는다.

2 박력분과 베이킹파우더는 한 번 체를 친 다음 ①에 넣고 고루 섞는다.

3 달군 팬에 반죽을 둥글 납작하게 붓고 약한 불에서 앞뒤로 노릇하게 굽는다. 폭신하게 부풀어오르고, 기포가 올라왔을 때 뒤집는다.

단호박팬케이크

지름 10cm 3~4장 7개월부터

- □ 찐 단호박 35g
- □ 박력분 50g
- □ 베이킹파우더 1/2작은술
- □ 메이플시럽 또는 아가베시럽 2작은술
- □ 우유 80ml

1 볼에 찐 단호박을 아주 곱게 으깨고, 메이플시럽과 우유를 넣고 고루 섞는다.

2 박력분과 베이킹파우더는 한 번 체를 친 다음 ①에 넣고 고루 섞는다.

3 달군 팬에 반죽을 둥글 납작하게 붓고 약한 불에서 앞뒤로 노릇하게 굽는다. 폭신하게 부풀어오르고, 기포가 올라왔을 때 뒤집는다.

tip 고구마나 감자로도 응용 가능해요.

팬케이크

기본 팬케이크 레시피로, 시판 믹스로 만들어도 되지만 직접 만들면 더욱 안심하고 먹을 수 있어요.
레시피의 2~3배 분량으로 만들어 온 가족 다같이 브런치를 즐겨 보세요.

아이 1~2번 먹는 양
7개월부터

- □ 박력분 50g
- □ 설탕 2작은술
- □ 베이킹파우더 1/2작은술
- □ 미지근한 우유 60ml
- □ 달걀 1개
- □ 녹인 버터 5g

1 박력분, 설탕, 베이킹 파우더는 체에 한 번 걸러서 섞는다.

2 우유, 달걀은 실온에 30분 이상 둔다.

3 달걀은 볼에 담고 가위질을 해서 흰자 알끈을 잘라 푼다.

4 ①에 우유, 달걀, 녹인 버터를 함께 섞어 반죽을 만든다.

5 마른 팬을 달군 다음 반죽을 둥글 납작하게 붓고 약한 불에서 앞뒤로 노릇하게 굽는다. 반죽이 폭신하게 부풀어오르고 아랫면이 노릇하게 변했을 때 뒤집는다.

tip 취향에 맞게 딸기, 바나나, 블루베리 등의 과일을 토핑으로 곁들이거나 시럽을 뿌려 먹어도 좋아요.

tip 수플레 팬케이크는 흰자로 머랭을 만들어 반죽에 합치는 레시피로, 더 폭신폭신한 식감이에요. 달걀 1개를 흰자와 노른자로 분리하고, 노른자는 나머지 분량의 재료들과 섞어 반죽을 만들어요. 흰자1개와 설탕 1작은술은 볼에 담고 거품기로 빠르게 저어서 단단한 머랭을 만들고, 미리 만들어 놓은 반죽에 넣어 주걱으로 뒤집듯이 살살 섞어 준 후 약한 불에서 구우면 완성입니다.

피넛버터 팬케이크

피넛버터팬케이크에
피넛버터시럽과 바나나를 얹어
먹으면 환상적인 맛이에요.
제가 땅콩버터를 좋아해서인지
라임이도 땅콩버터의 고소한
맛을 자주 찾네요.

아이 1~2번 먹는 양
9개월부터

- □ 땅콩버터 1/2큰술
- □ 박력분 50g
- □ 설탕 1작은술
- □ 베이킹파우더 1/2작은술
- □ 미지근한 우유 80ml
- □ 달걀 1개

피넛버터시럽

- □ 땅콩버터 1큰술
- □ 메이플시럽 2작은술

1. 우유와 달걀은 실온에 30분 이상 둔다.
2. 달걀은 볼에 담고 가위질을 해서 흰자 알끈을 잘라 푼다.
3. 볼에 박력분, 베이킹파우더, 설탕을 섞은 다음 땅콩버터, 우유, 달걀을 함께 섞어 반죽을 만든다.
4. 달군 팬에 반죽을 둥글 납작하게 붓고 약한 불에서 앞뒤로 노릇하게 굽는다. 폭신하게 부풀어오르고 기포가 올라왔을 때 뒤집는다.
5. 분량의 재료를 섞어 피넛버터시럽을 만들어 팬케이크 위에 뿌린다.

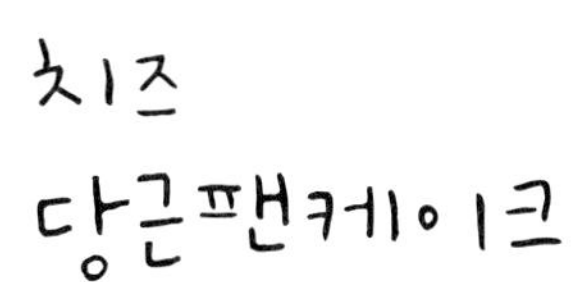

팬케이크 속에 당근을 잔뜩 숨겼어요. 그냥 보기에는 스위트콘과 치즈가 들어간 맛있는 팬케이크 샌드지만, 하나만 먹어도 당근을 잔뜩 먹을 수 있는 건강한 간식이에요. 바쁠 때는 시판 팬케이크 믹스를 이용해서 만들어요.

아기 1~2번 먹는 양
12개월부터

- □ 피자치즈 70g
- □ 당근 50g
- □ 스위트콘 30g
- □ 박력분 50g
- □ 달걀 1개
- □ 우유 60ml
- □ 녹인 버터 5g
- □ 설탕 2작은술
- □ 베이킹파우더 1/4작은술

1. 당근은 강판에 곱게 간다.
2. 우유, 달걀은 상온에 30분 이상 꺼내 놓는다.
3. 달걀은 볼에 담고 가위질을 해서 흰자 알끈을 잘라 푼다.
4. 볼에 박력분, 설탕, 베이킹파우더를 섞은 다음 우유와 달걀, 녹인 버터, 당근을 넣고 섞어 반죽을 만든다.
5. 달군 팬에 반죽을 둥글 납작하게 붓고 약한 불에서 앞뒤로 노릇하게 굽는다. 폭신하게 부풀어오르고 기포가 올라왔을 때 뒤집는다.
6. 반죽 가운데 치즈와 스위트콘을 얹고 뜨거울 때 반으로 접고, 주걱으로 눌러 치즈를 녹인다.

바나나 블루베리케이크

기념일이 아니더라도 아이는 일 년 열두 달 케이크에 초를 꽂아 부는 일을 좋아합니다. 매번 너무 단 시판 케이크를 사 주기에는 망설여지지요. 그래서 아이와 함께 안심하고 나눠 먹을 수 있는 케이크를 만들었어요. 오일과 설탕이 들어 있지 않고 만드는 법도 굉장히 간단한 케이크입니다. 바나나와 블루베리를 잔뜩 넣어 씹는 맛이 살아있지요.

온 가족이 함께 먹는 양 (지름 15cm 원형틀)
7개월부터

- □ 바나나 100g+토핑용 20g
- □ 블루베리 55g+토핑용 15g
- □ 박력분 100g
- □ 베이킹파우더 3g
- □ 메이플시럽 25g
- □ 달걀 1개
- □ 오트밀 적당량

1. 박력분, 베이킹파우더는 체에 한 번 걸러서 준비한다.
2. 바나나는 곱게 으깨고, 토핑용 바나나는 5mm 두께로 썬다.
3. 볼에 으깬 바나나, 메이플시럽, 달걀을 넣고 고르게 섞이도록 거품기로 젓는다. 거품이 일도록 힘차게 고루 섞는다.
4. ①에 ③을 넣어 뒤집듯이 가볍게 섞는데, 반 정도 섞었을 때 블루베리를 넣고 날가루가 없을 정도로만 가볍게 섞어 반죽을 만든다.
5. 원형팬에 종이포일을 깔고 반죽을 채워 넣는다. 토핑용 바나나와 블루베리, 오트밀로 케이크를 꾸민다.
6. 180℃로 예열한 오븐에서 40분 정도 타지 않게 충분히 굽는다.

tip 젓가락이나 꼬치로 가운데를 찔러보아 반죽이 묻어나오면 아직 덜 익은 것이니 170℃에서 10분 더 구워주세요.

tip 머핀틀에 반죽을 나눠 담고 180℃로 예열한 오븐에서 30분을 구워 머핀으로 만들 수도 있어요.

사과 쌀케이크

버터와 설탕을 넣지 않은
아주 담백한 사과 케이크예요.
애플소스를 듬뿍 넣어 씹을수록
사과 향이 입안 가득 은은하게
퍼집니다.

온 가족이 함께 먹는 양
(지름 15cm 원형틀)
7개월부터

- □ 애플소스(184p 참고) 70g
- □ 토핑용 사과 · 쌀가루 또는 박력쌀가루 100g씩
- □ 아몬드가루 40g
- □ 베이킹파우더 4g
- □ 계핏가루 · 슈거파우더 약간씩
- □ 포도씨유 또는 카놀라유 15g
- □ 달걀 1개
- □ 우유 30ml

1 쌀가루, 아몬드가루, 베이킹파우더, 계핏가루는 체에 한 번 걸러서 준비한다.

2 볼에 애플소스, 포도씨유, 달걀, 우유를 넣고 고르게 섞이도록 거품기로 젓는다. 거품이 일도록 힘차게 고루 섞는다.

3 토핑용 사과는 껍질을 제거하고, 5mm 두께로 슬라이스해서 준비한다.

4 ②에 ①을 넣어 거품기로 멍울이 없도록 고루 섞는다. 랩을 씌워 30분간 냉장고에서 휴지시킨다.

5 원형팬에 종이포일을 깔고 반죽을 채워 넣는다. 토핑용 사과를 동그랗게 겹쳐 올려 케이크를 꾸민다.

6 180℃로 예열한 오븐에서 40분 정도 타지 않게 충분히 굽는다. 먹기 전에 슈거파우더와 계핏가루를 취향껏 뿌려 먹는다.

tip 젓가락이나 꼬치로 가운데를 찔러보아 반죽이 묻어나오면 아직 덜 익은 것이니 170℃에서 10분 더 구워주세요.

tip 쌀케이크는 끈기가 없고 약하기 때문에 뜨겁지 않을 때 잘라야 부서지지 않아요.

tip 계핏가루를 반죽에 약간 넣어주면 맛이 확 살아납니다. 취향껏 넣어 주세요.

고구마케이크

두부가 들어간 미니 고구마케이크로, 밀가루가 들어 있지 않아 글루텐 프리 간식이자
달지 않아요. 두부맛이 느껴지지 않고 오히려 은은하게 퍼지는 레몬향이 아주 매력적이랍니다.
오븐 없이 손쉽게 만들 수 있는 케이크, 아이와 함께 만들어보세요.

온 가족 함께 먹는 양
10개월부터

- □ 고구마 150g
- □ 카스테라 · 두부 50g씩
- □ 설탕 1/2큰술

휘핑크림

- □ 생크림 1/2컵
- □ 설탕 · 레몬제스트 1/2작은술씩

1. 고구마는 찜기에 푹 쪄서 껍질을 벗긴 후 포크로 곱게 으깬다. 고구마 4조각은 토핑용으로 빼 둔다.
2. 볼에 생크림을 넣고 분량의 설탕을 넣어 거품기로 휘핑해서 거품을 단단하게 만든다. 레몬제스트도 넣어서 가볍게 섞어 휘핑크림을 만든다.
3. 두부는 포크로 곱게 으깬다.
4. 카스테라는 커터에 넣고 곱게 간다. 커터가 없다면 체에 한 번 거른다.
5. 으깬 고구마에 으깬 두부와 설탕, 휘핑크림을 2큰술을 넣고 가볍게 섞는다.
6. 으깬 고구마를 직경 8cm 링 틀에 채워 넣은 다음 링 틀을 제거해 작은 케이크 모양을 만든다. 링 틀 대신 작은 밥공기를 이용해서 만들 수도 있다.
7. 남은 휘핑크림은 고구마케이크 겉에 골고루 바르고, 그 위에 카스테라가루를 골고루 입힌다.
8. 남은 생크림과 토핑용으로 빼둔 고구마로 장식한다.

tip 레몬제스트 만들기

레몬은 베이킹소다를 묻혀 박박 닦아 물에 씻은 다음 노란 껍질 부분만 강판에 곱게 갈아요. 이렇게 만든 레몬제스트를 생크림에 섞어주면 생크림의 느끼한 맛도 없애면서 케이크의 맛을 상큼하고 향긋하게 해줘요.

식빵

달걀, 우유, 버터를 넣지 않고 만드는 식빵 레시피예요.
이스트를 넣고 발효과정을 거쳐야 해서 조금 까다롭지만 방법만 익히면 어렵지 않게 만들 수 있어요.
이스트의 먹이가 되는 설탕은 발효를 위해 최소한으로 넣었어요.
소금만 뺀다면 간을 하지 않는 아이도 먹을 수 있는 식빵이 됩니다.

식빵 틀 1개 분량
(21cm×8.5cm×6cm,
너비×깊이×높이)
7개월부터

- □ 강력분 300g
- □ 설탕 15g
- □ 소금 4g
- □ 물 170g
- □ 인스턴트 드라이이스트 6g
- □ 올리브오일 24g
- □ 덧밀가루(강력분) 적당량
- □ 덧칠용 올리브오일 약간

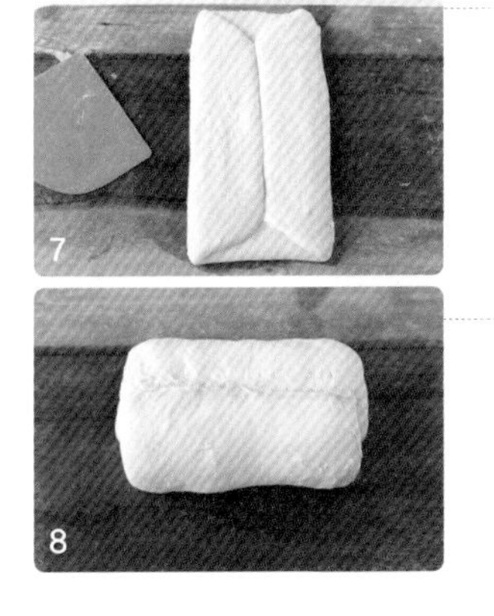

1 강력분, 설탕, 소금은 체에 한 번 쳐서 준비한다.

2 볼에 미지근한 물(35℃), 이스트를 넣고 거품기로 골고루 섞는다.

3 ②에 ①을 넣고 주걱으로 고루 섞다가 가루가 보이지 않을 정도가 되면 올리브오일을 넣고 손으로 꾹꾹 눌러 반죽에 골고루 스며들도록 버무린다.

4 오일이 다 스며들면 덧밀가루를 살짝 뿌린 작업대 위로 옮겨 반죽을 안쪽으로 접었다가 밀면서 빨래 빨듯이 15분 정도 반죽이 매끈해지고 탄력이 생길 때까지 방향을 바꿔가면서 치댄다.

5 양손으로 반죽을 둥글리면서 표면을 아래쪽으로 잡아당겨 말아 넣어 반죽의 표면이 매끈하도록 동그랗게 굴린다. 볼에 반죽을 넣고 랩을 씌워 25℃ 실온에서 50분 정도 발효시킨다(1차 발효). 볼에 올리브오일을 살짝 바르고 반죽을 넣으면 반죽을 옮길 때 수월하다.
* 반죽의 크기가 2~2.5배가 되고 손가락에 밀가루를 묻혀 두 마디 정도가 들어갈 정도로 찔러보아 반죽이 딸려오지 않고 눌린 모양 그대로 거의 유지된다면 발효가 다 된 것이다. 반죽의 탄력이 강하고 원래대로 돌아오려고 한다면 발효가 덜 된 것이니 10분 정도 더 발효시킨다.

6 스크래퍼로 볼 바닥에서 반죽을 떠서 작업대 위에 올린다. 반죽을 손으로 쿡쿡 가볍게 납작하게 눌렀다가 90도씩 돌려가면서 좌우를 접어 가스를 뺀다. 반죽을 뒤집어서 다시 동그랗게 굴린다. 랩이나 물기를 꼭 짠 면포를 덮어 15분간 그대로 휴지시킨다.
* 추운 겨울에는 30분 정도 휴지한다.

7 휴지가 끝나면 반죽을 밀대로 25cm×20cm 크기의 타원형으로 넓게 민다. 약간 직사각형같이 모서리를 정리한다. 반죽을 세로로 1/3씩 나눠 양 옆을 접고, 위에서 아래로 꼼꼼하게 중간에 손가락으로 반죽을 붙이듯이 눌러 주면서 돌돌 만다.

8 반죽의 마지막 이음새를 잘 꼬집어주어 떨어지지 않도록 하고, 이음새가 바닥에 가도록 틀에 반죽을 넣는다. 주먹을 사용해서 반죽의 윗면을 살짝 눌러주어 반죽이 틀 안에 고루 분포가 되도록 정리한다.

9 랩을 씌워 25℃ 실온에서 50분 정도 발효시킨다(2차 발효). 반죽이 틀의 8할 정도로 부풀면 된다. 발효 중간쯤에 오븐을 175℃로 예열해 둔다. 발효가 끝나면 오븐에서 30분 정도 굽는다.

10 바닥을 위에서 아래로 한두 번 내리쳐서 쇼크를 준 다음 빵을 바로 빼내고 뜨거울 때 빵 윗면에 올리브오일을 바른다. 온기가 사라지면 칼로 잘라준다.

tip 물이 너무 차갑거나 뜨겁지 않게 꼭 미지근한 온도로 맞춰서 사용하세요.

tip 겨울에 실내 온도가 너무 낮다면 전자레인지에 끓는 물이 담긴 컵을 넣고 반죽을 담은 볼을 넣어 문을 닫고 발효시키거나, 50℃로 1분간 데운 오븐에 넣고 발효시켜주세요. 25℃ 정도가 되도록 맞춰주세요. 더운 여름이면 발효가 빨리 되니 반죽이 부푸는 정도를 보고 발효 시간을 줄여주세요. 과하게 발효가 되면 손가락으로 누른 주위까지 살짝 꺼지게 돼요. 과발효가 되지 않게 주의하세요.

friends in the garden
Happy story in the garden
his friends in the garden

롤샌드위치 3가지

소풍 도시락이나 간식 메뉴로 적극 추천하는 샌드위치예요. 롤샌드위치는 빵을 돌돌 말아 만든 것인데,
한 입에 쏙쏙 들어가 아이들이 먹기 편하고 휴대하기에도 좋아요.

잼 치즈샌드위치

아이 1번 먹는 분량 9개월부터

- □ 식빵 · 슬라이스치즈 1장씩
- □ 즉석 딸기잼(185p 참고) 1큰술

1 식빵은 가장자리는 자르고, 밀대로 빵을 납작하게 민다.

2 빵에 딸기잼을 바르고, 가운데에 치즈를 넣어 단단하게 말아서 2cm 두께로 자른다.

햄 치즈샌드위치

아이 1번 먹는 분량 12개월부터

- □ 식빵 · 햄 · 슬라이스치즈 1장씩
- □ 마요네즈 1/2큰술
- □ 설탕 1작은술

1 식빵은 가장자리는 자르고, 밀대로 빵을 납작하게 민다.

2 빵에 마요네즈와 설탕 섞은 것을 바른다.

3 햄과 치즈를 올리고 단단하게 말아서 2cm 두께로 자른다.

바나나 피넛버터샌드위치

아이 1번 먹는 분량 9개월부터

- □ 식빵 1장
- □ 바나나 1/2개
- □ 땅콩버터 1큰술

1 식빵은 가장자리는 자르고, 밀대로 빵을 납작하게 민다.

2 빵에 땅콩버터를 바르고, 가운데에 바나나를 넣고 단단하게 말아서 2cm 두께로 자른다.

Plus Recipe

식빵 자투리 러스크

롤샌드위치를 만들고 남은 식빵 자투리를 이용해서 만든 간식이에요.
바삭바삭하고 달달한 러스크만 있으면 과자를 살 필요 없어요.

아이 1~2번 먹는 양 9개월부터

식빵 자투리 60g, 버터 1큰술, 설탕 2작은술

1 식빵 자투리는 2~3cm 크기로 작게 자른다.
2 달군 팬에 식빵을 넣고 중간 불에서 2분 정도 뒤적이며 골고루 굽는다.
3 ②에 버터를 녹여서 식빵에 버터향을 입힌다.
4 설탕을 뿌리고 약한 불에서 30초 정도 볶는다.

tip 기호에 따라 계핏가루를 살짝 뿌려도 맛있어요.

포카치아

이탈리아에서 많이 먹는 빵인 포카치아는 발효빵 중에서도 만들기가 쉽고,
여러 가지 채소로 토핑을 다양하게 바꿔가면서 만들 수 있는 것이 매력이죠.
그냥 빵만 먹어도 맛있고, 토마토와 올리브, 감자와 로즈메리, 볶은 양파 등을 올려 먹어도 맛있어요.

포카치아 1개 분량(20cm×20cm)
7개월부터

- □ 강력분 250g
- □ 설탕 2g
- □ 소금 4g
- □ 물 190g
- □ 인스턴트 드라이이스트 2.5g
- □ 올리브오일 10g
- □ 덧기름용 올리브오일 약간

1 강력분, 설탕, 소금은 체에 한 번 쳐서 준비한다.

2 볼에 미지근한 물(35℃), 이스트를 넣고 이스트를 녹이듯이 거품기로 섞는다.

3 ②에 ①과 올리브오일을 넣고 반죽이 고루 섞이도록 3분 정도 숟가락으로 저어가며 반죽을 한다. 반죽이 질지만 저을수록 찰져진다.

4 스크래퍼로 볼 옆에 붙은 반죽들을 정리하고, 랩을 씌워 25℃ 정도 따뜻한 실온에서 1시간~1시간 20분 동안 발효시킨다(1차 발효).
* 반죽의 크기가 2~2.5배가 되고 손가락에 밀가루를 묻혀 두 마디 정도가 들어갈 정도로 찔러보아 반죽이 딸려오지 않고 눌린 모양 그대로 거의 유지된다면 발효가 다 된 것이다. 반죽의 탄력이 강하고 원래대로 돌아오려고 한다면 발효가 덜 된 것이니 10분 정도 더 발효시킨다.

5 오븐팬에 종이포일을 깔고 올리브오일을 넉넉하게 고루 뿌린다.

6 스크래퍼로 볼 바닥에서 반죽을 떠서 오븐팬에 올린다. 손에 올리브오일을 바르고 손으로 가볍게 눌러 넓은 정사각형 모양으로 반죽을 넓힌다.

7

7 반죽은 세로로 1/3씩 나눠 양옆을 접는다. 다시 넓은 직사각형으로 반죽을 늘리고 다시 위아래로 1/3씩 반죽을 접는다.

8 반죽을 22cm×22cm크기 정도로 두툼하게 정사각형 모양으로 다듬어 준 다음에 랩을 씌워 25℃ 실온에서 40분 정도 발효한다(2차 발효). 발효 중간쯤에 오븐을 200℃로 예열해 둔다.

9

9 발효가 끝나면 올리브오일을 위에 넉넉히 발라 손가락으로 군데군데 콕콕 눌러준 후 오븐에서 20~25분 정도 노릇하게 굽는다.

tip 간을 아직 안 하는 아이용이라면 소금을 빼고 만드세요.

tip 발효 팁은 식빵(584p) 팁을 참고하세요.

tip 두툼하게 구워 반으로 잘라 샌드위치를 해 먹어도 맛있고, 반죽은 얇게 펴서 피자도우 반죽으로 활용할 수 있어요.

고구마 바나나크로켓

고구마와 바나나가 만나
달콤한 맛이 일품인 디저트
크로켓이에요. 설탕을 넣지
않아도 충분히 달달하답니다.
영양과 식감을 생각해
견과류를 넣었어요.

아이 2~3번 먹는 양
9개월부터

- □ 호박고구마 170g
- □ 바나나·달걀 1/2개씩
- □ 다진 견과류 1큰술
- □ 밀가루 2큰술
- □ 달걀 1개
- □ 빵가루 40g

1 호박고구마는 찜기에 넣고 푹 찐 다음 껍질을 벗기고 포크로 곱게 으깬다.

2 바나나는 2cm 길이로 자르고, 다시 반으로 자른다.

3 볼에 호박고구마와 다진 견과류를 섞어 반죽을 만든다.

4 달걀은 볼에 담고 가위질을 해서 흰자 알끈을 잘라 푼다.

5 반죽을 손에 동그랗게 펴고, 중앙에 바나나를 넣고 오므려서 완자를 만든다.

6 밀가루 → 달걀물 → 빵가루 순으로 묻혀서 200℃로 예열된 에어프라이어에 15분간 굽는다.

tip 오븐을 사용할시 에어프라이어와 동일한 조건으로 조리가 가능해요.

새우 감자크로켓

아이들이 손에 들고 한 입에 먹기 좋은 간식이에요. 겉은 바삭하면서 속은 촉촉하고 부드러운 것이 크로켓의 매력이죠. 새우, 감자, 브로콜리 등 영양 만점 재료들이 들어가 있어 몇 개만 먹어도 포만감이 느껴져요.

아이 2~3번 먹는 양
9개월부터

- □ 새우살 70g
- □ 감자 2개
- □ 브로콜리 20g
- □ 달걀 1개
- □ 버터 1/2큰술
- □ 우유 1큰술
- □ 밀가루 2큰술
- □ 빵가루 30g
- □ 파슬리가루 1작은술
- □ 튀김유 적당량

1. 감자와 브로콜리는 찜기에 넣고 푹 찐다.
2. 감자는 껍질을 제거하고 포크로 곱게 으깨고, 브로콜리는 잘게 다진다.
3. 새우는 등과 배쪽을 칼로 살짝 잘라 내장을 제거한 후 잘게 다진다.
4. 달걀은 볼에 담고 가위질을 해서 흰자 알끈을 잘라 푼다.
5. 감자에 버터, 우유를 넣고 섞는데, 감자의 질기를 보면서 우유를 넣는다.
6. ⑤에 브로콜리와 새우살을 넣고 섞고, 완자 모양으로 동그랗게 빚는다.
7. 밀가루 → 달걀물 → 파슬리가루를 섞은 빵가루 순으로 묻히고, 170℃로 예열된 튀김유에 노릇하게 튀긴다.

tip 새우가 없으면 대게살이나 게맛살로 대체하세요.

단호박크로켓

단호박 샐러드를 크로켓으로 만든 느낌이에요.
고소한 단호박 반죽에 간간이 씹히는 크랜베리가 아이들에게 먹는 즐거움을 줘요.

아이 2~3번 먹는 양
9개월부터

- □ 밤단호박 120g
- □ 크림치즈 30g
- □ 건크랜베리 · 양파 20g씩
- □ 당근 15g
- □ 호두 10g
- □ 밀가루 2큰술
- □ 달걀 1개
- □ 빵가루 40g
- □ 식용유 적당량

1 단호박은 찜기에 넣고 푹 찐 후 껍질을 제거한 다음 포크로 곱게 으깬다.

2 크랜베리와 호두, 양파, 당근을 잘게 다진다.

3 달걀은 볼에 담고 가위질을 해서 흰자 알끈을 잘라 푼다.

4 달군 팬에 식용유를 두르고 중간 불에서 양파와 당근을 볶는다.

5 볼에 단호박, 크림치즈, 크랜베리, 양파, 당근, 호두를 넣고 섞은 다음 완자 모양으로 동그랗게 빚는다.

6 밀가루 → 달걀물 → 빵가루 순으로 묻히고, 180℃로 예열된 에어프라이어에 20분간 돌린다.

tip 에어프라이어가 없으면, 170℃로 예열된 튀김유에 노릇하게 튀겨주세요.

단호박율란

단호박과 밤으로 만든 영양 간식이에요. 율란은 원래 밤을 삶아 으깨어 조청이나 꿀을 넣고 다시 밤 모양으로 만든 우리나라 전통 음식입니다. 밤은 수분이 적어 조청을 넣어야 하는데, 부드러운 단호박을 섞으니 조청의 양이 줄어 은은한 단맛이 느껴지는 건강한 디저트입니다.

아이 2~3번 먹는 양
9개월부터

- □ 단호박 50g
- □ 밤 80g
- □ 조청 또는 올리고당 1작은술
- □ 계핏가루 약간

1 찜기에 밤과 단호박을 넣고 푹 찐다.

2 밤과 단호박은 껍질을 제거하고 체에 곱게 내려 볼에 담고 조청을 넣고 함께 섞는다.

3 물방울 모양으로 빚어 계핏가루를 살짝 묻혀 완성한다.

tip 계핏가루가 매워 못 먹는 아이에게는 계핏가루 대신 곱게 빻은 깨를 묻혀 주세요.

tip 단호박 대신 고구마를 사용해도 좋아요.

바나나 케사디야

바나나와 땅콩버터는
실패가 없는 환상 조합이에요.
만들기도 쉽고 한 끼 식사로
손색 없는 포만감 있는
간식 레시피랍니다.

아이 1번 먹는 양
9개월부터

- □ 바나나 1개
- □ 토르티야 1장
- □ 땅콩버터 1큰술
- □ 계핏가루 · 설탕 약간씩

1. 바나나는 어슷한 모양으로 얇게 썬다.
2. 팬에 토르티야를 놓고 한쪽 면 반쪽에 땅콩버터를 얇게 펴 바른다.
3. 바나나를 올린 다음 계핏가루와 설탕을 골고루 뿌린다.
4. 반달 모양으로 접고, 중간 불에서 앞뒤로 노릇하고 바삭하게 구운 다음 먹기 좋게 3등분으로 자른다.

tip 토르티야 대신 식빵을 얇게 밀어서 만들 수 있어요.

tip 설탕과 계핏가루는 생략 가능해요. 다진 견과류 약간과 피자치즈를 넣어 만들어도 맛있어요.

핫도그

팬케이크가루 믹스로 만든 앙증맞은 크기의 핫도그예요. 시중에 파는 핫도그는 너무 커서 부담스러운데, 작고 귀엽게 만들면 부담 없이 먹일 수 있어 좋아요. 라임이는 꼭 양손에 하나씩 들고 먹는 것을 좋아하더라고요.

아이 2~3번 먹는 양
12개월부터

- □ 소시지 6개
- □ 팬케이크가루 믹스 35g
- □ 우유 15g
- □ 달걀 1/2개
- □ 밀가루 1큰술
- □ 튀김유 적당량

1 볼에 팬케이크가루, 우유, 달걀을 넣고 섞어서 반죽을 만든다.

2 소시지는 끓는 물에 한 번 데친다.

3 꼬치에 소시지를 꽂고 겉면에 밀가루를 얇게 묻힌다.

4 반죽에 꼬치를 넣고 소시지에 골고루 묻도록 돌돌 굴린다.

5 170℃로 예열된 튀김유에 꼬치를 넣고 돌려가면서 노릇하게 튀긴다.

tip 조리 과정 ①에 반죽은 팬케이크(576p 참고) 반죽을 활용해도 좋아요.

사과 양파파이

식빵으로 만드는 사과파이 레시피로, 사과뿐 아니라 양파와 견과류도 듬뿍 넣어서 영양을 더했어요.
바삭한 식빵 속 상큼하고 달달한 사과와 양파의 씹히는 맛이 일품이에요.

아이 1~2번 먹는 양
10개월부터

- □ 사과 · 양파 1/2개씩
- □ 식빵 2장
- □ 호두 2알
- □ 설탕 · 레몬즙 1큰술씩
- □ 버터 1작은술
- □ 달걀 1개
- □ 계핏가루 약간

1. 사과는 깨끗이 씻어 반으로 잘라 꼭지를 자르고, 껍질을 벗겨 사방 5mm 굵기로 자른다.
2. 양파도 사방 5mm 굵기로 자른다.
3. 호두는 팬에 한 번 볶은 다음 잘게 다진다.
4. 식빵은 가장자리를 잘라 밀대로 얇게 민다.
5. 냄비에 사과, 양파, 설탕을 넣고 약한 불에서 뚜껑을 덮고 익힌다.
6. 사과와 양파가 살짝 익어 물이 생기면, 뚜껑을 열어 레몬즙을 넣고 물기 없이 반짝거리도록 졸인다.
7. 거의 다 졸았으면 버터와 계핏가루를 넣고 1분 정도 뒤적여주면서 더 졸인다.
8. 달걀은 흰자와 노른자를 나누고, 빵 가장자리에 달걀흰자를 바르고 빵 가운데에 ⑦을 넣어 반으로 접은 다음, 가장자리를 포크로 눌러 모양을 내 빵이 벌어지지 않게 한다.
9. 오븐팬에 종이포일을 깔고 그 위에 빵을 올려 달걀노른자를 얇게 바른다.
10. 200℃로 예열된 오븐에 10분 동안 굽는다.

tip 조리 과정 ⑧에 달걀흰자 바르는 과정은 생략 가능해요.

달걀빵

모닝빵으로 만드는 달걀빵으로 전자레인지를 이용해 쉽고 간단하게 완성되는 레시피예요. 아이들이 좋아하는 치즈와 달걀, 빵의 조합으로 간단한 아침 식사로도 좋고, 간식 메뉴로도 최고랍니다.

아이 2~3번 먹는 양
10개월부터

- □ 달걀 · 모닝빵 3개씩
- □ 슬라이스치즈 3장
- □ 파슬리가루 1/2작은술
- □ 소금 · 후춧가루 약간씩

1 모닝빵은 달걀이 들어갈 수 있도록 속을 파낸다.

2 모닝빵 속에 슬라이스치즈를 깔고 그 위에 달걀을 넣은 다음 이쑤시개나 포크로 노른자를 톡톡 찌른다.

3 파슬리가루, 소금, 후춧가루를 뿌린 뒤 170℃로 예열된 오븐에 20분간 굽는다. 오븐이 없으면 내열 용기에 담아 뚜껑이나 랩을 씌워 전자레인지에 1분간 돌려 익힌다.

tip 빵을 너무 깊게 파면 달걀물이 흘러나올 수 있어요. 파낸 빵은 갈아서 나중에 빵가루로 사용하면 됩니다. 달걀은 중간 크기나 초란을 사용하는 것이 좋아요.

tip 간을 하지 않는 아이라면 소금을 빼고 조리하세요.

피자빵

모닝빵으로 만드는 피자빵으로 먹기 깔끔하고 원하는 재료를 마음껏 넣을 수 있어 좋아요. 아이와 함께 만들어 먹으면 더욱 맛있답니다.

아이 3~4번 먹는 양
12개월부터

- □ 소시지 30g
- □ 애호박·양송이버섯 20g씩
- □ 양파 15g
- □ 모닝빵 4개
- □ 토마토소스(173p 참고) 70g
- □ 피자치즈 50g
- □ 파슬리가루 1/2작은술
- □ 식용유 적당량

1 소시지, 애호박, 양파, 양송이버섯은 사방 1cm 크기로 다진다.

2 달군 팬에 식용유를 두르고 ①의 재료들을 중간 불에서 볶는다.

3 재료들이 다 익을 때쯤 토마토소스를 넣고 버무린다.

4 모닝빵은 재료들을 넣을 수 있게 속을 파내고, ③을 넣는다.

5 피자치즈를 올리고, 파슬리가루를 뿌려 170℃로 예열된 오븐에 20분간 굽는다. 오븐이 없으면 내열 용기에 담아 뚜껑이나 랩을 씌워 전자레인지에 2분간 돌려 익힌다.

미니 소시지빵

빵집에서 파는 소시지빵의
미니 버전으로 아이들이 쥐고
먹기에 편한 크기라 좋아요.
식빵으로 간단하게 만들 수 있고
집에 있는 채소로 얼마든지
응용할 수 있어요.

아이 3~4번 먹는 양
12개월부터

- □ 소시지 3개
- □ 식빵 4장
- □ 양파 · 브로콜리 20g씩
- □ 두부마요네즈(186p 참고) 1 ½큰술
- □ 피자치즈 50g
- □ 올리고당 2작은술
- □ 후춧가루 약간

1 식빵은 가장자리를 자르고, 바람개비 모양으로 식빵 가장가리를 사선으로 어슷하게 칼집을 낸다.

2 식빵을 밀대로 펴주고, 머핀틀에 식빵을 오므려 넣은 다음 180℃로 예열된 오븐에 10분 동안 구워 컵 모양을 만든다.

3 양파는 굵게 다지고, 브로콜리는 작게 자른다.

4 소시지는 5mm 두께로 썬다.

5 볼에 소시지, 브로콜리, 양파, 마요네즈, 올리고당, 피자치즈를 넣고 후춧가루를 뿌려 버무린다.

6 식빵컵에 ⑤를 채워 넣고 170℃로 예열된 오븐에 20분간 굽는다.

두부튀김

아이들 영양 간식으로 제격인 두부튀김은 겉은 바삭하고 속은 촉촉한 식감이에요. 그냥 먹으면 간식, 달콤한 간장소스에 졸이면 두부조림, 탕수소스를 얹으면 맛있는 두부탕수가 되는 만능 요리랍니다.

두부튀김 6개 분량
9개월부터

- □ 두부 100g
- □ 김밥김 1장
- □ 찹쌀가루 2큰술
- □ 튀김유 1컵
- □ 소금 약간

소스

- □ 케첩 1큰술 또는 간장 1큰술 + 올리고당 2작은술

1. 두부는 1.5cm×1.5cm×4cm 정도 크기로 자르고 키친타월 위에 올린 다음 소금을 뿌려 10분 정도 재운다. 키친타월로 꼭꼭 눌러 물기를 제거한다.
2. 김은 2cm×8cm 크기로 길게 자른다.
3. 두부 가운데 부분에 김을 돌돌 말아 띠를 두른다. 말아진 마지막 부분을 아래로 놓고 잠시 두면, 두부의 촉촉함이 김을 서로 붙게 한다.
4. 찹쌀가루를 골고루 묻힌다.
5. 팬에 튀김유를 자작하게 담고 180℃에서 두부를 넣어 한쪽이 튀겨지면 다시 뒤집어 양쪽을 노릇하게 튀긴다. 높은 온도에서 빠르게 튀기는 것이 포인트로, 두부가 살짝 부풀었을 때 꺼낸다.
6. 접시에 담고 케첩이나 분량의 소스를 곁들인다.

tip 간을 하지 않는 아이라면 소금과 소스를 빼고 조리하세요.

두부도넛

두부와 팬케이크 믹스를 반죽해 만든 쫀득쫀득한 도넛이에요. 두부가 들어가서 영양적인 면에서도 좋고, 고소하고 담백한 맛이 특징이랍니다.

아이 3~4번 먹는 양
12개월부터

- □ 두부 · 팬케이크가루 믹스 70g씩
- □ 볶은 콩가루 · 설탕 1작은술씩
- □ 덧밀가루 약간
- □ 튀김유 적당량

1 볼에 두부를 넣고 포크로 곱게 으깨 팬케이크가루와 섞은 다음 손으로 뭉쳐 비닐봉투에 넣어 반죽을 만든다.

2 랩이나 비닐 위에 반죽을 펼치고, 손에 붙지 않게 덧밀가루를 그 위에 골고루 뿌린다.

3 반죽 위에 다시 비닐을 덮고 밀대를 이용해 5mm 정도의 두께로 민다.

4 칼이나 커터에 밀가루를 묻혀서 반죽을 사방 5cm 길이로 자르고, 사선으로 반으로 갈라 삼각형 모양으로 만든다.

5 170℃ 튀김유에 반죽을 떼어 놓고 노릇하게 튀긴다.

6 키친타월 위에 도넛을 올리고 기름기를 뺀다.

7 식은 도넛 위에 볶은 콩가루, 설탕을 뿌린다.

웨지감자

감자만 있으면 쉽게 만들 수
있는 간식이자, 일품요리에 자주
곁들이는 메뉴예요.

아이 3~4번 먹는 양
7개월부터

- □ 감자 2개
- □ 올리브오일 1큰술
- □ 파슬리가루 1작은술
- □ 파르메산치즈가루 1/2큰술

1 감자는 깨끗이 씻어 감자칼로 껍질을 벗기고 웨지 모양으로 자른다.

2 볼에 올리브오일, 파슬리가루, 파르메산치즈가루를 넣고 섞는다.

3 감자를 ②에 넣고 골고루 묻힌다.

4 180℃로 예열된 오븐이나 에어프라이어에 넣고 20분간 굽는데, 중간에 감자를 뒤집어준다.

tip 파슬리가루, 파르메산치즈가루는 생략 가능해요.

감자 단호박 해시브라운

잘게 다져서 노릇하게 구운
요리를 '해시브라운'이라고 해요.
주로 감자를 이용하는데,
단호박을 첨가해 달콤한 맛을
더했어요. 바삭하고 노릇하게
구우면 감자튀김처럼 고소해서
아이들이 특히 좋아해요.

아이 2~3번 먹는 양
7개월부터

- □ 감자·단호박 80g씩
- □ 튀김가루 2큰술
- □ 슬라이스치즈 1장
- □ 식용유 적당량

1. 단호박과 감자는 껍질을 제거하고 채칼로 잘게 채를 썬다.
2. 볼에 채 썬 단호박과 감자를 넣고 물로 3번 정도 헹구어 전분기를 없앤다.
3. 체에 받쳐 물기가 꽤 남아 있는 상태에서 다시 볼에 담아 튀김가루를 넣고 고루 버무린다.
4. 달군 팬에 식용유를 두르고 타지 않게 앞뒤로 노릇하게 굽는다.
5. 다 익었으면 슬라이스치즈를 올려 접시에 담는다.

tip 튀김가루 대신에 밀가루나 부침가루를 사용해도 좋아요.

쌀튀밥강정

한 번 먹기 시작하면 멈출 수 없는 간식이에요. 재료도 간단하고 후리릭 만들 수 있어 자주 해줘요. 견과류를 넣어서 더 바삭바삭하고 고소하답니다.

아이 4~5번 먹는 양
12개월부터

- □ 쌀튀밥 60g
- □ 쌀조청 100g
- □ 해바라기씨 2큰술
- □ 식용유 적당량

1 네모난 내열 용기(15cm×20cm×4cm 정도)에 랩을 깔고 키친타월로 식용유를 얇게 발라 준비한다.

2 팬에 쌀조청을 붓고 중간 불에서 끓이다가, 끓으면 1분 후에 쌀튀밥과 해바라기씨를 넣고 버무린다.

3 ①에 ②를 붓고 비닐장갑을 낀 손으로 식용유를 살짝 칠해 윗부분을 평평하게 꾹꾹 누른다.

4 살짝 굳으면 꺼내서 도마에 놓고 빵칼을 이용해 먹기 좋은 크기로 자른다.

tip 팬에서 버무릴 때 쌀튀밥이 주걱에 붙는 느낌으로, 실이 보이는 것 같은 상태가 좋아요.

tip 팬에 굳히기 번거로우면 손에 비닐장갑을 끼고 식용유를 살짝 발라 원하는 모양으로 빠르게 뭉쳐도 돼요.

오렌지소스 고구마맛탕

맛탕을 오렌지소스에 버무려 새콤달콤한 맛이 나는 간식이에요. 오렌지 특유의 향긋한 냄새가 입맛을 자극시켜준답니다.

아이 1~2번 먹는 양
10개월부터

- □ 꿀고구마 150g
- □ 아몬드 슬라이스 1~2큰술
- □ 식용유 적당량

오렌지소스

- □ 오렌지즙 또는 오렌지주스 3큰술
- □ 버터 1/2큰술
- □ 설탕 20g

1 고구마는 꿀고구마로 준비해 껍질을 벗기고 사방 1.5cm로 깍둑썰기한다.

2 고구마는 물에 20분 정도 담갔다가 헹궈 전분기를 뺀 다음 키친타월로 물기를 제거한다.

3 180℃로 예열된 에어프라이어에 고구마를 넣고 식용유를 뿌려 골고루 버무린 다음 20분 정도 노릇하게 굽는다.

4 팬에 분량의 오렌지소스 재료를 넣고 끓으면 고구마와 아몬드 슬라이스를 넣고 중간 불에서 뒤적이면서 소스가 반짝거리게 코팅이 되도록 졸인다.

tip 에어프라이어가 없다면 170℃로 예열된 튀김유에 고구마를 튀기면 돼요.

인절미스틱

인절미의 놀라운 변신!
쫀득쫀득한 인절미를 쭉
늘여 먹는 재미가 있어요.
치즈스틱 못지 않아요.
튀겼을 때 바로 먹는게
맛있는지, 라임이는 만들기
무섭게 해치우더라고요.

아이 3~4번 먹는 양
12개월부터

- □ 인절미 12개
- □ 콩고물 3큰술
- □ 대추 3개
- □ 달걀 1개
- □ 검은깨 1큰술
- □ 빵가루 1컵
- □ 튀김유 적당량

1 대추는 씨를 빼서 곱게 채 썬다.

2 인절미는 가운데에 칼집을 내 펴고, 대추채를 넣고 오므린 다음 손으로 쥐어 긴 스틱 모양으로 만든다.

3 달걀은 볼에 담고 가위질을 해서 흰자 알끈을 잘라 푼다.

4 인절미에 콩고물을 골고루 묻힌다.

5 달걀물 → 검은깨를 섞은 빵가루 순으로 묻힌다.

6 170℃로 예열된 튀김유에 넣고 ⑤를 굴려가면서 노릇하고 바삭하게 튀긴다.

단호박 찹쌀케이크

제가 학창시절에 찹쌀케이크를 좋아해서 매일 간식으로 먹었는데,
이것저것 재료를 바꿔가며 저만의 건강한 찹쌀케이크를 만들어 보았습니다.
쫀득쫀득하고 많이 달지 않아 자주 먹어도 질리지 않아요.

아이 5~6번 먹는 양
12개월부터

- □ 단호박 220g
- □ 찹쌀 200g
- □ 찹쌀가루 140g
- □ 우유 1컵
- □ 설탕 70g
- □ 소금 1작은술
- □ 베이킹소다 1/2작은술

속재료

- □ 깐 밤 80g
- □ 해바라기씨 · 호두 · 아몬드 (또는 아몬드 슬라이스) 20g씩
- □ 건포도 + 건크랜베리 60g

1 단호박은 찜기에 넣고 푹 찐 다음 껍질을 벗기고 포크로 곱게 으깬다.

2 찹쌀은 씻어서 40분 이상 물에 불린 다음 체에 밭친다.

3 밤, 견과류, 건포도, 크랜베리는 굵게 다진다.

4 믹서에 단호박, 찹쌀, 소금, 설탕, 우유 2/3컵을 넣고 곱게 간다.

5 볼에 찹쌀가루와 베이킹소다, ④를 넣고 잘 섞는다. 묵을 만들 때처럼 되직한 질기가 좋은데, 너무 되면 남은 우유 1/3컵을 넣어서 조절한다.

6 ⑤에 ③의 재료 2/3 정도를 넣고 섞는다.

7 내열 용기에 종이포일을 깔고 두께가 1.5cm 정도가 되게 반죽을 붓는다. 위에 남은 속재료를 골고루 올려 손바닥으로 살짝 누른다. 두께가 2cm 넘으면 속이 잘 익지 않으니 넘지 않게 주의한다.

8 170℃로 예열한 오븐에 40분간 굽는다.

tip 찹쌀케이크가 식으면 가위로 잘라서 보관하는데, 일주일 안에 먹을 것은 냉장보관하고 나머지는 냉동보관하세요.

약밥

대표적인 전통 간식인 약밥을
밥솥으로 간단하게 만들었어요.
외출시 간식으로 자주 들고
나가고, 밥을 잘 안 먹는 시기에는
식사 대용으로 준답니다.

아이 4~5번 먹는 양
12개월부터

- □ 찹쌀 160g
- □ 퀴노아 10g
- □ 건포도 30g
- □ 깐 밤 5알
- □ 마른 대추 5알
- □ 견과류 15g

양념

- □ 간장·설탕 2작은술씩
- □ 올리고당·참기름 1/2큰술씩
- □ 계핏가루 1/6작은술
- □ 물 160ml

1. 찹쌀과 퀴노아는 씻어서 2시간 이상 물에 불린다.
2. 건포도, 밤, 씨를 뺀 대추, 견과류는 굵게 다진다.
3. 볼에 분량의 양념 재료를 넣고 섞은 다음 설탕이 녹을 때까지 젓는다.
4. 전기밥솥에 모든 재료를 넣고, 흰쌀밥 모드로 취사를 눌러 익힌다.
5. 취사가 끝나면 살살 섞고, 식으면 먹기 좋은 크기로 동글동글하게 뭉친다.

스무디(smoothie)는 여러 과일을 얼음이나 요구르트, 우유 등을 넣고 믹서에 부드럽게 갈아 만든 음료를 말합니다. 과일로 단맛을 내고, 아이들이 잘 먹지 않는 채소까지 숨겨서 손쉽고 빠르게 만들 수 있는 영양만점 음료예요. 포만감이 있어 가벼운 식사나 간식으로도 추천합니다. 다양한 시도 끝에 탄생한 가장 맛있는 조합으로 만든 스무디 레시피를 소개할게요.

응용 팁

- 익힌 고기 소량, 오트밀, 견과류, 아마씨, 치아시드, 햄프시드 등 다른 재료들을 첨가해서 자유롭게 응용할 수 있어요. 고기는 너무 많은 양을 넣으면 시간이 지나거나 얼렸다가 해동했을 때 분리가 되니 바로 먹는 것이 좋습니다.
- 얼려서 보관할 경우 외출 시 얼린 것을 보냉백에 넣고, 먹을 때는 큰 머그컵에 파우치째 넣어 뜨거운 물을 붓고 해동해서 먹이거나, 자연 해동해서 차갑지 않은 정도로 제공해 주세요.
- 우유와 플레인요구르트는 모유나 분유물은 물론 물, 코코넛워터, 두유, 아몬드유, 오트밀유, 라이스유 같은 것으로 바꿔서 응용할 수 있어요. 플레인요구르트 대신 다른 것으로 대체할 경우 스무디가 너무 묽지 않도록 양을 조금 줄여서 만들거나, 되직한 재료인 단호박, 고구마, 바나나 등을 더 섞어서 만들면 됩니다.
- 당근, 시금치, 비트, 케일은 생으로 먹어도 되는 채소들이지만, 곱게 갈리지 않는다면 찌거나 데치거나 삶는 등 익혀서 가는 방법을 추천합니다.

스무디

아이주도이유식을 하면서 외출 시 식사 대용으로 싸가지고 다녔던 스무디 레시피예요.
스무디 파우치에 담으면 아이 혼자 들고 쪽쪽 잘 빨아먹더라고요.
속이 든든하고 영양도 풍부해서 간식으로 딱 좋아요.

1 당근스무디

250ml 분량 9개월부터
당근 30g, 사과 70g, 플레인요구르트 80g,
바나나 100g, 우유 40g

2 아보카도 시금치스무디

250ml 분량 9개월부터
아보카도 50g, 시금치 20g, 플레인요구르트 80g,
사과 · 우유 60g씩

3 베리 아보카도스무디

250ml 분량 9개월부터
블루베리 또는 딸기 80g, 아보카도 40g,
바나나 100g, 우유 60g

4 딸기 오트밀스무디

250ml 분량 9개월부터
딸기 90g, 오트밀 50g, 바나나 70g,
치아시드 1/2큰술(생략 가능), 우유 80g

5 단호박스무디

250ml 분량 9개월부터

찐 단호박 · 플레인요구르트 80g씩, 바나나 100g, 우유 40g

6 파인애플 비트스무디

250ml 분량 9개월부터

파인애플 · 플레인요구르트 80g씩, 비트 70g, 치아시드 1작은술(생략 가능), 우유 40g

7 케일 망고스무디

250ml 분량 9개월부터

케일 20g, 망고 50g, 바나나 70g, 플레인요구르트 100g, 우유 40g

8 오트밀 피넛스무디

250ml 분량 9개월부터

오트밀 50g, 땅콩버터 30g, 아몬드밀크 150g, 바나나 80g

아이들도 아프면 입맛을 잃어 밥을 잘 안 먹는 경우가 많습니다. 기력 회복에는 부드럽고 소화가 잘 되면서 몸에 좋은 재료들로 만든 죽이 좋아요. 몸이 조금 나아지면 아이가 좋아하는 음식으로 밥을 차려줘 입맛을 돋게 하는 것이 급선무입니다. 잘 먹고 영양을 섭취해야 회복이 빠르거든요. 입맛이 없을 때 먹거나 별미로 즐길 수 있는 죽 레시피 몇 가지와 천연 감기약인 콩나물식혜, 수분 흡수를 도와주는 전해질음료 레시피를 소개합니다.

응용 팁

- 들어가는 부재료들은 주변에서 흔히 쓰는 재료들로 구성했지만, 냉장고 사정에 따라 얼마든지 마음껏 응용이 가능합니다.
- 간을 추가하고 싶으면 국간장을 조금 더해주세요. 잣죽은 소금으로 간을 더하면 됩니다.

흰쌀죽

장염에 걸리면 먹지 못하는 것들이 많아요. 아이들이 특히 좋아하는 유제품, 과일, 기름진 음식들을 조심해야 하고, 되도록 흰쌀죽을 먹어야 회복이 빠르죠. 좋아하는 것들을 못 먹으니 속상하지만, 흰쌀죽으로 빠르게 회복하는 것이 우선인 것 같아요.

아기 2번 먹는 양
8개월부터

- □ 쌀 1/3컵
- □ 다시마육수(180p 참고) 2 ½컵
- □ 참기름 2작은술
- □ 깨소금 약간

1. 쌀은 잘 씻어서 30분 이상 불린 다음 체에 밭친다.
2. 냄비에 참기름을 두르고 중간 불에서 불린 쌀을 달달 볶는다.
3. 쌀이 반쯤 투명해지면 육수를 넣고 중간 불에서 끓인다.
4. 물이 졸아 익은 쌀이 보일 때쯤 주걱을 이용해 살살 저어가며 약한 불에서 끓인다.
5. 쌀이 푹 퍼지면 그릇에 담고 깨소금을 뿌린다.

채소죽

아이가 아플 때 간단하게
끓여 먹일 수 있는
채소죽이에요. 다양한 채소가
들어 있어서 씹는 맛도 있고,
입맛 없는 아이가 먹기에도 꽤
괜찮은 맛이에요. 기력 회복에는
부드럽고 소화가 잘 되며,
몸에 좋은 재료들로 만든 죽이
최고죠.

아이 2번 먹는 양
8개월부터

- ☐ 양파 · 당근 10g씩
- ☐ 애호박 · 표고버섯 12g씩
- ☐ 쌀 1/3컵
- ☐ 멸치 다시마육수(181p 참고) 2 ½컵
- ☐ 참기름 2작은술

1 쌀은 잘 씻어서 30분 이상 불린 다음 체에 밭친다.
2 채소들은 곱게 다진다.
3 달군 냄비에 참기름을 두르고 중간 불에서 불린 쌀을 달달 볶는다.
4 쌀이 반쯤 투명해지면 육수를 넣고 중간 불에서 끓인다.
5 쌀이 절반 정도 익었을 때 채소를 넣고 젓는다.
6 물이 졸아 익은 쌀이 보일 때쯤 주걱을 이용해 살살 저어가며 약한 불에서 끓인다.
7 쌀이 푹 퍼지면 그릇에 담는다.

달걀 채소죽

달걀이 고기에 비해 소화가 더 잘 돼요. 기본 채소죽에 달걀을 넣어서 단백질을 보충했는데, 달걀 덕분에 한층 고소한 맛이 난답니다.

아이 2번 먹는 양
8개월부터

- □ 달걀 1개
- □ 양파 · 당근 · 애호박 · 표고버섯 10g씩
- □ 쌀 1/3컵
- □ 멸치 다시마육수(181p 참고) 2 ½컵
- □ 참기름 2작은술
- □ 깨소금 약간

1. 쌀은 잘 씻어서 30분 이상 불린 다음 체에 밭친다.
2. 채소들은 곱게 다진다.
3. 달걀은 볼에 담고 가위질을 해서 흰자 알끈을 잘라 푼다.
4. 달군 냄비에 참기름을 두르고 중간 불에서 불린 쌀을 달달 볶는다.
5. 쌀이 반쯤 투명해지면 육수를 넣고 중간 불에서 끓인다.
6. 쌀이 절반 정도 익었을 때 채소를 넣고 젓는다.
7. 물이 졸아 익은 쌀이 보일 때쯤 달걀물을 넣고 주걱을 이용해 살살 저어가며 약한 불에서 끓인다.
8. 쌀이 푹 퍼지면 그릇에 담고 깨소금을 뿌린다.

들깨 쇠고기 버섯죽

들깨는 불포화지방산이 많고, 몸을 따뜻하게 해줘 기력 회복에 좋아요. 몸에 좋은 표고버섯과 쇠고기가 들어 있어서 기운이 없고 컨디션이 좋지 않은 날에 먹으면 속이 든든할 거예요.

아이 2번 먹는 양
8개월부터

- □ 들깻가루 1큰술
- □ 다진 쇠고기 25g
- □ 표고버섯 20g
- □ 쌀 1/3컵
- □ 멸치 다시마육수(181p 참고) 2 ½컵
- □ 들기름 2작은술

1. 쌀은 잘 씻어서 30분 이상 불린 다음 체에 밭친다.
2. 표고버섯은 곱게 다진다.
3. 달군 냄비에 들기름을 두르고 중간 불에서 불린 쌀을 달달 볶는다.
4. 쌀이 반쯤 투명해지면 쇠고기와 표고버섯도 넣고 함께 볶는다.
5. 쇠고기가 노릇하게 볶아지면 육수를 넣고 섞는다.
6. 물이 졸아 익은 쌀이 보일 때쯤 주걱을 이용해 살살 저어가며 약한 불에서 끓인다.
7. 쌀이 푹 퍼지면 들깻가루를 넣고 섞은 다음 그릇에 담는다.

단호박 고구마죽

입맛이 없을 때 생각나는 달달한 단호박 고구마죽이에요. 이유식 별미로 먹여도 좋지만,
입맛이 없어 쌀죽도 거부하는 아이에게 해주면 곧잘 먹는답니다.

아이 2번 먹는 양
8개월부터

- □ 단호박 · 고구마 100g씩
- □ 물 1 ½컵
- □ 찹쌀물(찹쌀가루 1큰술 + 물 1/2컵)

1 단호박과 고구마는 껍질을 벗겨 사방 1cm 크기로 작게 잘라 준비한다.

2 냄비에 물을 넣고 단호박, 고구마를 넣고 푹 익을 때까지 약한 불에서 끓인다.

3 단호박과 고구마가 다 익으면 핸드블렌더로 곱게 간다.

4 ③에 찹쌀물을 넣고 약한 불에서 2분 정도 저어가며 끓인다.

감자 닭고기죽

열이 나거나 기침감기에
좋은 죽이에요. 맛과 질감이
부드러워 술술 넘어가고,
닭고기로 단백질을 보충해줘
기력 회복에 많은 도움이 돼요.

아이 2번 먹는 양
8개월부터

- □ 감자 50g
- □ 다진 닭고기 25g
- □ 당근 20g
- □ 쌀 1/3컵
- □ 멸치 다시마육수(181p 참고) 2 ½컵
- □ 참기름 2작은술
- □ 깨소금 약간

1. 쌀은 잘 씻어서 물에 30분 이상 불린 다음 체에 밭친다.
2. 당근은 곱게 다지고, 감자는 푹 쪄서 껍질을 벗기고 포크로 곱게 으깬다.
3. 달군 냄비에 참기름을 두르고 중간 불에서 불린 쌀을 달달 볶는다.
4. 쌀이 반쯤 투명해지면 닭고기와 당근을 넣고 함께 볶는다.
5. 닭고기가 노릇하게 볶아지면 으깬 감자와 육수를 넣고 중간 불에서 끓인다.
6. 물이 졸아 익은 쌀이 보일 때쯤 주걱을 이용해 살살 저어가며 약한 불에서 끓인다.
7. 쌀이 푹 퍼지면 그릇에 담고 깨소금을 뿌린다.

전복죽

전복은 보양 식재료로 유명하죠.
'바다의 산삼'이라 불리는
전복이 듬뿍 들어간 죽으로,
전복 내장까지 넣고 만들어서
고소하고 감칠맛이 돌아요.

아이 3~4번 먹는 양
8개월부터

- □ 전복 큰 것 1개
- □ 쌀 1/2컵
- □ 다시마육수(180p 참고) 1/4컵+3 ½컵
- □ 참기름 · 김가루 1작은술씩
- □ 깨소금 약간

1 쌀은 30분 이상 불린 다음 체에 밭친다.

2 전복은 껍질 쪽만 끓는 물에 담가 10을 센 후 꺼내 숟가락으로 살과 껍질을 분리한다. 살짝 데쳐야 껍질과 살을 분리하기 쉽다.

3 전복 이빨을 제거한 후 살은 굵게 다진다.

4 믹서에 다시마육수 1/4컵과 전복 내장+살을 넣고 약간 입자가 있게 간다. 믹서가 없으면 전복과 내장은 칼로 잘게 다진다.

5 냄비에 불린 쌀, 전복, 참기름을 넣고, 중간 불에서 쌀이 꼬들해지면서 아래에 누룽지가 생길 정도로 달달 볶는다. 달달 볶아야 죽이 고소하고 맛있다.

6 쌀과 전복이 잘 볶아지면 다시마육수 3 ½컵을 붓는다. 다시마육수 일부는 믹서를 헹궈 마저 붓는다.

7 물이 졸아 익은 쌀이 보일 때쯤 주걱을 이용해 살살 저어가며 약한 불에서 끓인다.

8 그릇에 담고 깨소금과 김가루를 뿌린다.

녹두죽

녹두는 식욕을 돋우는
역할을 해 입맛이 없을 때
녹두죽을 끓여주면 좋아요.
필수아미노산과 불포화지방산도
풍부하고 소화도 잘 되며
몸을 차갑게 하는 성질이
있어서 열이 날 때 먹으면
좋은 죽입니다.

아이 2번 먹는 양
8개월부터

- □ 녹두 1 ½큰술
- □ 쌀 1/3컵
- □ 멸치 다시마육수(181p 참고) 2 ½컵
- □ 참기름 1작은술

1. 쌀과 녹두는 잘 씻어서 30분 이상 불린 다음 체에 밭친다.
2. 냄비에 참기름을 두르고 중간 불에서 불린 쌀을 달달 볶는다.
3. 쌀이 반쯤 투명해지면 육수와 녹두를 넣고 중간 불에서 끓인다.
4. 물이 졸아 익은 쌀이 보일 때쯤 주걱을 이용해 살살 저어가며 약한 불에서 끓인다.
5. 쌀이 푹 퍼지면 그릇에 담는다.

된장 채소죽

된장맛이 은은하게 퍼지는 구수한 죽이에요. 채소죽이 밍밍해서 잘 안 먹는다면 된장을 조금 풀어서 죽을 만들어주면 잘 먹을 거예요.

아이 2번 먹는 양
12개월부터

- □ 된장 1작은술
- □ 양파 · 애호박 · 표고버섯 15g씩
- □ 쌀 1/3컵
- □ 멸치 다시마육수(181p 참고) 2 ½컵
- □ 참기름 2작은술

1. 쌀은 잘 씻어서 30분 이상 불린 다음 체에 밭친다.
2. 채소들은 곱게 다진다.
3. 냄비에 참기름을 두르고 중간 불에서 불린 쌀을 달달 볶는다.
4. 쌀이 반쯤 투명해지면 육수를 넣고 중간 불에서 끓인다.
5. 쌀이 절반 정도 익었을 때 채소와 된장을 넣고 풀어준다.
6. 물이 졸아 익은 쌀이 보이면 주걱으로 살살 저어가며 약한 불에서 끓인다.
7. 쌀이 푹 퍼지면 그릇에 담는다.

배죽

라임이가 감기에 걸려
입맛이 없을 때면 어김없이
만들었던 죽이에요.
흰쌀죽에 배즙을 넣어 달달하게
만들었어요. 해줄 때마다
맛있게 먹어주는 성공 100%
레시피랍니다.

아이 2번 먹는 양
8개월부터

- □ 배 1/2개(120g)
- □ 쌀 1/3컵
- □ 물 2 ½컵
- □ 참기름 1작은술

1. 쌀은 잘 씻어서 30분 이상 불린 다음 체에 밭친다.
2. 배는 껍질을 까서 강판에 곱게 갈고, 체에 걸러 즙만 사용한다.
3. 냄비에 참기름을 두르고 중간 불에서 불린 쌀을 달달 볶는다.
4. 쌀이 반쯤 투명해지면 물과 배즙을 넣고 중간 불에서 끓인다.
5. 물이 졸아 익은 쌀이 보일 때쯤 주걱을 이용해 살살 저어가며 약한 불에서 끓인다.
6. 쌀이 푹 퍼지면 그릇에 담는다.

잣죽

잣은 오래전부터 자양강장
식재료로 알려져 있어요.
불포화지방산은 물론 각종
비타민과 미네랄도 풍부하죠.
잣죽은 소화도 잘 되게 하고,
맛과 향도 풍부하답니다.

아이 2번 먹는 양
8개월부터

□ 잣 40g
□ 쌀 1/3컵
□ 물 2 ½컵

1 쌀은 잘 씻어서 30분 이상 물에 불린 다음 체에 밭친다.
2 불린 쌀에 잣과 물 1컵을 넣고 믹서에 곱게 간다.
3 냄비에 ②와 믹서에 물 1 ½컵을 넣고 헹궈서 붓는다.
4 중간 불에서 저어가면서 끓이는데, 걸쭉하게 잘 섞이면
약한 불에서 10분 정도 은근하게 끓인다.

tip 냄비는 두툼하면서 깊은 것이 좋아요. 넘치기 쉬우니 끓기 시작하면
뚜껑을 살짝 열고 저어가며 끓이세요.

08 팥옹심이

팥죽

팥죽은 예로부터 질병이나 귀신을 쫓는 음식으로 알려져 있어요. 팥에는 단백질, 지방, 섬유질,
비타민 B_1 등이 함유되어 있어 기력 회복에 도움이 된답니다.

온 가족 함께 먹는 양
12개월부터

- □ 팥 1컵
- □ 찹쌀 1/4컵
- □ 물 7컵
- □ 소금 약간

옹심이

- □ 찹쌀가루 1컵
- □ 소금 약간
- □ 끓는 물 2큰술

1 찹쌀은 물에 30분 정도 불린 다음 체에 밭친다.

2 냄비에 팥과 팥이 잠길 정도의 물을 넣고 한 소끔 끓여서 쏟아 버리고 다시 물 3컵을 붓고 팥이 무르도록 은근한 불로 끓인다. 처음에 끓인 물을 따라버려야 팥의 아린 맛을 제거할 수 있다.

3 찹쌀가루에 소금을 넣고 섞은 후 끓는 물을 붓고 주걱으로 저은 다음 손으로 뭉쳐 옹심이를 만든다. 옹심이를 만들 때 끓는 물을 한꺼번에 넣지 말고 주걱으로 가루를 섞어 준 후 손으로 뭉쳐주면서 농도를 보면서 넣는다. 처음 반죽이 잘 뭉쳐지지 않는 느낌이어야 뭉쳐지면서 알맞은 농도가 된다. 뭉쳐서 붙지 않도록 전분가루 약간을 묻히면 좋다.

4 푹 무르게 퍼진 팥에 나머지 물 4컵을 부어가면서 고운 체에 내린 다음 앙금을 가라앉힌다. 주서기를 사용해 앙금을 내리면 간편한데, 팥앙금 + 물이 5컵 정도면 된다.

5 냄비에 ④와 찹쌀을 넣고 끓으면 불을 약하게 줄이고 중간중간 저어가며 찹쌀을 퍼트린다.

6 팥죽이 끓고 있는 사이에 만들어진 옹심이를 따로 삶는데, 끓는 물에 동동 떠오르면 건져서 찬물에 잠깐 헹궜다가 건진다.

7 팥죽이 잘 퍼지도록 끓여졌으면 옹심이를 넣고 소금으로 간을 맞춘다.

tip 옹심이는 팥죽 속에 넣고 익혀도 되지만, 따로 데치는 것이 더 존득거리고 맛있어요.

tip 기호에 따라 소금과 설탕을 넣어서 먹으면 됩니다.

콩나물식혜

기관지에 좋은 재료들로 만든 콩나물식혜예요. 도라지향이 너무 강하지 않으면서 달달해서 물에 타면 음료수처럼 먹을 수 있어요. 기관지가 약한 라임이를 위해 자주 만들어 줬는데, 면역력을 높여주는 천연 영양제, 천연 감기약이에요.

아이 5~6번 먹는 양
7개월부터

- □ 콩나물 1봉
- □ 무 250g
- □ 배 1개
- □ 도라지 70g
- □ 조청 6큰술

1. 콩나물, 무, 배, 도라지는 깨끗이 씻는다.
2. 콩나물은 비린내가 나는 머리는 떼고, 무와 배는 5mm 두께로 나박하게 썬다.
3. 전기밥솥에 찜망을 두고 콩나물 → 무 → 배 → 도라지, 콩나물 → 무 → 배 → 도라지 순으로 두세 번 반복해서 넣는다.
4. 조청을 위에 뿌리고, 밥솥 보온 기능으로 12시간 둔다.
5. 12시간이 지나고 망 위에 있는 건더기들은 제거하고, 아래에 생긴 식혜를 따로 보관한다.

tip 무와 도라지는 껍질 쪽에 좋은 영양 성분이 많기 때문에 잘 씻어서 껍질째 쓰세요.

tip 찜망을 두는 것은 나중에 건더기와 내린 식혜를 쉽고 깔끔하게 분리하기 위해서예요.

tip 콩나물식혜는 일주일정도 냉장보관하세요.

tip 원액을 하루에 1~2번, 어른은 소주잔 1잔, 아이는 반잔 정도 물에 희석해서 음료수처럼 마시면 좋아요.

치킨수프죽

외국에서는 아플 때 치킨수프를 주로 먹어요.
치킨수프에 밥을 넣어 죽으로 만들면 이색적인 퓨전 영양죽이 됩니다.

아이 1번 먹는 양
10개월부터

- □ 치킨수프(484p 참고) 2컵
- □ 밥 40g

1. 치킨수프는 체에 밭쳐서 국물과 건더기로 나눈다.
2. 수프 건더기는 볼에 담아 가위로 듬성듬성 자른다.
3. 냄비에 치킨수프 국물과 밥을 넣고 약한 불에서 밥이 퍼질 때까지 졸인다.
4. 밥이 부드럽게 퍼지면 치킨수프 건더기를 넣고 섞는다.

tip 건더기와 국물을 따로 조리해야 채소가 너무 뭉그러지는 것을 막을 수 있어요.

전해질음료

아이가 장염에 걸려 설사, 고열이 계속되면 탈수될 염려가 있어요. 아이 입맛도 떨어지고, 물을 잘 안 마시려고 할 때 전해질 음료를 만들어주면 좋아요. 물에 일정량의 당분과 염분이 들어 있어 수분의 흡수가 더 빨라 탈수를 방지하는 데 도움이 됩니다.

아이 2~3번 먹는 양
6개월부터

- □ 물 500ml
- □ 설탕 1큰술
- □ 소금 1/4작은술

1 잘 소독한 병에 물, 설탕, 소금을 넣고 흔들어 잘 섞는다.

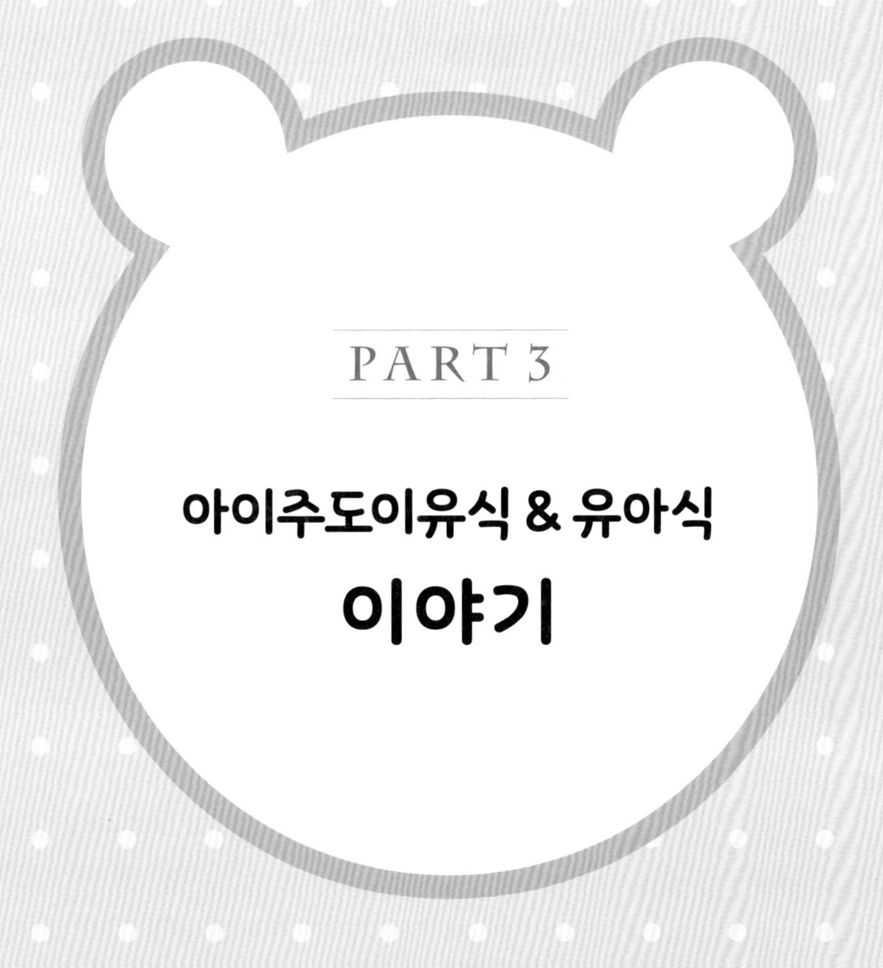

PART 3

아이주도이유식 & 유아식 이야기

‘아이주도이유식 이론편도 열심히 읽어보고,
레시피도 정확하게 따라 해봤는데도
아이주도이유식이 쉽지 않아요’

‘아이주도이유식을 하기 위해
아이와 힘겨루기 하는 과정이 너무 힘듭니다’

‘이 책을 보고 아이주도이유식을 하고 있는데,
이 방법이 맞는 건가요?’

SNS을 통해 하루에도 몇 개씩 쏟아지는 질문에 도움이 되고자,
아이주도이유식 잘 해내고 싶은 엄마들에게 응원의 마음과 노하우를 전하고자
저를 비롯한 주변분들의 아이주도이유식 경험담을 담았어요.
아이주도이유식 선배맘들의 이야기에 귀 기울여주세요.
아이주도이유식 생각만큼 어렵지 않아요. 충분히 잘할 수 있습니다.

아이주도이유식 이야기 1

아이주도이유식, 서툴러도 혼자 할 수 있다는 믿음이 중요해요

라임이
(32개월)

엄마
(@blwlime)

라임이의 이유식을 준비하며 다양하게 공부하던 차에, 우연히 인터넷에서 죽이 아닌 음식을 먹는 아이들을 봤어요. 닭다리를 손으로 잡고 뜯어먹는 아이도 있고, 혼자서 '후루룩' 우동면을 먹는 아이도 있고… 어린 아이가 어쩌나 맛있게 잘 먹던지 굉장히 충격적이고 신선했습니다. 이것이 무엇이길래, 무엇이 좋길래 아이주도이유식을 하는지 궁금했고, 정확히 알고 싶어서 여러 서적을 읽어보고, 인터넷에서도 정보를 얻었어요. 공부를 하면 할수록 라임이에게 아이주도이유식의 세상을 알려주고 싶은 마음이 간절해졌죠.

라임이가 호기심 가득한 표정으로 찐 브로콜리와 감자를 먹던 첫 순간을 잊을 수 없어요. 걱정했던 것과는 달리 라임이는 끝까지 재미있게 식사를 했어요. 구역질도 많이 하지 않고 생각보다 많은 양을 먹었습니다. 라임이의 평균 식사 시간은 50분. 긴 시간 동안 자기 자리에 앉아서 음식을 탐구하며 먹는 것을 즐겼습니다. 먹기 어렵거나 미끄러워 잡기 어려운 음식들을 어떻게 다룰지 고민하는 모습도 신기했고, 여러 번의 시도 끝에 결국 먹는 것에 성공하는 모습이 참 기특했습니다. 음식을 자신이 원하는 질감이 될 때까지 손으로 찢거나, 으깨기도 하고, 입으로 씹고 뱉기를 반복하면서 천천히 먹었습니다. 그렇게 라임이는 스스로 먹는 법을 터득해갔지요.

아이주도이유식을 하는 동안 매번 성공적이지는 않았어요. 저도 많은 우여곡절이 있었습니다. 차려준 음식을 먹지도 않고, 바닥에 내던지고, 잘 먹던 음식을 안 먹는 경우도 있고, 아예 식판을 밀어내면서 식사를 거부한 적도 많았습니다. 자신감을 가지고 시작했지만, 아이에게 다양하게 요리를 해주는 것도 쉽지 않았고, 온몸이 음식으로 범벅이 된 아이를

매번 씻기는 일도 쉽지 않았습니다. 무엇보다 애써 차린 밥을 거부하는 아이를 있는 그대로 받아들이고, 이해하는 것이 제일 어려웠어요.
그래도 끝까지 포기하지 않고, 일관되고 의연한 모습으로 노력했습니다. 맛있고 건강한 음식을 골고루 먹을 수 있게 하고, 아이가 먹는 것에 흥미를 가질 수 있도록 끊임없이 노력했습니다. 그러다 보니 어느새 라임이는 새로운 음식을 접해도 도전하기를 주저하지 않고, 먹는 즐거움을 아는 잘 먹는 아이가 되었습니다. 라임이가 커가면서 먹는 것뿐 아니라 무엇이든지 혼자 해보려고 하고, 그것을 해냈을 때 뿌듯함을 느끼고 즐거워하는 모습을 자주 봅니다.

"엄마!! 내가 내가!!"
"그래~ 라임이가 한번 해봐. 할 수 있어."
"엄마! 라임이 힘 쎄~!!!"(뭐든 할 수 있다는 라임이의 표현)

그래서 요즘 라임이가 아이주도이유식을 했던 그간의 시간이 주마등처럼 스쳐 지나갑니다. 감정을 섬세하게 표현 못하는 어린 아이여서 몰랐지만, '그때 라임이의 감정이 이랬을까'라고 생각해봅니다. 아이가 할 수 있다고 믿는 부모의 신뢰감, 미지의 것에 대한 호기심, 해보고 싶은 것에 도전하는 자신감, 그것을 해냈을 때의 성취감과 즐거움… 라임이가 이런 감정을 느끼며 아이주도이유식을 했다고 생각하니 제 선택이 옳았다는 확신이 들어요.

아이에게 좋다고 생각을 해서 시작했지만, 아이주도이유식은 전반적인 육아에 대한 저의 마음과 태도를 바꿔주었습니다. 내 아이의 입장에서, 눈높이에서 특성에 맞게 생각하는 힘을 길러줬고, 무엇보다 내 아이를 믿고, 기다려주고, 인내할 수 있는 여유로운 마음까지 갖게 되었습니다.

"뭐든지 혼자서 하는 어른이 되려면
서툴러도, 잘 못해도 혼자서 해봐야 해.
날마다 조금씩 조금씩 하다 보면,
어느새 멋진 어른이 될 거야."
_〈이 다음에 크면〉, 글 김연수, 그림 조미자, 애플비

제가 가장 좋아하는 라임이 책에 나오는 구절입니다. 어른이 된 저 역시 자신을 되돌아보게 하는 메시지를 담고 있어요. 서툴러도 혼자서 할 수 있다는 믿음, 내 아이도 느끼게 해 주고 싶다면 아이주도이유식 하는 것을 주저하지 마세요.

2019년 어느 여름

아이주도이유식 이야기 2

예민하고 입 짧은 아이, 아이주도이유식을 하면서 먹성 좋은 아이로 키웠어요

주안이 (32개월) 엄마 (@j_e__lee)

먹성 좋은 32개월 아들, 주안이를 키우고 있는 엄마입니다. 아이가 무엇이든 잘 먹는 성향(?)을 가지고 태어났다는 건 엄마에게 큰 축복이 아닐까 싶어요. 하지만 반대의 경우라면 엄마는 아이에게 무엇이든지, 어떻게든지 먹이고 싶어서 수없이 많은 방법을 시도하게 되지요.
저희 아들은 신생아 때부터 정말 입이 짧고 예민한 아이였어요. 모유수유를 했던 아이라 짧게 먹고 짧게 자고를 반복해 저를 힘들게 하던 시절도 있었지요. 지금 생각해보면 아이의 신호에 따라 젖을 물리는 모유수유야말로 철저한 아이주도식사가 아닌가 싶어요.

주안이는 160일쯤 이유식을 시작했어요. 유기농 쌀가루로 미음을 만드는데, 체로 몇 번씩 거르는 수고를 하면서도 잘 먹어주었으면 하는 바람으로 정성을 다했던 기억이 나네요. 처음에는 신기한지 잘 먹다가 3~4일 차부터 전쟁이 시작됐어요. 미음에는 관심이 없고 오로지 숟가락과 그릇을 잡기 위해 애썼고, 저는 저대로 아이에게 한 숟가락이라도 더 먹이려고 애를 쓰던 그야말로 전쟁과도 같은 시간이었어요.

처음에는 아이가 잘 먹었으면 좋겠다는 바람으로 시작된 이유식인데, '이걸 어떻게 만든 건데 안 먹을 거니?'라는 원망으로 바뀌면서 아무것도 모르는 6개월짜리 아이를 혼내는 제 자신을 발견했죠. 이유식을 먹는 시간이 저에게 큰 스트레스로 다가왔고, 만드는 것도 흥미를 잃었어요. 지금 생각해보면 저희 아들은 굉장히 주도적인 아이였고(수동적으로 먹임 당하는 걸 싫어하는), 게다가 먹는 것 자체에도 큰 관심이 없는 스타일이었던 것 같아요. 이유식 때문에 고민이 깊어지던 어느 날, 라임이 외할머니 블로그에서 라임맘이

쓴 아이주도이유식 포스팅을 봤어요. 이유식을 저렇게 하는 사람도 있구나, 신선하면서도 한편으로는 낯설고 선뜻 도전하기 두려웠죠. 마침 그날도 이유식 전쟁은 계속됐고, 반신반의하는 마음으로 라임맘이 추천해준 책을 구입해 읽으면서 그동안 해왔던 수동적인 이유식을 내려놓고, 아이가 직접 집어먹으며 탐색하며 맛보는 능동적인 이유식으로 전환했어요. 하지만 아이주도이유식을 시작하고, 이전보다 더 쉬웠냐고 묻는다면 그건 아니에요. 아이가 씹고 삼키는 방법을 습득하기까지 처음 한 달 정도는 먹는 양이 거의 없었기 때문에 하루에도 몇 번씩 이 방법이 맞는지 반문하곤 했죠. 하지만 아이는 충분히 만지고 맛보고 먹는 법을 터득하고 있었고, 조급하게 생각하지 말고 아이를 믿고 기다려야겠다고 생각했어요.

아이주도이유식의 장점은 아이가 가족의 식사에 같이 참여할 수 있다는 거예요. 따로 먹는 것이 아니라 가족이 같은 시간에 함께 밥을 먹을 수 있어 밥상머리 교육이 자연스럽게 되더라고요. 또 아이가 손가락으로 음식을 입으로 가져가는 동작을 통해 손과 눈의 협응력을 훈련하고, 크기와 질감이 다른 음식들을 하루에 몇 차례씩 움켜쥐면서 소근육 발달에 도움이 되는 것도 큰 장점 중 하나죠. 유아기 때 나타나는 음식을 의심하는 현상이나 편식하는 증상도 거의 없고 처음부터 다양한 식재료 그대로 즐기며 맛보기 때문에 음식에 대한 신뢰가 생긴다는 부분이 좋았어요.

어떤 이유식이 더 좋다고 단정 지어 말할 수는 없지만 내 아이의 성향을 가장 잘 아는 엄마가 다양한 방식으로 아이주도식사를 시도해보는 것이 좋은 방법인 것 같아요. 죽 이유식을 잘 먹는다면 간식을 아이주도로 병행해도 좋고요. 결과적으로 예민하고 입도 짧았던 저의 아들은 지금 엄청난 먹성을 자랑하는 아이로 자라고 있답니다.

아이주도이유식은 자라는 아이에게도 큰 영향을 미쳤겠지만, 저에게도 좋은 추억을 많이 남겼어요. 저는 운이 좋게도 라임맘을 통해 아이주도이유식이라는 걸 알게 되었고, 가장 어려웠던 매일의 식단과 레시피 역시 라임맘이 인스타에 매일 올리는 피드를 통해 많은 도움을 받을 수 있었어요. 이유식 시기가 지나 유아식으로 지나온 지금까지 라임맘표 레시피는 제가 가장 애정하는 레시피이기도 합니다. 지금 생각해보니 우리 아이의 아이주도이유식은 8할이 라임맘 덕분이라고 해도 과언이 아니네요. 분명 이 책을 읽으시는 분들도 큰 도움을 받을 수 있으실 거라 확신합니다.

평생을 먹으며 살아야 하는 인생, 이왕이면 우리 아이들이 즐겁게 먹으며 살아갈 수 있기를 바라면서 아이주도이유식을 시작하시는 혹은 진행 중인 모든 엄마들을 응원합니다.

아이주도이유식 이야기 3

아이주도이유식으로 키운 둘째, 식사 시간을 즐거워해요

제인이
(29개월)

엄마
(@twoin_mom)

둘째 아이가 신생아일 때 우연히 블로그를 통해 외국 아이의 첫 이유식 과정 포스팅을 보게 되었어요. 이름도 생소한 BLW, 우리 말로 아이주도이유식! 생후 6개월 아기가 닭다리를 뜯어먹는 영상은 보고도 믿을 수 없을 만큼 신기하고 흥미로웠죠. 우리나라에는 정보가 많지 않지만 몇 안 되는 블로그 포스팅과 관련 도서도 찾아보며 아이주도이유식 개념을 알게 되었습니다.

이토록 관심을 가지게 된 이유는, 첫째 아이 때 많은 사람들이 이유식 하면 아는 그 방식으로 이유식을 했는데, 아쉬움이 많았어요. 미음에서 죽으로 시작해 식재료 크기를 조절하며 엄마가 먹여주는 이유식 방법에 만족하지 못했죠. 다양한 식재료를 접하게 해주고, 편식 없는 아이로 키워야겠다는 대단한 포부를 가지고 시작했는데, 처음에는 아이가 입을 쩍쩍 벌리며 잘 먹기에 이유식이 잘 되고 있는 줄 알았어요. 그런데 점점 먹이기 힘들어졌고, 결국 사정하며 먹이는 상태에 이르렀어요. 현재 여섯살이 된 첫째에게 식사 시간은 스스로 먹고 싶어서 먹는 게 아니라 잘 먹으면 엄마가 좋아하니까 먹는 시간이고, 식사 시간은 즐거운 일이 아닌 힘든 일과 중에 하나가 됐어요. 아이 옆에서 제일 많이 느끼는 엄마로서 저도 힘들고, 첫째와 똑같은 과정을 겪지 않고 싶어서 둘째는 아이주도이유식을 하기로 마음먹었죠. 즐거워야 할 식사 시간에 아이 둘의 식사를 돕느라 짜증과 한숨으로 보낼 수 없으니, 둘째는 음식을 즐길 수 있도록, 스스로 잘 먹을 수 있도록 해야겠다는 저의 의지가 강했답니다.

막상 둘째가 6개월쯤, 아이주도이유식을 시작하려고 보니 과연 잘 먹을 수 있을까 걱정도 되고, 아직 소화기관이 미숙하니 처음에는 미음으로 시작해보자 계획하고 미음과 죽을 한 달 정도 먹였어요. 대신 간식으로 데친 브로콜리 같은 채소나 과일 등을 잡고 먹을 수 있도록 스틱 형태로 잘라줬는데, 처음 브로콜리를 작은 손으로 꼭 쥐고 오물오물 뜯어 먹는 아이의 모습을 보고 아이주도이유식을 할 수 있겠다는 자신감이 생겼죠. 다음 달이 되면서 둘째 아이는 스스로 먹으려는 의지가 강해졌고, 본격적으로 아이주도이유식을 시작했습니다. 예상했던 대로, 책에서 읽었던 대로 초반에는 먹는 것보다 뱉는 게 더 많았어요. 떨어진 음식이 신경 쓰이고 바로 닦아주고 싶었지만, 식사를 즐길 수 있도록 하는 것에 목표를 세웠으니 인내심을 갖고 지켜보고 음식이 많이 남았더라도 그만 먹겠다는 표현을 하면 아이 의사를 존중해 바로 치워줬죠.

아이주도이유식을 하면서 시간과 노력을 들여 매 끼를 준비해야 하는 번거로움, 식사가 끝난 뒤 여기저기 떨어진 엄청난 음식물을 정리하고, 아이를 씻기는 일이 힘들었지만, 점차 잘 먹는 아이를 보고 그 수고로움은 보람으로 바뀌었어요. 귀여운 식판에 알록달록 색 맞춰 영양소 고루 갖춘 음식을 담아내는 것이 얼마나 즐겁고 뿌듯한 일인지 알게 됐고, 식판을 받고 좋아하며 맛있게 먹는 아이의 모습을 보는 순간은 정말 행복하답니다.

어느덧 둘째 아이가 세 살이 되어 어린이집을 다니는데, 선생님이 말하길 "어머님, 제인이는 편식 없이 다 잘 먹어요. 그리고 먹여줘야 하는 또래 친구들이 대부분인데 스스로 잘 먹어서 훨씬 수월해요"라는 말을 들었을 때 제인이를 키우며 가장 잘한 일이 아이주도이유식이라는 확신을 가지게 되었습니다.

아이주도이유식 이야기 4

잘 먹지 않던 아이가 스스로 잘 먹는 아이가 되었어요

대슬이
(30개월)

엄마
(@sgsgsgsgsgjsg)

안녕하세요? 저는 30개월 아들을 키우고 있는 대슬이 엄마입니다. 라임맘의 친정엄마의 블로그인 '요리천사의 행복밥상'을 통해 아이주도이유식을 알게 됐고, 저도 이유식을 준비하고 있던 시기라 각종 아이 주도 관련 서적을 읽으며 굳은 의지를 다졌죠. 하지만 아이주도이유식을 시작하기 전 위기가 찾아왔어요. 대슬이가 아토피성 피부염 진단을 받았고 아이주도이유식을 해도 괜찮을까, 아토피 피부의 아이는 어떻게 이유식을 해야 하나 진지하게 공부하게 되었답니다. 미음을 건너뛰고 바로 아이주도이유식을 하기에는 걱정이 돼 생후 170일 때 미음으로 1주일간, 모유 아닌 다른 음식을 받아들일 준비와 소화하는 연습을 하고 아이주도이유식을 시작했어요. 미음으로 이유식을 하는 동안 대슬이는 한 모금도 삼키지 않았고 삼키는 방법도 모르는 것 같았어요. 180일 즈음, 채소스틱으로 아이주도이유식을 시작했는데 입으로 가져가 씹는 듯하다가 다시 관심이 없는지 잡지도 던지지도 않더라고요. 그때 아이주도이유식 관련 서적에서 읽었던 문구가 떠올랐어요. 스스로 입으로 음식을 가져가려고 해야 아이주도이유식을 할 준비가 되었다는 것을요. 그래서 아직 준비가 안 되었다는 것을 깨닫고, 다시 190일 즈음 미음을 시작했어요. 왔다 갔다 하는 바람에 190일이 되도록 모유만 먹고 이유식으로 먹은 게 없어서 영양이 부족하면 어떻게 하나, 제 잘못인 것만 같아서 걱정을 많이 했어요. 육아가 처음이라 잘 모르니까 스트레스를 더 많이 받았던 것 같아요. 아이주도이유식을 포기하고 죽을 먹는 기간 동안 좋아하는 쌀과자와 과일로 씹고 삼키는 연습을 했더니 215일 즈음부터 죽을 삼키기 시작하더라고요. 점점 음식을 손으로 잡으려 하고 입으로 가져가고 스스로 먹고 싶어 하는 신호를 보내기에 230일 즈음부터 아이주도이유식을 다시 시작했고 지금까지 쭉 이어오고 있답니다.

하지만 새로운 난관에 부딪혔어요. 바로 알레르기!
먹은 것은 쌀과자 한 조각인데 먹고 난 뒤 입부터 배까지 부어오르는 무서운 경험을 하고는 9~10개월에 알레르기 피검사를 받았어요. 결과는 난백(흰자) 알러지였고, 그래서 알레르기가 없었던 견과류와 새우, 밀, 우유 등 다양한 식품을 일찍 줄 수 있었어요. 30개월인 지금도 달걀은 먹을 수 없지만 다양한 재료를 이용해 영양 가득한 밥상을 차려주고 있답니다.

제 평생 태어나서 가장 잘한 일 중 하나가 아이주도이유식이라고 생각해요. 215일까지도 삼키는 걸 모르는 아이가 아이주도이유식을 하면서 점점 변했어요. 식사 시간을 즐거워하고, 호기심 어린 눈으로 탐구하는 모습을 보니 뿌듯하더라고요. 스스로 잘 먹는 아이, 식사 예절이 바른 아이, 식사할 때 집중하는 아이, 수저를 잘 사용하는 아이, 편식을 덜 하는 아이가 바로 대슬이랍니다.

아이주도이유식을 하는 과정에서는 수많은 어려움이 닥치지만 아이주도이유식을 했기 때문에 우리 아이가 잘 자랄 수 있었던 것 같아요. 꾸준하고 일관성 있게 아이주도이유식을 한다면 분명 아이와 부모 모두가 함께 행복한 식사 시간을 보낼 수 있을 거예요.

INDEX 개월별

이유식과 유아식이 함께 있는 책입니다. 12개월 이전이라면 재료를 가감해야 하는 레시피들이 있습니다. 요리명 옆에 *표시가 된 것은 반드시 레시피가이드(81p) · 베이킹가이드(535p)를 보고 조리해주세요. 요리별 응용법은 각 섹션의 첫 페이지마다 적어 놓았습니다. 참고하여 아이의 연령에 맞게 재료를 가감하여 조리해 주세요. 알레르기에 관한 정보는 이론편의 식품 알레르기(57p)를 필독해 주세요.

6개월부터

핑거푸드

홈메이드 레시피

한 그릇 요리

간식

보양요리

7개월부터

핑거푸드

포리지와 매시

홈메이드 레시피

한 그릇 요리

간식

스무디

10개월부터

한 그릇 요리

반찬

특식

국물요리

간식

보양요리

12개월부터

*12개월 이후에도 간을 하지 않는 아이는 간이 되는 재료를 빼고 조리해주세요.

홈메이드 레시피

한 그릇 요리

반찬

특식

국물요리

간식

보양요리

INDEX 재료 순

쇠고기

돼지고기

베이컨 · 소시지 · 햄

닭고기

양고기

달걀

메추리알

생선

어묵

새우

게살

게맛살

관자

전복

조개

오징어

멸치

다시마

매생이

미역

김

두부

콩

콩가루

오트밀

감자

고구마

단호박

당근

양파

애호박

브로콜리

시금치

토마토

버섯

무

연근

비트

옥수수

줄기콩

가지

얼갈이

샐러리

미나리

검은깨

들깨

견과류

그 외

INDEX 가나다 순

ㄷ

ㄹ

ㅁ

ㅂ

ㅅ

ㅇ

ㅈ

ㅊ

ㅋ

ㅌ

ㅍ

ㅎ

라임맘의 실패 없는 아이주도 이유식 & 유아식

초판 1쇄 2019년 8월 1일
개정판 1쇄 2021년 5월 17일
14쇄 2024년 12월 5일

지은이 옥한나

발행인 박장희
대표이사 겸 제작총괄 정철근
본부장 이정아
편집장 조한별

기획위원 박정호

마케팅 김주희 이현지 한륜아

진행 한혜선
감수 조애경(WE클리닉)
표지 디자인 ALL designgroup
내지 디자인 변바희, 김미연
일러스트 옥한나

발행처 중앙일보에스(주)
주소 (03909) 서울시 마포구 상암산로 48-6
등록 2008년 1월 25일 제2014-000178호
문의 jbooks@joongang.co.kr
홈페이지 jbooks.joins.com
네이버 포스트 post.naver.com/joongangbooks
인스타그램 @j__books

ISBN 978-89-278-1227-2 13590

중앙books는 중앙일보에스(주)의 단행본 출판 브랜드입니다.